电力电子新技术系列图书

寻迹电力电子

陈　武　编著

机 械 工 业 出 版 社

这是一本关于电力电子技术综述、科普的书。

本书对电力电子技术的发展及应用进行了比较系统、全面的阐述，包括功率器件、磁性元件、变换器拓扑结构、变换器建模及控制、新能源发电、高压交直流输电、柔性交直流配电、通用电源、特种电源以及国内外电力电子相关学术组织等，基本反映了国内外电力电子技术发展历史过程中的关键事件与节点。

本书公式很少，对技术基本都以图示为主，进行原理性、概念性的解释。本书可以作为电力电子技术相关专业学生、教师、工程技术人员的学习参考书。

图书在版编目（CIP）数据

寻迹电力电子/陈武编著. —北京：机械工业出版社，2023.12
（2024.6 重印）

（电力电子新技术系列图书）

ISBN 978-7-111-74400-9

Ⅰ.①寻…　Ⅱ.①陈…　Ⅲ.①电力电子技术　Ⅳ.①TM76

中国国家版本馆 CIP 数据核字（2023）第 236120 号

机械工业出版社（北京市百万庄大街 22 号　邮政编码 100037）
策划编辑：罗　莉　　　　　　　责任编辑：罗　莉
责任校对：龚思文　王　延　　　封面设计：马精明
责任印制：邓　博
北京盛通印刷股份有限公司印刷
2024 年 6 月第 1 版第 2 次印刷
169mm×239mm · 25 印张 · 1 插页 · 471 千字
标准书号：ISBN 978-7-111-74400-9
定价：99.00 元

电话服务　　　　　　　　　　网络服务
客服电话：010-88361066　　　机 工 官 网：www.cmpbook.com
　　　　　010-88379833　　　机 工 官 博：weibo.com/cmp1952
　　　　　010-68326294　　　金 书 网：www.golden-book.com
封底无防伪标均为盗版　　　　机工教育服务网：www.cmpedu.com

电力电子新技术系列图书

序　　言

1974 年美国学者 W. Newell 提出了电力电子技术学科的定义，电力电子技术是由电气工程、电子科学与技术和控制理论三个学科交叉而形成的。电力电子技术是依靠电力半导体器件实现电能的高效率利用，以及对电机运动进行控制的一门学科。电力电子技术是现代社会的支撑科学技术，几乎应用于科技、生产、生活各个领域：电气化、汽车、飞机、自来水供水系统、电子技术、无线电与电视、农业机械化、计算机、电话、空调与制冷、高速公路、航天、互联网、成像技术、家电、保健科技、石化、激光与光纤、核能利用、新材料制造等。电力电子技术在推动科学技术和经济的发展中发挥着越来越重要的作用。进入 21 世纪，电力电子技术在节能减排方面发挥着重要的作用，它在新能源和智能电网、直流输电、电动汽车、高速铁路中发挥核心的作用。电力电子技术的应用从用电，已扩展至发电、输电、配电等领域。电力电子技术诞生近半个世纪以来，也给人们的生活带来了巨大的影响。

目前，电力电子技术仍以迅猛的速度发展着，电力半导体器件性能不断提高，并出现了碳化硅、氮化镓等宽禁带电力半导体器件，新的技术和应用不断涌现，其应用范围也在不断扩展。不论在全世界还是在我国，电力电子技术都已造就了一个很大的产业群。与之相应，从事电力电子技术领域的工程技术和科研人员的数量与日俱增。因此，组织出版有关电力电子新技术及其应用的系列图书，以供广大从事电力电子技术的工程师和高等学校教师和研究生在工程实践中使用和参考，促进电力电子技术及应用知识的普及。

在 20 世纪 80 年代，中国电工技术学会电力电子专业委员会曾和机械工业出版社合作，出版过一套"电力电子技术丛书"，那套丛书对推动电力电子技术的发展起过积极的作用。最近，电力电子专委会经过认真考虑，认为有必要以"电力电子新技术系列图书"的名义出版一系列著作。为此，成立了专门的编辑委员会，负责确定书目、组稿和审稿，向机械工业出版社推荐，仍由机械工业出版社出版。

本系列图书有如下特色：

本系列图书属专题论著性质，选题新颖，力求反映电力电子技术的新成就和新经验，以适应我国经济迅速发展的需要。

理论联系实际，以应用技术为主。

本系列图书组稿和评审过程严格，作者都是在电力电子技术第一线工作的专家，且有丰富的写作经验。内容力求深入浅出，条理清晰，语言通俗，文笔流畅，便于阅读学习。

本系列图书编委会中，既有一大批国内资深的电力电子专家，也有不少已崭露头角的青年学者，其组成人员在国内具有较强的代表性。

希望广大读者对本系列图书的编辑、出版和发行给予支持和帮助，并欢迎对其中的问题和错误给予批评指正。

电力电子新技术系列图书
编辑委员会

序

　　随着人类社会对可持续发展和环境保护的迫切需求，电力电子技术正成为推动我国能源转型、解决环境污染问题以及推动产业升级的关键引擎。一方面，电力电子技术在提高能源利用效率、可再生能源发电中扮演重要角色，为构建我国低碳高效能源体系、解决能源危机提供有力支持。另一方面，电力电子技术在电动汽车、高铁、智能电网等诸多新兴产业中也发挥了关键作用，推动了科技创新和产业升级。

　　近年来，以碳化硅（SiC）和氮化镓（GaN）为代表的宽禁带半导体器件的快速发展和应用，为电力电子技术的发展提供了难得机遇和动力。如何应用好新器件以充分发掘其潜力，如何适配新器件及新老应用场景，开发更匹配应用、更具竞争力的拓扑，如何应对电力电子化电力系统出现的各种稳定性新问题等，都是当前电力电子发展面临的难题。实际上，在硅（Si）基半导体器件推广应用过程中，此类问题也似曾相识，而历史上解决该类问题的方法包括适配新的拓扑（例如电流源与电压源型变换器的转变）、提出新的理论（Middlebrook 判据）、应用新的控制方法（矢量控制）等。理解历史上这些技术路线的发展过程，有助于帮助新时代电气科技工作者站在更加宏观的角度解决当下面临的技术问题。因此，系统梳理电力电子发展历程，既可以回顾电力电子的辉煌历史，也可以启迪和推动未来学科的科技进步，在当下的时间节点具有重要的意义。

　　我的学生，东南大学陈武教授，是个有心人，凡事喜欢刨根问底。他总想把电力电子技术发展的历程弄清楚，与电力电子同行共享。因此，在繁忙的工作之余，他抽出时间，广泛涉猎各种学术文献库、国内外图书、网络等，抽丝剥茧，追本溯源，历时两年，撰写了《寻迹电力电子》一书。据说，这个书名是浙江大学徐德鸿教授取的，我觉得是该书的点睛之处。该书首先回顾了电气科学的起源，从古代人类对于电、磁现象的认识开始讲到近现代人类如何科学理解电能并利用电能，进而促成了电力电子学科的诞生。在此基础上，第一部分介绍了电力电子元器件的产生和发展，回顾了包括猫须探测器、真空管、水银整流器、三极管、硅基器件等一系列有源器件以及变压器、磁放大器、电感等无源元件的演化；第二部分介绍各类电力电子变换器电路拓扑的演变、电力电子系统建模、控制技术的发展；第三部分介绍电力电子在各类行业中的应用发展史，包括新能源发电、交直流输配电、各种通用电源以及特种电源；在最后的附录中则对 IEEE 电力电子学会、中国电源学会等国内外电力电子相关学术组织的发展进行了介绍。该书点面结合，较系统全面地描述了一幅宏大的电力电子历史画卷。

该书所介绍的技术演变、名人轶事、科技典故、最新技术成果等，是对现有教材和科研论著体系的有益补充。该书在行文风格上不似传统论著，采用的是接近口语化的表达方式，给读者娓娓道来，具有很高的趣味性。同时，概述公式极少，基本以原理性、概念性的图例进行技术介绍，可读性很强。《寻迹电力电子》一书能帮助科研工作者知晓现有技术路线的来龙去脉，也使业外人士了解电力电子的最新发展，同时会吸引更多学生踏入电力电子殿堂。这本书可带领读者寻迹电力电子的根源和本真，使读者知其然，更知其所以然。学史以明志，鉴往而知来，是这本书的初衷。

2024 年 1 月于南京航空航天大学

关于电力电子，我有一个习惯或者爱好吧，就是喜欢在网上淘一些电力电子相关的老书、老文件、老照片等，主要目的呢，就是想等我退休的时候再来看看这些差不多 100 年前人们写的书，像看一件件古董一样，那种感觉还是挺有意思的。在不断地收集以及阅读这些老书的过程中，有的时候觉得自己的知识面很窄，或者说对以前的知识了解太少。某一天突然冒出一个想法，能不能写一本关于电力电子历史或者说是发展历程的书呢？有了这样一本书，大家就可以对电力电子的整个发展历程，或者说某一技术领域的发展特征有整体的把握，知道来龙去脉，比如说现在大部分电力电子教材里基本都先讲晶闸管以及相控整流，那晶闸管产生的背后故事是什么呢？又是谁在什么时候提出相控整流的呢？为什么要整流成直流？其最初的应用场合是什么呢？说实话，在写这本书之前，这些问题我都无法回答。那就需要进行电力电子背后故事的"考古挖掘"。

有了这个想法之后，我就开始动手查资料、收集素材，后面发觉一发不可收拾，越写越多，包含的内容越来越多，到最后实在没办法了只能打住，因为电力电子研究领域实在太丰富了，只能挑其中主要的内容来写。

全书共 10 章。第 1 章介绍了电气科学诞生过程中的主要关键节点和电力电子的定义。第 2 章主要介绍了猫须探测器、真空管、水银整流器、晶体管等功率器件的发展过程。第 3 章介绍了变压器、磁放大器等磁性元件以及相应的交流电阻、漏感、磁心损耗、寄生电容等模型的发展过程。第 4 章介绍了多种电路拓扑（整流器、逆变器、软开关变换器、多电平变换器等）的发展过程。第 5 章介绍了电力电子系统建模、控制与稳定运行相关技术。第 6 章介绍了光伏发电、风力发电、储能相关的电力电子装备以及新能源并网系统振荡分析。第 7 章介绍了交流输电系统和直流输电系统中的电力电子装备。第 8 章介绍了柔性交直流配电网中的电力电子装备。第 9 章介绍了一些通用电源技术，如照明电源、信息系统电源、变频电源、电动汽车和轨道交通中的电源等。第 10 章介绍了一些高电压、大电流、脉冲等特种电源技术。附录介绍了电力电子相关学会的发展历程。

当然，这本书也有一些遗憾，比如说我在规划的时候有一章是关于国内电力电子老一辈科学家的采访，如浙江大学的汪槱生院士、南京航空航天大学的严仰光教授、上海大学的陈伯时教授、华中科技大学的陈坚教授等，我当时联系浙江大学的姚文熙教授想去采访汪院士，但当时汪院士住院了，就没有成行，之后这事就给落下了，这些老一辈科学家都是电力电子领域的宝贵财富，希望后续修订中能够增加这些采访，听一听他们的故事。当然在本书的专业内容上也有一些遗憾，比如电容器、功率器件封装、电磁兼容、可靠性等没有包含在内。

由于电力电子技术涉及面非常广，一个人是不可能完成这本书的编写的，在整个编写过程中得到了很多朋友的帮助，如东南大学的沈湛副研究员、雷家兴副教授、王江峰副研究员、李鑫副研究员、付兴贺副教授、邹志翔副教授，中国电力科学研究院有限公司的李光辉主任，湖南大学汪洪亮教授，南京理工大学的杨飞副教授，南京工业大学的郗焕副教授，哈尔滨工业大学（深圳）的曹玲玲副教授，天津大学的冀浩然副教授，浙江富特科技股份有限公司的产品总监吴犇先生，深圳威迈斯新能源股份有限公司的冯颖盈高级副总裁等，他们或提供了相关资料、或对部分内容进行了校对，在此表示感谢。

浙江大学的徐德鸿教授、西安交通大学的刘进军教授、华南理工大学的张波教授、湖南大学的陈燕东教授审阅了本书初稿，提出了许多宝贵的意见和建议，在此一并致谢。

本书是关于电力电子专业的，自然要感谢我的几位专业老师，他们是我在南京航空航天大学求学期间的阮新波教授、香港城市大学工作期间的 Shu Yuen Ron Hui（许树源）教授、美国北卡罗来纳州立大学博士后期间的 Alex Huang（黄勤）教授。

本书的出版得到了机械工业出版社的大力支持，责任编辑罗莉女士为本书的出版做了大量工作，特此致谢。

国内外资料的收集和分析，需要很长的时间和很大的精力，这是一项非常艰巨的任务。而这本书仅是利用工作之余的时间完成的（还是用了我大量时间）。因而其内容很难达到科技史那样的高标准。仅仅是抛砖引玉，同时也希望看到这本书的同仁们能够将相关的电力电子技术史的资料，通过邮件或其他形式发给我，我在后续的修订中进行改正或增加。由于书中很多知识点都是我自学然后编写的，难免有疏漏和错误之处，敬请读者批评指正。

作　者

目　录

第1章 电气科学的诞生

1.1 雷电和静电

整本书的开篇第一句话从哪开始呢？本书是关于电气工程学科中电力电子的，"电"字出现的频次最高，那肯定要从"电"第一次出现开始，在我们国家那就是使用甲骨文记录的"电"，如图 1-1 所示。在殷商时期，甲骨文的"电"，像是神秘的霹雳、不同方向开裂的闪电。这个甲骨文"电"以后大家会经常见到，因为比亚迪高端汽车品牌"仰望"标识就是灵感源自甲骨文"电"，如图 1-1c 所示。"电"刚好表明电动汽车技术和产品路线，同时"电"推动了现代科学的飞速发展，人类社会也因此发生了翻天覆地的变化，时至今日，"电"

a) 闪电符号　　b) 甲骨文"电"　　c)"仰望"标识

图 1-1　文字"电"

仍然是科技发展中的主角，持续推动科学技术迈向更高维度。

"电"字的整个演变过程，如图 1-2 所示。到了周朝的"金文"，以及秦朝的"小篆""隶书"等字体，"电"字就从甲骨文里类似天上闪电向四方伸展的样子变成了繁体字"電"。我国汉字属于表意文字，人们看字形就能大致知道汉字所要表明的意思。这一点在繁体字"電"中也有体现。"電"为上下结构的字，上面是雨字头，底下是电字底，这种字形就表明："電"（雷电）是和下雨有关的自然现象。所以，通过对"电"（電）字的古代演变的分析和解读，我们就能看出：电在古代的本意就是闪电的意思。殷商时代的《易经》中就有"刚柔分，动而明，雷电合而章"。先秦诗经《小雅·十月之交》中有"烨烨震电，不宁不令。"，记录了公元前 780 年时陕西岐山大地震的情形，即地震时电光耀

1

眼、噼啪闪烁，大地不停地震动。汉朝许慎《说文解字》中有"电，阴阳激燿也。"，即天空中阴阳能量激合而爆发的耀眼光带。可见，中国古籍中的"电"字都指的是闪电，并逐步用阴阳理论加以解释。

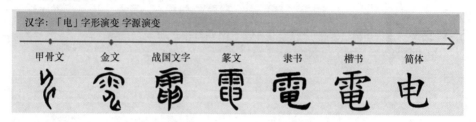

图 1-2 "电"字形演变过程

这一章的标题是"电气科学的诞生"，或者我们平时都说"电气工程"，那"电气"这词是如何来的呢？根据北京航空航天大学雷银照教授在《"电气"词源考》（电工技术学报，2007，22（4）：1-7）一文中所述：第一次出现术语"电气"的文献可能是 1851 年 2 月在宁波府镌刻、由美国来华传教士、西医师玛高温（Daniel Jerome MacGowan，1814—1893）译述的中文书籍《博物通书》。在 1800 年前后几十年时间里，电流体（electric fluid）学说在西方知识分子中影响很大，他们认为 electricity 就是 electric fluid。而 electric 的含义与汉语中"电"的含义类似，fluid 的含义与汉语中"气"的含义类似，所以可以作出这样的推测：玛高温和他的中国合作者基于东、西方对电现象的解释，用两个汉字组合起来的词"电气"来翻译英文词 electric fluid（电流体），即"电气"是 electric fluid 的直译，是 electricity 的意译。所谓"电气"就是电性质的气，而不是其他什么性质的气；这个"气"不是气体的"气"，"气"在中国古代哲学中通常是指一种极细微的物质，自然界万物的生长、寒暑的更替，都是"气"运动变化的结果。

除了令古人感到恐惧的闪电外，人类对电的认识就是从静电开始。东汉王充《论衡·乱龙》中有"顿牟掇芥"的静电吸引现象，顿牟即玳瑁（一种与龟相似的海生爬行动物），芥指干草、纸等的微小屑末，也就是说经过摩擦的玳瑁（带有静电）能够吸引轻小物体。西晋时的张华《博物志》中有"今人梳头、脱着衣时，有随梳、解结有光者，也有咤声。"明代的张居正曾记载一件亲身经历的现象："凡貂裘及绮丽之服皆有光。余每于冬月盛寒时，衣上常有火光，振之迸炸有声，如花火之状。人以为皮裘丽服温暖，外为寒气所逼，故搏击而有光，理或当尔。"《张文忠公全集》（张居正暗暗炫耀他冬天的衣服都是貂裘，他觉得静电是冷气、热气搏击产生的，这当然是不对的)[1]。

当然，摩擦起电的现象在国外同样也早有记载，古希腊著名诗人荷马所著的史诗《奥德赛》中记载有福尼希亚商人将琥珀项链献给西拉女王。人们发现琥珀经摩擦会发出光，并吸引纸屑，感到十分神奇，就视琥珀为珍宝。琥珀是一种树脂化石，把它磨光就呈现出黄色或红色的鲜艳光泽，是当时较为贵重的装饰品。人们外出时，总把琥珀首饰擦拭得干干净净。但是，不管擦得多干净，它很快就会吸上一层灰尘。虽然许多人都注意到这个现象，但一时都无法解释它。有个叫泰勒斯的希腊人研究了这个神奇的现象，经过仔细的观察和思索，他注意到挂在领项上的琥珀首饰在人走动时不断晃动，频繁地摩擦身上的丝绸衣服，从而得到启发。经过多次实验，泰勒斯发现用丝绸摩擦过的琥珀确实具有吸附灰尘、绒毛等轻小物体的能力。

"琥珀"在希腊语中称为"elektron"，1600 年，英国的内科医生、自然哲学家威廉·吉尔伯特（William Gilbert）出版了物理学史上第一部系统阐述磁学的开山巨著 DeMagnete（《磁石论》），如图 1-3 所示。其中用一个拉丁语单词"electricus"来形容某些物体经过摩擦后能够产生吸引力，字面意思就是"像琥珀一样的"。吉尔伯特对静电和磁进行了研究，研制了简单的验电器，用来观测物体对静电的感应，吉尔伯特通过实验对比，将磁现象和静电现象做了比较严格的区分和系统性研究。吉尔伯特是当之无愧的电学和磁学先驱者，为了纪念他，在 CGS 单位制中，吉尔伯特（Gilbert）用来表示磁通势，简称吉伯，对应 MKS 单位制中的安匝数［转换关系如下：1Gilbert（吉尔伯特）= 0.796A（安培）］。1646 年，另一位英国内科医生、作家托马斯·布朗（Thomas Browne）在其著作中有"electricity; that is, a power to attract straws and light bodies"，开始用英语单词

图 1-3　磁石论

"electricity"（电）。从此以后，原本表示"琥珀"的词根 electr-，就引申出了"电"的含义，衍生出了大量与"电"有关的单词。

1663 年，德国马德堡的奥托·冯·格里克（Otto von Guericke）发明了摩擦起电机，他用硫磺制成形如地球仪的可转动物体，用干燥的手掌擦着干燥的球体使之停止可获得电。当然，对格里克而言，他更伟大的发明是空气泵，用该泵可以在容器中产生部分真空，并进行了一系列著名的实验，如马德堡半球实验，将两个直径约 35.5cm 的半球合在一起，抽出里面的空气，这两个半球就紧紧地合在一起，最后用了 16 匹马使劲拉才将它们分开，证明了大气压的存在。

格里克的起电机制成之后，逐渐在欧洲传播开来，很多人都重复和改进这个实验。其中影响最大的是"无名英雄"弗朗西斯·豪克斯比（Francis Hauksbee）。豪克斯比是牛顿的实验助理，1705年，豪克斯比在研究格里克的起电机时，发现玻璃球可以摩擦起电，不需要硫磺。后来他将两个玻璃半球粘合在一起，加上曲轴手柄来摇动；同时玻璃球抽成真空，在里面充入了少量汞蒸气。当他熄灭灯光，用手压住玻璃球，并摇动手柄时，看到了玻璃球中闪烁着蓝色的"小闪电"，这其实是气体的辉光效应，不过当时人们并不明白。豪克斯比的实验立刻引起了轰动，人们用"创造了上帝的奇迹"来形容这个发明，随后他当选为皇家学会会员。豪克斯比起电机兴起了对电学研究的新高潮，这种机器在此后的一百多年里一直被用于产生静电，直到感应起电机出现。

豪克斯比长期以来只是当作牛顿的助手而被人所知，同富兰克林、法拉第等不同，在电学历史上很少有人注意到他的贡献，但其实他的实验仪器制造对电学发展提供了巨大的推动力。2010年英国皇家学会以他的名字设立了"豪克斯比奖"，以表彰那些为支持国家科学研究而默默工作的无名英雄。

1729年，英国物理学家斯蒂芬·格雷（Stephen Gray）发现电是可以传导的，但能传导多远呢，格雷做了一个实验，用一根黄铜丝连接一个铁球，再用丝绸将黄铜丝包裹起来，成功地把"电流体"传输到了800ft以外的铁球上，就这样，世界上的第一根电线诞生了（见图1-4）！格雷通过各种实验，证明所有物质都可以分为"导体"和"绝缘体"。1732年，格雷还发现了静电感应现象。1731年，因为对导体的发现，格雷获得皇家学会的第一枚科普利奖章（Copley Medal，为英国皇家学会颁发的最古老科学奖，视为科学成就的最高荣誉奖，世界上历史最悠久的科学奖项），1732年又因为静电感应实验而获得了第二枚。

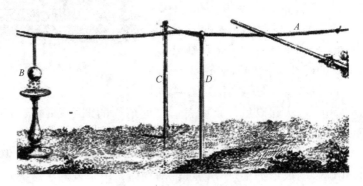

图1-4　世界上第一根电线

⊖　1ft=0.3048m。——编者注

　　1733 年法国化学家查尔斯·杜菲（Charles DuFay）发现带电的树脂棒会吸引被玻璃棒排斥的谷壳，类似地，被树脂棒排斥的谷壳会被玻璃棒吸引，显然，有两种不同的电流体，他分别称之为树脂电（即负电）和玻璃电（即正电），并总结出静电作用（静电力）的基本特征：同性相斥，异性相吸，两种电接触后就消失。

　　1746 年荷兰莱顿大学的物理学家马森布罗克（Pieter van Musschenbroek）偶然发现了电荷存储现象并进行了研究［1745 年，德国发明家克莱斯特（Ewald Georg von Kleist）同样独立发现并进行研究］，后来称该电荷存储装置为莱顿瓶，典型的莱顿瓶如图 1-5 所示，是一个玻璃容器，内外包覆着导电金属箔作为极板。瓶口上端接一个球形电极，下端利用导体（通常是金属锁链）与内侧金属箔或是水连接。莱顿瓶的充电方式是将电极接上静电产生器或起电盘等来源，外部金属箔接地，内部与外部的金属将会携带相等但极性相反的电荷。莱顿瓶的发明使物理学第一次有办法得到很多电荷，并对其性质进行研究。刚开始，科学家们以为是封闭的瓶子存储了电荷，后来发现，就算只有两块平板，只要让它们不接触，也能储存电荷，而并不一定要做成像莱顿瓶那样的装置，这就是电容器雏形。

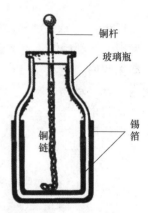

图 1-5　莱顿瓶

　　1752 年美国政治家、科学家本杰明·富兰克林（Benjamin Franklin，自 1928 年以来，每个版本的 100 美元钞票正面的人物均为富兰克林）进行了著名的风筝实验，证明了天空中的雷电与莱顿瓶中的电性质相同，因而发明了避雷针。1753 年，英国皇家学会授予他科普利奖章，理由是"由于他对电进行了非同寻常的观察与实验"。富兰克林还用实验证明电荷不是摩擦创造出来的，仅仅是从一个物体转移到另一个物体，任何一个绝缘体中的总电荷量不变，这就是现代电学中的电荷守恒定律。它还是正电和负电的命名人，他用数学上的正、负概念来解释正电和负电的性质[2]。

　　严格地说，此时对电学探索只是一些定性的观察和实验，还缺少电学的基本概念指导，对于定量的规律研究尚未开展。1785 年，法国物理学家库仑（Columb）对静电的引力和斥力做了定量的测量，并在同年发表了库仑定律，即两个电荷之间的力与电荷的乘积成正比，与电荷之间距离的平方成反比。库仑定律可以说是为电学奠定了科学基础，从此电学进入了科学行列。为纪念库仑，1881 年在巴黎召开的第一届国际电学会议决定用他的姓氏"库仑"命名电荷量的单位，简称为库，符号 C。1889 年，在法国大革命 100 周年之际，巴黎埃菲尔铁塔落成，为了纪念过去 100 年来科学技术的进展，埃菲尔决定在铁塔基座上刻上 72 个法国数学家、科学家、工程师的名字，其中就有库仑（还有后面要讲到的安培）。

其实在库仑之前，英国化学家、物理学家亨利·卡文迪许（Henry Cavendish）也做过类似的实验，但没有及时把实验结果公布于世。一直到麦克斯韦审阅整理并出版了他的手稿后，人们才知道他在电学方面做出了很多重要发现，其中之一就是他发现一对电荷间的作用力跟它们之间的距离平方成反比，这就是库仑定律内容的一部分。

1.2 静电和"动"电

1786 年，意大利解剖学家易吉·伽伐尼（Luigi Galvani）在一次偶然的机会中发现，解剖后的青蛙大腿在同时接触到两种不同金属时会抽搐。这就是最原始的伽伐尼"电池"，青蛙是电解质，也是电流指示器。但伽伐尼误认为青蛙肌肉内含有"动物电"，是动物本身所具有的，当两种不同金属与之接触，就把这种"动物电"激发出来了，不明白这只是由于电流经过而引起的抽搐。1791 年，伽伐尼用拉丁文发表了题为《论肌肉运动中的电力》的文章，如图 1-6 所示。

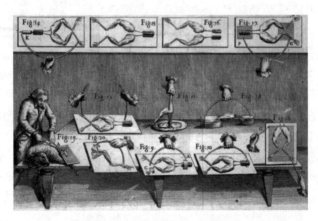

图 1-6 伽伐尼论文中的插图

这引起了意大利科学家亚历山德罗·伏特（Alessandro Volta）的兴趣，他做了同样的实验，现象是重复出来了，但伏特提出了自己的理论：蛙腿抽动的电能，不是来自青蛙，而是来自与蛙腿接触的金属，蛙腿发生抽搐只是起到验电器作用。1793 年伏特发表一篇论文，总结了自己的实验。后来，伏特通过进一步的实验研究，终于发现两片不同金属不用动物体也可以有电产生，并据此发明了电池。1800 年伏特给英国皇家学会会长约瑟夫·班克斯（Joseph Banks）写信报告了他的发明，如图 1-7 所示，后来这封信发表在《哲学学报》上，题目是《关于不同种类电解质接触而激发的电力》。

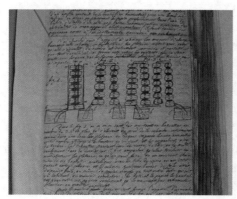

图1-7　电堆装置草图及伏特电堆装置

伏打电池的发明使人们第一次获得了可以人为控制的持续电流，为今后电流现象的研究提供了物质基础，也为电流效应的应用打开前景，并很快成为进行电磁学和电化学研究的有力工具。对电磁学的影响大家可能都比较熟悉，对电化学的研究可以多介绍下，1800 年英国化学家威廉·尼科尔森（William Nicholson）和解剖学家卡里斯尔（Carlisle）采用伏打电池电解水获得成功，使人们认识到可以将电用于化学研究。1807 年，英国化学家戴维（Humphry Davy）用了 2000 片锌板和铜板以及无数加仑的酸液建造了世界上最大的电池，从此开始变身"电解狂魔"，在短短两年间就"电"出了钠、钾、钡、锶、镁、硼等 8 种新元素，成为世界上发现化学元素最多的科学家，也奠定了他在英国顶级科学家的地位。"电解狂魔"在发现新化学元素的同时，还发明了人类第一个电灯，当他将两个电解用的碳棒电极接触的时候发现产生电火花，电极缓慢离开后，电火花逐步变大形成一个稳定刺眼的灯光，这就是最早的碳极电弧灯。只是当时缺乏充足的直流电源，一直到 1842 年，法国首次在街道、工厂、灯塔等场合试用电弧灯，直到 19 世纪晚期电弧灯才被白炽灯替代。当然，化学家戴维对电学也是有重大贡献的，那就是 1813 年他任命法拉第为他的助手，使这个贫穷的订书工逐渐成为著名的科学家。虽然戴维在晚年，曾因嫉妒法拉第的成就而压制过他，但是不能不承认正是戴维对他的培养，为法拉第以后完成科学伟业创造了必要的条件。所以戴维发现并培养了法拉第这样一个杰出人才，这本身就是对科学事业的一个重大贡献。顺便说一下，为了纪念伽伐尼，伏特以伽伐尼的名字发明了"Galvanism"这一术语，以描述化学活动产生的直流电。为了纪念伏特在物理学方面的伟大贡献，即用他的姓氏作为电动势、电位差及电压的单位名称"伏特"，简称"伏"（V）。

1.3　电磁感应和电路定律

1820 年，丹麦物理学家汉斯·克海斯提安·奥斯特（Hans Christian Ørsted）发现当电池组两端的铜线接近磁针时，磁针会发生偏转，这是人类第一次揭示了电与磁的密切关系。这为开展电磁学研究奠定了基础，奥斯特于同年因电流磁效应这一杰出发现获英国皇家学会科普利奖章。为了纪念他，国际上从 1934 年起命名磁场强度的单位为奥斯特。同样在 1820 年，法国物理学家毕奥（Jean Baptiste Biot）和萨伐尔（Felix Savart）通过实验提出了表示电流和它所引起的磁场之间相互定量关系的定律，即毕奥-萨伐尔定律。

1820 年的电流磁效应实验引起了法国物理学家安培（Andre Marie Ampere）的兴趣，并决定尝试了解电流产生磁效应的原因。在 1820 年 9 月底，他发现，如果电流在两条靠近的平行电线中以相同的方向流动，电线就会相互吸引；如果电流以相反的方向流动，电线就会相互排斥，即在完全没有磁铁的情况下产生了磁吸引力和排斥力，所有的磁性都是电产生的。他把这个新领域称为电动力学（electrodynamics）。安培同样发现了电流和电流激发磁场的磁感线方向间关系，并通过右手螺旋定则（安培定则）可以简单快捷地判断：通电直导线中的安培定则，用右手握住通电直导线，让大拇指指向直导线中电流方向，那么四指指向就是通电导线周围磁场的方向；通电螺线管中的安培定则，用右手握住通电螺线管，让四指指向电流的方向，那么大拇指所指的那一端是通电螺线管的 N 极。后来，安培又通过实验发现的通电导线之间相互作用力同电流大小、导线间距以及相对取向之间的关系，称为安培定律，即公式为 $F = BIL$，是指电流为 I，长度为 L 的直导线，置于磁感应强度为 B 的均匀外磁场中受到的力 F。毫无疑问，安培是电磁学的"伟人"之一，正如另一位"伟人"麦克斯韦在他的《电磁通论》中称他为"电中牛顿"（the Newton of electricity），以牛顿当时在科学史中的地位，这个评价是极高了，有点类似于"人中吕布，马中赤兔"。

现在该天才电学大师迈克尔·法拉第（Michael Faraday）登场了。1821 年，法拉第作为皇家学会主席戴维〔此时戴维和他的朋友威廉·海德·沃拉斯顿（William Hyde Wollaston）正在尝试设计一部电动机的工作〕的助手，接到任务为《哲学年鉴》写一篇关于电磁学的历史发展概述，但此时法拉第刚刚涉足这个领域。于是他把能找到的东西都读了一遍，并重复了奥斯特和安培的实验。当时安培关于电和磁的观点主要是通过与牛顿的万有引力理论的数学类比得到的（通过万有引力类比，容易想到两条导线之间是直线方向的相互吸引的力和相互排斥的力），但在法拉第看来，他逐渐有了新的想法，导线在它周围空间里感应出是一个圆形的力。

接下来就是法拉第出色地展示了他的实验能力天赋：他将一块铁棒磁铁插入一个盆中的热蜡里，当蜡变硬后再把盆里装满汞，直到仅有磁铁的顶端露出来，他从一个绝缘的支架上悬挂一段很短的电线使它的底部浸在汞中，然后将电池的一端接到电线的顶端，电池的另一端接到汞，电线和汞现在是电路的一部分，即使电线的底部移动，电路也不会被破坏，然后移动电线——它在磁铁周围快速旋转。如图 1-8 所示。法拉第制造了世界上第一台电动机，这个装置现称为单极电动机。

法拉第的座右铭就是"工作、完成、发表"，于是他匆匆写了一篇题为《关于一些新的电磁运动和电磁学理论》的论文，不到一个月论文就在《科学季刊》上发表了。但在匆忙之中，他忘了按照惯例，应当在论文中向他的导师戴维致谢，同时也没有提到戴维的朋友沃拉斯顿的工作。但他们是在一起工作的，所以法拉第被包括戴维在内的其他人指控剽窃。我们只能猜测戴维的动机，他性格复杂，既慷慨又自负：法拉第作为一个门生，其成就提升了他自己的公众地位时，

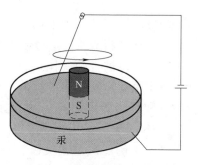

图 1-8　法拉第的第一个电动机装置示意图

戴维的"慷慨"获胜，但当他的门生以竞争对手的身份出现时，戴维的虚荣心就占据了上风，法拉第没有与他的领路人和导师分享部分荣誉，这一失礼的疏忽是对戴维尊严的侮辱。因为此项工作法拉第被提升到科学界权威地位，1825年戴维晋升法拉第为英国皇家科学研究所所长，担任行政职务占据了他大量的时间。一直到 1831 年，法拉第用电流和磁铁产生旋转已经过去了 10 年，但它的奥秘到底是什么呢？在他脑海中始终挥之不去。同时还有一个问题，那就是如果电能产生磁力，那么磁能不能产生电呢？

此时法拉第对音乐的爱好帮助了他，法拉第沉浸在对声学振动和波的思考中，开始认为电和磁也可能是由类似于声音的波来传播的。为了验证这个想法，1831 年夏天他做了一个实验：当他将两条独立的电线环绕在一个大铁环，并在其中一条导线接通或断开电流时，另外一条导线竟也产生电流，如图 1-9 所示，这可能是有史以来最伟大的科学发现之一。这是由电磁铁产生的电，那么永久磁铁和电路是否有同样的效果呢？法拉第又做了个将普通磁铁推入再拔出线圈的实验，同样在线圈中有电流产生。他发现了一种最终会改变人们生活的现象——电磁感应[3]。

根据他的发现，在制造世界第一台电动机后，法拉第很快又制造了世界上

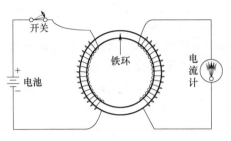

图1-9　法拉第铁环实验示意图及所用铁环

第一台发电机，其原理如图1-10所示。（1905年清政府直隶工艺总局在天津开办的教学品制造所，陆续制作了35种电学、磁学类教具，包括威姆爱斯特发电机，这也被视为中国电机工业的萌芽。——《中国电机工业发展史》，机械工业出版社）法拉第的贡献不止于此，1837年他引入了电场和磁场的概念，指出电和磁的周围都有场的存在，这打破了牛顿力学"超距作用"的传统观念。1838年，他提出了"电力线"的新概念来解释电、磁现象，这是物理学理论上的一次重大突破：空间不是一无所有，而是存在着能够支持电磁力变化的介质，能量不局限于粒子中，也存在于它周围的空间中，这就是场论的诞生。

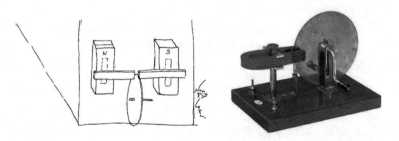

图1-10　法拉第日记中的发电机草图与手摇圆盘直流发电机复原样机

尽管法拉第的科学工作受到了普遍的赞扬，但他最大的成就在他有生之年却基本上被忽视了，直到他去世后才开始浮出水面。德国物理学家赫尔曼·冯·亥姆霍兹（Hermann von Helmholtz）在1881年发表了这样一篇文章"现在麦克斯韦给出了法拉第关于电力和磁力概念本质的数学解释，我们看到，在法拉第同时代的人看来，这些词要么含糊不清，要么晦涩难懂，而实际上其背后却隐藏着很深奥的精确的科学原理。法拉第凭一种直觉，在没有一个数学公式的帮助下，发现了如此之多的通用定理，这些定理的有条理的推论要求最高级的数学分析能力，这是最令人惊讶的。"而能展现法拉第伟大之处的人就是詹姆斯·克拉克·麦克斯韦（James Clerk Maxwell）。

1824 年英国电气工程师威廉·斯图金（William Sturgeon）在重现安培的实验时，在一个铁棒上绕制螺旋线圈，他惊讶地发现铁棒居然可以把线圈磁场进行放大，这是因为电线中的电流将铁棒进行了磁化，于是发明了电磁铁。

1825—1827 年间，德国物理学家格奥尔格·西蒙·欧姆（Georg Simon Ohm）经过大量实验得到著名的欧姆定律，即电流强度与电势差成正比，而与电阻成反比。欧姆还证明了导线的电阻与其长度成正比，而与其横截面积成反比。为了纪念他，电阻的单位用欧姆（ohm），简称欧（Ω，符号用 Ω 而不用 O，只是因为后者容易和"零"混淆，此外 Ω 即 Omega 的第一个字母恰好是 O）。1841 年，欧姆获得了科普利奖章。

1830 年 8 月，美国科学家约瑟夫·亨利（Joseph Henry）在电磁铁两极中间放置一根绕有导线的条形铁棒，然后把条形铁棒上的导线接到检流计上，形成闭合回路。他观察到，当电磁铁的导线接通的时候，检流计指针向一方偏转后回到零；当导线断开的时候，指针向另一方偏转后回到零。这就是亨利发现的电磁感应现象，这比法拉第发现电磁感应现象早一年。但是，当时亨利正在集中精力制作更大的电磁铁，没有及时发表这一实验成果，因此，发现电磁感应现象的功劳就归属于及时发表了成果的法拉第，亨利失去了发现权。验证了现在流行的一句话"发表为王，先发为大王。"亨利还对绕有不同长度导线的各种电磁铁的提举力做了比较实验，他意外地发现，通有电流的线圈在断路的时候有电火花产生。1832 年他发表了《在长螺旋线中的电自感》的论文，宣布发现了自感现象。1835 年，亨利利用电磁感应原理，发明了继电器，即后来取代机械开关的机电开关，亨利的这项发明一直没有引起世人的关注，后来塞缪尔·莫尔斯（Samuel Morse，被称为电报之父）使用继电器成功地在长达数千米的导线中传输莫尔斯电码，电报和电话通信技术有了长途发展后，人们才感受到继电器有如此广泛的应用价值。为了纪念亨利，电感的单位以他的名字"亨利"命名，简称亨（H）。

1840 年，英国物理学家詹姆斯·普雷斯科特·焦耳（James Prescott Joule）写了一篇关于电与热的论文《从伏特电池中产热》，但没有被皇家学会接收。1841 年，这些内容以论文《关于金属导体和电池在电解时放出的热》发表在《哲学杂志》上，论文提出电流通过导体时产生的热量跟电流的平方成正比，跟导体的电阻成正比，跟通电的时间成正比。但论文并没有引起学术界的重视，因为在一些学者们看来，焦耳当时只是一个酿酒师，又没有大学文凭。一年后，俄国彼得堡科学院院士楞次也做了电与热的实验，验证了焦耳关于电流热效应结论的正确性，焦耳的论文才得到重视，后来人们把这个定律叫作焦耳定律或焦耳—楞次定律。同样的情况出现在焦耳的另一篇论文《空气的稀释和浓缩所引起的温度变化》，被皇家学会拒收后，第二年发表在《哲学杂志》上，其实这篇论文的意义更为重要，它就是后来的热力学第一定律的部分内容！为了纪念他，人们用焦耳（J）来命名能量单位。顺便说下，焦耳还发现了磁致伸缩现象，所以又被称为焦耳效应（焦耳心里估计和现在大多数博士生一样，发表个论文怎么就这么难？）。

1847年古斯塔夫·罗伯特·基尔霍夫（Gustav Robert Kirchhoff）基于欧姆的结论提出了两个关于电阻网络中节点间的电流和网络各位置电压的定理，也即现在的基尔霍夫电流定律（KCL）和基尔霍夫电压定律（KVL），对发展电路理论做出了重大贡献。

时间差不多该电磁理论的集大成者——英国伟大的科学家麦克斯韦出场了。19世纪50年代，当正在英国剑桥大学的麦克斯韦阅读了法拉第的著作《电学的实验研究》（*Experimental Researches in Electricity*）之后，被法拉第实验的精确性以及精妙的推理所吸引，开始越来越多地转向电和磁的思考。麦克斯韦有一个重要的天赋，就是擅长类比。麦克斯韦将法拉第想出的"力线"类比为装满了不可压缩流体的"力管"。这力管的方向代表力场（电场或磁场）的方向，力管的截面面积与力管内的流体速度成反比，而这流体速度可以比拟为电场或磁场。借用流体力学的一些数学框架，即可推导出一系列初步成形的电磁学雏论，并于1855年发表了他的第一篇电磁方面的论文《论法拉第力线》（*On Faraday's Lines of Force*）。正如麦克斯韦后来承认的，他的电磁场数学理论的基本思想就来自法拉第，自己的贡献只不过是给出了经典场方程的数学表达式（这当然是自谦的说法）。在1861年，麦克斯韦发表了《论物理力线》（*On Physical Lines of Force*），在这篇论文里，他阐述了可以比拟各种电磁现象的"分子涡流理论"和电势移的概念。麦克斯韦在前进的道路上继续着传奇。1864年，他发表了第三篇电磁方面的论文——《电磁场的动力学理论》（*A Dynamical Theory of the Electromagnetic Field*）。对这篇论文，麦克斯韦对自己表示很满意，这个最谦虚的人，竟然开始"自吹自擂"起来了，在一封写给他表哥查尔斯·霍普·凯的信的结尾，麦克斯韦写道"我还写了一篇伟大的论文，其中包含了一种关于光的电磁理论，我自信，这是一门巨大的大炮。"1873年，麦克斯韦出版了划时代的近1000页的巨著《电磁通论》（*A Treatise on Electricity and Magnetism*），全面阐述了他所建立的经典电磁学理论，在理论上预言了电磁波的存在。麦克斯韦在书中从库仑定律的发现到麦克斯韦方程组的建立做了全面系统的阐述。麦克斯韦完整而深刻地揭示出变化的磁场可以激发电场、变化的电场又能激发磁场这一客观规律，从而使人们认识到交变电场和交变磁场是相互联系、相互转化、组成统一的电磁场。《电磁通论》这部著作的地位足以与牛顿的《自然哲学的数学原理》、达尔文的《物种起源》相比肩，如图1-11所示。

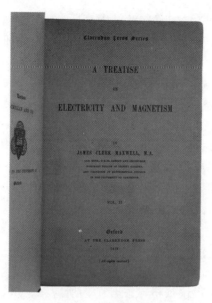

图 1-11　《电磁通论》

有趣的是，著名的"麦克斯韦四方程"并非出自麦克斯韦之手，麦克斯韦学派"四大金刚"之一的奥利弗·海维赛（Oliver Heaviside）才是在科学史上第一次写下该方程的人。事实上，麦克斯韦在 1873 年建立最初理论框架体系里提出了 20 个方程来表示电磁之间的关系，而海维赛在 1885 年发表了麦克斯韦理论的修订版，将原来的 20 个方程简化为 4 个。具体如下：

积分形式：
$$\oint_s E \cdot n\mathrm{d}a = \frac{q_{ene}}{\varepsilon_0} \qquad \text{高斯电场定律}$$

$$\oint_s B \cdot n\mathrm{d}a = 0 \qquad \text{高斯磁场定律}$$

$$\oint_c E \cdot \mathrm{d}l = -\frac{\mathrm{d}}{\mathrm{d}t}\int_s B \cdot n\mathrm{d}a \qquad \text{法拉第定律}$$

$$\oint_c B \cdot \mathrm{d}l = \mu_0\left(I_{enc} + \varepsilon_0 \frac{\mathrm{d}}{\mathrm{d}t}\int_s E \cdot n\mathrm{d}a\right) \qquad \text{安培 - 麦克斯韦定律}$$

微分形式：
$$\nabla \cdot E = \frac{\rho}{\varepsilon_0} \qquad \text{高斯电场定律}$$

$$\nabla \cdot B = 0 \qquad \text{高斯磁场定律}$$

$$\nabla \times E = -\frac{\partial B}{\partial t} \qquad \text{法拉第定律}$$

$$\nabla \times B = \mu_0\left(J + \varepsilon_0 \frac{\partial B}{\partial t}\right) \qquad \text{安培 - 麦克斯韦定律}$$

方程具体详细的含义，推荐参考《麦克斯韦方程直观》（机械工业出版社，2013）一书，对每个方程及其符号的物理意义进行了详细的讲解。

在评价麦克斯韦伟大成就时，正如爱因斯坦所说，"一个科学时代结束了，另一个科学时代始于詹姆斯·克拉克·麦克斯韦。"

1883年法国的电信工程师莱昂·夏尔·戴维南（Leon Charles Thevenin）在欧姆定律和基尔霍夫定律的基础上，提出了戴维南定理（即将电路等效为一个电压源串联一个电阻形式）来降低电路网络的复杂性，由于早在1853年，德国物理学家亥姆霍兹也提出过该定理，所以又称亥姆霍兹-戴维南定理。1926年，美国的电气工程师爱德华·劳里·诺顿（Edward Lawry Norton）进一步发展了戴维南定理，提出了电流源等效电路的形式，即诺顿定理。

1.4 交流电和直流电

电磁感应发现之后很快被机械设计师们所应用，从那时起，各类电磁能量转换装置以及相关电力电路得到了迅速发展。在法拉第电磁感应实验的启示下，1832年，法国工程师皮克西（Hippolyte Pixii）制造了自己的发电机，如图1-12所示。他的机器是手动的，在固定的铁心绕上导线线圈，线圈下有旋转的U形磁铁（通过手轮和齿轮使其旋转），磁铁旋转时在线圈导线中就产生了电流，皮克西的发电机产生交流电，这在当时没什么意义〔由于最初的伏特电堆产生的是直流电，所以人们认为发电机就应该产生直流电，从某种意义上说，在交流发电机上加装整流装置来输出直流电，这个想法使电气工程工业的发展推迟了大约60年，即从1831年法拉第实验到1891年的劳芬（Lauffen）实验，直到那时起人们才决定用交流电来进行远距离传输〕。于是在安培的建议下，皮克西安装了一个将交流电转换为脉冲直流电的整流器。皮克西发明的这种发电机在世界上是首创，虽然本质上是一个工作模型，但它是第一个基于法拉第发现的原理制造的实用发电机。可惜皮克西英年早逝，27岁时在一次车祸中去世了。

接下来的几十年里，各式各样的直流发电机不断涌现，但他们都有各种不同的缺陷。直到1867年，德国发明家、企业家维尔纳·冯·西门子（Werner von Siemens）提出了一种串励发电机模型，利用剩余的弱磁来产生电动势发电，再返回给电磁铁励磁，促使其磁力增强，这就是自励式直流发电机的原型，如图1-13所示。西门子第一个生产的自励发电机叫Dynamo，这个词来自希腊语，dunamis，表示动力，这个单词在之后的50年一直用于直流发电机的名称。西门子有一种很强的能力，就是研发的这些技术往往能马上产品化投入市场，例如电力机车（1879年）、电梯（1880年）、有轨电车（1881年）、无轨电车（1882年）等。

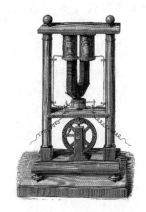

图 1-12　皮克西的发电机

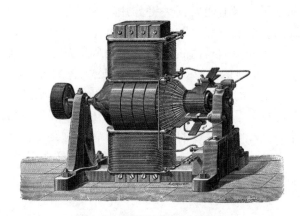

图 1-13　西门子的自励发电机

1870 年在法国工作的比利时人格兰姆（Gramme）试制成线圈绕成环形电枢的格兰姆自激直流发电机，并于 1875 年进一步改成速度较高、质量较轻、使用价值较大的直流发电机，安装在巴黎北火车站发电厂，为车站附近弧光灯提供电源，这是世界上第一座火力发电厂。在 1881 年巴黎电气展览会上，展出了爱迪生制造的当时容量最大的直流发电机，功率 150 马力$^{\ominus}$，电压 110V，重 27t，可供 1000~1200 盏电灯使用。

此时，出现了直流与交流的"电流之战"。由于直流电机的电刷经常磨损，后来在 1856 年，人们发现撤开电刷，发电机直接输出交流电也可以点亮电弧灯，于是交流电主要被用于点亮室外高亮电弧灯。当时阻碍交流电应用的最大障碍就是人们还无法制作真正可以使用的交流电动机，也就是如何利用交流电产生旋转动力。而对交流电发展起重要推动作用的就是尼古拉·特斯拉（Nikola Tesla）与伽利略·法拉利（Galileo Ferraris）。尼古拉·特斯拉大家都非常熟悉了。下面先讲伽利略·法拉利。1884 年，在意大利都灵国际博览会，法国人高拉德（Lucien Gaulard）和英国人吉布斯（John Dixon Gibbs）展示了长距离交流输电技术，输电展示工程是用西门子公司的单相交流发电机将 30kW、133Hz 的交流电输送到 40km 远处的都灵，线路损耗非常小，这个工程中最吸引人的是变压器，当时被人们称为"二次发电机"（Secondary Generator）。法拉利的第一个成熟的贡献是有关变压器的，他在 1885—1886 年的 3 篇报告中给出了变压器完整的模型来计算变压器铁心在交流条件下的功率损耗。事实上，基于对变压器的研究，法拉利意识到电动机需要进行自发旋转，只有这样交流系统才能超越直流系统，如果没有这样的电动机，任何交流发电机

$\ominus$　1 马力 = 735W。——编者注

15

和变压器都不能发挥关键作用，当时他就认识到"变压器仅仅是整个电力系统的一个组成部分"。

在1885年早些时候，法拉利从麦克斯韦的电磁波理论中得到制作两相电动机和发电机的灵感：将两个交流磁场叠加可以获得旋转磁场，产生与旋转的永磁体相同的效应。具体就是，在两个中心轴正交的相同线圈中通以相同幅度、相同角频率、相差90°的两个正弦电流，那么以角频率旋转的磁场就会在线圈的中心点产生，磁场的旋转频率与静止电路中注入的电流频率是一致的。当然，如果电流和线圈都是相差120°，结果同样适用于三个线圈。他在1885年8~9月制作了这样的两相电动机，如图1-14所示。

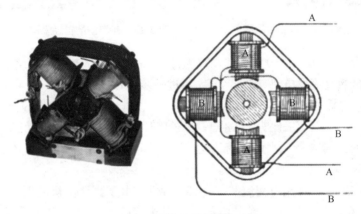

图1-14　法拉利的两相电动机

实际上直到1888年法拉利才发表了论文《交流电产生的电动旋转》，讨论在交流发电机中使用多相交流电。不久之后，法拉利知道了特斯拉申请的两相交流发电机和电动机专利刚刚被授权。有人指出特斯拉的电机是基于法拉利教授的"旋转磁场"的思想，特斯拉进行了反驳，声称这纯属巧合，如图1-15所示。

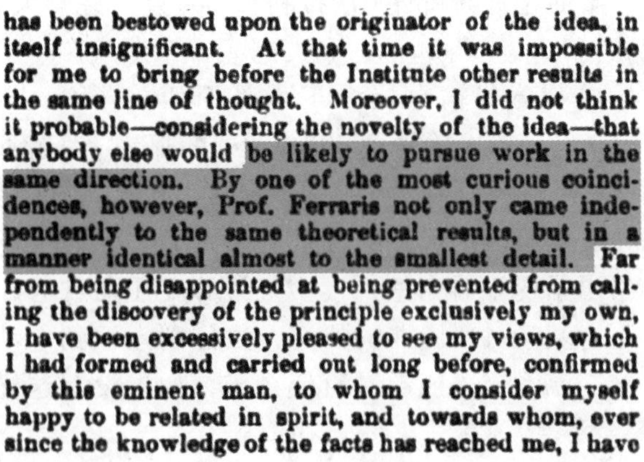

1884年，特斯拉一来到纽约就为爱迪生打工，工作几年之后他们分道扬镳，主要是爱迪生支持生产和传输直流电，而特斯拉站在生产和传输交流电一方。特斯拉从爱迪生公司出来后建立了自己的特斯拉电气公司，

has been bestowed upon the originator of the idea, in itself insignificant. At that time it was impossible for me to bring before the Institute other results in the same line of thought. Moreover, I did not think it probable—considering the novelty of the idea—that anybody else would be likely to pursue work in the same direction. By one of the most curious coincidences, however, Prof. Ferraris not only came independently to the same theoretical results, but in a manner identical almost to the smallest detail. Far from being disappointed at being prevented from calling the discovery of the principle exclusively my own, I have been excessively pleased to see my views, which I had formed and carried out long before, confirmed by this eminent man, to whom I consider myself happy to be related in spirit, and towards whom, ever since the knowledge of the facts has reached me, I have

图1-15　特斯拉的反驳

取得了交流电的许多专利。乔治·西屋对交流输电系统非常感兴趣，于 1888 年支付给特斯拉约 17 万美元购买交流发电机和电动机专利，以及以后公司售出电机还需支付 2.5 美元每马力专利税。当然，乔治·西屋还买下了高拉德和吉布斯两人的"交流配电"专利（Apparatus for the production and utilization of secondary electric currents，US0297924；System of electric distribution，US0351589），如图 1-16 所示，并对他俩创造的开磁路式变压器结构进行革新，研制了具有现代实用性的电力变压器（见第 3 章 3.1 节）。

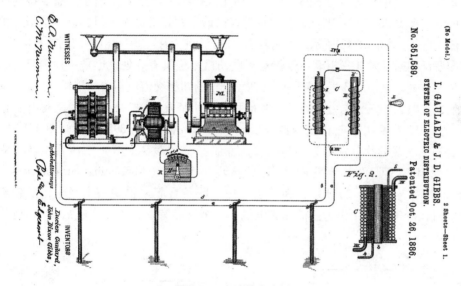

图 1-16　交流输电专利

专利税让特斯拉获得了巨额的利润，但也成了西屋公司的一个严重问题：几年后西屋公司想通过降低价格以击垮所有竞争对手，但当时特斯拉的专利税竟上升到 1200 万美元，几乎让西屋公司破产。因此西屋公司和特斯拉当时面临的选择是，要么破产将市场拱手让给竞争对手，包括爱迪生和他的直流电，要么相互妥协以挽回局面。特斯拉于是以 216600 美元的价格把交流电专利永久卖给西屋公司，放弃了原先收取专利费的权利。此后，由于交流电天生的技术优势，交流输电变得越来越廉价，传输功率越来越强大，并最终成为笑到最后的"电"。

1.5　两相电和三相电

其实早在 1886 年，美国西屋公司就生产了单相交流发电机，使用单相交流电为城市照明供电，1888 年特斯拉取得两相交流电动机和发电机的专利后，美国西屋公司就购买了特斯拉的专利，开始研究推广两相交流电（两相之间相位相差 90°）。在 1888 年晚些时候，出生于俄罗斯并于德国 AEG 公司工作的电气工程师米哈伊尔·多利弗·多布罗沃利斯基（Mikhail Dolivo-Dobrovolsky，毕业于德国达姆施塔特工业大学，该校于 1882 年创建世界第一个电气工程系），发现特斯拉的两相交流电并没有特别的优势，认为在转子上产生的波动太大，经计算认为三相交流电可以减小磁场波动，于是他开始建造三相电的发电机和电动机，系统中具有 3 套线圈绕组，只使用 3 根线，如图 1-17 所示。需要特别指出的是，在 1888 年，特斯拉专利中不仅仅申请了两相交流发电机，也申请了三相交流发电机，如图 1-18 所示，但需要强调的是，特斯拉的三相电机使用 6 根电线。多布罗沃利斯基发现三相电不仅仅对于电动机来说具有好处，也是一种全新的电力传输方式，只使用 3 根线就可以（西屋公司的两相交流电需要 4 根线），这就是我们现在熟知的三相电力系统了。多布罗沃利斯基发现要三相输电，就得有三相变压器，于是发明了三相变压器（Electric transformer, CA39585），如图 1-19 所示，根据连线形状分别称为 delta（Δ）变压器、星形（Y 型）变压器。多布罗沃利斯基还于 1889 年发明了笼型异步电动机（Alternating current motor, US427978），如图 1-20 所示，在转子上加上肋条看起来很像一个笼子，至今笼型电机在电气工程中仍为主流交流电机。一个人能有这么多项影响后世的成就，真是天才啊。

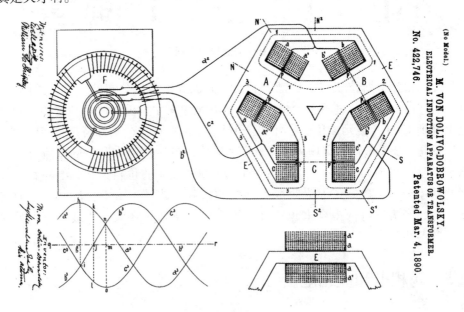

图 1-17　多布罗沃利斯基的三相电机专利

图 1-18　特斯拉的三相电机专利

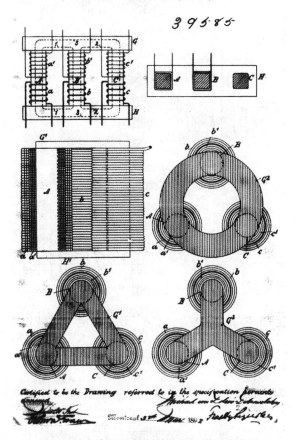

图 1-19　多布罗沃利斯基的三相变压器专利

1890 年，一个名叫奥斯卡·冯·米勒（Oscar von Miller）的人，是 1891 年法兰克福电气展览会的技术指导，我猜他当时心想，咱得整点新东西吧，于是他协调 AEG 公司，建立了从德国劳芬发电，通过三相交流输电到法兰克福电气展览会的三相输电系统。该线路始端的劳芬水电站，安装了一台 230kVA、95V、三相交流发电机和一台 200kVA、95/15200V 变压器，输电线路长度 175km，线路末端法兰克福建造两座 13800/112V 降压变电所，其中一座供展览会照明用电，另一座供 100 马力三相异步电动机，与一台离心水泵相连接，供给 9m 高的人工瀑布用电，输电效率为 80%。这是第一个三相输电系统，如图 1-21 所示，在很多方面和我们现在使用的电力系统一样[4]。

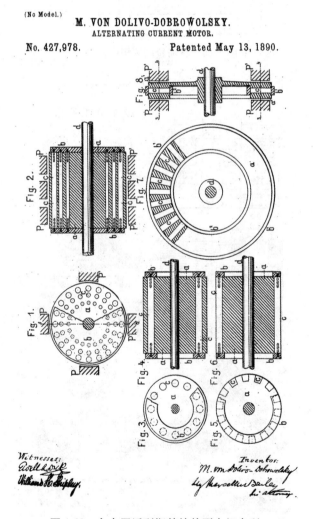

图 1-20　多布罗沃利斯基的笼型电机专利

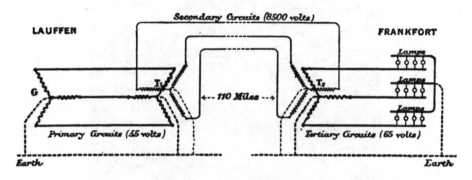

图 1-21　第一个三相输电系统

大家一看，三相输电很好啊，美国的通用电气公司 [General Electric Company，简称 GE，由爱迪生通用电气公司改名而来，由于爱迪生固执地拒绝使用和接受交流电，公司投资人、资本大佬摩根（J. P. Morgan）将爱迪生公司与其他公司合并，将爱迪生从公司开除（爱迪生说是自己自愿离开），并把公司名称中的爱迪生去掉] 放弃直流电改推广三相交流电，此时在 GE 公司负责三相电技术的是查尔斯·普罗透斯·斯坦梅茨（Charles Proteus Steinmetz），这也是一位传奇人物。他患有先天软骨发育不全症（俗称驼背），他 1892 年进入 GE 公司工作（GE 公司收购了他原来在的公司），他的主要贡献有磁滞损耗分析、交流电矢量分析法、在美国推广三相电、交流高压研究、实现首次人工闪电等，被称为"杰出的天才"（outstanding genius）、"电气时代的超人"（the superman of an electrical age）、"工程师的工程师"（engineer's engineer）。爱迪生说过"查尔斯·斯坦梅茨，奇异的小不点，个头不足五英尺，但有着一个巨大的脑壳，里面有无尽的思想。但斯坦梅茨有着比起思想更大的胸怀，斯坦梅茨开始交流电方面的工作，我们至今广泛使用交流电。人们通常认为我更倾向于传输不到 2mile[⊖]的直流电传输方式，对此我并不认为有什么问题，但的确是我这一生所犯的最大的错误"。1921 年，爱因斯坦到访 GE 公司，留下了下面这个珍贵的照片（见图 1-22），除了爱因斯坦和斯坦梅茨外，还有欧文·兰缪尔（Irving Langmuir，因表面化学上的工作被授予 1932 年诺贝尔化学奖）、艾伯特·赫尔（Albert Hull，发明了闸流管）、恩斯特·伯格（Ernst Berg，斯坦梅茨的老朋友，他们合作完成了经典著作《交流现象理论和计算》（Theory and Calculation of Alternating Current Phenomena）、大卫·沙诺夫（David Sarnoff、美国商业无线电和电视的先驱和企业家、被誉为美国广播通信业之父）。

⊖　1mile＝1609. 344m。——编者注

图 1-22 斯坦梅茨和爱因斯坦等合影

左一为沙诺夫，左三为伯格，左五为爱因斯坦，左七为斯坦梅茨，右五为赫尔，右六为兰缪尔。

在 1893 年中期，GE 公司成为美国第一家可以建设三相电传输系统的公司。此时西屋电气还在推广两相电系统，如 1895 年纽约尼亚加拉瀑布水电站采用了西屋电气的两相电系统（25Hz）。此时，西屋电气公司也发现问题了，就是他们的两相-四线系统比 GE 公司的三相-三线系统明显多一条输电线，成本高，但西屋电气公司此时还不能生产三相电机，公司员工查尔斯·斯科特（Clarles Scott，后来于 1902—1903 年担任过 IEEE 前身 AIEE 的主席）发明了将两相系统和三相系统相连接变压器接线方式（现在称为斯科特变压器），于 1894 年 3 月在美国国家电灯协会的一次会议上发表了相关论文，如图 1-23 所示。斯科特变压器首次应用是 1896 年将尼亚加拉瀑布水电站的两相发电

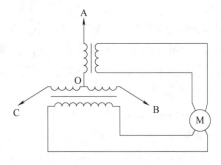

图 1-23 连接两相系统和三相系统的斯科特变压器

机的输出转换为三相电，为纽约州水牛城的输电线路供电，从而节约电力传输费用。现在斯科特变压器一般用于电气化铁路牵引中（见第 9 章 9.4 节）。

故事的结尾大家都知道了，相比两相交流电，三相交流输电的巨大优势让三相系统迅速普及。

随着社会发展的需要，电力系统输送的功率越来越大，电压等级越来越高，20 世纪初美国工程师 Frank W. Peek 研究解决 110kV 输电线路电晕后，于 1915 年出版《高电压工程中的电介质现象》（*Dielectric Phenomena in High-voltage Engineering*）的专著，首次提出高电压工程（high voltage engineering），这也被认

为是高电压与绝缘技术的起源。

1.6　电力电子的含义

从上面发展历程来看，此时我们电气工程中 5 个二级学科已经出现了 4 个，分别是电工理论与新技术、电机与电器、电力系统及其自动化、高电压与绝缘技术。我们这本书的主角"电力电子"此时还隐藏在幕后。直到 1957 年，美国 GE 公司研制出世界上第一款商业化晶闸管产品，我们通常将此称为电力电子技术的诞生标志（有人要问晶体管诞生得更早，为什么不是晶体管作为标志呢，本书作者认为主要是当时晶体管的电压电流还很低，只能处理小功率信号级的放大，比如说在收音机里面，如 1954 年第一台商用晶体管收音机就上市了）。晶闸管是一个半控型功率半导体器件，很快被应用于交流电与直流电之间的变换与调节。之后不久，具有更强功能的全控型功率器件陆续出现，如门极可关断（GTO）晶闸管、双极型晶体管（BJT）、金属氧化物半导体场效应晶体管（MOSFET）、绝缘栅双极型晶体管（IGBT）等，这些全控型功率器极大地促进了电力电子技术发展。

关于电力电子技术的定义，其同样经历了不同阶段的发展与丰富。1973 年 6 月，在美国召开的 IEEE 电力电子专家会议（Power Electronics Specialists Conference，PESC）上，美国西屋电气公司（Westinghouse Electric Corporation）的 William E. Newell 博士首次给出了电力电子技术的定义，即电力电子技术是电子、电力和控制的交叉，并用倒三角进行了表示，如图 1-24 所示[6]。其中，电子学科包括器件和电路，电力学科包括静止设备和旋转设备，控制学科包括连续控制和离散控制。因此，电力电子技术是一门多学科交叉技术。这个图很有价值，甚至被 20 世纪 80 年代我国的"全国电力电子学会"（我国第一个电力电子技术的学术交流平台，1979 年 8 月，在一机部西安整流器研究所召开了发起成立"电力电子学会"的座谈会，1980 年 9 月在长春南湖宾馆召开了"全国电力电子学会成立筹备会议"，1980 年 11 月获批成立"全国电力电子学会"）会员证上使用[7]，如图 1-25 所示。

2013 年，国际著名电力电子专家、美国弗吉尼亚理工大学李泽元教授在 "On a future for power electronics" 一文中对电力电子技术的内涵进行了扩展和细化，指出电力电子技术是多学科的交叉，包括功率器件（涵盖器件本体以及驱动、保护等）、功率变换电路（涵盖硬开关电路、软开关电路、谐振电路以及各种电路拓扑等）、控制理论、无源元件（涵盖电感、变压器、电容等）、封装（涵盖封装材料、互连、结构布局等）、电磁环境影响（涵盖谐波、EMI、EMC 等）、热管理（涵盖热传导介质以及方式等）、加工制造等，如图 1-26 所示[8]。

图 1-24　William E. Newell 博士
给出的电力电子
技术的定义

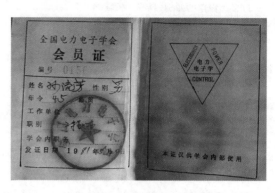

图 1-25　全国电力电子学会证
（感谢孙流芳老先生提供，他也是
"电力电子新技术系列图书"的开创者）

图 1-26　李泽元教授给出的电力电子技术所涉及学科

　　相关的国际机构同样给出了电力电子技术的定义，如 1990 年国际电工委员会（IEC）定义电力电子学为"以电力技术为对象的电子学"。它定义了电力电子学的应用对象（电力）和所属学科范畴（电子学），但过于笼统，缺乏具体内容。1996 年国际电气与电子工程师协会（IEEE）则定义："电力电子技术是有效地使用半导体器件，应用电路和设计理论以及分析方法工具，实现对电能的高效能变换和控制的一门技术，它包括电压、电流、频率和波形等方面的变换"，可见，该定义从技术层面更加全面。

　　清华大学赵争鸣教授提出了对现阶段电力电子学的再认知框架[9]：认为"电力电子学是一门基于功率半导体开关组合模式的电磁能量高效变换的科学"。该认知框架包含四个关键词："功率半导体"为电磁能量变换的载体和基础；"开关组合模式"则是变换的基本方式；"电磁能量"为作用对象；"高效变换"则是整个电力电子变换系统行为目标。图 1-27 表征了这个认知框架的两层含义关系，从左至右，表示了电磁能量通过可控的功率半导体作用进行高效变换，这是一种关于电力电子系统应用技术层面的描述，包括电力电子学的对象和目标；而从上至下，则表示了围绕功率半导体变换作用的两大关键属性：开关特性和组合特性，前者主要体现单个功率半导体开关器件自身的特性和变换能力，包含电压/电流、损耗、响应和频率等指标，后者则主要强调多个功率半导体开关器件以及无源元件构成的电路拓扑特性，包括空间上的连接关系和时间上的顺序关系，体现了元器件群组特性及其变换能力。两层含义相互独立又相互依存，构成一个关于电力电子学的有机整体。

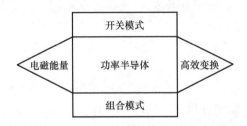

图 1-27　赵争鸣教授对电力电子学的再认知框架

从上可见，无论电力电子学诞生的标志，还是对电力电子学的定义，功率器件都处于重要地位，下面一章我们将从功率器件的发展史开始。

参 考 文 献

[1] 黄晞. 电科学技术溯源 [M]. 中国科学技术出版社，1995.

[2] 黄晞. 电力技术发展史简编 [M]. 水利电力出版社，1986.

[3] 南希·福布斯，巴兹尔·马洪. 法拉第、麦克斯韦和电磁场：改变物理学的人 [M]. 宋峰，宋婧函，杨嘉，译. 机械工业出版社，2020.

[4] 卓晴. 三相发电与输电系统的发展 [EB/OL]. [2023-1-6]. https：//blog. csdn. net/zhuo-qingjoking97298/article/details/128515882.

[5] 卓晴. 一位有趣的科技界奇才往事：查尔斯·普罗透斯·斯坦梅茨（第二部分） [EB/OL]. [2023-1-10]. https：//blog. csdn. net/zhuoqingjoking97298/article/details/128467111.

[6] NEWELL W E. Power Electronics——Emerging from Limbo [J]. IEEE Transactions on Industry Applications，1974（1）：7-11.

[7] 中国电工技术学会电力电子学会成立 40 周年纪念文集 [Z]. 2019.

[8] VAN WYK J D，LEE F C. On a future for power electronics [J]. IEEE Journal of Emerging and Selected Topics in Power Electronics，2013，1（2）：59-72.

[9] 赵争鸣，施博辰，朱义诚. 对电力电子学的再认识——历史、现状及发展 [J]. 电工技术学报，2017，32（12）：5-15.

第2章 江山代有器件出，各领风骚数十载

在电力电子技术发展过程中，功率半导体器件的发展起着决定性作用。"一代器件决定一代电力电子技术"。每一代新型电力电子器件的出现，总是带来一场电力电子技术的革命。下面就让我们来梳理一下功率半导体器件的发展脉络。

2.1 猫须探测器

半导体是指一种电阻率介于金属和绝缘体之间的物质。作为"20世纪最重要的新四大发明"之一，也作为21世纪集成电路、芯片等名词的载体，这几十年里半导体的火热程度从未退却。早在19世纪结束之前，人们就已经确定了4个显著的效应作为半导体的特性：电阻率的负温度系数和光电导效应（都是材料本身的效应）、光电压和整流效应（这两个特性都是接触效应）。光电压的一个重要应用就是我们现在大量使用的光伏电池板，而整流效应的最简单应用就是二极管，我们的故事就从半导体整流效应开始。

即使在半导体研究人群里，很可能也没有多少人知道半导体研究其实早在1833年就开始了，英国物理学家迈克尔·法拉第（就是上一章我们认识的发现了电磁感应现象、发明了人类第一个电动机/发电机的法拉第）发表了关于硫化银（Ag_2S）电导率的观察结果，第一次观察到了电阻率的负温度系数，即随着温度的上升，硫化银的电阻越来越低，导电性越来越强，而我们常见的金属材料，它们的电阻都会随着温度升高而变大，但是硫化银这种材料却很反常。当然，那时的法拉第是解释不了这个反常现象的，要等到接近100年后，直到固体的量子理论在20世纪20年代晚期和30年代早期建立和发展起来[1]。

1874年，德国物理学家卡尔·费迪南德·布劳恩（Karl Ferdinand Braun）在"Ueber die Stromleitung durch Schwefelmetalle"（德文，穿过含硫金属的电力线）一文中报道了"整流效应"，他研究了一些自然界硫化物（如硫化铅和硫化

铁）晶体与不同金属接触的电学行为，发现它们的电压-电流特性明显是非线性的，在它两端加一个正向电压，它是导通的；如果把电压极性反过来，它就不导电了。也就是说，无论它两端的电压是正还是负，电流只能往一个方向流。这种单向导电性，就是半导体所特有的整流性。大约在同时，英国物理学家舒斯特（Arthur Schuster）报道了铜线与氧化亚铜接触时发现的类似结果。布劳恩在做晶体实验时把晶体的一侧接触上大面积的金属电极，把细金属丝压进样品的另一面作为另一个电极，他相信正是在"点接触"处发生了整流效应。这个性质也促成了半导体的第一个应用——利用整流效应制作的检波器。这种结构后来成为著名的猫须无线电探测器的基础，使用金属细线压在方铅矿晶体上构成猫须探测器，这便是最早的固态二极管，在无线电接收器设计中引发了革命，这无疑也帮助说服了诺贝尔奖评选委员会把一半奖金给予了布劳恩（布劳恩和马可尼一同因为无线电报的发明而获得 1909 年的诺贝尔物理学奖，布劳恩获奖更大一部分原因是他在无线电发射机中引入耦合谐振电路，使无线电报能够发射到更远的距离）。布劳恩另一个重要的发明是阴极射线管（Cathode-Ray Tube，CRT），为后来的示波器、电视、雷达、电子显微镜奠定了基础，这是在液晶显示技术出现之前最重要的显示部件[2]。

每个使用过猫须探测器的人都知道，这种器件让人最烦恼的是其稳定性、一致性和重复性不那么好。经常需要试上几分钟才能够得到满意的具有整流性质的接触。即使普通的震动，也可能毁掉想要的性能。但无论如何这个整流效应是真实的，吸引其他人寻找别的更可靠的结构来进行整流，同时，实际的工作迫切需要增大整流器的工作电流，这就需要更大的接触面积（相比于点接触），因此也需要新的技术。当然在介绍新技术之前，我们来看一下半导体二极管的第一次应用——猫须探测器（cat's whisker detector）。

1888 年，德国科学家赫兹发现电磁"无线电"波可以在空间中传播很远的距离，1901 年，马可尼成功地进行了从英国到加拿大纽芬兰岛之间的首次越洋无线电通信试验。为了把"无线电"波用于长距离通信，需要方便地产生和探测这些波，正是在这里，猫须探测器第一次起到了重要作用。布劳恩为无线电通信这个新技术做出了两个贡献，一是他开发了"调谐电路"，由一个电容和电感组成，实现了无线电波长的选择。如图 2-1 所示，我们平常使用收音机调台，调的就是这个电容，它也因此被叫做调谐电容。声学里有个"共振"的概念，电磁学里同样也有。一个音叉的频率是 1000Hz，另一个音叉要与它共振，频率也要是 1000Hz。同样，1000kHz 的电磁波，要求接收天线的频率也是 1000kHz。我们把电容和电感一起组成的电路叫谐振回路，不同电容和电感的组合对应不同的频率，假如我们要收听南京交通台 FM102.4（MHz），通过调节电容和电感，让谐振回路的频率正好等于 102.4MHz，那么我们可以说这个回路对于 102.4MHz 的电波调谐了。

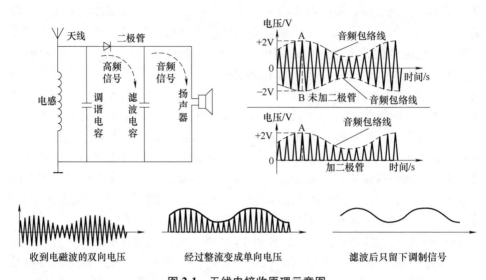

图 2-1　无线电接收原理示意图

　　调谐电路得到特定频率的电波，把它变成电路里振荡的电流信号，让这个电流信号直接去驱动耳机，会听到声音么？答案是不会！我们平常用的耳机里面有个小小的电磁铁，会吸引一个振动膜片。如果通过电磁铁的电流信号发生变化，在它的吸引下，振动膜片就发出频率和强弱都不同的声音来。

　　被音频信号调制过的无线电载波是以横轴对称的，即上下各有一条相反的音频包络线。耳机对高频载波的信号没有反应（即使有反应我们的耳朵也听不出来），只对音频包络线有反应。在某时刻，假设与之对应的上包络上 A 点的电压是+2V，那下面 B 点的电压就是−2V，刚好与 A 点相抵消。这幅图上任意时刻都是如此情形，即音频载波反应在耳机上的电压是零，耳机膜片不会振动，当然就不会响。可是在电路里串联一只二极管，情况就不同了。二极管有个单向导电的特性，即它只允许正方向的振荡电流通过，反方向的时候电路相当于断开。即感应电流的下半部分被削去了，只剩下载波和一条音频包络线，这样在不同时刻加在耳机电磁铁上的电压不同，耳机就能发声了。通常再加一个高频电容，它的作用是滤波，电容的特性是通高频、隔低频，用作载波的高频信号直接经滤波电容跑掉了，只剩下音频信号经过耳机发声，这样我们听到的声音会清晰一些，这就是二极管的检波作用。早期的检波器元件是直接用天然矿石做成，使用时得通过一根金属探针调整其在矿石上的压力和方位使其具有单向导电性（也即整流效应），可以用来检波，这也就是国内"矿石收音机"名称的来源。我在网上找到的高乐牌矿石收音机线路如图 2-2 所示，其中的二极管即采用矿石的整流效应。

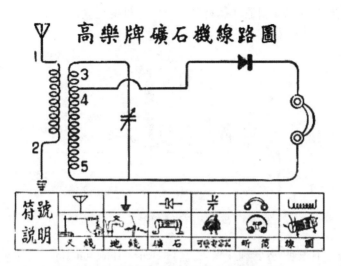

图 2-2　矿石收音机线路图及相应元器件说明

讲了这么多，我们的猫须探测器在哪里呢？猫的胡子很重要，猫靠着胡子感知到周围的物体，估计和测量洞口的大小，所以，胡子是猫的探测计量仪器。猫须探测器则被用于侦测电磁波！探测器中的"猫须"是一根细细的金属线，通过一个手柄则可改变"猫须"的方向以及与半导体表面的接触点的位置、压力、接触面积等，犹如猫用胡子探来探去，寻找具有最佳整流功能的点，使接收电磁波也达到最好的效果，如图 2-3 所示。

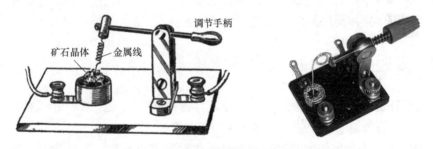

图 2-3　猫须探测器示意图与实物图

在 1902—1906 年间，美国电话电报电气工程师皮卡德（G. W. Pickard）测试了数千种矿物样品以评估其整流特性，发现西屋电气公司的硅晶体产生的整流效果最好。1906 年他为硅点接触探测器（也即二极管）申请了"用于接收电波通信的装置"（Means for receiving intelligence communicated by electric waves，US836531）的美国专利，并于当年 11 月 20 号就获得授权，如图 2-4 所示。皮卡德与两个合伙人成立了无线特种仪器公司，推销"猫须"晶体无线电探测器，它可能是世界上第一家制造和销售硅半导体器件的公司。

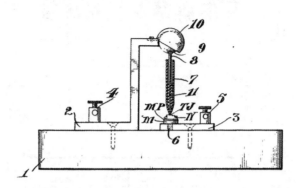

图 2-4　皮卡德的硅点接触二极管示意图

　　另一位美国发明家亨利·邓伍迪（Henry Harrison Chase Dunwoody）也在 1906 年就获得了使用碳化硅制成的点接触探测器的专利（Wireless-telegraph system，US837616），这是碳化硅器件材料的第一次应用。当然，当时人们并没有理解这个现象的内在机理，直到 20 世纪 30 年代，人们才意识到矿石检波器实际上是利用金属-半导体接触点形成的肖特基势垒具有的单向导电性进行检波的。

　　虽然点接触二极管使得商业化的无线电通信成为可能，但前面就讲到过，猫须探测器（点接触二极管）实在不可靠，就像我们小时候看的黑白电视，有时需要不断地调整天线角度来更好地接收信号，以把电视屏幕调整到最清晰的画面。人们希望得到一些更加可靠方便的器件，因此，很快点接触二极管就被取代了。但半导体器件的发展过程需要暂时绕个弯，走到真空管时代。

2.2　爱迪生效应——真空管

　　真空管是由密封玻璃管或金属陶瓷混合物抽真空制成，便于电流通过，也被称为电子管或真空电子管，本书统称为真空管。

　　1883 年，当我们伟大的发明家爱迪生在发明白炽灯和其他灯泡时，他饱受碳丝灯泡寿命问题困扰，灯泡很快就变黑了，爱迪生认为这是灯丝上的一些碳被加热后蒸发出来，然后沉积在玻璃球壳上。于是他在灯泡中加入了一个不与碳丝接触的金属片，希望金属片能吸收一些碳丝蒸发出来的碳。然而，他意外地发现，在加热灯丝时，在金属片和正极碳丝之间接上电流表，竟然能检测到微弱的电流。如果在金属片和负极碳丝之间接上电流表，则没有电流，如图 2-5a 所示[3]。这一效应被命名为"爱迪生效应"。后来我们才知道，这一现象发生的原因就是热能使得物体上的电子克服束缚位能，通过热激发产生载流子（可能是电子或者离子）。尽管当时爱迪生并没有特别重视这一现象，但这位敏感的发明家仍然为这一发现申请了专利（Electrical indicator，US307031，找这个专利花了我近 3 个小时，爱迪生的专利太多了，这个专利又不是很出名），在该专利中，爱迪生写道 "I have discovered that if a conducting substance is interposed anywhere in the vacuous space within the globe of an incandescent electric lamp, and said conducting substance is connected outside of the lamp with one terminal, preferably the positive one, of the incandescent conductor, a portion of the current will, when the lamp is in operation, pass through the shunt-circuit thus formed, which shunt includes a portion of the vacuous space within the lamp."（"我发现如果在白炽电灯灯泡内部的真空空间中任何地方插入导体，并且导体在灯外部与白炽导体的一个端子（优选正极端子）连接，一部分电流将在真空中由此形成分流电路。"），并利用这个现象制作电流计、电压计等电气仪表，如图 2-6 所示（请注意图 2-6 最左下角的灯泡示意图与图 2-5b 的灯泡结构是相同的）。

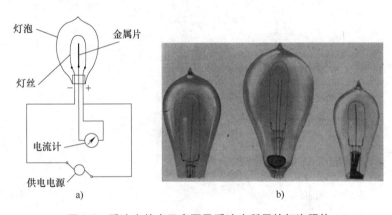

图 2-5　爱迪生效应示意图及爱迪生所用的灯泡照片

爱迪生还与伦敦大学学院（University College London）的一位电气工程教授讨论了这种现象，他就是约翰·安布罗斯·弗莱明（John Ambrose Fleming）。1882 年，弗莱明曾担任爱迪生电光公司技术顾问，1884 年，弗莱明出访美国时拜会了爱迪生，共同讨论了电发光的问题。弗莱明对这一现象非常感兴趣，回国后，他对此进行了一些研究，认为：在灯丝板极之间的空间是电的单行路，但同样也没有找到这一现象的用武之地。1896 年，马可尼无线电报公司成立，弗莱明被聘为顾问。1901 年，该公司演示了第一次跨越大西洋的无线电传输，即莫尔斯码中三个点的字母 "S"。但是，要将接收到的信号与背景噪声区分开来有很大的困难，因此结果存在争议。这让弗莱明意识到需要一个比他们一直使用的相干器更灵敏的探测器。1904 年的一天，当他在休闲散步时，弗莱明突

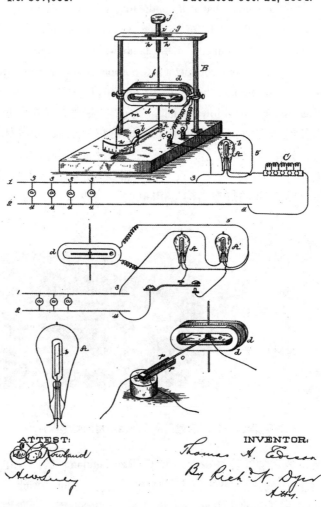

图 2-6　记录爱迪生效应的发明专利

然有了一个灵感，即运用爱迪生效应来解决这个难题。他很快证明了这个想法是可行的，效果非常好，将接收到的高频信号进行了整流。他因此发明了世界上第一个电子管——真空二极管，并获得了这项发明的专利权，如图 2-7 所示。真空二极管也被视作开启电子时代的鼻祖。弗莱明不但是一位杰出的科学家，同时也是一位优秀的教师，在教学时他非常注重示范，也经常用例子来帮助记忆，这其中有著名的左手定则和右手定则，它们将磁场、电流和力联系在了一起。请大家下次再用到左手定则和右手定则时，请记住这是弗莱明首次提出使用的。

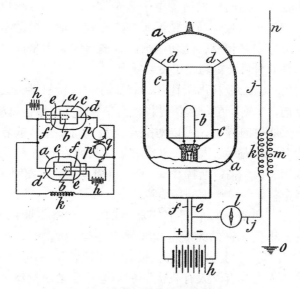

No. 803,684.　　　　　　　　　　　PATENTED NOV. 7, 1905.

J. A. FLEMING.

INSTRUMENT FOR CONVERTING ALTERNATING ELECTRIC CURRENTS
INTO CONTINUOUS CURRENTS.

APPLICATION FILED APR. 19, 1905.

图 2-7　弗莱明的真空二极管专利

真空二极管也被称为热电子管或弗莱明阀，由真空管制成，具有两个电极，该二极管的阴极通常发射自由电子，因此称为发射极，而阳极收集自由电子，即所谓的集电极，允许电流从阴极流向阳极并阻止电流从阳极流向阴极，其符号如图 2-8 所示。

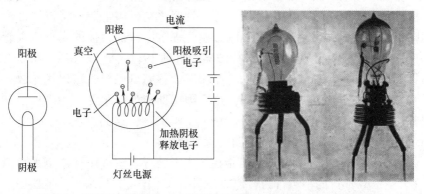

图 2-8　真空二极管符号、工作原理及弗莱明发明的真空二极管照片

真空二极管根据热电子发射原理进行工作：一旦灯丝加热，阴极端子就会发射电子，这些电子将被阳极所加正电压吸引而产生电流，相反，如果在阳极施加负电压，则电子不会被吸引，不会有电流导通，从而实现了电流的单向导电性。另外，阴极端子产生的电子数量主要取决于施加热量和功函数这两个重要因素。一旦施加更多热量，从阴极发射的自由电子的数量就会更多。同样，如果施加的热量较少，则阴极发射的电子数量较少。功函数可以定义为从金属中产生电子所需的最小能量。通常情况下，具有较少功函数的金属将需要较少的热能来产生自由电子。相反，高功函数的金属将需要大量能量来产生自由电子。因此，选择好的材料会提高电子发射效率。

弗莱明发明的真空二极管由于优越的稳定性和可重复性，很快便成为无线电通信应用的首选，主宰了电子通信时代，而半导体整流器也就淡出了舞台。

真空二极管只能单向导电，可以对交流电流进行整流，或者对信号进行检波，但是它不能对信号进行放大。在真空二极管发明后的两年，即1906年，美国另一个发明家李·德·福雷斯特（Lee De Forest）进一步发明了第一个真空三极管，揭开了真空管无线电通信的新篇章。

1902年福雷斯特就办了以自己名字命名的——德福雷斯特无线电报公司，一心一意想要发明出更先进的无线电检波装置，而不幸的是，进展缓慢，更不幸的是，在1904年弗莱明发明了真空二极管，比他领先一步。而福雷斯特凭着一股韧性，本着"人无我有，人有我优"的信念，要发明检波灵敏度更高的真空二极管。在一次做真空二极管的实验中，福雷斯特灵感乍现，在真空二极管阴极和阳极之间加入了一种栅［zhà］栏式的金属网，形成真空二极管的第三个极。他惊讶地发现，这个栅栏式的金属网（我猜这也是为什么国内将这个控制极称为"栅［shān］极"的原因）仿佛就像一个百叶窗，只要把一个微弱的变化电压加在它的身上，就能在阳极板上接收到更大的变化电流，而且其波形和栅极电流波形完全一致——福雷斯特发现的正是真空管的"放大"作用，其中那个栅极承担着控制放大电信号的任务。发明之初，福雷斯特将该器件命名为"Audion"，后来才称为"Triode"。刚开始，福雷斯特认为他的真空三极管只不过是比真空二极管更灵敏的无线电检波器，直到1911年，埃德温·霍华德·阿姆斯特朗（Edwin Howard Armstrong）是第一个注意到三极管可以用作放大器的人［和登月的那个阿姆斯特朗相比，这个阿姆斯特朗似乎并不为人所熟知，但大家都应当听过广播，如南京交通台——FM102.4，这其中的调频广播（Frequency Modulation，FM）技术的发明者就是他］。

大约在1909年，因为联邦政府指控福雷斯特寻求改进一种"毫无价值的设备"（真空三极管）的不当行为，他的公司陷入了困境，后来虽然他摆脱了这个麻烦，但由于财务上的困境，他只能很不情愿的把真空三极管的专利以很低的价格卖给了一位律师，而这位律师是美国电话电报公司（American Telephone & Telegraph，AT&T）的代表，随后真空三极管就被 AT&T 公司广泛地用在了电信系统中，作为在长距离通信中的中继电路的重要器件。在早期的真空管中，阳极-栅极之间的电容很大，这导致产生无用的振荡，尤其是在工作频率高达几百千赫兹时，这种情况尤为严重，1916 年亨利·约瑟夫·朗德（H. J. Round）灵机一动解决了这个问题，他改变了阳极接线，由原来的穿进封壳之中改为从玻璃外壳顶部引出。

下面简单解释下真空三极管的工作原理。从图 2-9a 可见，在原来真空二极管基础上增加的第三个极——栅极（Gird，以 G 代表），从构造看来，它犹如一圈圈的细线圈，就如同栅栏一般，固定在阴极与阳极（有时也称为屏极，Plate）之间，电子流必须通过栅极而到阳极，在栅极之间通电压，如图 2-9b 所示，可以控制电子的流量，如果栅极电压增加，就可以吸引更多的电子到阳极，反之，如果减小栅极电压或将其为负，由于电子的同性相斥，将减少电子流到阳极甚至切断该电流通路。

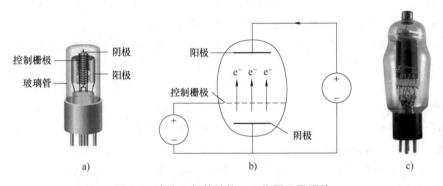

控制栅极　阴极
玻璃管　阳极

阳极

e⁻ e⁻ e⁻

控制栅极

阴极

a)　　　　　　　　　　b)　　　　　　　　　　c)

图 2-9　真空三极管结构、工作原理及照片

可见，真空三极管除了可以处于"放大"状态外，还可分别处于"饱和"与"截止"状态。"饱和"即从阴极（或者叫发射极，Emitter，因为真有电子发射出去）到阳极的电流完全导通，相当于开关开启；"截止"即从阴极到阳极没有电流流过，相当于开关关闭。两种状态可以通过调整栅极上的电压进行控制。因此真空三极管除了其主要用于放大器功能外，还可以充当开关器件，其速度要比机械式继电器快成千上万倍。

在福雷斯特发明真空三极管之后，人们尝试将更多的栅极添加到真空管中，其中有两个栅极的真空管被称为真空四极管（Tetrode），由德国人威廉·肖特基（William S. Schottky）于 1916 年取得专利。真空五极管（Pentode）又多了一个栅极，由霍尔斯特（Holst）和博纳德·特勒根（B. D. H. Tellegen）在 1926 年发明。经过改进的真空四极管和真空五极管（还有更多极的），它们主要为了克服因阳极电场与栅极电场相互作用而造成增益损失这一缺点，如真空四极管是在阳极与栅极之间再增加一个帘栅极（screen grid，又称为第二栅极），以便为栅极遮挡住变化着的阳极电压。真空二极管、真空三极管、真空四极管等一起统称为真空管[4]。

福雷斯特一生获得300多项专利，其中真空三极管是他最著名的发明，真空三极管促成了电子产品的广泛使用，福雷斯特被称为"电子时代"的创始人之一，他也是有声电影的主要发明者之一，为此，他还被授予在好莱坞星光大道上留名。搞发明能在好莱坞星光大道上留名，这也是搞发明、做科研的最高境界了吧！

真空三极管为计算机的诞生铺平了道路（真空三极管代替继电器可以提高机器的计算速度），1946年的2月14日情人节，这是一个人类计算机史上开天辟地的日子。这一天，世界第一台通用计算机——埃尼阿克（ENIAC）在美国宾夕法尼亚大学被组装完成。这台最初的计算机重达30t、占地面积170m^2，一共用了17468个真空管，且每分钟只能执行5000次运算，运算能力远远低于现在的任何一部手机。这台机器的耗电量相当惊人，据说它开机的时候，半个费城的居民都会知道——因为他们家里的电灯泡会同时发暗。

但即使在当时看来，ENIAC也是有不少缺点的：除了体积大，耗电多以外，由于机器运行产生的高热量使真空管很容易损坏。只要有一个真空管损坏，整台机器就不能正常运转，于是就得先从这1万多个真空管中找出那个损坏的，再换上新的，非常麻烦。所以有了这样一句名言"Nature abhors the vacuum tube"（大自然憎恶真空管）——美国贝尔实验室工程师J. R. 皮尔斯［他发明了"晶体管"（Transistor）一词］。

在20世纪中期前，因半导体尚未普及，真空管一统天下，基本上当时所有的电子器材均使用真空管，真空管的销售直到1957年才达到峰值。但在半导体技术的发展普及和平民化下，真空管因成本高、不耐用、体积大、效能低等原因，最后被半导体器件取代。但是在音响、微波炉及人造卫星的高频发射机等场合还可以看见真空管的身影。部分战斗机为防止核爆造成的电磁脉冲损坏，机上的电子设备亦采用真空管（有个小故事，1958年苏联领导人赫鲁晓夫做了一个指示："真空管在核电磁脉冲下的生存性能比晶体管要强，苏联以后不要搞晶体管，集中力量搞电子管小型化"，这也部分导致后来苏联在电子信息元器件方向走了弯路）。

在中国香港和广东地区，真空管有时又会被称作"胆"。以真空管为核心器件的胆机仍是音响发烧友所追逐的目标。就在几年前，我们还可以在发烧主板上看到真空管的踪迹，如图2-10所示。胆机是音响业界最古老而又经久不衰的常青树，据说胆机有它独特的"胆味"，其显著的优点是声音温暖、柔和耐听、自然亲切，尤其动态范围较大，听感很有特色。（是不是好想听试下？）

图 2-10　音响中的真空管

2.3　外星人的黑科技——水银整流器

时间又回到人类对电发明的重要需求之一——照明。当爱迪生和其他人正与白炽灯丝作斗争时，一些发明家提出了利用放电制造光的概念。美国发明家彼得·库珀·休伊特（Peter Cooper Hewitt）在探索的过程中，发现往真空的灯管里添加液体汞（俗称水银），通电后液体汞蒸发变为汞蒸汽，在合适的电压作用下，汞蒸汽受电子激发而发光，发光效率要比灯丝高得多（灯丝大部分电能转化为热能了），并于 1900 年 4 月 5 号同时申请了关于汞蒸气灯的 5 个美国专利，如"Electric lamp，US682690""Method of operating electric lamps，US682680"，并于 1901 年获得授权。但汞蒸汽发出的是不怎么讨人喜欢的蓝绿色光，你想象一下，到晚上家里一开灯是蓝绿色的，感觉和恐怖片差不多。但他的汞蒸气灯在摄影工作室和其他工业应用中找到了应用，摄影工作室广泛使用汞蒸气灯，在一个黑白电影时代，摄影师对光线颜色几乎没有什么要求，只需要有很强的光线就行。

当然，休伊特发明的汞蒸气灯不是我们关注的重点，在研究汞蒸气灯过程中，休伊特很快发现这盏灯只在一个方向上导电，这意味着它可以作为整流器工作，于是，他在 1902 年申请了一种汞蒸汽电气设备的美国专利"Vapor electric apparatus，US989259"，如图 2-11 所示，他在专利文件中明确指出"I provide a rectifier for the three-phase current（where used for lighting purposes or not）"，指出它不但可以是个汞蒸气灯，也完全可以当作整流器用，也即后来大家熟知的水银整流器（mercury arc rectifier，也有称之为汞弧整流器）。1903 年，*Nature* 上以"The Hewitt mercury lamp and static converter"对休伊特的发明进行了报道，指出这个汞蒸汽灯可以当作"static converter"（静态变换器）来使用，还指出目前的（指 1903 年）一些"rotary converter"（旋转变换器）以及 Korol Pollak 发明的电解池整流器（见第 4 章 4.1 节）将要被汞弧整流器取代。

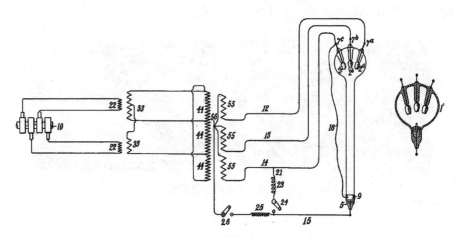

图 2-11　休伊特发明的水银整流器示意图

大功率整流装备在 1900 年左右有很大的市场需求，因为自 19 世纪 90 年代以来，逐步采用交流供电，但在 19 世纪 80 年代就已安装了不少直流供电系统，而因为经济原因已建好的直流供电系统又不能立刻拆除，就需要有从交流供电系统转换成直流电的装备。另一方面，一些工业生产中也需要大功率直流电，如电解。此外，相比于交流电机，直流电机要有大得多的调速范围，因此在各种电机驱动场合使用广泛，同样也需要从交流供电系统中整流得到直流电压。

水银整流器发明后很快在三相电整流方面得到了应用，如 1903 年 2 月 7 日，休伊特的助手、美国发明家 Percy H. Thomas 申请了一种配电系统专利"System of electrical distribution，US783482"，如图 2-12 所示，即用 6 只水银整流器组成一个三相可控整流电路，改变触发的相位角，就可以得到不同的输出电压波形，如图 2-12b 所示（对此图大家都应当感到很亲切，本科电力电子课程中必学内容，只是将水银整流器换成了晶闸管）。据本书作者了解，这个专利应当是人类历史上第一个用电子器件实现三相可控整流的。

下面简单介绍下水银整流器的工作原理。最简单的水银整流器是一只抽成真空的容器，其内含有一个水银阴极和一个铁或石墨制成的阳极。利用辅助设备（如点弧阳极和励弧阳极）在水银表面建立辅助电弧，使水银阴极发射电子。如果此时阳极电压为正，阴极电压为负，即在阳极与阴极之间建立电场。在这种情况下，水银阴极所发射的电子受阳极的吸引冲向阳极。电子在其路途中与汞蒸气的分子相撞，使分子游离而分裂为二次电子和正离子，二次电子与初次电子一起冲向阳极，在其路途上又与汞蒸气的分子相撞，使其分裂出三次电子，如此接连不断地进行下去，终于在汞蒸气中造成无数的电子和正离子，使整流器内发生电弧放电作用，电子从阴极冲向阳极并进入阳极，从而形成电流通路。

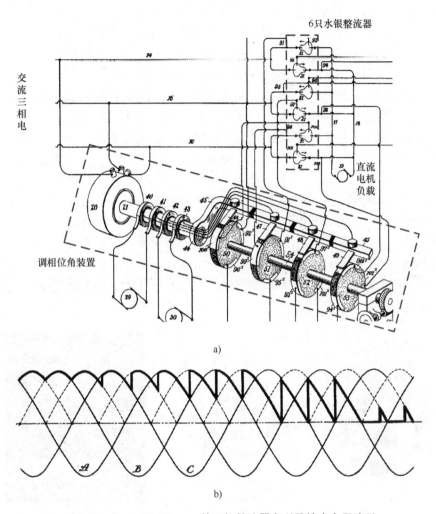

图 2-12　Percy H. Thomas 的三相整流器专利及输出电压波形

　　正离子从汞蒸汽空间冲向阴极，并聚集在阴极表面附近，形成空间正电荷，空间正电荷与水银阴极表面的距离很近，于是空间正电荷与阴极之间形成很强大的电场，可使阴极发生高电场发射作用而发射出电子来。此外当正离子撞击阴极时，也可使阴极发射出电子来。阴极所发出的电子可以维持电弧放电作用，所以水银整流器中的电弧放电是一种自持放电。如果阳极与阴极之间的电压方向变为负，即与之前的方向相反，由于阳极在正常情况下不能发射电子，因此汞蒸气的游离作用终止，整流器内电弧熄灭，电流就此停止流通。可见水银整流器只能单向通过电流，可以用来将交流电转化成直流电。

　　那如何对水银整流器进行有序的控制呢，同样需要增加一个控制栅极，当阳极与阴极之间的电压为正时，这时如果控制栅极电压为负，则阳极不会起燃（即没有电流通过），如果此时控制栅极电压为正，则会促使阳极起燃（即有电流通过）。可见，水银整流器中的控制栅极与真空管中的控制栅极的作用不尽相同，它只能起到控制阳极的起燃时间（在阳极尚未起燃之前，通过加负的栅极电压将阳极闭塞起来），而当阳极已经起燃后，它就不能再将阳极电流关断，只有当阳极电流降低过零时阳极自然熄灭，其闭塞作用才能重新恢复。可见，水银整流器与晶闸管的工作情况几乎完全相同，对晶闸管而言，当其门极触发使晶闸管导通后，其门极即失去作用，无法将晶闸管关断，只有等晶闸管电流过零而自身关断。

相比于晶闸管，一个水银整流器可有多个阳极，如果整流器的两只阳极或多只阳极上同时加有正电压，则具有最高正电位的那只阳极将通过电流，这也就是为什么在一个水银整流器中就可以实现三相整流，六相甚至十二相整流水银整流器也都有生产。几种水银整流器照片如图 2-13 所示，当其工作时，上面一个圆圆的大脑袋里面发出幽蓝色的光芒，底部还有多个触手张牙舞爪，有点像外星人的黑科技。

图 2-13　水银整流器照片

下面介绍下我国水银整流器的生产使用过程[5]。我国在 1956 年之前，只有在上海一个小厂里生产数量和容量很小的玻璃式水银整流器，所用的原材料，如石墨、玻璃等都依靠进口。而工业上需要的大容量水银整流器，均从苏联等友好国家进口。1955 年起，在苏联的援助下，西安建立了我国第一个现代化水银整流器厂——西安开关整流器厂（演变为现在的西安西电电力整流器有限责任公司，简称西整公司），是我国一五计划（1953—1957 年）期间苏联对新中国工业领域的 156 个援助项目之一。整流器厂于 1958 年下半年开始投入生产，同时锦州新生电机厂也在这个时候试制同类型水银整流器，但是产量不能满足国家需求。因此冶金工业部和化学工业部也在各属许多单位内筹备生产水银整流器。1958 年，水银整流器工业在全国各地遍地建立。1960 年左右已能生产 5000V/300A 的水银整流器，已达到当时的先进行列。除水银整流器外，还生产各种类型用途的水银整流器控制柜，其中栅极控制角已经达到 140°，广泛应用于电解、轧钢、电力牵引、矿山运输等。这应当算是我国大功率电力电子行业的起步了。本书作者从旧书店里淘了一本樊元武编著的《水银整流器》，是 1959 年 4 月出版的，应当是国内学者在水银整流器方面比较早的专著了。

2.4　一个篱笆三个桩——三极管的发明

真空管和水银整流器目前已基本进入了博物馆，我们还是将目光转向半导体（semiconducting 这一词 1782 年首先由 Alessandro Volta 开始使用）。1943 年美国贝尔实验室的研究领导莫文·凯利把一份内部备忘录发给贝尔公司的管理层，强调了半导体研究对于贝尔公司的未来非常重要。这个信息显然有了结果，贝尔实验室建立了强大的固体物理研究小组，领导者是威廉·肖克利（William Shockley，物理学家，诺贝尔获得者）和斯坦利·摩根（Stanley Morgan，化学家），其中有一个重要的半导体小组，不仅有物理学家，还有电路工程师和化学家，既有实验工作者也有理论工作者，是真正的交叉学科团队，包括两位未来的诺贝尔获得者：约翰·巴丁（John Bardeen）和沃尔特·布拉顿（Walter Brattain）。你可能不知道，布拉顿于 1902 年出生在我国的福建厦门鼓浪屿，因为他的父亲那时正在一所叫"Ting-Wen Institute"的教会学校任教，1903 年布拉顿就回美国了，这样算起来，这位诺贝尔奖获得者和我国还是有点渊源的。

随着理论和实验方面对半导体性质的逐渐理解，人们逐渐意识到半导体材料中杂质浓度会对其性能产生重要影响（如用于制造芯片的半导体级硅，要求纯度高达 9N~12N，也就是 99.9999999%~99.9999999999%，可能是世界上最纯净的物质了），因此对半导体材料的纯化提出了很高要求。纯化是用熔化实现的，因此，锗（Ge，熔点 937℃，1885 年俄国科学家门捷列夫预言了锗的存在，并把它称为"亚硅"，即预测它的性质与硅相近）是第一个成功纯化了的半导体，硅（Si，熔点 1412℃）的熔化要困难得多，化学活性也高，所以早期的半导体工作大部分都选择了锗。当时的放大器都还用真空三极管，因此，开发一个半导体器件替代真空三极管一直是研究人员所追求的。项目团队领导人肖克利十分执着于"场效应晶体管"的概念，即用电场控制半导体的电导率，这种器件包括一薄片半导体材料，旁边是栅极，利用栅极上的电压/电场可以强烈地调制半导体材料的电导率，其原理和真空三极管类似（也很容易理解，利用已知原理来开发新的事物，这是顺理成章的想法），如图 2-14 所示。但实验没有取得成功，于是团队转而研究锗的表面性质，来揭示这个失败的原因。

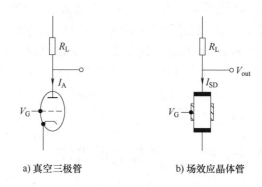

a) 真空三极管   b) 场效应晶体管

图 2-14 真空三极管与场效应晶体管的比较

第一个显著的进展是巴丁的"表面态"理论，用于解释肖克利实验的失败原因。无论半导体晶体有多么纯净，表面有杂质原子（如氧原子等），表面的"悬空键"可以捕获自由电子，让它们牢牢禁锢在表面动弹不得，从而降低了半导体总的电导率。巴丁用这种理论解释了表面大约每 1000 个原子有一个杂质原子，就可以把预言的场效应完全屏蔽了。很快，又有一个偶然的发现，他们把一滴液体滴在接触点上，用这滴液体作为栅极，惊人的事情发生了。这个装置产生了很大的增益，虽然响应非常慢，频率不到 10Hz，这是由于栅极电解液中离子的迁移率很低限制的。

为了开发有用的放大器，显然需要用不依赖于离子导电的固体材料替代电解液，接下来的实验采用了二氧化锗（GeO_2）薄膜，在表面上蒸发了一层金电极作为栅极。但是又一个偶然发生了，在测量前布拉顿清洗样品时不小心把氧化物薄膜洗掉了，在锗表面形成了两个金电极。结果竟然观察到了频率高达 10kHz 的电压增益，但是没有功率增益。布拉顿认识到，这是因为栅极太大了，为了提高效率，需要两个金电极靠得非常近。巴丁通过计算得到，这个间距应该不大于 $50\mu m$。布拉顿使用了一个巧妙的结构，如图 2-15 所示，在覆盖着金箔的聚苯乙烯三角形上，他用剃须刀沿着顶端小心地划了一道缝，再将三角形划缝的点轻轻地放在锗上，他们看到了一个

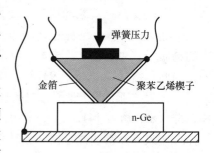

**图 2-15 布拉顿制作的第一个
点接触锗晶体管示意图**

奇妙的效果——信号通过一个金触点进入，并随着它从另一个触点出来而增加，第一个点接触（point-contact）晶体管已经制成。

1947 年 12 月 24 日，平安夜诞生的这个简陋的装置，就像上天带给人类的

礼物，在未来的几十年，改变了整个世界。世界上第一个晶体管成功测试的那天，布拉顿做了实验笔记，如图 2-16 所示。由于有点潦草，我只能看懂其中的部分内容。以图 2-16a 所示电路进行实验，得到的实验效果如图 2-16b 上半部分所示，当 E_g 有效值为 0.015V 时，E_p 有效值为 1.5V，此时电路左侧功率为 $P_g = 5.4\times10^{-7}$W，右侧功率为 $P_p = 2.25\times10^{-5}$W。所以得到电压增益（voltage gain）为 100，功率增益（power gain）为 40。这说明了两个问题，第一是在做实验中要勤于做笔记；第二是笔记要保存好，说不定哪天你的笔记就成了历史文物。

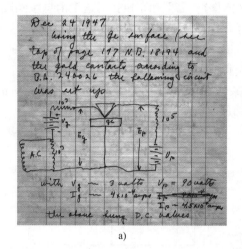
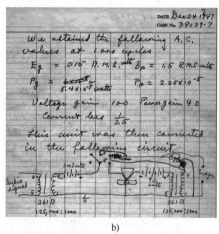

a)　　　　　　　　　　b)

图 2-16　布拉顿的实验室笔记

1948 年 6 月 17 日，巴丁和布拉顿申请了 "Three-electrode circuit element utilizing semiconductive materials，US2524035" 的美国专利，如图 2-17a 所示，专利申请上竟然没有项目领导肖克利的名字，而 1956 年是这三人共同获得了诺贝尔物理学奖。

威廉·肖克利在芝加哥的一家酒店独自度过了 1948 年的圣诞节，肖克利的一月相当凄凉，他认为他应该因发明晶体管而获得唯一的荣誉，毕竟最初的研究想法是他提出的。但贝尔实验室的律师不同意，他们甚至拒绝让他申请专利（US2524035 专利申请上的确没有他的名字）。肖克利决定，唯一要做的就是发明一个更好的晶体管，他认识到点接触晶体管是脆弱的、难以制造的且不适于商业化。当研究团队的其他成员兴高采烈地改进巴丁和布拉顿的点接触晶体管时，肖克利专注于自己的想法——从不让实验室里的任何人知道他在做什么。肖克利想到了他一直在努力研究的半导体的"场效应"，1948 年 1 月 23 日，由于睡不着，肖克利一大早就坐在厨房的桌子旁，他突然有了一个启示，他认为自己有一个改进晶体管的想法，这将是三层三明治结构，两个最外层的部分是半导体中电多子，而中间层的部分电少子，中间层的作用就像一个水龙头——当该部分的电压上下调节时，它可以随意打开和关闭三明治中的电流。

肖克利没有告诉任何人他的想法，这个晶体管背后的物理原理与巴丁和布拉顿的点接触晶体管非常不同，因为它的电流是直接流过半导体块，而不是沿着表面流动。当然，当时没有人能确定电流是否能直接流过半导体，于是肖克利找来了两个团队成员单独进行了该实验而没有告诉其他人。1948 年 2 月 18 日，肖克利得知他的想法的确可以工作，他第一次向团队其他成员分享了他的三明治晶体管概念（也即大家熟知的结型晶体管）。巴丁和布拉顿对这个消息感到震惊，很明显，肖克利已经保守这个秘密好几个星期了。于是，肖克利在 1948 年 6 月 26 日自己单独申请了 "Circuit element utilizing semiconductive material, US2569374" 的美国专利。两种结构的晶体管示意图如图 2-17 所示，右边这个图大家一定对其很熟悉亲切，这就是后来双极性结型晶体管（Bipolar Junction Transistor，BJT）的前身，BJT 应用于模拟电路有它的优势，一直沿用至今。

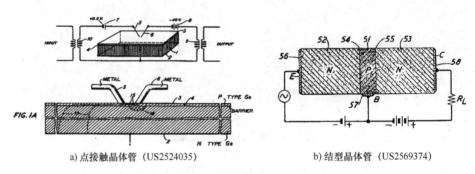

a) 点接触晶体管（US2524035）　　　　　　　　b) 结型晶体管（US2569374）

图 2-17　两种晶体管结构示意图

1948 年 5 月 28 号，贝尔实验室成立了一个委员会来为这个新发明的器件命名，委员会给贝尔实验室的高级工程师发放了选票，列出了 6 个备选名字，分别是 semiconductor triode、surface states triode、crystal triode、solid triode、iotatron 和最后一个 transistor，并对每个候选的名字做了解释，分别如下：

➤ semiconductor triode

半导体三极管。这个名字放在第一个，是最被看好的，但更短的名字会更好。三极管（triode）描述了三端口的器件，如果后面研究中需要添加更多端口，就可命名为半导体四极管（tetrode）或半导体五极管（pentode），类似于电子管的命名。

➤ surface states triode

表面态三极管。因为当时的三极管是在半导体材料表面上点触式的，所以用表面态进行描述，但也够简短。

➢ crystal triode

晶体三极管。有人对此持反对意见，因为晶体（crystal）一词通常与压电类型材料有关，如石英，但也作为候选之一给出。

➢ solid triode

固体三极管。目前这个名字最简洁，一方面原理可以用固态物理学来解释，另一方面，表示这个器件是固体的而不是真空或气体/液体填充的。然而，固体（solid）这个词通常也意味着坚固、厚重或粗犷，这些又与该器件实际的"小巧玲珑、效率更高"物理特征相矛盾。

➢ iotatron

微型真空管。iota 这个词根表示微量的、少量的，与上一个名字相比，"微型真空管"这个词令人满意地传达了一种微小器件的感觉。然而，考虑到已有的许多真空或充气器件，如闸流管（thyratron）、负特性管（dynatron，一种具有负阻特性的真空管）、负跨导管（transitron，一种跨导为负的真空管）等，iotatron 这个名字缺乏区别于这些器件的特性。

➢ transistor

晶体管。这是单词跨导（transconductance）或转移（transfer）和变阻器（varistor）的混合缩写组合，该器件在逻辑上属于变阻器系列（调节过程中相当于可变电阻）。最终，"晶体管"（Transistor）脱颖而出。当时的投票图如图 2-18 所示。

1948 年 7 月 1 日，贝尔实验室正式对外发布了一个新闻公告"An amazingly simple device, capable of performing efficiently nearly all the functions of an ordinary vacuum tube, was demonstrated for the first time yesterday at Bell Telephone Laboratories where it was invented, known as the Transistor"。至此，贝尔实验室把这个新器件展示给仍然摸不着头脑的世界，但很少有人意识到它的重要性，甚至没有登上报纸的头版。1951 年 9 月，贝尔召开了一次晶体管研讨会，并将两种类型的晶体管技术许可给任何支付 2.5 万美元费用的人（如德州仪器公司，简称 TI，1954 年研制出了第一个商用的硅晶体管；日本的索尼公司，2.5 万美元在当时是巨款，相当于当时索尼公司资产的 10%，但正因此索尼公司开发出了日本第一台晶体管收音机"TR-55"而一举成名），这是晶体管产业的开始，它改变了我们的生活方式。

1956 年，肖克利、巴丁和布拉顿共同获得诺贝尔物理奖，以表彰他们对半导体的研究和发现晶体管效应。对此，巴丁和布拉顿有些不甘心，但如今从历史角度看待肖克利对半导体领域的贡献，也仍然是实至名归的。早在 1951 年，巴丁就因与肖克利不和，离开了贝尔实验室到伊利诺伊大学香槟分校任教，转而研究超导问题。1972 年，约翰·巴丁、列侬·库珀、约翰·R·施里弗三人共

```
                          BALLOT

           Designate by the numbers 1, 2 and 3, the order of
        your preference for the names listed below:
           ____  Semiconductor Triode
           ____  Surface States Triode
           ____  Crystal Triode
           ____  Solid Triode
           ____  Iotatron
           ____  Transistor
           ____  _____(Other suggestion)

        Comments:_____

                                 Signed _____
           Please return this ballot to Miss G. R. Callender
        in 1A-323 at Murray Hill.
```

图 2-18　新器件名字选票

同荣获诺贝尔物理学奖。他们的获奖理由是：1957 年共同提出低温超导理论，即通常所说的 BCS 理论（B、C、S 分别为他们姓氏的第一个字母）。

巴丁也成为唯一一位两次获得诺贝尔物理学奖的人。

在"晶体管（transistor）"一词被普遍接受之前，人们是以晶体三极管（crystal triode）或晶体阀（crystal valve）来作为其称呼。图 2-19 给出了 1953—1956 年英国 GEC（General Electric Company Limited of England）生产的几款晶体管［半导体材料都为锗（germanium）］。

a) GET1, 称为crystal triode　　　b) EW58/2, 称为crystal valve　　　c) GET3, 称为transistor

图 2-19　几种晶体管型号

为了纪念晶体管的发明，1962 年贝尔实验室建立了一座 18m 高的三条腿晶体管形状的水塔，如图 2-20 所示，也被称为世界上最大的"晶体管"。

图 2-20　贝尔实验室的晶体管水塔

2.5　周公吐哺，天下硅芯

三极管发明之后，开启了人类开发半导体器件的大门，此后，半导体器件如雨后春笋般涌现。

早期的晶体管主要用锗来制造，因为锗具有较低的截止电压，使用锗管的设备能够得到更高的灵敏度。但锗有两个主要的缺点，一个是锗容易产生"热失控"，另一个是锗管的漏电流比较大，容易产生噪声。因此，肖克利敏锐地意识到，硅将代替锗成为更适合的半导体材料。看出了巨大商机的肖克利，于1955 年离开贝尔实验室去建立自己的公司——肖克利实验室股份有限公司，不幸的是，这家公司在商业上并不成功，因为绝大部分新员工很早就离开，并建立了仙童半导体（Fairchild Semiconductor）。一个主要原因是肖克利痴迷于自己的另一个发明——四层的半导体器件（思维定式，既然三层的性能很好，那么四层结构肯定也可以），它具有双稳定的特性。因此肖克利认为可以用它作为数字开关器件，这个点子很巧妙，但是用当时的技术制作四层器件太困难了，而且公司没有把开发商品化的结型晶体管作为主攻方向（它的成功机会很可能大得多），而是分兵作战，结果两者都没有取得足够的进展。四层半导体器件的荣光属于美国 GE 公司，1957 年，GE 公司开发了商用的四层半导体器件——晶闸管（1962 年首次使用 Thyristor，其中 thyr 是希腊词根"门"的意思，istor 是从transistor 中来的，又称为可控硅或可控硅整流器，silicon controlled rectifier，SCR）。没过几年，发明了栅极可关断的晶闸管（gate turn-off thyristor，GTO），在栅极上加一个负脉冲就可以关断晶闸管，比半控型的晶闸管灵活性大大增加。晶闸管的发明极大地方便并加快了人类对电能变换的应用，大部分学者认为，晶闸管的发明代表着电力电子技术的诞生[6]。晶闸管刚发明时只能承受 300V 电压和 25A 电流，而现在，可以做承受 10000V 电压和 5000A 电流，这是因为硅片越来越大，同时散热和封装技术也得到了很大进步。现在，晶闸管在常规高压直流输电中仍然是绝对担当。

如前所述，肖克利一直在寻求场效应晶体管（它的工作方式和真空管很类似），早在 1926 年，波兰裔美国物理学家和发明家尤利乌斯·利林菲尔德（Julius E. Lilienfeld）申请了一项美国专利"Method and apparatus for controlling electric currents, US1745175"（于 1930 年 1 月 28 日获授权，相同内容之前于 1925 年 10 月 22 日在加拿大也申请了专利），提出了一种使用硫化铜半导体材料的三电极结构（现在被称为场效应晶体管），如图 2-21a 所示，当时只给出了概念的理论描述，并没有做出器件实物，因为实现该器件所需要的高纯度半导体材料以及相应的蚀刻等工具几十年后才出现，尽管如此，该制造器件的概念为后人的研究指明了方向，最终，场效应晶体管成为了现代半导体工业的基础。该专利也导致当肖克利、巴丁和布拉顿试图为他们的晶体管申请专利时，他们的大部分要求都被拒绝了。晶体管发明后，贝尔实验室的科学家们仍然对寻找场效应晶体管的目标不放弃，可惜的是，锗和硅的高密度表面态阻止了贝尔实验室科学家们制作实际的器件，在栅极上施加电压，可以在下面的半导体里诱导出高密度的电子，但是这些电子并不能自由地影响半导体电导率。也是一个偶然的机会，科学家们发现硅可以被氧化，形成高稳定性的绝缘薄膜，它具有很好的界面特性（也就是氧化物和硅之间的界面），可以很好地控制界面下的电子。1960 年，贝尔实验室的 Dawon Kahng 和 Martin M.（John）Atalla 发明了金属氧化物半导体场效应晶体管（metal oxide semiconductor field-effect transistor, MOSFET），并于 1960 年 5 月 31 日申请了美国专利"Electric file controlled semiconductor device, US3102230"，MOSFET 结构示意如图 2-21b 所示。MOSFET 发明后，很快就被应用于集成电路里，目前，集成电路中 99.9% 的晶体管都是MOSFET。器件除了越做越小，同样也往更高电压、更大电流场合发展，20 世纪 70 年代就出现了功率 MOSFET，在现在中小功率场合被大量应用。讲到MOSFET，也要谈谈我们中国人的贡献，就要提到被誉为"中国功率器件领路人"、中国科学院院士、IEEE Fellow 的电子科技大学陈星弼教授，他是国际半导体界著名的超结（super junction，又称为超级结，具体见美国专利 Semiconductor power devices with alternating conductivity type high-voltage breakdown regions, US5216275）结构的发明人，他提出 N 区 P 区相互交替形成"超结"，解决了MOSFET 阻断电压与通态电阻的矛盾，可以大幅降低 MOSFET 的导通电阻，现在每年超结 MOS 器件销售额约 10 亿美元。

下面该我们的绝缘栅双极型晶体管（insulated gate bipolar transistor, IGBT）隆重登场了。上文提到，20 世纪 70 年代就出现了成熟的商用功率 MOSFET，它

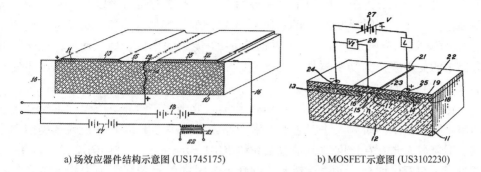

a) 场效应器件结构示意图 (US1745175)　　　　b) MOSFET示意图 (US3102230)

图 2-21　场效应器件结构

的开关速度快，栅极驱动电流小，在中小功率低电压场合已经是比较好的功率器件了，但它的导通电阻比较大，且不能用于电压较高、电流/功率较大场合（与 BJT 相比，MOSFET 导通电阻随着击穿电压的增加而急剧增加），而 BJT 则正好相反，开关速度慢，电流型驱动，驱动功率大，但导通压降低且导通电流定额大。因此，为了更好地适应高压大功率场合，将 MOSFET 与 BJT 的特点相组合起来就成为追求的目标，于是 IGBT 出现了。

1968 年日本三菱株式会社（Mitsubishi）的 K. Yamagami 首次提出了 IGBT 器件结构，并在日本申请了"Transistors，S4721739"的专利，提出利用一个 n-MOSFET 驱动一个 NPN 晶体管的结构。从 20 世纪 70 年代末到 80 年代初，一些研究小组开始关注并对这种器件结构进行研究。这里就不得不提到被称为"IGBT 之父"的贾扬·巴利加（B. Jayant Baliga）。从 1974—1988 年，巴利加是美国 GE 公司研发中心成员，在那里他是高压设备和集成电路项目的经理。他早期主要研究应用于高压场合的晶闸管，我们知道启动晶闸管很容易，但要关闭它们，则要在晶闸管阳极和阴极之间施加反压，严重制约了其应用。在研究晶闸管时，巴利加发现可以把它们改造成像普通的晶体管一样工作，也即不但可以开通，也可以通过驱动信号将其关断。于是巴利加设计出了一种晶闸管状的装置，将 MOSFET 和双极型晶体管的最佳属性相结合，而当时，这两种器件在半导体世界中被认为是完全不相关的。在 1979 年发表的文献中，巴利加提出了一种垂直 MOS 栅极晶闸管结构，并进行了实验测量，结果显示该结构在低栅极偏置条件下表现出电流饱和，这意味着 MOS 栅极晶闸管相当于工作在 PNP 晶体管状态，也就是现在我们大家熟知的 IGBT 的等效工作状态，在 1982 年发表的文献中，巴利加报道了首个分立 IGBT 器件的实验测量结果。

尽管 GE 公司最先做出这个被誉为掌控电力世界的钥匙——IGBT，但当时的 CEO 杰克·韦尔奇（Jack Welch）一直不喜欢半导体业务，他认为半导体行业属于资本密集型、周期性很强的行业，于是，1988 年 GE 公司卖掉了整个半导体业务。之后，一群虎视眈眈的企业一拥而上，首先就是西门子以及日本公司三菱和富士，几乎同时研发出 IGBT，随后 ABB、东芝等加入战团。时至今日，说起 IGBT 领域，依然是这几个巨头占据着 IGBT 庞大的市场份额。而从西门子拆分出来的英飞凌作为功率器件一方霸主，依然牢牢占据主导地位，甚至英飞凌的 IGBT 就是行业标杆。

再回头说下巴利加博士，他于 1988 年加入北卡罗来纳州立大学，继续从事功率半导体技术的研究，并创建了功率半导体研究中心。2016 年他入选美国国家发明家名人堂，在该网站上是这么介绍 IGBT 影响的——"自 IGBT 发明以来，减少了 1.5 万亿加仑的汽油消耗和 75000 太瓦时的电力消耗，为消费者节省了 24 万亿美元"。我于 2011 年在北卡罗来纳州立大学做博士后期间听过一个不知真假的趣闻，由于 IGBT 对世界电力发展以及节能的巨大贡献，说每年当诺贝尔奖要公布获奖名单的时候，巴利加博士就守在家里的电话机旁。

现在，IGBT 也被称为电力电子行业里的"CPU"，在可再生能源、电力传输、交通、工业、消费、医疗等众多领域中获得了广泛的应用。

2.6　一寸宽一寸强——宽禁带半导体器件

硅基半导体器件 MOSFET、IGBT 的发明将半导体器件在耐压、耐流、开关速度等方面向前推进了一大步，大大扩展了半导体器件的应用范围。600V 以下，场效应晶体管（MOSFET）占据了市场应用的主导地位；而在 600～6500V 的应用中，超级结 MOSFET 和 IGBT 占据市场主导地位。但是 Si 功率器件的性能已经接近物理极限。随着电力电子技术的发展以及现代工业对于模块集成度、功率密度、效率要求的提高，各类元器件在缩小体积的同时必须不断提升性能，对于半导体器件来说，日益常见的高频调制和损耗要求使得科学家们去探索更优材料的器件来兼顾高频率开关与导通/开关损耗。

在过去的 20 年时间里，由碳化硅（SiC）制成的功率器件得到了广泛的研究，并形成了一定的商业化成果。SiC 是一种 IV-IV 族的化合物材料，Si 原子和 C 原子之间化学键作用使其具有独特的物理化学性质，例如极高的硬度、化学惰性和高导热率。科学家还发现了它作为半导体器件的独特优势：与 Si 材料相比，SiC 微观层面上有更宽的能量带隙，载流子密度小，具有高温工作的能力；SiC 材料能承受的临界电场强度是 Si 材料的好几倍；SiC 材料同时还具有宽范围的阻断电压和频率，而"宽禁带"正是以碳化硅、氮化镓、金刚石等材料的半导体为代表的"第三代半导体材料"的明显特征之一。

材料学的发展是推动这些器件发展的主要因素之一。SiC 的物理和化学稳定性使其晶体生长极为困难，曾严重制约了 SiC 半导体器件及其应用的发展。SiC

本身在自然界比较少见，1824 年瑞典科学家 J. J. Berzelius 在人工合成金刚石的过程中就已经观察到了碳化硅的存在。1892 年 E. G. Acheson 提出由二氧化硅、碳和一些添加剂（例如，盐）合成 SiC 的工艺。此时，这些 SiC 片并不纯净。第一波 SiC 半导体研究热潮的到来得益于 1955 年 J. A. Lely 通过升华技术（Lely 法）成功生长出较为纯净的 SiC 晶体，在此期间，半导体 SiC 的主要目标应用是高温器件和蓝色发光二极管的开发。尽管如此，由于 Lely 晶片尺寸小、材料供应不稳定等原因，SiC 半导体的研发在 20 世纪 70 年代后期放缓，技术仍不成熟，反而是多晶 SiC 技术得以开发，SiC 基陶瓷、发热元件、无源元件和热敏电阻被商业化。在 20 世纪八九十年代，Tairov、Matsunami、Larkin 等科研人员不断改进 SiC 晶体的生长方法，为 21 世纪伊始 SiC 功率器件登上历史舞台打好了基础，做好了准备[7-14]。

自 2001 年英飞凌公司推出首款商用 SiC 肖特基二极管以来，SiC 技术发展和市场增长势头强劲，SiC 已在功率因数校正、照明、太阳能、不间断电源（UPS）、电动汽车等领域获得商业应用，并将使电力电子系统进一步向更高的效率和功率密度方向快速发展。虽然 SiC 本身可以在较高的温度下工作，但对其外围组件，如封装材料、外壳等还不成熟。除此以外，在实际使用过程中 SiC 器件的成本也是不得不计及的问题；在电路设计方面，SiC 器件的开关速度比 Si 器件快得多，这给栅极驱动设计带来了挑战，SiC 具有较低的沟道迁移率，这使得它不适合非常低的电压应用。

美国的 Cree、Semisouth、Microsemi、GE、Onsemi 等公司，欧洲的 Infineon、ST，日本的 Rohm、Mitsubushi、Hitachi 等公司，和我国的中电 55 所、13 所、中车时代、国扬电子、泰科天润、基本半导体、比亚迪和世纪金光等单位都相继推出 SiC 功率器件。国内的很多科研机构与高等院校也在开展 SiC 功率器件的研究，并积极与半导体器件制造厂商合作，开发出远高于商业化器件水平的实验室器件样品。如浙江大学的盛况教授 2009 年回国创建电力电子器件实验室，是国内较早开展碳化硅和氮化镓电力电子器件研发的团队，包括最早报道了碳化硅（SiC）功率集成芯片、在国内较早自主研制出了系列 SiC 芯片和模块（600~6000V/最高 300A，SBD、JBS、MPS、JFET、MOSFET）等。复旦大学张清纯教授从国外知名企业高管到回国任教，再到投身创业，已成功推出了首款国内量产 15V 驱动 SiC MOSFET 以及国内最低导通电阻的 1200V/14mΩ SiC MOSFET。电子科技大学张波教授领导的功率集成技术实验室被国际同行誉为"全球功率半导体技术领域最大的学术研究团队"和"功率半导体领域研究最为全面的学术团队"。团队提出功率高压 MOS 器件电荷平衡新理论，发明功率高压 MOS 衬底终端技术，提出多款低功耗功率器件新结构，研发出 600~6500V 系列 IGBT 并部分量产；发明 GaN 混合阳极横向功率整流器，率先实现硅基 GaN HFET 与整流器单片集成，研制出国内首颗功率 GaN 驱动 IC 并量产；开发电荷调制终端新技术，拓展万伏级 SiC 功率器件设计方法。

除了 SiC 外，科学家们还发现了一种 Ⅲ-Ⅴ 族化合物半导体材料氮化镓（GaN），它也具有优良的电学、光学和机械特性，被广泛应用在电子器件和光电子器件领域。作为宽禁带半导体器件，GaN 器件也拥有更高的击穿场强，从而有更低的导通电阻。GaN 的高迁移率进一步降低了导通电阻，GaN 器件能以更小的芯片尺寸实现功能，降低输入和输出电容，开关速度更快。

GaN 器件有其独特的优势，但是与 SiC 器件相比有较低的热导率，限制了它在高温环境下的应用。GaN HEMT 器件在拥有更高功率密度和更高效率的同时也带来更高的工作沟道温度。GaN 器件容易受到沟道温度升高的影响，从而导致器件性能和可靠性的下降，自热现象正是 GaN 技术面临的主要问题之一。为了应对自热效应，人们采取了许多措施来散热，例如，在制备 GaN 时将其生长在 SiC 衬底上，利用 SiC 的高热导率来缓解自热效应。除此以外，基于 GaN 器件的变换器设计也要充分考虑到器件封装、PCB 布局、栅极驱动要求等因素。

以 SiC 器件和 GaN 器件为代表的宽禁带半导体已逐渐得到应用。与此同时，研究人员和相关企业仍在研究开发其他的宽带隙材料。金刚石、氮化铝和氧化镓等具有更宽的禁带宽度，被称为超宽禁带半导体，未来有可能用来制造具有更低电阻、更高工作功率、更高耐温的功率器件，因此研发热度一直不减。

其中，金刚石半导体的热导率是 SiC 和 GaN 的 5~10 倍；更宽的能量带隙，导致其更适合高压、高功率运行需求，且有更好的电性能和较低的导通和关断损耗；更高的临界电场强度，具有更好的抗高温、抗辐射、抗电磁干扰等特点；更好的稳定性，更高的化学惰性，使其在高温、高辐照、强电场等极端环境下具有更高的可靠性。

有关金刚石器件的探索以及商用滞后于 SiC 器件与 GaN 器件，自英国 1953 年发现第一颗金刚石膜以来，一直到 1991 年，来自美国华盛顿大学的研究团队才首次制造了金刚石晶体管，开创了金刚石功率器件的研究。21 世纪后，金刚石 PN 结二极管、金刚石场效应管相继在各国问世，但是目前金刚石器件的制造工艺和成本仍然较高，仍需要材料学、器件工艺学、封装技术的不断创新发展，其商业化推广仍面临一定的挑战[15]。

2.7 其余代表性功率器件

除上面介绍的主流功率器件外，还出现了很多种器件结构，下面简单介绍。

➢ 闸流管（thyratron），1926 年美国 GE 公司的艾伯特·赫尔发明，闸流管是一种充电管，由阳极、阴极和栅极构成，管内充有一定数量的气体（汞、氢、氦等）。

➢ 引燃管（ignitron），1933年美国西屋电气公司工程师约瑟夫·斯莱皮恩（Joseph Slepian）发明。引燃管是具有尖端点火极的汞腔阴极器件，它通过触发引弧极，在阳极和汞腔里的阴极之间起动汞弧来导通电流。

➢ IPM（intelligent power module），智能功率模块，三菱公司1990年推出。IPM由IGBT芯片、逻辑、控制、检测和保护电路集成在一个模块，不仅减小了系统的体积以及开发时间，也大大增强了系统的可靠性。

➢ IEGT（injection enhancement gate transistor），电子注入增强型栅极晶体管，是由IGBT发展而来的。1994年由日本东芝公司开发成功。由于IEGT具有比IGBT更强的通流能力，可用于大功率领域。

➢ IGCT（integrated gate-commutated thyristor），集成门极换向晶闸管，是在GTO的基础上研制出的改良器件，是由门极换向晶闸管（GCT）和门极驱动电路集成而来，由ABB公司1997年推出。

➢ ETO（emitter turn-off）晶闸管，发射极关断晶闸管，由美国Alex Huang教授于1998年发明。由门极关断晶闸管（GTO）和功率MOSFET集成基础上开发而来。

➢ IGCT-Plus，清华大学曾嵘教授团队结合直流电网核心设备（直流断路器、电压源换流器、直流变压器）本质属性，率先开展适用于直流电网的定制化IGCT-Plus设计与研制工作，带领国内功率器件厂家成功研制了4in和6in IGCT-Plus器件，由于其高可靠、低成本、低损耗优势，在珠海直流配电、东莞中压柔直互联、云南弥勒陆上风场、阳江青州海上风电直流输电等工程中得到应用，并正在向沙戈荒新能源、远海风电、城市电网互联等更高电压、更大容量应用领域拓展。

2.8 后记——为什么叫"硅［guī］"

看到这本书的人肯定都认识"硅"字，它是地壳里第二丰富的元素，构成地壳总质量的26.4%，仅次于第一位的氧（49.4%）。硅是半导体器件、大规模集成电路、光伏组件等高科技设备的原料，现在按规定"硅"字念作"guī"。

但我国古代没有硅字，我们的祖先既不知道硅这种元素的存在也没有创造过硅字。汉字中的"硅"是民国早年创造的新字。当年西学东渐，西方的化学知识传入中国，中国人才开始有了元素的概念。回头看看中国人在那之前认识的元素，凑起来大概只有金、银、铜、铁、锡、铅、汞等十多种，而还没有元素的概念。当年所谓元素和许多元素名称中国人都是第一次听说，当时译名十分混乱，有些是借用日本翻译的名称。譬如，氧先是被日本人译作酸素，那是德国人命的名，因为绝大多数酸含有氧，今天德国人仍那样称呼。后来清末的翻译家徐寿（他还是在 *Nature* 上发表论文的中国第一人）用"养气"来称呼氧，寓意是养活生命所需的气；氢被日本人译作水素，那也是德国人命的名，后来又称作轻气，因为它比空气轻；氮先前被日本人译作窒素，因为它会引起窒息，后又称淡气——冲淡空气中的氧气；氯早先译作绿气，因为它是黄绿色的，等等。很不规范。并且与汉字的特征不符。

汉字是单音字，并且单音成义。因此元素名称用汉字来表示应该只用一个字就行。就如金、银、铜、铁、锡那样。当时大量的元素名和其他化学术语正进入中国社会。1932 年在南京刚成立的中国化学会面临一项重要任务是把那些元素的名词按汉字的规律译成中文，把元素名从拉丁文译成中文，他们考虑到只能用造新字的办法来解决。当时要求创建的元素中文名，除了已为人们熟悉的如养气、轻气、淡气、绿气等少数元素按当时读法改为氧、氢、氮、氯一个字之外，其余都用一个新造的字来代表，但要求新字的构造，气体元素用气字头；在室温条件下是液态的元素含水字（如溴、汞）；固态非金属元素含石字旁（如碳、磷、硒、碘等）；固态金属元素用金字旁（如钠、铝、锌、钡等）。并且要求新创的元素名与拉丁名谐音，如有可能同时要求考虑会意，这样，人们见字就能知道它属哪一类。硅这种元素的拉丁名是 Silicium，元素符号是 Si，当时把它设计为硅字，要求的读音是"xī"，为的是与 Si 的音尽量接近。请注意：最初硅字并不念作"guī"而要求念作"xī"。当年的学者考虑到硅是土壤的主要组成成分，土壤基本上就是混杂的硅酸盐。他们想到的是菜畦（xī）的畦字。畦是土壤，正好是硅酸盐类组成的。因此让硅读畦的音可以联想到土壤，兼有谐音和会意的意思。不过今天畦字的字典注音改读"qí"了，那是后来发生了音变的缘故。

学者们定义的硅（xī）字的出发点是好的，但由于当时人们文化水平以及宣传不够的原因，社会绝大多数人想当然地按圭、桂、闺等字的读音把硅念成了 gui（正所谓一字读半边，不会错上天）。特别是教化学的教师当时自己没有弄清读法就教学生念了别字，读成了 gui，造成谬传，这使得那些当年造硅（xī）字的学者们感到很遗憾。大约 1935 年前后，中国化学会再次集会时提到了这个问题，学者们按照元素的中文名应与拉丁名谐音的原则决定 Si 这种元素的中文名仍应读作"xī"，不过不再用人们看了要读错的硅字，因此又造了个新字"矽"（xī）。这样就一目了然，人们一看都明白了。于是这种元素来中国没有两三年就有了两个不同的写法，不过都要求念作"xī"，如在抗战时期，老师所教的已是矽字，当时硅酸盐已写作矽酸盐。

1949 年新中国成立后，样样都要有个新的开始，以前国民党时期搞的那一套科学名词、标准也都要重新审查厘定才算，这样革命才够彻底。于是 1950 年初在北京召开各专业的专家会议，对以前所制订的专业名词重审。有人就对矽字提出建议，说是化学中音读作 xi 的词太多，譬如矽、锡、硒、醯、烯等，容易发生混淆，说个矽酸钠可被误解为锡酸钠或硒酸钠，何不仍用以前的硅（guī）字而不要用矽字，这样可以减少些误会，在那次会上，这个意见经过一番议论，没有人表示反对。因此，矽字又被取消改回作硅，但规定按当年的别字念法仍把硅念成了"guī"。于是，今天我们才有可控硅、单晶硅、多晶硅、硅橡胶、硅酸盐等名词。硅字成了所有元素名称中唯一既非中国文字中原先就有的，或西学东渐后人们最初熟悉的，而又不与拉丁名谐音的例外，而是按早年念成别字的"诨名"当作正式名在使用的，成了中国化学史上的插曲。

当然，国内目前也有部分行业仍在用矽字的，如医学界以前把石匠、开山工人和采矿工人肺部长期吸入游离二氧化硅含量较高的粉尘而发生的病，称为矽肺，他们觉得改称为"硅肺"那太别扭了，至今矽肺这个词在医学界仍继续通用。同时，电气工业中使用的矽钢片也叫惯了，至今有不少人还那么称呼。因此现在我国矽字在矽肺和矽钢片两处仍通用。而我国台湾省仍继续用矽字。国内也有一些公司名字中用矽字，如矽力杰半导体技术有限公司（Silergy）。这一小节的内容基本来自邵靖宇写的《硅字的来历和变迁》，中国科技术语，2008，由于无法联系到他，在此特作声明并表示感谢[16]。

参 考 文 献

[1] 佛郎哥·马洛贝蒂，安东尼·C.戴维斯.电路与系统简史［M］.秦达飞，谢镔，译.北京：清华大学出版社，2018.
[2] 约翰·奥顿.半导体的故事［M］.姬扬，译.合肥：中国科学技术大学出版社，2015.
[3] SHARP H. CLAYTON. The Edison effect and its modern applications［J］. Journal of the American Institute of Electrical Engineers，1922，41（1）：68-78.
[4] JONES M. 电子管放大器［M］.薛国雄，译.北京：人民邮电出版社，2015.
[5] 童永潮.我国水银整流器工业的发展概况和方向［J］.高压电器，1959，3：10-11.
[6] 徐德鸿，陈治明，李永东，等.现代电力电子学［M］.北京：机械工业出版社，2017.
[7] TSUNENOBU K，JAMES A C. Fundamentals of silicon carbide technology：Growth，characterization，devices and applications［M］. Singapore：Wiley & IEEE Press，2014.
[8] SHE X，HUANG A Q，LUCIA O，et al. Review of silicon carbide power devices and their applications［J］. IEEE Transactions on Industrial Electronics，2017，64（10）：8193-8205.
[9] MILLAN J，GODIGNON P，PERPINA X，et al. A survey of wide bandgap power semiconductor devices［J］. IEEE Transactions on Power Electronics，2014，29（5）：2155-2163.
[10] JONES E A，WANG F F，COSTINETT D. Review of commercial GaN power devices and GaN-based converter design challenges［J］. IEEE Journal of Emerging and Selected Topics in Power Electronics，2016，4（3）：707-719.
[11] GUGGENHEIM R，RODES L. Roadmap review for cooling high-power GaN HEMT devices

［C/OL］//2017 IEEE International Conference on Microwaves, Antennas, Communications and Electronic Systems（COMCAS）, Tel Aviv, Israel, 2017: 1-6.

［12］COOPER J A, MELLOCH M R, SINGH R, et al. Status and prospects for SiC power MOS-FETs［J］. IEEE Transactions on Electron Devices, 2002, 49（4）: 658-664.

［13］秦海鸿，谢昊天，朱梓悦，等. 宽禁带器件驱动电路原理分析与设计［M］. 北京：北京航空航天大学出版社，2021.

［14］BUSCH G. Early history of the physics and chemistry of semiconductors-from doubts to fact in a hundred years［J］. European Journal of Physics, 1989, 10（4）: 254-263.

［15］王凡生，刘繁，汪建华，等. 金刚石半导体器件的研究进展［J］. 武汉工程大学学报，2020，42（05）：518-525.

［16］邵靖宇. 硅字的来历和变迁［J］. 中国科技术语，2008，10（1）：46-48.

第**3**章 磁性元件

从第 1 章人类对电、磁的认识过程来看，一直都是电磁不分家，第 2 章主要介绍了处理电的各种功率器件，这一章介绍处理磁的各种磁性元件。

3.1 变形金刚（transformer）

1820 年 4 月，丹麦哥本哈根大学的年轻科学家奥斯特在进行科学讲座时无意将一枚小磁针放在了一段导线的下方，当给导线通入电流时，意外发现与之平行的小磁针发生了转动，由此发现了电和磁的紧密关系，即电流可以产生磁场。他在数月后在法国的科学杂志《化学与物理学年鉴》上发表了著名的"Experiments on the effect of the electric conflict on the magnetic needle"（《关于磁针上电流碰撞的实验》），介绍了电流的磁效应，由此揭开了电磁学研究的新篇章[1]。在此之后，法拉第电磁感应定律、麦克斯韦方程组等相继如雨后春笋般在短短几十年内被发现，各种磁性元件，如变压器、磁放大器开始逐步进入人们的视野，对大众的生活产生了深刻的变革。

在第 1 章中，我们介绍了在 19 世纪 30 年代初美国科学家亨利和英国物理学家法拉第先后利用变压器的原形发现了电磁感应现象，此后对变压器原形迈向实用化贡献较大的是德国发明家鲁姆科尔夫（Heinrich Daniel Ruhmkorff），他采用了很多改进措施，发明了感应线圈（也被称为Ruhmkorff 线圈），如图 3-1 所示[2]，线圈由一次绕组和二次绕组组成，在二次绕组中产生高电压，以进行气体击穿或引爆，并将其成果进行

图 3-1 鲁姆科尔夫线圈（Ruhmkorff 线圈）

商业化，广泛用于 X 光机、无线电发射器、电弧照明和医疗电疗等设备，以及现在的内燃机点火线圈。他还因其发明于 1858 年被拿破仑三世皇帝授予 50000 法郎的奖金，他的事迹在 1864 年法国作家儒勒·凡尔纳（Jules Gabriel Verne）所著的著名科幻小说《地心游记》中都有提及。

后面对变压器作出重要贡献的是法国人高拉德和英国人吉布斯，他们为变压器找到了一个应用场合，那就是交流输配电系统（见第 1 章相关内容），他们引入了开路铁心充当磁路部件，大大提升了变压器的功能。他们种下的变压器种子在美国和欧洲都得到了开花结果。花开两朵，各表一枝。先说在美国，西屋电气公司买了高拉德和吉布斯的专利后，公司工程师斯坦利（William Stanley）认识到变压器系统的缺陷——没法自我调节，因为这套系统采用了串联结构。于是在 1886 年申请了变压器的美国专利 "Induction coil, US0349611"，如图 3-2a 所示，后来斯坦利又不断对变压器进行改进，如图 3-2b 所示[3]。由于斯坦利在交流变压器及交流系统的杰出贡献，他在 1912 年被授予 AIEE（American Institute of Electrical Engineers，即为 IEEE 前身）爱迪生奖章，以表彰其在发明和发展交流电系统和设备方面的杰出成就。

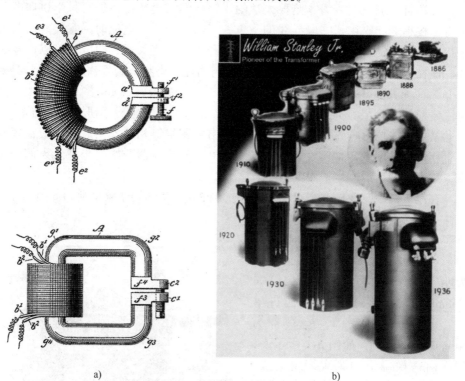

a)　　　　　　　　　　　　　　　　b)

图 3-2　斯坦利第一个变压器专利以及变压器产品迭代过程

再说在欧洲，当高拉德和吉布斯在 1884 年意大利都灵国际博览会期间展出他们的变压器时，吸引了当时匈牙利岗茨（Gangz）工厂工程师布拉什（O. T. Blathy）的注意，他敏锐地感觉到这种设备有很大的发展前途，回去之后，他和工厂的工程师齐伯诺夫斯基（C. Zipernowsky）以及德里（M. Der）一起对变压器结构进行了改进，他们将开磁路铁心改进为闭合磁路，并将一次侧串联改为并联，简称为 ZDB 变压器（Z、D、B 分别为三位工程师姓氏的第一个字母），如图 3-3 所示。闭心变压器最终使为家庭、企业和公共场所的照明提供电力在技术上和经济上变得可行。

图 3-3 1885 年的 ZDB 变压器

1885 年 5 月 1 日，在匈牙利布达佩斯国家博览会上，75 台岗茨工厂的 ZDB 变压器通过将一台 150V 的单相交流电机电压进行降压，点燃了博览会现场的 1067只灯泡，展示效果引起了轰动，这一天也标志着现代实用变压器的诞生，三位工程师及岗茨工厂也声名鹊起。布拉什在 1885年首先引入单词"Transformer"（美国好莱坞大片"Transformers"在国内译作"变形金刚"），并被沿用至今。此外，三位工程师还发明了铁心叠片结构，通过叠片形式大大降低了铁心的涡流损耗，进一步提升了效率。ZDB 变压器的发明是一个重要的里程碑事件，它奠定了现代变压器的基本原形，在此以后，变压器在欧洲迅速推广，1899 年突破 10000 台。由 ZDB 变压器构的交流电网推动了交流系统的应用。以上讨论的主要是单相变压器，俄国人多布罗沃利斯基则发明了三相变压器（见第 1 章）。

另一位在变压器领域有较大贡献的就是大家熟知的特斯拉，他在 1891 年发明了能产生高压高频低电流的谐振变压器电路，俗称特斯拉线圈，被广泛应用在 X 光机、无线电传输等场合。特斯拉线圈的原理如图 3-4 所示。运行时，高压电源及变压器向一次侧谐振电容器上充电，然后通过火花隙以火花形式放电，放电过程中在一次侧电路中产生振荡脉冲电流，经过谐振变压器的电压放大而传递到二次侧，最后在二次侧形成振荡的高电压。这种原理产生的电压频率通常为较低的射频范围，在 50kHz～1MHz 左右。

1889 年伦敦大学学院的弗莱明教授撰写了 *The Alternate Current Transformer in Theory and Practice* 一书（他由于发明真空二极管而被世人熟知，见第 2 章），从交流/瞬时电流实验、互感原理、线圈理论、电流感应动态特性等诸多方面对当

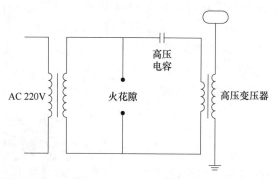

图 3-4　特斯拉线圈原理图

时的变压器研究进行了总结。1890 年 Oliver J. Lodge 在 *Nature* 杂志专栏 "books received" 对其进行了详细的评论[4]，系统回顾了其内容并指出相关观点，如图 3-5 所示。最后给出了 "the average level of the book is high" 的评价，可见变压器技术在当时绝对属于科学前沿。

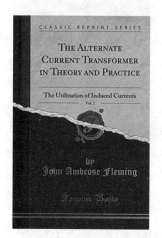

图 3-5　J. A. Fleming 关于变压器的专著以及在 *Nature* 上的书评

变压器的逐步广泛应用也伴随着磁心及绕组技术的不断进步。1900 年，英国人 Hadfield 发明了硅钢，1903 年出现热轧叠片式硅钢片，1930 年，日本东京理工学院的 Yogoro Kato 博士和 Takeshi Takei 博士发明了铁氧体材料，1960 年美国开发非晶合金、1964 年日本又发明了冷轧硅钢片、1974 年美国发明铁基非晶合金、1988 年日本研制出纳米晶合金[5]，使得变压器的损耗不断降低，引领了变压器的推广应用。

我国的变压器生产制造事业于 20 世纪 40 年代发展，其基本技术脉络见表 3-1。

表 3-1 我国配电变压器的历史回顾[6]

20 世纪 40 年代	我国开始生产配电变压器,以热轧硅钢片为磁心
20 世纪 50 年代	生产 110kV 级变压器
20 世纪 60 年代	生产 220kV 级变压器
20 世纪 70 年代	生产 330kV 级变压器,开始采用晶粒取向冷轧硅钢片
20 世纪 80 年代	生产 500kV 级变压器
20 世纪 90 年代	生产非晶铁心变压器
21 世纪以来	生产 10~720000kVA、10~500kV 各级变压器以及 800kV 以上特高压变压器

　　而我国变压器的历史不得不提沈阳变压器有限责任公司,它成立于 1938 年,是我国变压器行业的发源地,于 2003 年被特变电工重组。沈变于 1951 年接受国家制造大型变压器任务,1952 年我国第一台自主生产的 5000kVA 大容量变压器终于下线,被称为"五千号",这是我国制造的第一台大型变压器。2009 年我国首台±800kV 特高压换流变压器在特变电工沈阳变压器集团有限公司研制成功。2018 年 5 月 26 日,世界首台±1100kV 特高压换流变压器由特变电工试制成功,单台容量 607500kVA,再次刷新了该领域的世界纪录,如图 3-6 所示。

图 3-6 世界首台±1100kV 特高压换流变压器

3.2 第二次世界大战中德军的秘密武器——磁放大器

　　2022 年的一天,当时我在考虑一个在特殊场合用磁放大器替代现有半导体开关的想法,把这个想法和一个专攻磁技术的博士生进行了探讨,他一脸懵的看着我，"磁放大器是个什么？"。看来磁放大器真的已进入历史尘埃了，那让我们拂去尘埃看看它的面目。

根据定义，放大器是一种能够让小信号控制大信号的设备。真空三极管/晶体管都是通过在栅极上施加电压来实现这一功能，磁放大器则以电磁方式进行控制。从物理上讲，磁放大器是一个主绕组绕在一个容易饱和的环或方形磁心上，周围有一根电线也缠绕在铁心周围形成控制绕组（有时没有单独的控制绕组），控制绕组包括多匝导线，因此通过相对较小的直流电流，可以迫使磁心进入或退出饱和状态。因此，磁放大器的行为就像一个开关：当饱和时，它让主绕组中的交流电流畅通无阻地通过；当不饱和时，主绕组类似一个很大的电感，它会阻止电流通过，因此，所谓"放大"是因为相对较小的直流电流就可以控制大得多的交流负载电流，如图 3-7 所示[7]。

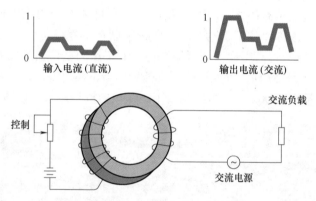

图 3-7　磁放大器工作原理

可见，其核心思想就是改变磁心的磁导率来改变电感，其实这一基本原理早在 1899 年就由"无线电广播之父"——费森登（R. A. Fessenden，他创造了利用声音信号对高频连续波进行调幅而后发射，在接收端进行解调以实现无线电声音传播，即他的突出贡献在于实现了无线电传送声音，而马可尼是用无线电传输莫尔斯码）提出了，即改变磁导率从而改变电感量，作为改变无线电天线调谐的一种手段，见美国专利"Wireless telegraphy，US706735"，这个可以说是磁放大器的雏形。

直到 1916 年，无线电先驱 E. F. W. Alexanderson（亚历山得逊）将磁放大器用于跨大西洋的高功率无线电发射，才逐渐引起人们的关注。通过一种以他名字命名的亚历山得逊交流发电机〔Alexanderson alternator，这是一种高频交流发电机，能够在 VLF 范围内产生数百千瓦的电力，VLF（very low frequency）指的是甚低频，是无线电频段划分的第一部分，频率范围是 3～30kHz〕为无线电发射机产生了高功率、高频交流电，但该高频交流电不含有任何有用的语音信号，为此，还需要一个调制器，将要传输的语音信号调制到高频交流电中，再经过天线发射出去。1915 年，亚历山得逊提出了将磁放大器用于调制高功率无线电发射信号的想法，并申请了美国专利"Means for controlling alternating current, US1328797"，在该专利中，首次使用了"magnetic amplifier"这一专业术语，其基本原理可用图 3-8a 表示，通过改变控制绕组 B 的直流电流，从而改变磁心的磁导率，进而改变交流绕组 A 电感值大小，从而改变高频交流电端口电压，实现如图 3-8b 所示的信号调制。跨大西洋高功率无线电发射用的亚历山得逊交流发电机和磁放大器分别如图 3-8c 和 d 所示[8]。

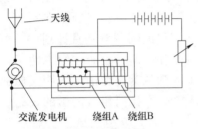

a) 原理示意图

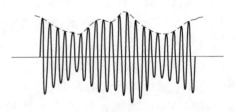

b) 经调制后信号

c) 75kW亚历山得逊交流发电机

d) 磁放大器

图 3-8　磁放大器用于跨大西洋的高功率无线电发射

在 1920 年代，真空管的改进使得亚历山得逊交流发电机和磁放大器的组合过时了，这使得磁放大器显得毫无用武之地。事情的转折发生在第二次世界大战期间，1941 年 5 月 18 日，新服役的德国重巡洋舰"欧根亲王"号与新战列舰"俾斯麦"号一同驶出波罗的海，在大西洋上巡航。出海第 6 天，英国巡洋舰"胡德"号在 3min 的交战中被击沉，装备不足的新战列舰"威尔士亲王"号严重受损。三天后，在被破译的德国密码机帮助下，一支迅速集结的英国战舰舰队将"俾斯麦"号击沉，"欧根亲王"号则侥幸逃脱，成为为数不多的在战争中幸存下来的德国主力舰之一。当"欧根亲王"号落入盟军手中时，情报部门始终无法找到船上 8in 火炮的火控设备。最后，他们找到了一位在"欧根亲王"号服役的军官，他指着一些焊接在一起的钢板说，"哦，是的，它就在这些钢板后面。"对于盟军来说，在整个战争中，让脆弱的真空管设备在战舰上稳定运行一直是个令人头疼的问题。而在德国这边，自战舰服役以来，由于稳定性超好，德国人甚至从来没有检查过他们的设备。盟军在这些钢板背后发现的技术立即被列为机密，并持续了好几年[9]。而这里的机密，就是磁放大器，德国不但在海军中使用磁放大器，在战争快结束时向英国发射的 V2 火箭中也使用。

于是美国人们重新激发了对磁放大器的热情。磁放大器可以耐受极端条件而不会像真空管一样烧坏，因此，它能应用于苛刻环境，特别是在军事、太空和工业控制领域。在 20 世纪 60 年代和 70 年代的阿波罗登月计划中，电源和风扇就是由磁放大器控制的。1951 年的一本海军训练手册详细说明了磁放大器（尽管对其历史持谨慎态度）："许多工程师认为是德国人发明了磁放大器；实际上它是美国人的发明。德国人只是拿走了我们相对简陋的设备，提高了效率和响应时间，减轻了重量和体积，拓宽了应用领域，然后还给了我们。"

20 世纪 50 年代，美国海军的工程师们称磁放大器为"一颗冉冉升起的新星"和"战后电子学奇迹"之一，1957 年，还有 400 多名工程师参加了一个关于磁放大器的会议。本书作者有一本 1963 年南京航空学院（即现在的南京航空航天大学）丁道宏教授（南京航空航天大学电气工程学科的主要开拓者和奠基人之一）主编的《磁放大器》一书，可见，当时在国内，磁放大器也是重要的技术之一。

20 世纪 50 年代和 60 年代人们见证了磁放大器的复兴，在此期间，磁放大器被广泛应用于军事、航空航天和其他行业。在完全让位于晶体管之前，它们甚至出现在了一些早期的固态数字计算机中。

20 世纪 40 年代末，研究人员发现新磁性材料有存储数据的能力。圆形磁心可以逆时针或顺时针磁化，从而存储 0 或 1。有了矩形磁滞回线，可确保材料在断电后仍保持一种稳定的磁化状态。然后，研究人员用密集的磁心网格构建了核心存储器。不过，磁性材料并非只对早期数字计算机的核心存储器产生了影响。从 20 世纪 40 年代开始，这些机器的第一代使用了真空管进行计算。20 世纪 50 年代末，基于晶体管的第二代机器取代了第一代机器，随后是由集成电路构建的第三代计算机。实际上，计算机技术的进步并不是线性的。早期晶体管不是明显的赢家，还有许多其他替代品被开发了出来。磁放大器就是几代计算机之间几个基本上被遗忘的计算技术之一。

这是因为在 20 世纪 50 年代初，研究员意识到磁心不仅可以保存数据，还可以实现逻辑功能。通过在一个磁心上缠绕多个绕组，可以对输入信号进行组合，例如，反方向缠绕可能会抑制其他输入。通过以各种方式将这些磁心连接在一起可以实现复杂的逻辑电路。

1956 年，美国 Sperry Rand 公司开发了一种名为铁氧体磁放大器的高速磁放大器，它能够以几兆赫兹的频率工作。Sperry Rand 公司在一台名为 Univac 磁性计算机的军用计算机中使用了铁氧体磁放大器，这台机器包含 1500 个铁氧体磁放大器和 9000 个锗二极管，以及一些晶体管和真空管。

Sperry Rand 公司的一个部门制造了名为 Bogart 的计算机，用于帮助美国国家安全局破译密码。1957—1959 年间，Sperry Rand 公司交付给美国国家安全局 5 台 Bogart 计算机。它们采用了西摩·克雷（Seymour Cray，超级计算机之父）设计的新型磁放大器电路。之后，克雷制造了著名的克雷超级计算机。据报道，在自己的几十项专利中，克雷最引以为豪的是他的磁放大器设计。

不过，基于磁放大器的计算机发展并非总是一帆风顺。20 世纪 50 年代晶体管的进步也导致了使用磁放大器的计算机的衰落。但有一段时间，哪项技术更优越并不明朗。例如，在 20 世纪 50 年代中期，兰德公司还在为在控制泰坦（Titan）核导弹的 24 位计算机雅典娜（Athena）中采用磁放大器还是晶体管争论不休。为了比较这两种技术，克雷制造了两台等效的计算机：采用磁放大器的磁性开关测试计算机（Magstec）和采用晶体管的晶体管测试计算机（Transtec）。尽管磁性开关测试计算机表现稍好，但显然晶体管才是未来的潮流。因此，兰德公司用晶体管制造了 Univac Athena 计算机，将磁放大器用于实现计算机电源内部的次要功能。图 3-9 为 1966 年 IBM System/360 的线路板，显示了机器的一些磁心存储器，它使用了小铁氧体磁环，有电线穿过这些铁氧体磁环。

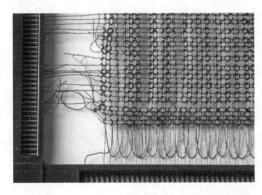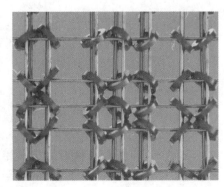

图 3-9 磁心存储器

但 20 世纪 60 年代，随着晶体管和其他半导体器件的兴起，人们对磁放大器相关设备的兴趣逐渐消退。在大家都认为磁放大器注定要成为历史的尘埃之后，在 20 世纪 90 年代磁放大器找到了新的应用，那就是在个人计算机电源中。计算机的工作电源按历史发展过程中有 AT 电源和 ATX 电源，其作用是把交流 220V 的电源转换为计算机内部使用的直流 5V，12V，24V 等。AT 电源是由 IBM 早期推出 PC/AT 机时所提出的标准，当时能够提供 150~220W 的电力供应，共有四路输出（+5V、-5V、+12V、-12V）。AT 电源上必须有电源开关，以控制个人计算机的开关，AT 电源供应器主要应用在早期的主板上（如 AT 主板和 Baby AT 主板），如今，AT 电源已被淘汰。

ATX 电源是由 Intel 公司于 1995 年提出的工业标准，从最初的 ATX1.0 开始，ATX 标准又经过了多次的变化和完善，目前国内市场上流行的是 ATX2.03 和 ATX12V 这两个标准。ATX 电源广泛应用于个人计算机中，与 AT 电源相比，它更符合"绿色电脑"的节能标准，它对应的主板是 ATX 主板。与 AT 电源相比，ATX 电源增加了"+3.3V、+5VSB、PS-ON"三个输出。其中"+3.3V"输出主要是供 CPU 用，ATX 电源最主要的特点就是，不采用传统的市电开关来控制电源是否工作，而是采用"+5VSB、PS-ON"的组合来实现电源的开启和关闭。1990 年代中期，ATX 标准中的 3.3V，大多数都是采用磁放大器产生的，磁放大器是控制该电压的一种廉价而有效的方法。PC 开关电源中的 3.3V 磁放大器稳压电路如图 3-10 所示[10]。此时磁放大器可等效于一个脉宽调制器，通过精细调节脉冲宽度，可达到精密稳压的目的。

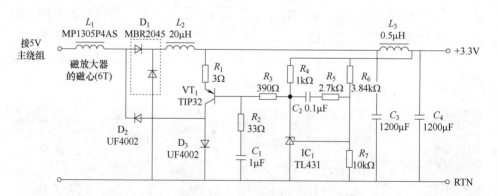

图 3-10　PC 开关电源中的 3.3V 磁放大器稳压电路

总而言之，磁放大器的历史跨越了大约一个世纪，随着它们的流行，然后多次消亡。你很难在今天生产的电子硬件中找到一个磁放大器，但将来也许一些新的应用，将再次为它们注入活力。

3.3　磁性元件模型

变压器和电感在磁场中的建模问题是磁元件研究的主要问题，主要包括交流电阻、漏感、磁心损耗、寄生电容等多个方面的研究。

3.3.1　交流电阻模型

1855 年，发明傅科摆（1851 年，傅科在 67m 长钢丝下面挂一个重 28kg 的铁球，组成一个单摆，他利用摆平面的转动证实了地球有自转，演示地球有自转的这种单摆后称为傅科摆。）的法国发明家莱昂·傅科（Jean-Bernard-Léon Foucault）首次发现了涡流效应（eddy current effect）的存在，他设计了如图 3-11 所示的装置，包含一个可旋转的铜盘和一个磁铁产生磁场。当旋转铜盘到一定速度时松开双手，铜盘的转速随之下降，并且发热严重，由此证明了涡流效应的存在。

图 3-11　傅科铜盘

> Dowell 公式

1966 年，丹麦哥本哈根 Telephone Fabrik Automatic 公司的 P. L. Dowell 先生发表了 "Effects of eddy currents in transformer windings" [11]，在其中提出了被后人称为 "Dowell 公式" 的变压器绕组交流电阻计算公式，至今仍然广受应用。

Dowell 假设在典型的变压器结构中，产生绕组损耗的磁场方向为在磁心窗口中平行于绕组层的方向，即为图 3-12 中 m. m. f 箭头所示方向（m. m. f 为 magneto-motive force 简称，也就是磁动势，即所研究环路内电流与匝数的乘积）。因此，变压器窗口中沿着一次侧与二次侧方向，磁动势随着包含的一次电流匝数增加而增加，又随着包含的二次电流匝数增加而减小，呈现出类似 "小山坡" 的分布，而 "坡顶" 即为磁动势及产生损耗最高的部

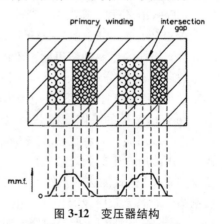

图 3-12　变压器结构

分。而高频中常用的交错绕组（即三明治结构）可以有效压低 "坡顶" 高度，达到降低损耗的目的。可见，对绕组损耗的建模工作可以直接指导优化设计绕

组结构。

在上述磁场形式假设的基础上，Dowell 给出了交流绕组电阻的解析解，如图 3-13 所示为绕组交流电阻和直流电阻之比，即为交流绕组电阻系数 F_R。相同绕组直径下，随着频率及绕组层数的增加，电阻损耗呈现非线性急剧增长。由模型同样可以得出，在高频应用场合，减小绕组直径及层数是减小绕组损耗的有效方案。

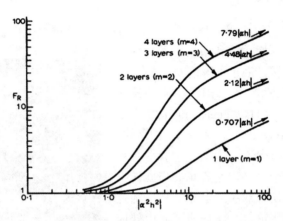

图 3-13　绕组交流电阻和直流电阻之比

Dowell 方法因为其形式相对简单、不受非线性磁心影响、对不同形状绕组及磁心的适用性广等诸多优点，目前仍是计算电感和变压器绕组损耗的主流方法之一，与此同时，为了克服其在不同应用背景下的适用性问题，进一步提升其计算精度，也诞生了一系列衍生及修正公式。

➢ Ferreira 公式

1990 年，南非 Rand Afrikaans University 的 Jan Abraham Ferreira 教授提出了计算绕组损耗的另一种新思路，不同于 Dowell 公式的直线形磁场，其基于圆形导体的环形磁场分布推导而得，被称为 "Ferreira 公式"[12]。Ferreira 教授在2015—2016 年期间担任 IEEE 电力电子学会 PELS 主席。

Ferreira 教授的工作是在 1964 年学者 Jiri Lammeraner 和 Milos Štafl 的总结上进行进一步拓展，后者在其著作 *Eddy currents* 中详细推导了单个圆导体中由于通入高频电流所产生的涡流效应磁场及其等效电阻和电抗[13]，其求解思路主要是依据 Maxwell 公式加边界条件求解磁场。值得注意的是，这本书也同时提到了单层铜箔中的涡流效应及其电阻、电抗的推导公式，其结果中使用的双曲线函数sinh、cosh 等与 Dowell 推导的公式如出一辙。因此可以认为是这本著作中已经出现了单层铜箔的 Dowell 公式及单股圆导线的 Ferreira 公式，而后被推广应用至更一般化的应用场景。作为第一部捷克斯洛伐克关于涡流的著作，*Eddy currents* 这本书较为系统地综述了当时电气工程学科中涡流场问题。同时需要指出的是，真正的单股、多股导体中涡流损耗公式的最早起源恐怕已经难以考证，因为该书中也提到，早在 1906 年 R. Rudengerg 出版于德国斯图加特的 *Energie der Wirbelströme in elektrischen Bremsen und Dynamomaschinen*（电制动器和发电机中的涡流能量）、1917 年 Howe G. W. O 发表于英国皇家学会学报的 "The high-frequency resistance of multiply-stranded insulated wire" 及 1932 年 P. Bunet 在巴黎的 *Courants de Foucault*（涡流）等论著中对该课题已有论述[14]。

Ferreira 教授提出 Ferreira 公式的一个重要前提是他指出了趋肤效应和邻近效应的正交性（Orthogonality）[15]，也就是可以分别求解产生两者的磁场，根据磁场求取涡流损耗再进行直接相加，即可得到绕组的总损耗。正交性原则的提出简化了绕组损耗的计算复杂程度，它不需要人们从一开始就合成趋肤效应和涡流效应磁场并进行损耗计算，且提高了人们对该问题的认知水平。进一步地，根据类似的推导方法，同样可以推导出不同频率下的磁场对绕组损耗的影响也是正交的。即对于非正弦波形下绕组的损耗，可以分别计算傅里叶分解下波形不同频率中的损耗，再对损耗进行叠加即为总损耗。这大大方便了绕组损耗的解析与分析。与之对比而言，磁场在磁心中的损耗无法进行频率范围下的叠加，这个问题就变得复杂得多。

结合单导体中的电阻建模工作及趋肤和邻近效应的正交性，Ferreira 分析了圆形导体外部的磁场，并推导出了适用于圆形导体绕组的 Ferreira 公式。由于大部分绕线绕组均为圆形绕组，而 Ferreira 公式是基于圆形绕组磁场提出，因此理论上 Ferreira 公式相比于 Dowell 公式在计算圆形绕组损耗时具有更好的精度。

最后值得一提的是，尽管 Dowell 公式和 Ferreira 公式初始推导分别面向铜箔及圆导线，然而根据导体面积等效转换原则，两者分别可以进行修正用于计算圆导线和铜箔。面积等效转换原则主要是对所输入的铜箔厚度或圆导线直径进行修正，以使其等于转换后的圆导线及铜箔面积。这一原则后来被证实是没有物理及实际意义的假设，然而并不妨碍其在大部分应用场景下均能取得较好的精度。最后更精巧的是，Dowell 公式和 Ferreira 公式在高频下可以进行互相转换和化简，已有研究证明，在忽略一些本身影响不大的展开项时，二者是相等的。因此建模的本质是数学计算，针对同一类事物数学的建模方法在此达到殊途同归的结果。

➢ Dowell 公式和 Ferreira 公式的改进

Dowell 和 Ferreira 公式的提出为现今绕组损耗及电阻计算建模框架奠定了基础，而后发展了多种类型的绕组电阻计算方法，大致可以归类为修正的 Dowell 或 Ferreira 解析公式、半解析 Dowell 或 Ferreira 公式、有限元/有限差分仿真方法等。其中仿真的方法主要借助于仿真工具和程序，在此不做具体展开。而前两类方法主要针对其在各类情况下的推广，以及 Dowell 和 Ferreira 公式中的一维直线磁场假设及圆环磁场假设与实际磁场分布有偏差的问题。

根据造成偏差的因素总结，首先是磁心及绕组结构导致的二维效应，即磁场不仅在与铜箔平行的部分产生损耗，其在铜箔端部因为二维磁场也产生相应的损耗。1997 年 Soft Switching Technologies 公司的 Nasser H. Kutkut 提出这类损耗可以通过对端部二维磁场进行建模[16]。

其次是由于绕组每匝之间的孔隙导致的磁场非一维分布。孔隙的产生是由于绕组本身的绝缘、绕制过程中的弯曲程度不均匀、设计时较低的窗口系数等多种因素造成，这给磁场扭曲创造了条件，造成了解析表达式的不准确。早在 1990 年 Ferreira 教授就提出可以采用孔隙率 η 修正 Dowell 公式，以提高其在低孔隙率情况下的精度。2002 年意大利佛罗伦萨大学的 Reatti 和美国怀特大学的 Kazimierczuk 又提出可以采用孔隙率 η 修正 Ferreira 公式[17]。东南大学沈湛副研究员对这一问题也进行过研究，他认识到绕组匝与匝之间不但在同一层会有空隙造成孔隙率增大，不同层之间由于绝缘、缠绕松紧程度等原因也会产生空隙，并进一步造成绕组的移位，这将相应造成磁场的扭曲分布，客观上拉长了磁场的轨迹，削弱了磁场强度并造成等效电阻的降低，如图 3-14 所示，针对此现象他引入了相关结构参数进行了磁场及电阻的修正工作[18]。

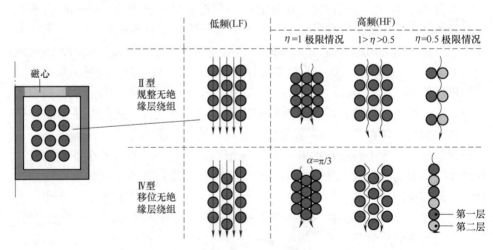

图 3-14　绕组的孔隙率及移位分布

最后是磁心气隙、形状等其他结构造成的磁场的扭曲分布。针对该类问题的解决有 2014 年瑞士苏黎世联邦理工大学 Jurgen Biela 教授提出的半数值公式方法[19]、2001 年德国 ASCOM Energy Systems GmbH 公司 P. Wallmeier 提出的纯解析方法（其表达形式相当复杂，公式满满一页 A4 纸）[20]、2012 年福州大学陈为教授等提出的镜像法[21]、2022 年 Jurgen Biela 教授提出的泊松方程直接解磁势法[22]等。

> 利兹线损耗模型

利兹线（Litz wire）起源于德语单词 Litzendraht，意思是"编织线"。它是由多股导线绞绕及编制缠绕而成，旨在减小高频下绕组的等效电阻。利兹线在 20 世纪上半叶主要应用于无线电广播、射频系统、超短波扼流圈等通信领域器材，随着新型元器件技术的快速发展及电力电子技术的进步，利兹线越来越多地被应用于高频下的功率变换领域。在高频下，传统实心导线由于趋肤效应的影响，电流趋向于向导线的表面分布，这会导致导体芯部流经较小的电流甚至不流通电流，导线实际有效流通面积急剧减小，等效电阻急剧增大，发热及损耗严重。这一现象随着频率的增大而逐步恶化。而利兹线的使用可以在一定频率范围内有效地削弱这一效应的影响。

利兹线的制作是将多股漆包线按照不同的方式进行绞绕拧合成整体，如图 3-15 所示[23]。较细的漆包线的使用使得高频下的趋肤效应不显著，所有漆包线都能有效导通电流，利用率高，而多股漆包线的组合应用保证了利兹线的总导通面积，因此可以流经较大的高频电流。值得注意的是，使单股漆包线能均匀导电必须要求利兹线在制作过程中采用股与股之间的有效绝缘以及频繁的交叉换位。股与股之间的绝缘保证了其每股之间电流互不干扰，否则整根导线在磁场中将被等效为单股大直径实心导线，即位于中心的导线依然不导通电流；频繁的交叉换位保证了每股漆包线在物理位置上地位相似，即获得相似的内部及外部磁场的影响，保证了每股漆包线中电流及损耗也接近。

图 3-15　不同类型的利兹线举例

利兹线脱胎于传统圆导线，然而又有较为复杂的结构，导致其在损耗计算方面与传统漆包线既有联系又有区别。美国达特茅斯学院 Charles R. Sullivan 教授在利兹线建模方面有较为深入的研究。他于 1999 年提出利兹线所受的磁场可以区分为股级效应（strand-level effect）和束级效应（bundle-level effect），如图 3-16 所示[24]。同时结合导线中各类涡流效应之间的正交特性，可以分别计算图中的各类效应产生的等效损耗和等效电阻，再将其相加即可得到利兹线总电阻。

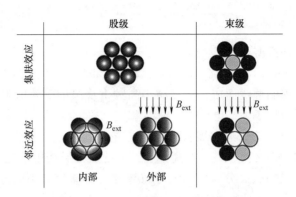

图 3-16　利兹线的股级和束级涡流效应

关于非理想 Litz 线线圈电流均衡问题，瑞士苏黎世联邦理工大学的 Kolar 教授和武汉大学邓其军教授对此都有较为系统的研究。

最后，已有诸多文献证明，利兹线的适用范围大约在 10kHz～5MHz 之间，如图 3-17 所示[25]，为圆导线和利兹线交流电阻率对比，其中交流电阻率＝交流电阻/直流电阻。也就是说，若两种导线的直流电阻即导通截面积相等，则该例子中在一段区间内利兹线损耗占优，在更高的频率范围外利兹线损耗急剧增加，反而比圆导线损耗还大。这是因为利兹线的等效层数比圆导线大得多，随着频率的增加层数带来损耗急剧增加而导致。所以，通常利兹线适用于若干 MHz 以下的应用场景。而针对 MHz 以上的场合，空心圆导线或者细铜箔目前更为适合，例如美国麻省理工学院研制的基于水冷空心圆导线的高频大功率电感[26]。

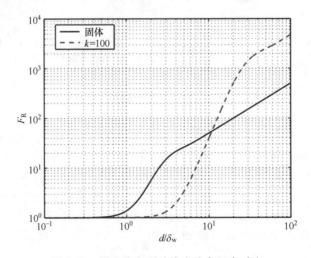

图 3-17　圆导线和利兹线交流电阻率对比

3.3.2　漏感模型

> 和频率无关的模型

变压器漏感建模中，和频率无关的模型建模比较简单，具体提出时间已难考证。根据图 3-18 所提供的正常/交错绕组的磁动势图，可以很简单推导出不考虑频率影响情况下，漏磁场所积累的漏磁能量，从而计算出变压器的漏感。如 W. G. Hurley 教授等所著 *Transformers and inductors for power electronics* 中的第 6 章、Vencislav Cekov Valchev 教授等所著 *Inductors and transformers for power electronics* 中的第 9 章、南京航空航天大学赵修科教授所著《开关电源中磁性元器件》中的第 6 章等。该模型简单易用，所依赖的参数较少，在工频或者精度要求不高的高频场合有广泛的应用。

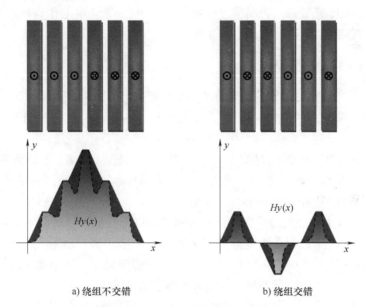

a) 绕组不交错　　　　　　　　　b) 绕组交错

图 3-18　产生变压器漏感的电磁场

> 和频率相关的模型

若考虑频率的影响，则还需要考虑导体内部的涡流效应对漏感的影响。事实上，Dowell 在其 1966 年的论著中不仅谈到了计算电阻的公式，还同步给出了计算常规变压器漏感的 Dowell 漏感公式[11]。这是由于变压器内部的短路漏磁场既会在绕组内部产生阻性涡流损耗，被等效为交流电阻效应，漏磁场本身又会在绕组内部、绝缘层、空气层等存储漏磁能量，被等效为漏电感效应。Dowell 通过计算漏磁场等效的阻抗，分离出实部即为交流电阻，分离出的虚部即为漏感。和交流电阻相反的是，漏感随着频率增加而下降，这是因为随着频率的提升，趋肤效应增强，磁场在导体中分布的区域减小，造成磁场能量相应降低的缘故。

类似电阻公式，在更早于 Dowell 推导出漏感公式以前，业界也已对单股或多股导线中的阻抗进行过解析推导，例如 1964 年的 Lammeraner 和 Štafl 推导的圆导线的高频电感阻抗[13]等。而后，一系列漏感计算公式进一步被提出。1994年爱尔兰国立大学的 William Gerard Hurley 教授基于 Maxwell 公式推导了环形磁心构成变压器的漏感，并进行了适当简化[27]。2015 年瑞典查尔姆斯理工大学的 Torbjorn Thiringer 教授提出了一种更加精细化计算绕组漏感的公式，其对绕组内部每层间绝缘、每匝绝缘、每匝导体等部分均做了精细化磁场建模工作[28]。2016 年法国里尔中央学院的谭文华博士提出直接求解泊松方程，采用多层格林函数求解平面变压器的漏感[29]，2019 年美国田纳西大学 Fred Wang 课题组运用数据挖掘算法计算漏感，为漏感建模提供了新思路[30]。本书作者所在课题组在利兹线绕组漏感精确建模方面也有相关工作[31]。

3.3.3 磁心损耗模型

1892 年，美国 GE 公司的斯坦梅茨（其事迹见第 1 章）在美国电气工程师协会发表了关于磁滞损耗的论文，提出了后来被称为"Steinmetz 公式"的计算方法[32]：

$$P_s = Kf^a B_m^b \tag{3.1}$$

其中，P_s 是每单位体积的时间平均功率损耗，f 是频率，B_m 是峰值磁通密度；K、a 和 b 称为 Steinmetz 系数，通常通过对不同材料磁心损耗的测量并拟合上述公式，从而获取其对应的 Steinmetz 系数。

尽管 Steinmetz 公式的系数主要通过测量和拟合获得，然而由于其通用性广、结构简单、所需参数少、精度好等诸多特性，至今仍被广泛应用。值得一提的是，Steinmetz 之后还提出在交流电路稳态和瞬态分析中引入复数理论，凭借此项贡献被认为是"教会了整整一代工程师如何处理交流现象"。

Steinmetz 公式本质上属于经验公式，且原始的 Steinmetz 公式仅适用于正弦波形，随着电机、电力电子等的广泛应用，磁材料需要工作于方波、梯形波等非正弦电压工况。而与绕组损耗不同的是，磁心损耗计算无法对波形进行傅里叶分解后分别计算各个频率损耗再进行叠加，因此原始的 Steinmetz 公式应用范围受限。基于非正弦下磁心损耗的计算问题，也有诸位专家进行了改进。

2001 年德国亚琛工业大学 Rik W. De Doncker 教授课题组提出了修正的 Steinmetz 公式（modified Steinmetz equation，MSE）[33]，认为磁心损耗和宏观磁化率 dM/dt 相关，而后者和磁感应强度变化率 dB/dt 又直接相关。基于这一物理原理解释，课题组提出了周期非正弦波形的平均频率 f_{eq} 的概念，将平均频率这一概念代入原始 Steinmetz 公式可以计算出周期非正弦波形的损耗。这一方法不足之处在于并非所有波形都可以用平均频率计算。

2001 年美国达特茅斯学院 Sullivan 教授提出了 generalized steinmetz equation（GSE）方法[34]，课题组提出了磁心瞬时功率损耗仅和瞬时磁密 B 和磁密变化率 dB/dt 相关这一假设，因此直接提出了关于周期 T、B、dB/dt 以及 Steinmetz 系数的公式，然而，后续研究论证了这一假设存在问题，即损耗不仅取决于 B 和 dB/dt，而是取决于这个周期的所有信息，因此 GSE 公式精度并不理想。基于上述尝试和发现，Sullivan 教授课题组于 2002 年又提出了 improved generalized Steinmetz equation（IGSE），大大改进了 GSE 并被沿用至今[35]。河北工业大学辛振教授课题组对由 Steinmetz 公式引申出的一系列方法总结如图 3-19 所示[36]。

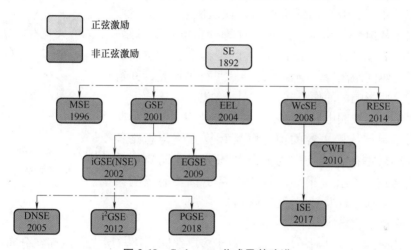

图 3-19　Steinmetz 公式及其改进

除了 Steinmetz 公式系列之外，其他损耗计算方法主要包括损耗分离法、磁滞模型法以及查表法等等。传统损耗分离法将磁心损耗分离为磁滞损耗及涡流损耗，而 1986 年 Bertotti 认为磁心中还存在第三种损耗，即"异常损耗"（anomalous loss），这项损耗是由畴壁运动的结果。由于磁心损耗建模方法的高度非线性和复杂性，目前也有提出采用先进算法的分析手段，例如美国普林斯顿大学陈敏杰教授发起的 MagNet Challenge 2023 挑战，主旨为采用人工智能及大数据方法计算复杂波形下磁心损耗。

3.3.4　寄生电容模型

近年来，随着宽禁带器件的逐步推广应用，磁元件的分布电容问题引起了业界越来越多的重视。而分布电容问题早在 20 世纪初期就已经被注意，主要在无线通信领域中线圈的制作和测量。1902 年 P. Drude 在发表设计特斯拉变压器的论文时，认识到线圈存在着等效电感及等效电容[37]。同时他采用谐振法测量到了等效电容，他将测量到的线圈固有电容值加上特斯拉变压器外加电容形成总电容，所得特斯拉变压器谐振频率误差小于 1%，论证了电容测量方法的准确性。1915 年，Thompson 等人发表了由于变压器寄生电容存在导致的过电压问题的论文[38]。

> 单层绕组电容

1912 年 W. Lenz 通过理论计算获得了单层线圈的总电荷，并建立了考虑每匝线圈电位分布的电容网络结构，如图 3-20 所示[39]。1921 年 G. Breit 发表了一系列计算分布电容的论文[40]，他将线圈等效成无数的与轴向垂直的小段，并忽略线圈电阻，他从磁场角度计算，并给出了从电感量出发采用积分计算分布电容的思路。1936 年，A. J. Palermo 指出，前人的工作没有考虑线圈粗细或者匝间距离等影响，因此导致了种种误差，并给出考虑这些影响的简便公式[41]。

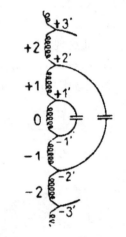

图 3-20　W. Lenz 提出的线圈等效图

尽管对于线圈电容的测量方法早有共识，但是早期学者对于单层线圈电容的理论解析计算方法与思路各异，其结果往往要么是较为复杂的积分公式而应用受限，要么过于简化，推导假设中忽略了重要的影响条件，因此其通用性及易用性受到影响。

> 多层绕组电容

上述总结主要针对单层线圈，对于多层线圈，层与层之间也存在分布电容，且常远大于层内电容。由于线圈截面本身为圆形，若采用经典的平板电容器公式，则需要引入面积修正系数，修正计算两层线圈之间的等效正对面积，将圆形导线的正对面积转换为平板正对面积，为此，有学者提出了多种修正的等效截面积计算方法[42-43]，可以根据绕组的尺寸及每匝之间距离估算两层绕组、绕组和磁心/屏蔽层的等效正对面积。1968 年 J. Koch 提出不经由平板电容公式直接计算两层线圈之间等效电容公式，并可被推广至非理想的移位绕组情况[44]。此外，仅计算正对面积下的电容还是不够的，因为经典的平板电容公式考虑的是两层板之间均匀电场的情况，即两层板各自板内电压恒定，板间电场强度恒定；而两层绕组中每层绕组上的电压分布也不同，而是可以看成是线性变化，这将导致层间电场不再恒定，因此等效电容降低，还需要再引入电势修正系数，进一步修正平板电容。1946 年 W. T. Duerdoth 较为系统地计算了各种绕组连接和组构下的电势修正系数，如图 3-21 所示，并将其推广到任意绕组电势分布情况[45]。特别需要指出的是，针对我们最常使用的 Z 字形绕组绕制方法，其电势修正系数为 1/3，即等效电容为层间平板电容公式计算结果的 1/3。最后，

W. T. Duerdoth 还推导了分段绕组及含屏蔽层绕组的电容计算方法，如图 3-22 所示。

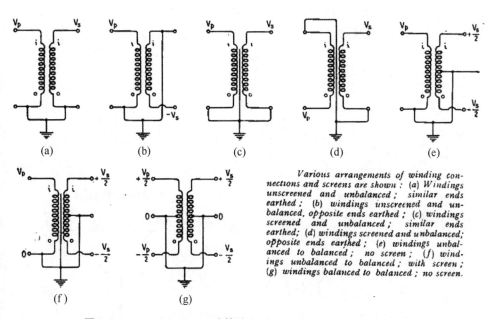

图 3-21 W. T. Duerdoth 计算的各种绕组连接下的电势修正系数

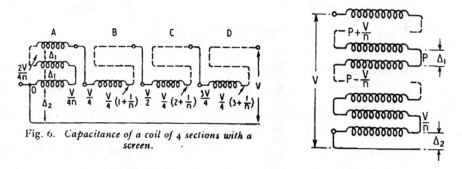

图 3-22 W. T. Duerdoth 计算的分段绕组及含屏蔽层绕组的电容

> 多绕组电容

变压器包含一、二次绕组，是典型的多绕组结构。1994 年法国学者 Bruno Cogitore 等指出变压器的分布参数网络如图 3-23a 所示，包含了四个分布电容，随后将其简化为更为经典的三电容模型，如图 3-23b 所示，这一模型较好地解释了一次，二次，一、二次绕组内部及之间的电容，通用性、简便性较好[46]。1999 年，丹麦奥尔堡大学 L. Oestergaard 博士提出了经典的六电容模型[47]，指出变压器四个端口之间六个关系都存在分布电容，进一步提升了模型的精确性，如图 3-23c 所示。华北电力大学崔翔教授、齐磊教授团队将其进一步发展，增加了绕组与磁心之间的电容耦合并提出了十电容模型，如图 3-23d 所示，可以更准确描述变压器的高频特性[48]。

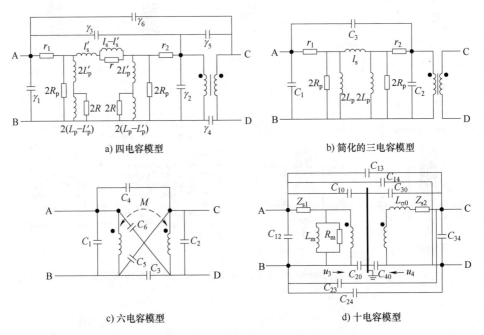

a) 四电容模型   b) 简化的三电容模型

c) 六电容模型   d) 十电容模型

图 3-23　变压器寄生电容的几种模型

随着谐振变换器、宽禁带半导体等的不断推广，磁元件的分布电容研究不断进步。美国怀特州立大学的 M. K. Kazimierczuk 针对线圈电容、线圈及屏蔽层之间电容、环形磁心绕制电感的电容等多种电容进行了一系列研究[49]。加拿大英属哥伦比亚大学 M. Ordonez 教授对提出了平面变压器的电容建模及优化方法[50]；东南大学沈湛副研究员针对绕组和磁心/屏蔽层之间电容、磁心内部电场电容等进行了研究[51-52]；丹麦奥尔堡大学赵泓博博士对电感中的电容有系列研究，并将现有电容建模方法总结为基于物理场的建模方法和基于外特性规律的建模方法[53]。瑞士苏黎世理工大学 Juergen Biela 和 Johann W. Kolar 教授对各种分布电容计算进行了系统的综述[54]，是入门该课题的必读文献。

3.4　磁集成

随着变换器频率的不断提高，变换器体积不断减小，而磁元件的体积及重量问题日益突出，可占变换器 30% 以上，而减小磁元件体积的重要方法即为磁集成技术。

早在 1928 年 C. B. Crouse 申请了在无线电路中的滤波器内使用磁集成技术的美国专利"Electrical filter，US1920948"，如图 3-24 所示。在这个专利中他提出了一个为直流电路滤除交流纹波的结构。其中图 a 是原始结构，图 b 是该发明的结构示意图，二者可以达到相似的滤波效果。而图 c 和图 d 分别是图 a 和图 b 的数学简化和等效。由于去除了原始的电感 7，整个系统的体积有所减小。

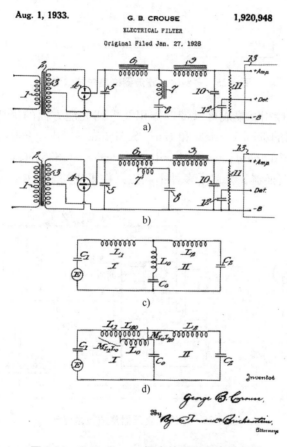

图 3-24　G. B. Crouse 提出的磁集成技术专利

1975 年 Glenn C. Waehner 申请的美国专利"Switching power supply common output filter，US3916286"中，提出了共模输出滤波器集成方案，如图 3-25 所示。用于多输出开关电源系统，其多路输出的绕组共享一个磁心，因此节约了约 50% 的磁心材料，降低了约 30% 重量，此外由于磁心耦合减小了滤波纹波，需要的滤波电容容值也有所减小。

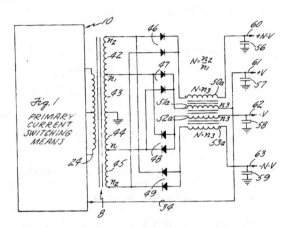

图 3-25　多路输出滤波器磁集成技术专利

　　除了电感直接相互集成可以带来体积及电路性能方面的优势以外，1971 年起美国 IBM 公司的 John R. Cielo 和 Harry S. Hoffman 提出了集成电感和变压器的新结构 "Combined transformer and indicator device，US3553620"，如图 3-26 所示，用于 dc-dc 变换器，开启了多种不同磁元件集成的全新技术路线。

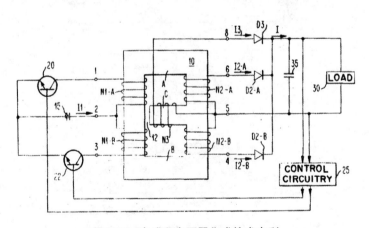

图 3-26　电感和变压器集成技术专利

　　在磁集成早期发展时期做出突出贡献还有美国加州理工学院的 R. D. Middlebrook 教授和他的学生 Slobodan Cuk 教授，他们从 1980 年起申请了一系列相关专利[55-58]，旨在提升变换器效率、降低 EMI 干扰的同时减少使用的元器件数目，在设计得当的电路中，通过磁集成可以使得磁通脉动相互抵消，其电流甚至可以实现"零纹波"。图 3-27 为他们所提的部分电路，他们提出了一系列各类磁元件集成方法，极大丰富了磁集成设计思路。

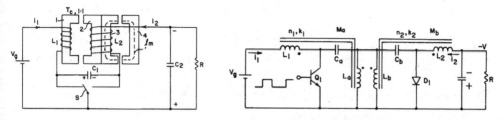

图 3-27　R. D. Middlebrook 和 Slobodan Cuk 提出的磁集成电路

另一位有突出贡献的专家是 Bloom associates Inc. 的 Gordon E. Bloom，他从 1984 年开始大约 10 年期间发表了一系列论文、白皮书及著作[59-62]，系统阐述了磁集成元件的分析方法，并指出磁集成技术不仅仅是针对于特定变换器的技术，而是有相当的通用性可以推广到"任意"电路拓扑当中，并仅使用"一个"磁心。

在此后的应用与实践中，磁集成技术被应用于多种多输出电源，获得了较好的应用。同时由于其工业化设计生产的难度以及参数一致性问题，其应用范围也受到限制。此后随着技术的进步，平面磁心、PCB 绕组等新的磁元件形式不断出现，随之产生了平面磁集成这一新的技术分支，以弗吉尼亚理工大学 CPES 为代表，将这一技术应用于平面集成滤波器、矩阵变压器等结构。近年来，利用柔性 PCB 材料，浙江大学徐德鸿教授等提出了采用柔性 PCB 进行滤波器系统集成的方案[63]，如图 3-28 所示。

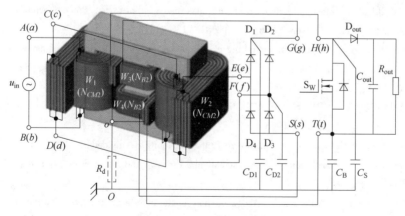

图 3-28　柔性 PCB 滤波器

国内在电磁研究方面有河北工业大学杨庆新教授、李永建教授，海军工程大学肖飞教授，福州大学陈为教授，华北电力大学李琳教授，清华大学蒋晓华教授，南京航空航天大学陈乾宏教授、吴红飞教授等。

参 考 文 献

［1］ OERSTED H C. Selected Scientific Works of Hans Christian Ørsted：Experiments on the Effect of the Electric Conflict on the Magnetic Needle ［M］. Princeton：Princeton University Press，1998.

［2］ TIKKANEN A. Heinrich Daniel Ruhmkorff ［EB/OL］. ［2009-10-22］. https：//www. britannica.com/biography/Heinrich-Daniel-Ruhmkorff.

［3］ WHELAN M，ROCKWELL S，BLALOCK T. William Stanley Jr：Pioneer of the transformer and alternating current （AC） distribution ［EB/OL］，https：//edisontechcenter. org/William-Stanley. html.

［4］ LODGE O. The Alternate Current Transformer ［J］. Nature 42，1890，49-50.

［5］ 刘晓晶. 非晶和纳米晶合金高频变压器磁芯和绕组的特性研究 ［D］. 天津：河北工业大学，2016.

［6］ 朱英浩. 中国配电变压器的历史回顾与发展趋势 ［C］// 中国供电国际会议论文集，2001：435-437.

［7］ KEN SHIRRIFF. 真空管被遗忘的对手 ［J］. 科技纵览，2022，4.

［8］ ALEXANDERSON E F W，NIXDORFF S P. A Magnetic Amplifier for Radio Telephony ［J］. Proceedings of the Institute of Radio Engineers，1916，4 （2）：101-120.

［9］ WILSON T G. The evolution of power electronics ［J］. IEEE Transactions on Power Electronics，2000，15 （13）：439-446.

［10］ 华仔. 基于磁放大器的 ATX 电源的设计 ［EB/OL］. ［2016-8-10］. https：//tech. hqew. com/fangan_108659.

［11］ DOWELL P L. Effects of eddy currents in transformer windings ［J］. Proceedings of the Institution of Electrical Engineers，1966，113 （8）：1387-1394.

［12］ FERREIRA J A. Appropriate modelling of conductive losses in the design of magnetic components ［C］// 21st Annual IEEE Conference on Power Electronics Specialists，San Antonio，TX，USA，1990：780-785.

［13］ LAMMERANER JIRI，ŠTAFL MILOS. Eddy currents ［M］. Florida：The Chemical Rubber Company （CRC） Press，1966.

［14］ HOWE G W O. The high-frequency resistance of multiply-stranded insulated wire ［J］. Proceedings of the Royal Society A：Mathematical，Physical and Engineering Sciences，1917，93 （654）：468-492.

［15］ FERREIRA J A，WYK J D V. A new method for the more accurate determination of conductor losses in power electronic converter magnetic components ［C］// IEEE International Conference on Power Electronics and Variable speed Drives，London，1988.

［16］ KUTKUT N H. A simple technique to evaluate winding losses including two-dimensional edge effects ［J］. IEEE Transactions on Power Electronics，1998，13 （5）：950-958.

［17］ REATTI A，KAZIMIERCZUK M. Comparison of various methods for calculating the AC resistance of inductors [J]. IEEE Transactions on Magnetics, 2002, 38 (3): 1512-1518.

[18] SHEN Z, WANG H. Parasitics of orthocyclic windings in inductors and transformers [J]. IEEE Transactions on Power Electronics, 2021, 36 (2): 1994-2008.

[19] LEUENBERGER D, BIELA J. Semi-numerical method for loss-calculation in foil-windings exposed to an air-gap field [C]// 2014 International Power Electronics Conference (IPEC-Hiroshima 2014-ECCE ASIA), Hiroshima, Japan, 2014: 868-875.

[20] WALLMEIER P. Improved analytical modeling of conductive losses in gapped high-frequency inductors [J]. IEEE Transactions on Industry Applications, 2001, 37 (4): 1045-1054.

[21] CHEN W, HUANG X, ZHENG J. Improved winding loss theoratical calculation of magnetic component with air-gap [C]// Proceedings of The 7th International Power Electronics and Motion Control Conference, Harbin, China, 2012: 471-475.

[22] EWALD T, BIELA J. Analytical winding loss and inductance models for gapped inductors with litz or solid wires [J]. IEEE Transactions on Power Electronics, 2022, 37 (12): 15127-15139.

[23] New England Wire. Our history with litz wire [EB/OL]. https://litzwire.com/our-history-with-litz-wire/.

[24] SULLIVAN C. R. Optimal choice for number of strands in a litz-wire transformer winding [J]. IEEE Transactions on Power Electronics, 1999, 14 (2): 283-291.

[25] MARIAN K. KAZIMIERCZUK. High-frequency magnetic components [M]. Hoboken: Wiley, 2009.

[26] BAYLISS R S, YANG R S, HANSON A J, et al. Design, Implementation, and Evaluation of High-Efficiency High-Power Radio-Frequency Inductors [C]// 2021 IEEE Applied Power Electronics Conference and Exposition (APEC), Phoenix, AZ, USA, 2021: 881-888.

[27] HURLEY W G, WILCOX D J. Calculation of leakage inductance in transformer windings [J]. IEEE Transactions on Power Electronics, 1994, 9 (1): 121-126.

[28] BAHMANI M A, THIRINGER T. Accurate Evaluation of Leakage Inductance in High-Frequency Transformers Using an Improved Frequency-Dependent Expression [J]. IEEE Transactions on Power Electronics, 2015, 30 (10): 5738-5745.

[29] TAN W, MARGUERON X, TAYLOR L, et al. Leakage Inductance Analytical Calculation for Planar Components With Leakage Layers [J]. IEEE Transactions on Power Electronics, 2016, 31 (6): 4462-4473.

[30] DONG Z, REN R, LIU B, et al. Data-driven Leakage Inductance Modeling of Common Mode Chokes [C]. 2019 IEEE Energy Conversion Congress and Exposition (ECCE), Baltimore, MD, USA, 2019, pp. 6641-6646, doi: 10.1109/ECCE.2019.8913069.

[31] ZHANG K, CHEN W, CAO X, et al. Accurate calculation and sensitivity analysis of leakage inductance of high-frequency transformer with litz wire winding [J]. IEEE Transactions on Power Electronics, 2020, 35 (4): 3951-3962.

[32] STEINMETZ C P. On the law of hysteresis [J]. American Institute of Elecfrical Engineers

Transactions, 1892, 9: 344.

[33] REINERT J, BROCKMEYER A, DONCKER D R. Calculation of losses in ferro-and ferrimagnetic materials based on the modified steinmetz equation [J]. IEEE Transactions on Industry Applications, 2001, 37 (4): 1055-1061.

[34] LI J, ABDALLAH T, SULLIVAN C R. Improved calculation of core loss with nonsinusoidal waveforms [C]// Annual Meeting of the IEEE Industry Applications Society, 2001: 2203-2210.

[35] VENKATACHALAM K, SULLIVAN C R, ABDALLAH T, et al. Accurate prediction of ferrite core loss with nonsinusoidal waveforms using only Steinmetz parameters [C]// IEEE Workshop on Computers in Power Electronics (COMPEL) 2002, 2002.

[36] LI Z, HAN W, XIN Z, et al. A Review of Magnetic Core Materials, Core Loss Modeling and Measurements in High-Power High-Frequency Transformers [J]. CPSS Transactions on Power Electronics and Applications, 2022, 7 (4): 359-373.

[37] DRUDE P. Zur Construction von Teslatransformatoren. Schwingungsdauer und Selbstinduction von Drahtspulen [J]. Annalen der Physik, 1902, 314 (10): 293-339.

[38] THOMPSON J L, STIGANT S A. Overvoltages in transformers due to the self-capacity of the windings [J]. Elect. Rev, 1915, 76: 25-37.

[39] LENZ W. Capacity inductance and resistance of coils [J]. Ann. der Phys., 1912, 37: 923.

[40] BREIT G. The distributed capacity of inductance coils [J]. Physical Review, 1921, 17 (6): 649.

[41] PALERMO A J. Distributed capacity of single-layer coils [J]. Proceedings of the institute of radio engineers, 1934, 22 (7): 897-905.

[42] Schröder, W. Berechnung der Eigenschwingungen der doppellagigen langen Spule [J]. Archiv f. Elektrotechnik 11, 1922, 203-229.

[43] ZUHRT H. Simple approximate formulas for the self capacitance of multi-layer coils [J]. Elekrotech. Zeitschrift, 1934, 55: 662-665.

[44] KOCH J. Berechnung der kapazitat von spulen, insbesondere in schalenkernen [J]. Valvo Berichte., 1968, 14 (3): 99-119.

[45] DUERDOTH W T. Equivalent capacitances of transformer windings [J]. Wireless Eng, 1946, 23 (161-167).

[46] COGITORE B, KERADEC J P, BARBAROUX J. The Two Winding Transformer: an Experimental Method to Obtain a Wide Frequency Range Equivalent Circuit [J]. European Space Power, 1995, 369: 235.

[47] OSTERGAARD L. Modelling and simulation of the diode split transformer [M]. Aalborg, Denmark: Aalborg Universitetsforlag, 2000.

[48] LIU C, QI L, CUI X, et al. Wideband mechanism model and parameter extracting for high-power high-voltage high-frequency transformers [J]. IEEE Transactions on Power Electronics, 2015, 31 (5): 3444-3455.

［49］ GRANDI G, KAZIMIERCZUK M K, MASSARINI A, et al. Stray capacitances of single-layer solenoid air-core inductors ［J］. IEEE Transactions on industry applications, 1999, 35 (5): 1162-1168.

［50］ SAKET M A, SHAFIEI N, ORDONEZ M. LLC converters with planar transformers: Issues and mitigation ［J］. IEEE Transactions on power electronics, 2016, 32 (6): 4524-4542.

［51］ SHEN, Z, WANG, H, SHEN, Y, et al. An Improved Stray Capacitance Model for Inductors ［J］. IEEE Transactions on Power Electronics, 2019, 34 (11): 11153-11170.

［52］ SHEN Z, CHEN W, ZHAO H, et al. Core Energy Capacitance of NiZn Inductors ［J］. IEEE Transactions on Power Electronics, 2022.

［53］ ZHAO H, YAN Z, LUAN S, et al. A Comparative Study on Parasitic Capacitance in Inductors With Series or Parallel Windings ［J］. IEEE Transactions on Power Electronics, 2022, 37 (12): 15140-15151.

［54］ BIELA J, KOLAR J W. Using Transformer Parasitics for Resonant Converters—A Review of the Calculation of the Stray Capacitance of Transformers ［J］. IEEE Transactions on industry applications, 2008, 44 (1): 223-233.

［55］ CUK S M, Robert D, Middlebrook. DC-to-DC switching converter: US4184197A ［P］. 1977.

［56］ CUK S M. Push-pull switching power amplifier: US4186437A ［P］. 1978.

［57］ CUK S M, Robert D, Middlebrook. DC-to-DC Converter having reduced ripple without need for adjustments: US4274133A ［P］. 1981.

［58］ CUK S M. DC-to-DC switching converter with zero input and output current ripple and integrated magnetics circuits: US4257087A ［P］. 1981.

［59］ BLOOM G E, SEVERNS R. The generalized use of integrated magnetics and zero-ripple techniques in switchmode power converters ［C］//IEEE Power Electronics Specialists Conference, Gaithersburg, MD, USA, 1984: 15-33.

［60］ BLOOM E. Core selection for & design aspects of an integrated-magnetic forward converter ［C］//IEEE Applied Power Electronics Conference and Exposition, New Orleans, LA, USA, 1986: 141-150.

［61］ BLOOM E. New integrated-magnetic DC-DC power converter circuits & systems ［C］//2nd IEEE Applied Power Electronics Conference and Exposition, San Diego, CA USA, 1987: 57-66.

［62］ SEVERNS R P, BLOOM G E. modern dc to dc switch mode power converter circuits ［M］. reprinted by e/j Bloom associates, Inc.

［63］ SEVERNS R P, BLOOM G E. Modern dc to dc switch mode power converter circuits ［M］. New York: Van Nostrand Reinhold Company, 1985.

第 4 章 　 变换器拓扑结构

　　由开关器件、二极管、电感、电容、变压器、电阻等通过相互组合得到的变换器拓扑结构，是电力电子学的重要研究和创新方向，由于拓扑结构太多，本书只能选取具有代表性的部分拓扑进行介绍，让我们从最简单的无源整流电路开始。

4.1　整流电路

　　1895 年，波兰电气技术员、发明家 Karol Pollak 申请了一个英国发明专利"Improvements in means for controlling or directing electric currents, 24398", 如图 4-1 所示，其中 Z 为电解池, W 为交流发电机, S 为储能电池，这是最早的全桥整流电路，交流发电机经整流（将电解池当成二极管）后为储能电池充电。1896 年，德国物理学家 Leo Graetz 也独立发明了这个电路，可能物理学家比电气技术员名头大，后世称桥式整流就叫 Graetz 桥或 Graetz 电路。

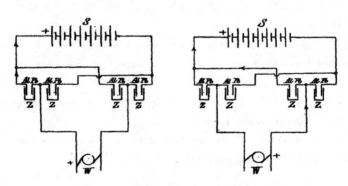

图 4-1　Karol Pollak 专利中的全桥整流电路

　　在需要获得高电压而电流相对较小的一些场合，我们常用的低成本方法是采用二极管与电容构成的倍压整流电路（voltage multiplier）。

1901 年，法国化学家、物理学家保罗·乌尔里希·维拉德（Paul Ulrich Vil-
lard，他首次发现了 γ 射线）发表的阴极放大器论文 "Transformateur à haut volt-
age. A survolteur cathodique" 中提出了如图 4-2a 的高压产生电路，其中 Soupape
为类似二极管的功率器件，则可以在 E 和 E′两端得到一个带直流偏置的交流电
压，如图 4-2b 所示，虽然它具有电路结构简单的优点，但如果从整流获直流电
压角度来看，其输出具有非常大的纹波特性。这个电路通常称为维拉德电路
（Villard circuit），此电路的二极管若反向，可用来产生微波炉磁控管需要的负高
电压，其典型电路如图 4-3 所示。

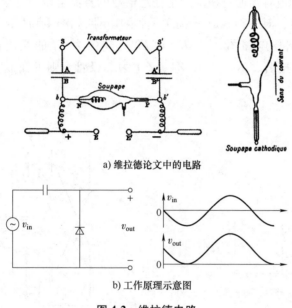

a) 维拉德论文中的电路

b) 工作原理示意图

图 4-2　维拉德电路

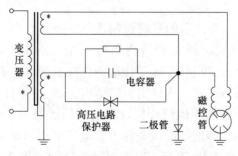

图 4-3　微波炉磁控管负高电压产生电路

法国工程师儒勒·德龙（Jules Delon）发明的德龙倍压电路（Delon voltage

doubler）可能是最早的真正意义上的倍压整流电路，他于 1908 年在法国马赛展示了他的电路，如图 4-4 所示，当时使用机械开关来实现二极管功能。

1913 年，瑞士物理学家海因里希·格赖纳赫（Heinrich Greinacher）发明了一种倍压电路（1914 年出版），以提供他新发明的电离仪所需的 200～300V 电压，当时苏黎世发电站只提供 110V 交流电。后来，他将这种概念延伸，级联后成为多倍压电路，并于 1922 年获得瑞士专利（Verfahren zur Erzeugung einer Gleichspannung mit Hilfe einer oszillierenden Spannung in einem beliebigen vielfachen Betrag derselben unter Verwendung von elektrischen Ventilen und Kondensatoren，意思是利用电阀和电容器通过振荡产生任意倍数的直流电压的方法），但似乎没有引起人们的注意，对专利中最简单的一种倍压电路如图 4-5 所示（专利文件中还有更多级数的倍压电路图）[1]。K1 和 K2 为幅值为 V_1 的交流输入端口，C0、C-0、C1 为三个电容，Z0、Z-0、Z1、Z-1 为二极管，则可在 C1 上产生幅值为 $3V_1$ 的电压。

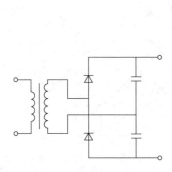

图 4-4　德龙倍压电路

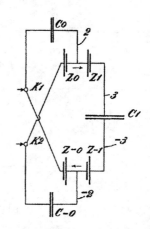

图 4-5　格赖纳赫专利中提到的倍压电路

真正让倍压整流电路出名的是两位物理学家——约翰·道格拉斯·科克罗夫特（John Douglas Cockcroft）和欧内斯特·托马斯·辛顿·瓦尔顿（Ernest Thomas Sinton Walton）。20 世纪 20 年代这两位在英国卡文迪许实验室（由电磁场理论奠基人麦克斯韦创建，从该实验室走出了 30 位诺贝尔奖得主）工作时，跟随卢瑟福教授，卢瑟福让他们合作设计电压倍加器，以加速质子。1932 年，科克罗夫特和瓦尔顿巧妙地把高压变压器、电压倍增回路和整流管安排在一个四级系统中，建成了能产生 60 万~80 万 V 的高压加速装置，并命名为"科克罗夫特-瓦尔顿加速器"，他们利用这一装置将加速后的氢离子射向锂靶，使锂原子核嬗变为两个氦原子核，他们的成果发表在 1932 年 2 月的 *Nature* 上，如图 4-6 所示，高压变压器、整流器、倍压电路，这些名词以后要想出现在 *Nature* 上估计是不可能了。这是人类历史上第一次通过完全由人工控制的方法使原子核发生变化，同时在每一次反应中都释放了巨大的能量，他们的实验为爱因斯坦的质能关系式（$E = mc^2$）提供了第一个重要证据。这个实验是科学史上的一个里程碑，它促进了回旋加速器及其他加速器的发展，开创了原子核物理的新纪元，因此两人共同获得了 1951 年的诺贝尔物理奖。

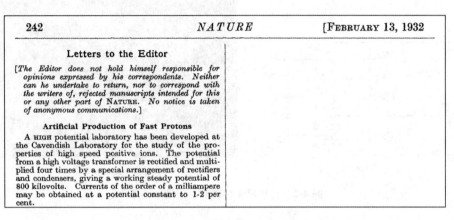

图 4-6　*Nature* 上关于原子核嬗变实验的报道

我们再来看下科克罗夫特和瓦尔顿发明的倍压电路（Cockcroft-Walton Multiplier，通常简称为 CW 电路），在这两位 1933 年申请的美国专利 "System for the voltage transformation of direct current electrical energy，US1992908" 中，给出了如图 4-7a 所示的倍压电路，C1 为一个输入电压为 E 的电压源，G 和 F 为两个开关器件，H、I、J、K 为二极管，C2、C3、T1、T2 都为电容，则通过 G 和 F 的互补开关动作，可以产生一个幅值为 3E 的电压。

我想不少人看到这个专利电路和我们熟悉的 CW 电路不一样，和开关电容电路很类似，没有一个交流电压作为输入。其实我们熟悉的 CW 电路在他们两位 1932 年共同合作发表的论文 "Experiments with high velocity positive ions — Further developments in the method of obtaining high velocity positive ions" 中提到，如图 4-7b 所示，其中 D_1、D_1'、D_2、D_2'、D_3、D_3'为二极管，K_1、K_2、K_3、X_1、X_2、X_3为电容，最右下角为一个变压器输入，最左侧为负载输出电压[2]。

实际上该电路与 Greinacher 的电路相同，后来由于诺贝尔物理奖的加持，从此关于倍压整流电路，人们开始普遍认为是由科克罗夫特和瓦尔顿两人发明的。2022 年 11 月 17 日，我在 IEEE Xplore 上以 "Cockcroft-Walton multiplier" 作为检索得到 130 条论文信息，而以 "Greinacher multiplier" 作为检索得到 14 条论文信息，当然，也有论文作者比较严谨，称之为 "Greinacher-Cockcroft-and-Walton multiplier"，以后我们是否也需要这样写以示对 Greinacher 贡献的认可呢?

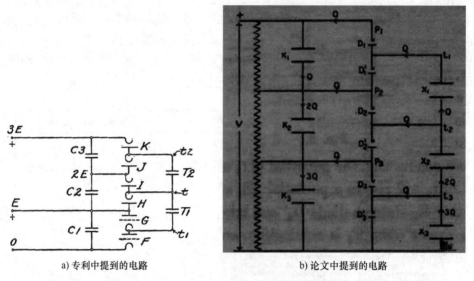

a) 专利中提到的电路　　　　　　　　　　b) 论文中提到的电路

图 4-7　科克罗夫特和瓦尔顿倍压电路

倍压电路不但在几十千伏甚至几百千伏的高压场合得到广泛应用，在低压场合同样得到了大量使用，其中比较著名的有 1976 年由迪克森（John F. Dickson）提出的电荷泵（charge pump）结构，如图 4-8 所示[3]。

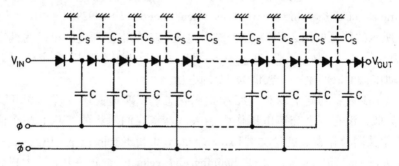

图 4-8　迪克森电荷泵电路

电荷泵不但可以实现升压，也可以实现降压，如图 4-9 所示。随着对手机、平板等充电越来越快的要求，降压式电荷泵逐渐应用在手机的快充方案设计中，如国内某公司推出一款手机产品中，适配器输出的 20V/6.25A 经过三个并联电荷泵降压转换成 10V/12.5A 进入电池，每个电荷泵只需转换大约 42W 左右的功率，有效地避免了大电流造成的电荷泵过载、过热，整套系统最高转换效率达 98%。

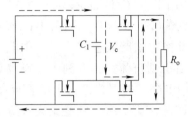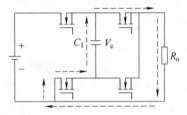

图 4-9　降压电荷泵电路

与基于电感的 Boost 变换器相比，电荷泵具有尺寸小、EMI 干扰较小等优点，所以电荷泵被广泛应用于便携式电子产品中，为系统提供电源电压。此外，电荷泵的另一个非常广泛的用途就是在由 N 沟道 MOSFET 构成的半桥电路中为上桥臂提供浮驱电压。此外，开关电容变换器（switched capacitor converter）基本原理也和倍压电路类似，下面再单独介绍。

4.2　逆变器

"inverter"（逆变器）一词最早应当是 GE 公司工程师 David C. Prince（1941—1942 年间的美国电气工程师协会主席，即 IEEE 的前身）在 1925 年 GE Review 中发表的论文 "The inverter" 中首次提出，他写道 "the author took the rectifier circuit and inverted it, turning in direct current at one end and drawing out alternating current at the other."（把整流电路倒过来，一端接通直流，另一端引出交流电）[4]，论文中的图如图 4-10 所示。

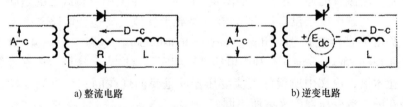

a) 整流电路　　　　　　　　　b) 逆变电路

图 4-10　Prince 论文中的整流电路和逆变电路［原论文中左边的二极管用的是老式真空二极管符号，右边用的是功率电子管（Pliotron）或真空三极管符号］

当时人们可用的可控功率器件主要有真空三极管、水银整流器、引燃管（ignitron）、功率电子管（pliotron）、闸流管（thyratron）等，真空三极管最先发明出来，但它导通压降大、效率低，很少用在功率变换场合，其余四种器件的工作原理都类似于晶闸管，即半控型器件，可以通过控制极让其开通，但无法主动关断，只能依靠在器件上加反压或电流自然到零进行关断。因此，应用于逆变器时，最主要的问题就是如何实现器件换流关断。

　　并联谐振逆变器最早由美国发明家亚历山得逊（Alexanderson）在 1923 年申请的美国专利"System of distribution，US1800002"中提出，如图 4-11 所示。现在看变压器一次侧就是一个电流源型单相推挽并联谐振逆变器（其中电容为标号为 24 的元件），变压器二次侧经过整流后得到直流，其专利出发点也是提出一个直流电压到另一个直流电压等级变换的电路，即严格意义上的直流-直流变换器。从现在观点看，这就是一个直流经逆变、变压器、再整流成直流的直流变换器，个人觉得这个电路对电力电子而言意义重大，可以说是第一次完整实现了隔离型直流-直流变换器拓扑构成。

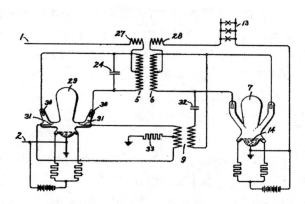

图 4-11　Alexanderson 所提电路

　　1928 年 David C. Prince（在 GE 公司时是 Alexanderson 的助手）在 GE Review 中发表论文"The direct-current transformer utilizing thyratron tubes"中提出了一种基于闸流管的逆变电路，如图 4-12a 所示（论文中讲负载接的是同步电机或电容器，在这个图中没有给出），在此基础上，他又将逆变电路与整流电路相结合，提出了直流变压器（direct-current transformer）电路，如图 4-12b 所示，其基本原理和 Alexanderson 专利中电路基本相同。这应当是最早出现直流变压器这一专业术语，论文中所说的直流变压器就是我们现在的一个直流变换器，和我们现在的直流变压器含义有所不同。

　　1932 年，Frederick N. Tompkins 发表了论文"The parallel type inverter"，第一次在文献中将其定义为并联型逆变器，如图 4-13a 所示。在 1964 年出版的 *Principles of Inverter Circuits* 一书中（在此感谢郭哲辉博士在美国购买此书并寄给本书作者），将该电路命名为"parallel capacitor-commutated inverters"（并联电容换流逆变器），即通过在负载上并联一个电容来实现逆变器中晶闸管换流，更加到位，如图 4-13b 所示[5]。可见，只是所用器件不同（图 a 为闸流管，图 b 为晶闸管，它们的开关特性一致，都是半控型器件，开通后无法通过自己的驱动信号关断）。在该书中，几乎所有的逆变器以及 DC/DC 变换器的器件都是采用晶

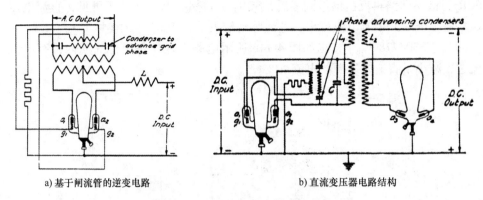

a) 基于闸流管的逆变电路　　　　　　b) 直流变压器电路结构

图 4-12　Prince 所提出的逆变电路

闸管，因为在当时（1964 年），虽然已经有晶体管，但晶体管成熟产品的电压等级只能到 100V 甚至更低，闸流管或者引燃管由于其导通压降比较大，更适用于电压高于 5000V 的应用场合。而晶闸管刚好处于中间，适用于电压 50～5000V，电流 1～1000A 的场合，这也是需求最大、应用最广的场合。所以现在看当时的研究成果，基本都是针对晶闸管这一功率器件的，而晶闸管最重要的就是如何换流或者关断。

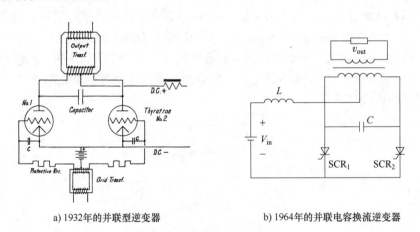

a) 1932年的并联型逆变器　　　　　　b) 1964年的并联电容换流逆变器

图 4-13　并联谐振型逆变器

　　有并联电容换流逆变器，那么就有串联电容换流逆变器（series capacitor-commutated inverter），即负载上串联一个电容来实现逆变器中晶闸管换流，如图 4-14a 所示。早在 1931 年 C. A. Sabbah 在 GE Review 上发表论文 "Series-parallel type static converters" 就对该电路原理进行了介绍。当 SCR_1 导通时，电感、电容和电阻构成的谐振回路正向谐振，电流到零后 SCR_1 自然关断，再开通

SCR_2，谐振回路再反向谐振到零后，SCR_2 也自然关断。从分析可见，直流电压源只有半个周期中有电流流出，电流脉动较大。在 1962 年的美国专利 "Inverter circuit，US3047789" 中提出如图 4-14b 所示电路，这样每半个周期内都有电流流过，减小了直流电压源的电流纹波。

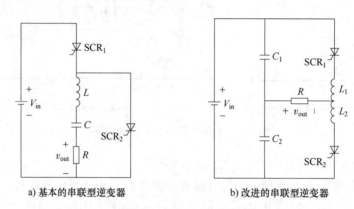

a) 基本的串联型逆变器　　　　　　　　b) 改进的串联型逆变器

图 4-14　串联谐振型逆变器

在晶闸管换流方面，美国 GE 公司的麦克默里（William McMurray，IEEE PELS 设有 McMurray 电力电子行业成就奖，见附录）博士做出了重要贡献，他是第二届 William E. Newell Power Electronics Award（具体介绍见附录）获得者，有以其命名的 "McMurray Commutation Circuit" 或 "McMurray inverter"，如图 4-15 所示（这里只给出了一个电路，还有其他换流电路）。SCR_1 和 SCR_2 是逆变器的两个主功率器件，SCR_{1-A} 和 SCR_{2-A} 是用来辅助换流的晶闸管，至此摆脱了换流需要负载和电容谐振的局面。

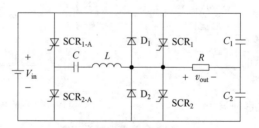

图 4-15　McMurray inverter

目前为止逆变器电路结构主要以全桥、半桥和推挽结构为主。1962 年，Andress Kernick 等在论文 "Static inverter with neutralization of harmonics" 提出了 "谐波中和法"（harmonic neutralization），如图 4-16 所示，也即后来常用的 "多重叠加法"，将几个逆变器的输出矩形波形在相位上错开一定角度进行叠加，使最终逆变器的输出接近正弦波的多阶梯波形。

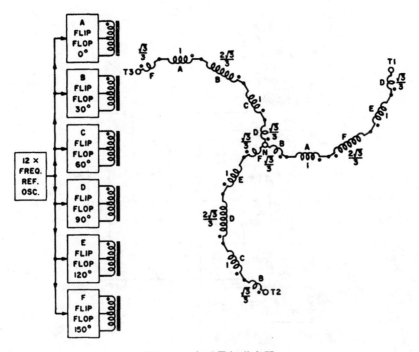

图 4-16 多重叠加逆变器

通常在逆变器和输出端之间需要加入工频变压器来实现电气隔离和调整电压比，但工频变压器体积大、质量重。为了去除工频变压器且同时能实现电气隔离，1971 年，美国 GE 公司的 Burnice D. Bedford 申请了美国专利 "Versatile cycloinverter power converter circuits，US3742336"，提出了周波变换型高频链逆变器电路，如图 4-17 所示。在此基础上，1977 年，Paulm M. Espelage 和 Bimal K. Bose 在论文 "High-frequency link power conversion" 中提出了 "high-frequency link"（高频链）逆变技术的概念，它的核心思想是通过开关管的高频动作来提升变压器的工作频率，使变压器实现高频化和小型化。从此，高频链逆变器得到了较多关注。

1980 年，法国国家科学研究中心的 J. JALADE 在论文 "New DC/AC high power cell structure improve performances for sine generator" 中提出了直流变换器型高频环节逆变技术概念，其电路结构如图 4-18 所示。前级直流变换器（隔离或非隔离型）工作于高频，输出工频正弦半波电压，后级逆变桥工作在工频逆变。

青岛大学陈道炼教授提出了高频脉冲直流环节逆变器技术，如图 4-19 所示[6]，与具有直流母线的高频链逆变器相比，高频脉冲直流环节逆变器无直流滤波环节，可以很容易实现后级逆变器的 ZVS 软开关。

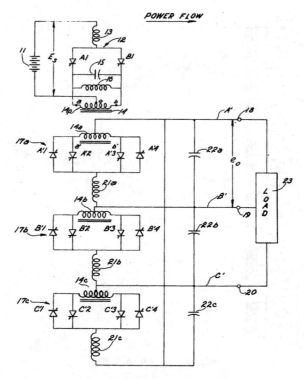

图 4-17　周波变换型高频链逆变器

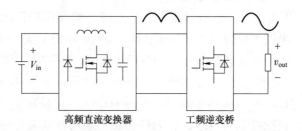

图 4-18　直流变换器型高频环节逆变器电路

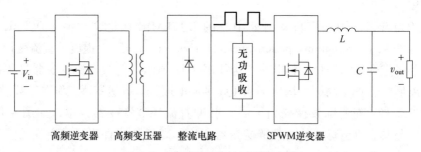

图 4-19　高频脉冲直流环节逆变器

1988 年，日本日立公司的 Ikuo Yamato 等在论文"New conversion system for UPS using high frequency link"提出基于正激变换器的电压源高频环节逆变器的电路结构，同时提出了源换流（source commutation）和自换流（self commutation）的概念。由高频逆变器、高频变压器、周波变换器以及输入、输出滤波器构成，具有双向功率流、两级功率变换（DC-HFAC-LFAC）、变换效率和可靠性高等优点，如图 4-20 所示。黄敏超博士在论文"Novel current mode bi-directional high-frequency link DC/AC converter for UPS"中提出了基于反激变换器的电流源高频环节逆变器电路结构，这类逆变器由高频逆变器、高频储能变压器、周波变换器以及输入、输出滤波器构成，具有拓扑简洁、两级功率变换 DC-HFAC-LFAC 等特点。

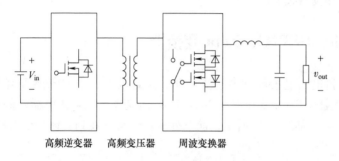

高频逆变器　　高频变压器　　周波变换器

图 4-20　双向电压源高频链逆变器

1989 年美国 Deepakraj M. Divan 教授在论文"The resonant DC link converter-A new concept in static power conversion"中提出了谐振直流环（resonant DC link）概念，并应用于逆变器，如图 4-21 所示。在直流环节引入谐振机制，使直流母线电压高频振荡，出现电压过零时刻，为逆变电路功率器件实现软开关提供条件，解决了逆变器中功率器件的开关频率与开关损耗之间的矛盾，这就是谐振直流环节电路的基本思想。

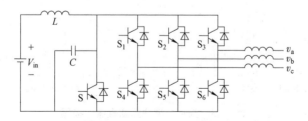

图 4-21　谐振直流环逆变器

1990 年，Rik W. De Doncker 教授在论文"The auxiliary resonant commutated pole converter"中提出了辅助谐振极软开关逆变器的概念，如图 4-22 所示。

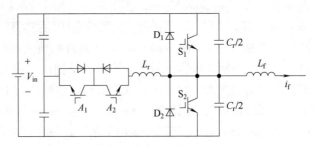

图 4-22　辅助谐振极软开关逆变器

国内在高频链逆变器研究方面主要有青岛大学陈道炼教授、燕山大学闫朝阳教授、邬伟扬教授等。

4.3　Cuk、SEPIC、Zeta 变换器

我们本科电力电子教材中，基本都会提到六种典型非隔离直流变换器，包括 Buck 变换器、Boost 变换器、Buck-Boost 变换器、Cuk 变换器、SEPIC 变换器和 Zeta 变换器，如图 4-23 所示，前三种变换器很难找到具体是谁首次提出。

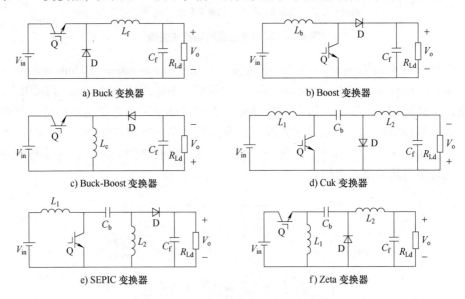

a) Buck 变换器　　　　　　　　　　　b) Boost 变换器

c) Buck-Boost 变换器　　　　　　　　d) Cuk 变换器

e) SEPIC 变换器　　　　　　　　　　f) Zeta 变换器

图 4-23　六种典型非隔离直流变换器

Cuk 变换器是由美国加州理工学院的 Slobodan Cuk 教授提出并以其名字命名的，最早是在其 1976 年的博士论文"Modeling, analysis, and design of switching converters"中提出，如图 4-24 所示，于 1977 申请了美国专利"DC-to-DC switching converter，US4184197"，并于 1977 年的 PESC 会议上以论文 "A new optimum topology switching dc-to-dc converter" 发表。真正出现 "Cuk converter" 命名的应当是在 1983 年发表于 IEEE Transactions on Industrial Electronics 上的论文 "Advances in switched-mode power conversion Part I"。

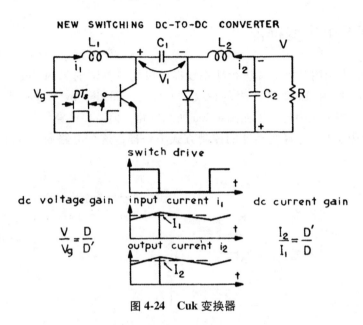

图 4-24　Cuk 变换器

SEPIC（single-ended primary inductance converter）电路是在 1977 年由美国贝尔实验室的 R. P. Massey 和 E. C. Snyder 在论文 "High voltage single-ended dc-dc converter" 中首次提出，其电路如图 4-25 所示，可见，其是隔离型 SEPIC 电路，作者的主要目的是研制输入为 24V，输出为 1800V/130W 的直流变换器，所以需要变压器升压。

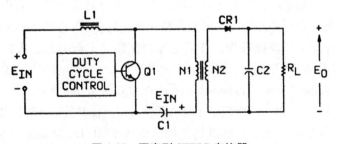

图 4-25　隔离型 SEPIC 变换器

Zeta 变换器，最开始有好几个名字，有叫 Dual-SEPIC 或 Inverse SEPIC 或 inverted Sepic 变换器，如在 1988 年的论文 "Optimal topologies of resonant dc/dc converters"叫 Dual-SEPIC，但在 1987 年美国专利 US4841220 中，已经称为 Zeta 了，为什么称为 Zeta，据说是除 Buck、Boost、Buck-Boost、Cuk、SEPIC 外，第 6 个比较实用的经典电路，叫 Dual-SEPIC 或 Inverse SEPIC 容易和 SEPIC 重叠，就用第 6 个希腊字母 ζ（Zeta）来称呼吧。

4.4 开关电容变换器

最早提出利用开关电容进行功率变换的可能是英国的 Z. Singer，A. Emanuel 和 M. S. Erlicki 在 1972 年发表的论文"Power regulation by means of a switched capacitor"，在论文中提出了如图 4-26a 所示电路，但需要注意的是，该电路和我们传统认识的开关电容变换器的控制方式不一样，这个电路通过变频控制来调节输出功率。

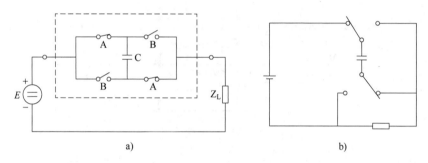

a)   b)

图 4-26 开关电容电路

1974 年，英国 D. Midgley 和 M. Sigger 在发表的论文"Switched capacitors in power control"中提出如图 4-26b 所示开关电容电路，其工作原理和我们上面降压电荷泵的工作原理是一样的，只是用两个单刀双掷开关来完成。

开关电容变换器理念提出之后，后续 10 多年时间里面并没有引起关注，这主要是因为当时的开关器件还大部分是晶闸管，到 20 世纪 80 年代随着 MOSFET 以及陶瓷电容技术的快速进步，开关电容变换器又重新引起了人们的关注。在 20 世纪 80 年代末 90 年代初，日本熊本大学的 Fumio Ueno 教授团队做了大量的工作。在其发表的"New switched-capacitor DC-DC converter with low input current ripple and its hybridization"中提出了具有低输入电流纹波的 1/2 降压型开关电容电路，如图 4-27a 所示。之后又陆续将其推广应用于 AC-DC 整流器（见图 4-27b）、DC-AC 逆变器和 AC-AC 变频器中[7-9]。

但这些变换器缺少对输入电压变化的控制，输入/输出电压比也是固定的。不久后，以色列霍隆技术教育学院的 Adrian Ioinovici 教授在论文"Development

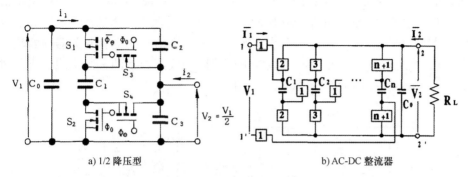

a) 1/2 降压型   b) AC-DC 整流器

图 4-27　Fumio Ueno 教授所提开关电容变换器电路

of power electronics converters based on switched-capacitor circuits" 中提出了可以调节输出电压的开关电容变换器，电路结构及开关时序如图 4-28 所示，通过调节 S_1/S_4 的占空比，就可以调节输出电压。

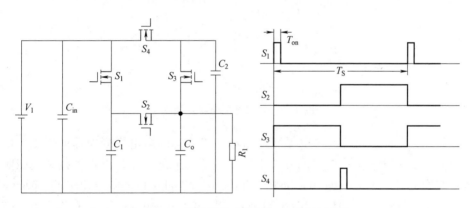

图 4-28　可调节输出电压的开关电容变换器

　　开关电容变换器中只有电容和开关管/二极管，没有电感等磁性元件，故可以实现高功率密度。然而，开关电容变换器的调压过程类似于线性电源的电阻分压原理，调压效率非常低。此外，开关电容并联的瞬间出现巨大的冲击电流，产生大量的电磁噪声。为了解决开关电容变换器调压难的问题，有学者将开关电容变换器与其他变换器级联，但其结构复杂且效率较低。

　　对于开关电容并联的瞬间出现巨大的冲击电流，Adrian Ioinovici 教授于 1996年在论文 "Switching-mode DC-DC converter with switched-capacitor-based resonant circuit" 中将谐振理念引入开关电容变换器，或者更确切地说，是将零电流开关准谐振 Buck 变换器中的谐振电容替换为开关电容结构。真正将谐振引入开关电容变换器以解决冲击电流问题的是香港理工大学的 K. W. E. Cheng 教授，在其

1998 年发表的论文 "New generation of switched capacitor converters" 中提出了谐振型开关电容变换器，如图 4-29 所示。谐振开关电容变换器是在传统开关电容变换器的基础上引入一个或多个小电感，实现电容的软充电和开关器件的软开关方式。此类电感可以是空心的绕线电感或印刷线路板上的一段走线，所以对传统开关电容变换器功率密度的影响有限。

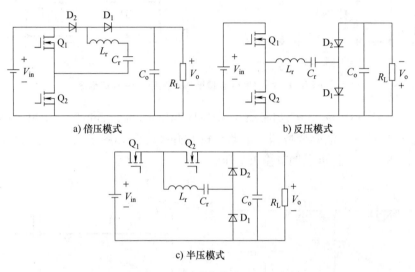

a) 倍压模式   b) 反压模式

c) 半压模式

图 4-29 谐振开关电容变换器

此外，中性点箝位的多电平变换器和飞跨电容的多电平变换器的提出，也直接促进了多电平飞跨电容的开关电容变换器的发展。如彭方正教授和钱照明教授在论文 "A new design method for high-power high-efficiency switched-capacitor dc-dc converters" 中研究了如图 4-30 所示的四电平开关电容变换器在汽车电子中的应用。

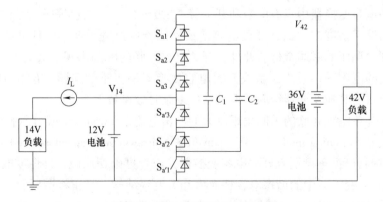

图 4-30 四电平开关电容变换器

根据对偶原理，Adrian Ioinovici 教授于 2008 年发表的论文 "Switched-capacitor/switched-inductor structures for getting transformerless hybrid dc-dc PWM converters" 又提出了开关电感（switched-inductor）结构，如图 4-31 所示，引起了较多学者的关注，主要应用于高电压增益场合。

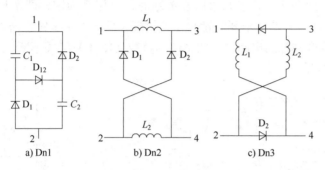

a) Dn1　　　　b) Dn2　　　　c) Dn3

图 4-31　开关电感结构

4.5　软开关变换器

20 世纪 70 年代初期，为了减小波形失真和电磁干扰提出了谐振功率变换技术，在一段时间内感应加热电源是这种技术的主要应用，在 80 年代对高效率高功率密度开关电源的迫切要求推动了软开关技术及其理论研究的迅速发展。让功率器件开通时电压或电流为零，关断时电压或电流为零，可以大幅减少开关损耗，称之为零电压开关（zero-voltage-switching，ZVS）或零电流开关（zero-current-switching，ZCS），统称为软开关技术[10]。

软开关技术最初是从功率放大器（power amplifier，PA，简称"功放"）发展而来的。根据工作方式的不同，PA 可以分为线性 PA 类与开关 PA 类。线性 PA 类是指利用晶体管线性区特性，实现功率放大的 PA 类型。在这个工作区域内，晶体管的输入和输出成大致线性的转移关系，输出信号幅度的大小可以反映输入信号幅度的大小。需要注意的是，对于 BJT 与 FET 工作原理不同，二者"线性区域"有不同的称呼方法。在 BJT 中，这个区域被称为线性放大区；而在 FET 中，这个区域被称作饱和区。根据晶体管导通角的不同，又可以将线性 PA 分为 A 类、AB 类、B 类和 C 类。大家都知道，线性工作的 PA 很难做到高效率，于是 PA 设计先驱者开始将开关类 PA 的设计理念引入进来[11]。

开关类 PA 类型主要有 D 类、E 类、F 类和 J 类等，其特点是晶体管工作在类似开关状态。D 类 PA 是 1959 年由 P. J. Baxandall 教授在论文"Transistor sine-wave LC oscillators some general considerations and new developments" 中首先提出，其构成为一个成对的开关管 M_1 和 M_2，以及谐振在基波频率的调谐负载，如图 4-32 所示。可见，两个开关管在开通以及关断时，电流都为零，即实现了零电流开关。同时也给出了电流模式的 D 类放大器，其简化电路及波形如图 4-33 所示，可见，两个开关管在开通以及关断时，电压都为零，即实现了零电压开关。D 类 PA 高度依赖两个开关管的完美切换，只能工作于完全谐振状态，如果负载呈感性或容性都会出问题，如感性的负载会使开关"关不断"，容性负载会使开关"打不开"。

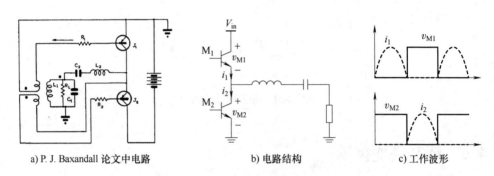

a) P. J. Baxandall 论文中电路 b) 电路结构 c) 工作波形

图 4-32 D 类功率放大器工作原理及波形

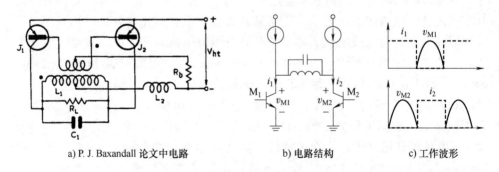

a) P. J. Baxandall 论文中电路 b) 电路结构 c) 工作波形

图 4-33 电流模式 D 类功率放大器工作原理及波形

1975 年 Nathan O. Sokal 教授在论文 "Class E-A new class of high-efficiency tuned single-ended switching power amplifiers" 中首次提出了 E 类 PA，如图 4-34 所示。E 类 PA 对晶体管由 OFF 到 ON 的切换有严格的约束条件，从而减小开关切换过程中的开关损耗，即当开关从 OFF 到 ON 切换的瞬间，漏极电压为零；当开关从 OFF 到 ON 切换的瞬间，漏端电压波形的斜率为零（zero-derivative switching，也称为零导数开关）。可见，开关管实现了 ZVS。

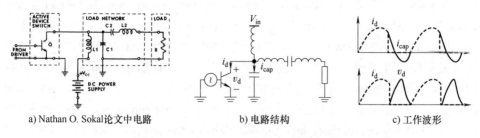

a) Nathan O. Sokal论文中电路　　　b) 电路结构　　　c) 工作波形

图 4-34　E 类功率放大器工作原理及波形

除了在功放领域提出软开关技术以减少开关损耗、提高效率外，在功率变换方向也有部分学者在有意或无意地进行软开关技术研究，如 1970 年 Francisc C. Schwarz 教授在其论文 "A method of resonant current pulse modulation for power converters" 中提出了一种工作于电流断续模式的串联谐振变换器，其开关器件为晶闸管，通过谐振其电流自然到零关断，也即实现了零电流开关。真正有意识的提出软开关技术的应当是在 1975 年 E. E. Buchanan 和 E. J. Miller 在论文 "Resonant switching power conversion technique" 中首次提出了 "zero current switching" 这一术语，实现电路以及主要工作波形如图 4-35 所示，可以实现 Q1 的 ZCS。

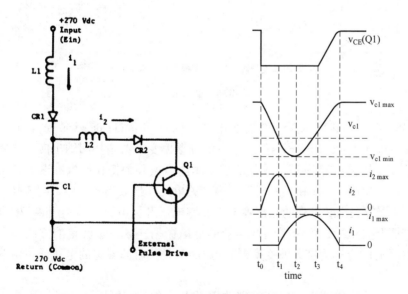

图 4-35　E. E. Buchanan 提出的 ZCS 电路及主要工作波形

目前为止研究的都还是谐振变换器或称之为全谐振型变换器，谐振元件在整个开关过程中都参与能量变换。1984 年，Kwang-Hwa Liu 和 Fred C. Lee 在论

105

文"Resonant switches-A unified approach to improve performances of switching converters"首次提出了"谐振开关"(resonant switch)的概念,论文中提出的零电流谐振开关,如图4-36a所示。用"谐振开关"来代替已有PWM硬开关拓扑中的开关器件,可得到了一系列变换拓扑,如零电流谐振开关Buck变换器,如图4-36c所示。在1985年两人合作的论文"State-plane analysis of quasi-resonant converters"中提出了"准谐振变换器"(quasi-resonant converter)这一术语,指出"The name is appropriate since the switching of the power device is implemented through a resonant oscillation,yet the energy storage and transfer principle still follows that of the conventional PWM converters."。准谐振技术是软开关技术的一次飞跃,其特点是谐振元件参与能量变换的某一个阶段,而不是全程参与。在1986年两人合作的论文"Zero-voltage switching technique in dc/dc converters"中又提出了零电压谐振开关电路,如图4-36b所示。

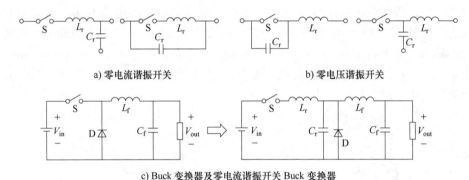

a) 零电流谐振开关   b) 零电压谐振开关

c) Buck 变换器及零电流谐振开关 Buck 变换器

图 4-36　谐振开关

1987年,Khai D. T. Ngo教授在论文"Generalization of resonant switches and quasi resonant dc-dc converters"对已有的准谐振变换器拓扑归纳出四个基本谐振开关单元,如图4-37所示,并总结了一套由谐振开关拓扑产生准谐振开关变换器的程序,用图4-37a和b的两个谐振开关单元能推导出Kwang-Hwa Liu和Fred C. Lee教授等提出和发现的全部零电流和零电压开关电路。而用图4-37c和d的两个谐振开关单元,可以得到两类新的准谐振拓扑族,这就是准方波部分谐振变换器(有时也称为准方波变换器),原因就是其有源开关的电压或电流为准方波形状。

零电压或零电流准谐振变换器改善了开关条件,可以让变换器工作于更高的工作频率,但它们也有不足,开关器件的电压或电流应力大为增加,此外,开关管的输出电容和二极管的结电容会增加额外的不必要的振荡。为此,Wojciech A. Tabisz和Fred C. Lee教授在1988年论文"Zero-voltage-switching

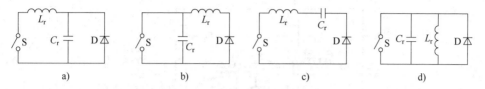

图 4-37 四个基本谐振开关单元

multi-resonant technique-a novel approach to improve performance of high-frequency quasi-resonant converters" 中首次提出了多谐振开关电路,如图 4-38 所示。本质上它是准谐振变换器基础上的拓扑改进,但电路更为优越,具体表现在多谐振网络的独特结构吸收利用了电路中的寄生参数,包括开关管的输出电容及二极管的结电容和线路或变压器的漏感,为所有开关器件提供了良好的开关条件,并且也降低了开关管承受的电压/电流应力。

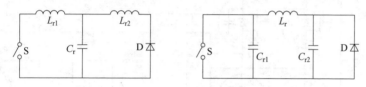

图 4-38 多谐振开关电路

已提出的准谐振变换器只适用于单个开关管的直流变换器,如 6 种基本的非隔离型直流变换器以及相应的隔离型电路(如隔离型 Cuk 变换器)、正激变换器、反激变换器,这些变换器都适用于小功率场合,对于中大功率场合的多个开关管的变换器,如全桥变换器,如果将每个开关管换成谐振开关,电路将非常复杂。

在 1987 年 Oliver D. Patterson 和 Deepakraj M. Divan 教授在论文 "Pseudo-resonant full bridge DC/DC converter" 中提出了伪谐振(Pseudo-resonant)思想,将谐振电感和谐振电容并联,构成开关管的并联换流支路,如图 4-39a 所示。因为谐振元件不再像以前的谐振电路那样在主电路中进行谐振,所以就给它定义为伪谐振。伪谐振思想可以说进一步解锁了软开关变换器的应用范围和思路,很快就出现了目前在大功率场合应用非常广泛的移相控制零电压开关 PWM 全桥变换器电路,如图 4-39b 所示,在美国 GE 公司 Robert L. Steigerwald 和 Khai D. T. Ngo 申请的美国专利 "Full-bridge lossless switching converter, US4864479" 中,提出了利用变压器的漏感和开关器件的结电容进行谐振以实现软开关的思想。

准谐振变换器基本都需要采用变频控制,使得变换器滤波器以及变压器参数难以优化设计。为了采用大家更熟悉更有效的恒定频率控制,即 PWM 控制,

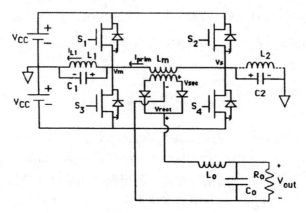

a) 伪谐振全桥变换器

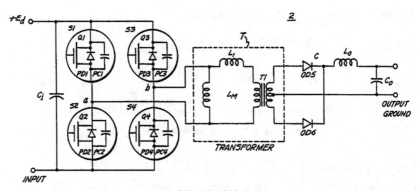

b) 经典软开关全桥变换器

图 4-39　软开关全桥变换器

在准谐振变换器中加入一个辅助开关管，就可以得到 PWM 控制的准谐振变换器，该类变换器在提出时，曾被命名为 PWM ZCS 准谐振变换器和 PWM ZVS 准谐振变换器，为了区别于准谐振变换器，该类变换器后来被命名为 ZCS PWM 变换器和 ZVS PWM 变换器[12]。在这方面，华桂潮博士在其 1994 年的博士论文 "Soft-switching techniques for pulse-width-modulated converters"（导师为 Fred C. Lee 教授）中提出了该类变换器开关单元以及应用于 Buck 变换器，如图 4-40 所示。

　　从上图可见，ZCS PWM 变换器和 ZVS PWM 变换器中谐振电感一直串联在主功率回路中，损耗较大，此外，存储在谐振电感内的能量对电源电压和负载电流有很强的依赖性，因此软开关条件对电源电压和负载电流的变化敏感。为此，华桂潮博士在其博士论文中又提出了零电压转换（zero-voltage-transition，ZVT）变换器和零电流转换（zero-current-transition，ZCT）变换器的概念，其开关单元如图 4-41 所示。

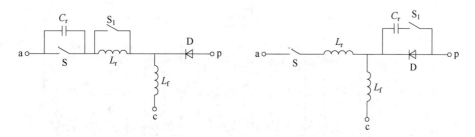

图 4-40　ZVS PWM 开关单元和 ZCS PWM 开关单元

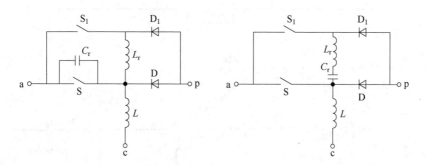

图 4-41　ZVT 开关单元和 ZCT 开关单元

至此，软开关变换器大厦的基石都已构建，后续又有很多学者做了大量工作。如南京航空航天大学的阮新波教授，著有《直流开关电源的软开关技术》《脉宽调制 DC/DC 全桥变换器的软开关技术》《三电平直流变换器及其软开关技术》等经典著作。

4.6　多电平变换器

1974 年，美国麻省理工学院（MIT）的 Richard H. Baker 和 Lawrence H. Bannister 申请了美国专利"Electric power converter，US3867643"，提出将多个单独的含直流源的全桥单元串联起来以合成阶梯式交流输出电压，也即现在大家熟知的级联多电平逆变器，如图 4-42 所示。

1978 年，Richard H. Baker 申请了美国专利"Switching circuit，US4210826"，其出发点是为了在高压场合中应用低电压应力的开关器件，提出了如图 4-43a 的多电平电路结构，可见，就是现在大家熟悉的中点箝位多电平电路。1979 年，Baker 申请了美国专利"Bridge converter circuit，US4270163"，提出了将中点箝位多电平结构应用于逆变器中，如图 4-43b 所示。

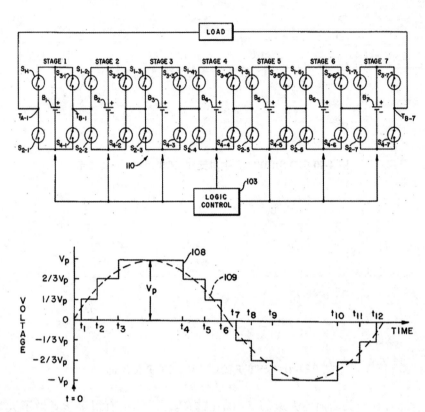

图 4-42　级联多电平逆变器

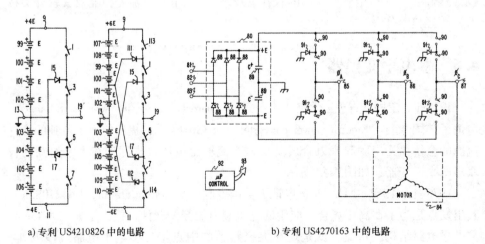

a) 专利 US4210826 中的电路　　　　　　　b) 专利 US4270163 中的电路

图 4-43　中点箝位多电平电路

1981 年，日本的 Akira Nabae 教授、Isao Takahashi 教授和 Hirofumi Akagi 教授共同发表的论文"A new neutral-point-clamped PWM inverter"中提出了中点箝位逆变器（neutral-point-clamped inverter）电路拓扑，如图 4-44 所示。该逆变器每个桥臂的输出可以得到 E_d、$E_d/2$ 和 0 三个电平，因此该电路也称三电平逆变器。传统的桥式逆变器每个桥臂只能输出 E_d 和 0 两个电平，故称为两电平逆变器。与两电平逆变器相比，三电平逆变器大大减小了输出电压中的高次谐波，同时，该电路还有另一个优点就是开关管电压应力为输入电压的一半。之后，很快就有了四电平、五电平等多电平拓扑。

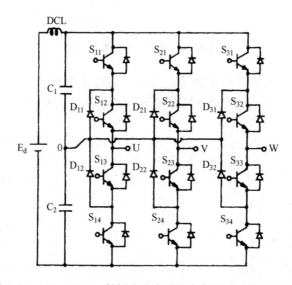

图 4-44 Akira Nabae 教授论文中所提中点箝位三电平逆变器

1992 年，法国的 Thierry A. Meynard 教授和 Henri Foch 教授在论文"Multilevel conversion：high voltage choppers and voltage-source inverters"中提出了飞跨电容型多电平电路，如图 4-45 所示，它有如下特点，无需中点电压平衡，开关器件数量更少，冗余开关状态多，调制策略灵活多样，开关管的电压应力低。其缺点也十分明显：飞跨电容的存在不利于实现高功率密度；启动前需要对飞跨电容进行预充电，启动过程复杂。

从上面发展过程看，尽管级联多电平逆变器的发明最早，但直到 20 世纪 90 年代中期，它的应用才开始普及。刚开始时，级联多电平逆变器中全桥模块单元都是需要外部单独提供电源。真正让级联多电平逆变器大放异彩的应当是彭方正教授，他于 1995 年发表的论文"A multilevel voltage-source inverter with separate DC sources for static Var generation"中提出了如图 4-46 所示的级联多电

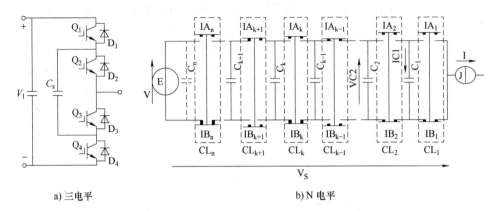

a) 三电平　　　　　　　　　　　　b) N 电平

图 4-45　飞跨电容型多电平电路

平逆变器，至此，级联多电平逆变器摆脱了需要多个独立电源的枷锁，迎来了其快速发展期，在中高压大功率场合得到了大量应用。

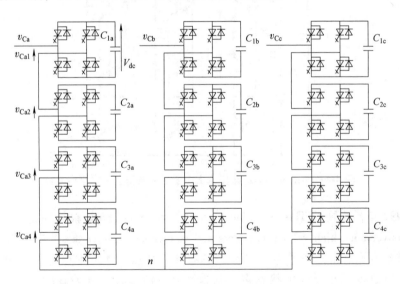

图 4-46　级联多电平逆变器

2002 年，德国学者 R. Marquardt 等提出了一种新型、更具有竞争力的多电平拓扑结构，称之为模块化多电平变换器（modular multilevel converter，MMC），再多的溢美之词加给这个变换器都不为过。2007 年 Knaup Peter 为 T 型三电平电路申请专利"Inverter，WO2007048420"，如图 4-47a 所示，2021 年，中国矿业大学的原熙博教授在论文"Ultimate generalized multilevel converter topology"中提出了一种通用多电平拓扑，如图 4-47b 所示。

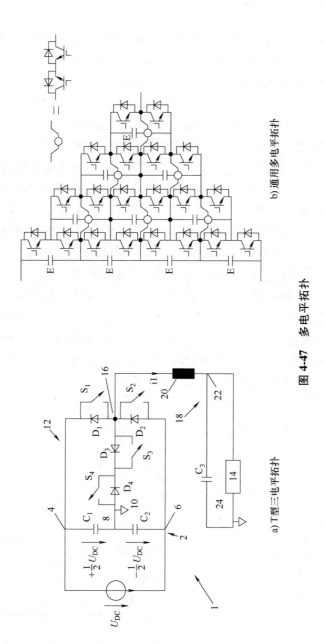

b) 通用多电平拓扑

a) T型三电平拓扑

图 4-47 多电平拓扑

113

4.7　模块化多电平变换器

2002 年，德国慕尼黑联邦国防大学 R. Marquardt 教授等发明了一种新型、更具有竞争力的多电平拓扑结构，通常称之为 MMC，如图 4-48a 所示，并申请了德国专利"Current rectification circuit for voltage source inverters with separate energy stores replaces phase blocks with energy storing capacitors, DE10103031"[13]。MMC 利用多个级联的半桥子模块（Half-bridge Submodule，HBSM）构造出三相六桥臂的结构，从而实现交流侧电压与直流侧电压灵活调制。MMC 拓扑类似于 CHB 一样，可以通过改变每个桥臂级联 SM 个数，来适用于不同电压等级交直流输配电应用场合，极大地推动了交直流电网的快速发展。MMC 每个桥臂由 N 个 SM 和一个串联电抗 l 组成，同相的上下两个桥臂构成一个相单元。其调制方法如图 4-48b 所示，根据交流侧与直流侧电压的关系，每一相的上桥臂调制电压叠加正向交流侧相电压，产生 $1/2V_{dc}$，下桥臂调制电压叠加正向交流侧相电压，产生 $1/2V_{dc}$，从而实现每一相上下桥臂共同产生稳定的直流侧电压 V_{dc}。相比两电平、三电平换流器结构，MMC 具备输出电压波形质量高、模块化程度高、谐波含量少、有功功率/无功功率灵活可控的优点。2010 年，西门子公司首次将 MMC 方案应用于美国±200kV Trans Bay Cable 工程。2015 年，R. Marquardt 教授凭借其在 HVDC 领域做的杰出贡献，被 IEEE PES（power energy society）授予 Uno Lamm HVDC Award（关于该奖项详见第 7 章 7.3 节）。

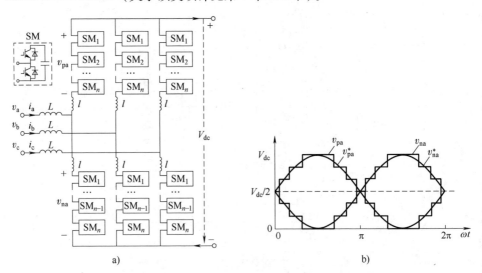

a)　　　　　b)

图 4-48　MMC 电路结构及基本调制方式

当 MMC 应用于柔性直流输电场合时，直流侧故障清除问题是柔性直流输电的关键问题之一，一方面可以利用直流断路器（具体见第 7 章 7.5 节）来切断直流故障电流，另一方面可以采用具备故障阻断能力的换流器子模块阻断直流故障。而上面介绍的半桥子模块不具备故障阻断能力，为此，研究人员提出了多种具备故障阻断能力的子模块拓扑，部分如图 4-49 所示[14]。

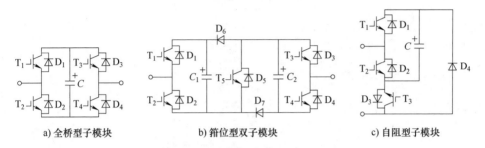

a) 全桥型子模块　　　　　　　b) 箝位型双子模块　　　　　　c) 自阻型子模块

图 4-49　多种具备故障阻断能力的子模块拓扑

从图 4-49 可见，具备故障阻断能力的子模块拓扑使用的器件都要比半桥子模块多，针对该问题，提出了采用半桥子模块与其混合级联的方案，以期获得最优的经济效益，如全桥子模块和半桥子模块混合型 MMC，该混合型方案目前已在乌东德工程得到应用[15]。

浙江大学徐政教授团队提出了一种在典型 MMC 的直流出口处串联一个大功率二极管阀的二极管阻断型 MMC，大功率二极管阀能够在直流线路故障后阻断故障电流通路，起到了隔离直流线路故障的作用。但是由于二极管的单向导通性，二极管阻断型 MMC 只能作为功率受端[16]。

2010 年，ABB 公司提出级联两电平换流器（cascaded two level，CTL）方案，如图 4-50 所示，CTL 拓扑与 MMC 工作原理类似，不同的是 CTL 在桥臂中除了桥臂电抗器外，还有一个二次谐波滤波器，在不附加额外控制策略下，通过桥臂滤波器实现环流抑制，且其子模块是采用一定数量的 IGBT（压接式 IGBT）串联组成，一方面此拓扑的电平数相比于 MMC 大大降低，简化了控制系统设计；另一方面可以避免在单个 IGBT 故障的时候出现短路造成电容过度放电，此外，由于有多个 IGBT 串联，在单个器件故障时，其他正常器件承受的过电压水平也不是很高，从而避免依靠其他辅助开关设备将故障模块进行隔离的必要，提高了系统操控的可靠性和故障穿越能力。

纵使 MMC 拥有众多优点，但其使用了大量的功率器件和电容，导致其成本高、体积大。另外，虽然 MMC 可以避免两电平和三电平采用 IGBT 直接串联构成阀的困难，但带来了子模块均压、故障等控制问题。

115

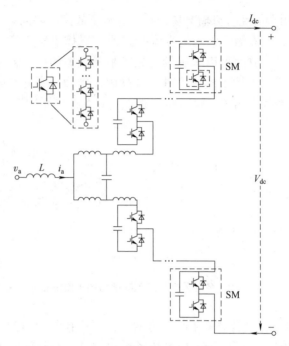

图 4-50　级联两电平换流器

　　2010 年，英国帝国理工学院的 M. M. C. Merlin 教授和 T. C. Green 教授等人提出了一种桥臂交替导通多电平换流器（alternate arm multilevel converter，AAMC），如图 4-51 所示[17]。AAMC 将 FBSM 阀串与传统两电平 VSC 结合，FBSM 阀串整形出所需调制电压，通过控制上下桥臂导向开关（Director Switch，DS）的通断，实现交流侧电流正负半周期流过上下桥臂 FBSM 阀串。为实现 FBSM 阀串能量平衡，变换器仅工作在一种"sweet spot"状态，即过调制模式，而且调制比为 π/4。通过这种方式，将传统 MMC 的子模块数量减半，而且桥臂 FBSM 可以闭锁或者工作在 STATCOM 来可靠处理交直流侧故障。另外，DS 工作在零电压开断 ZVS 状态，减小了开关损耗。但是，固定的调制比限制了其应用范围。后续，M. M. C. Merlin 等人陆续提出了改进调制方法，拓宽了 AAMC 的调制范围。

　　MMC 在背靠背（back-to-back，BTB）直流输电应用场合，需要 2 个 MMC，12 个子模块桥臂。另外，BTB 结构在中压高功率电机驱动方面也有应有价值。但在低频运行时，会给子模块电容带来较大的能量波动。2011 年，德国汉诺威莱布尼兹大学的 Axel Mertens 教授提出了一种三相六边形 MMC 拓扑，如图 4-52a 所示，且仅需要 6 个由 FBSM 组成的桥臂即可实现 2 个中高压 AC 端口的直接变压变频控制，同时在电机驱动方面具有良好的低频特性[18]。武汉大学查晓明教授团队进一步将其扩展到更多端口，如图 4-52b 给出了三端口九边形 MMC 拓扑结构[19]。

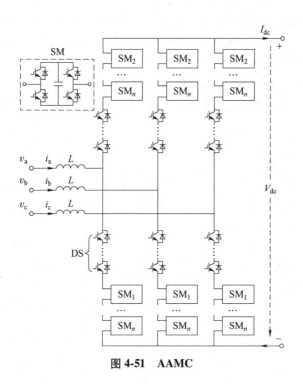

图 4-51　AAMC

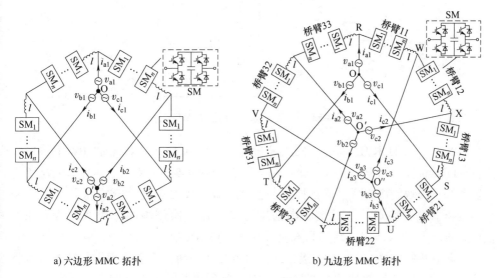

a) 六边形 MMC 拓扑　　　　　　　　　b) 九边形 MMC 拓扑

图 4-52　多边形 MMC 拓扑

出于改善 MMC 的子模块电容电压波动及驱动电机低频起动问题，2013 年，清华大学李永东教授团队提出了一种新型中间子模块共用型 MMC 拓扑，如图 4-53 所

117

示，每一相的中间子模块两端分别连接上下桥臂，交流侧出口接中间子模块两个功率器件中间。中间子模块上功率器件和电容上端构成的回路参与上桥臂调制，中间子模块下功率器件和电容下端构成的回路参与下桥臂调制。可有效降低中间子模块电容电压波动，同时可减少几个子模块数量。同时，针对本结构的子模块电容电压抑制方法，使得本结构可用于中压 V/F 低频起动[20]。

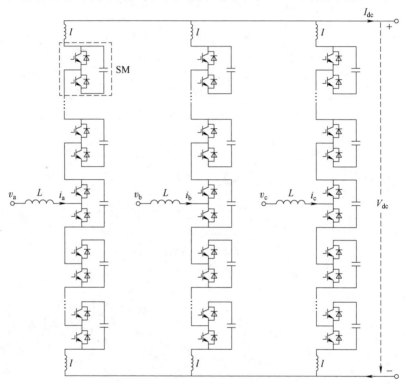

图 4-53　中间子模块共用型 MMC 拓扑

　　2014 年，日本 Hirofumi Akagi 教授提出了一种模块化推挽式 PWM 变换器（modular push-pull PWM converter，MPC），如图 4-54 所示，其由基本推挽式变换器和子模块阀串组成。同推挽式变换器一致，MPC 需要耦合变压器。MPC 利用变压器结构特点，子模块阀串与耦合变压器二次侧串联，两者电压之和为 V_{dc}，每个子模块阀串支路均和直流母线进行功率交换[21]。

　　改变传统 MMC 的三相连接方式，由三相并联结构改为三相串联结构，可整体上大大降低子模块使用数量。这其中，众多学者做了很多的研究工作，其中最为典型是 2016 年加拿大麦吉尔大学的 Boon-Teck Ooi 教授提出的三相串联 MMC（SC-MMC），如图 4-55 所示，SC-MMC 调制原理同传统 MMC 保持一致，具备模块化程度高，谐波含量低等优点。相比传统 MMC，SC-MMC 可减少三分

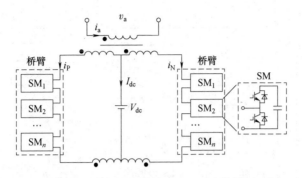

图 4-54   模块化推挽式 PWM 变换器

之一 SM 的数量，大大降低了 MMC 建造成本与体积。但这种结构，需要△/丫型的联结变压器，同时，SC-MMC 三相独立运行，三相之间易发生不平衡运行[22]。

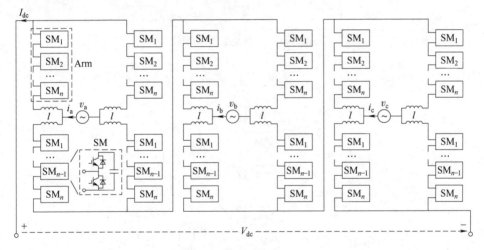

图 4-55   三相串联 MMC

2017 年，加拿大 Ryerson 大学 Bin Wu 教授提出了飞跨电容型 MMC 拓扑，如图 4-56 所示，该结构上桥臂和下桥臂的中点通过电容器连接。中间电容器的使用，可一定程度减少整个变换器 SM 的使用数量，交叉连接的电容器用于实现桥臂之间的功率平衡，并且可最小化 SM 电容电压波动[23]。

在 2018 年，西门子公司 J. Robinson 提出了一种复用桥臂型模块化多电平换流器，如图 4-57 所示。本拓扑考虑到传统 MMC 上下桥臂工作时，每个桥臂存在 1/2 数量的 SM 处于未工作状态，为此设计中间复用子模块桥臂，在桥臂切换开关下开关导通时，中间复用子模块桥臂被上桥臂复用，桥臂切换开关上开关导通时，中间复用桥臂被下桥臂复用，因此，本拓扑相比传统 MMC，可节省 1/4 数量子模块[24]。

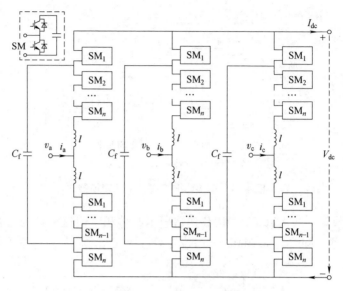

图 4-56　飞跨电容型 MMC

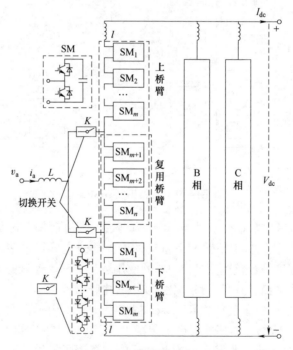

图 4-57　复用桥臂型 MMC

　　基于桥臂复用的思路来节省 MMC 子模块数量，本书作者所在团队提出了三相桥臂复用模块化多电平换流器（three-phase multiplexing arm modular multilevel converter，TPMA-MMC），如图 4-58 所示，本拓扑巧妙控制三相开关桥的工作状态，实现复用桥臂被三相常规桥臂所分时复用，从而整体降低了子模块数量，节省了成本与建造体积。另外，本拓扑所提的复用桥臂与常规桥臂能量平衡方式相比，可进一步降低了子模块电容的容值[25]。

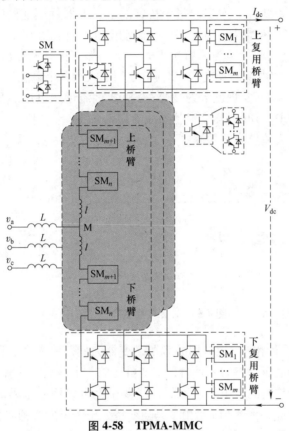

图 4-58　TPMA-MMC

模块化多电平换流器拓扑及控制技术的成果非常丰富，由于篇幅限制只能列举一二。模块化多电平换流器为直流输配电的快速发展奠定了坚实的技术基础。在模块化多电平换流器研究工作方面，国内浙江大学徐政教授、何湘宁教授、李武华教授，华北电力大学赵成勇教授，哈尔滨工业大学徐殿国教授、李彬彬教授，东南大学赵剑锋教授、邓富金教授，华中科技大学文劲宇教授、胡家兵教授、林磊教授等都做出了出色的工作。

4.8　Z 源变换器

Z 源变换器由美国彭方正教授在 2002 年提出，其最初研究的出发点如下：

对于传统的电压源型逆变器，其交流输出电压被限制只能低于而不能超过直流母线电压，即电压源逆变器相当于是一个降压式逆变器。对于直流电压较低（如光伏电池、燃料电池、储能电池等）而需要较高的交流输出电压的 DC/AC 功率变换场合，需要一个额外的 DC/DC 升压变换器，明显增加了系统的成本，降低了变换效率。此外，逆变器每个桥臂的上、下器件不能同时导通，否则会发生直通短路，损坏器件，为此需要在驱动中加入死区，而加入的死区会引起负载电压/电流谐波增加。为了解决上述不足，彭方正教授提出了 Z 源变换器，如图 4-59 所示，在电源与逆变器/变换器之间加入由两个电感和两个电容组成的阻抗源（Z 源），从而实现调节逆变器/变换器直流母线电压的目的，同时 Z 源阻抗相比额外的 DC/DC 升压变换器所用有源器件更少，相比于升压变换器可靠性更高，还允许直流侧直通短路[26]。

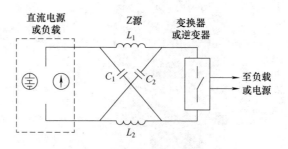

图 4-59　Z 源变换器的一般拓扑

以图 4-60 所示燃料电池应用的 Z 源逆变器为例，引入 Z 源网络后，当逆变器处于 6 种非零电压状态的一种时，逆变桥变成一个等效电流源，如图 4-61a 所示。当处于两种传统的零电压状态时，逆变桥也可以用一个零值电流源（或开路）来代替。因此，图 4-61a 给出了当逆变桥处于传统的 8 种非直通零电压状态的一种状态时 Z 源逆变器从直流侧看入的等效电路。当逆变桥处于直通零电压状态时，可等效为短路，如图 4-61b 所示。彭方正教授指出 Z 源不但可以应用于电压源逆变器，也可应用于电流源逆变器，还可应用于 AC-DC 整流器、DC-DC 变换器和 AC-AC 变频器中。

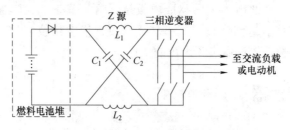

图 4-60　燃料电池应用中的 Z 源逆变器

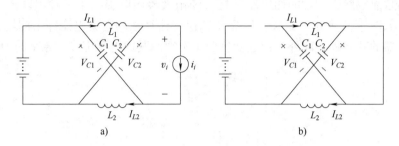

图 4-61　两种等效电路

在 Z 源逆变器提出之后，不断有学者针对不同应用对象对其进行改进，提出诸如器件数目少、体积小、升压比高、起动冲击小的新拓扑结构，下面做一些介绍[27]。

彭方正教授于 2008 年又提出了准 Z 源（quasi-Z-source）逆变器拓扑，如图 4-62 所示，在保留 Z 源逆变器原有优点的同时减小了电容的电压应力，并且在控制上和传统 Z 源逆变器一样。输入电流连续电压型准 Z 源网络更容易进行输入侧滤波，用于蓄电池、燃料电池等供电的场合，在光伏并网系统中可省略输入滤波环节，电容 C_1 的电压应力和传统 Z 源网络相同，而电容 C_2 的电压应力减小到原来的 D_s（D_s 为直通状态的占空比）倍。输入电流断续电压型准 Z 源逆变器的两个电容承受的电压都大幅降低为原来的 D_s 倍。

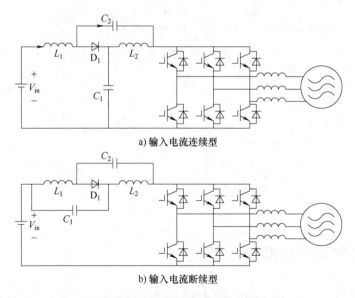

a) 输入电流连续型

b) 输入电流断续型

图 4-62　电压型准 Z 源逆变器

南京航空航天大学的谢少军教授、汤雨教授团队提出了一种串联型 Z 源逆变器，如图 4-63 所示，解决了传统 Z 源逆变器存在的起动电流冲击问题，实现了逆变器的软起动，此外 Z 源逆变器两个电容承受的电压都降为原来的 D_s 倍。

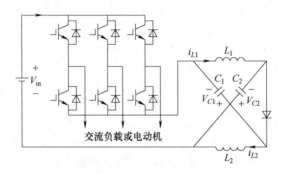

图 4-63　串联型 Z 源逆变器

还有学者为提高升压比，将 Z 源网络中的电感用开关电感（switched inductor，SL）替代，如上海交通大学朱淼教授提出的如图 4-64 所示电路，在直通状态向非直通状态过渡时，开关电感中的两个电感由并联充电向串联放电转换，达到升压目的。

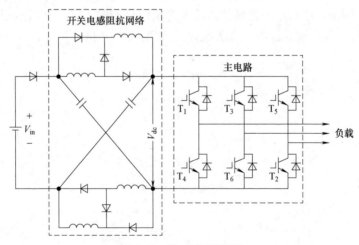

图 4-64　SL-Z 源逆变器

4.9　双有源桥变换器

双有源桥（dual-active-bridge，DAB）变换器由德国 Rik W. De Doncker 教授等于 1989 年在美国专利"Power conversion apparatus for dc/dc conversion using dual active bridges，US5027264" 中提出，由于其具有高功率密度、输入输出电气隔离、能量双向流动、易于实现软开关等特点，在电力电子变压器、直流变压器、电动汽车、可再生能源发电与储能等场合广泛应用。DAB 变换器的典型电路结构如图 4-65a 所示，由两个全桥电路 H_1 与 H_2、传输电感 L_s 与高频隔离变压器 T_r 组成。其中，传输电感 L_s 可外接辅助电感或使用变压器漏感。DAB 变换器等效工作原理如图 4-65b 所示，通过改变 H_1 与 H_2 输出的方波交流电压 v_{AB} 和 v_{CD} 各自的波形和两者之间的相位差可以调节传输电感电流 i_{L_s} 的幅值和方向，进而控制 DAB 变换器的传输功率 P。

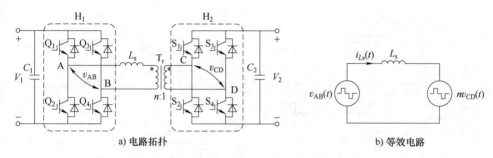

a) 电路拓扑　　　　　　　　　　　　　　　b) 等效电路

图 4-65　DAB 变换器电路拓扑及等效电路

DAB 变换器根据控制方法的不同，其传输功率特性会呈现不同的特性。针对图 4-65 中的全桥 DAB 变换器，Doncker 教授提出该电路时采用的是单移相（single-phase-shift，SPS）控制，如图 4-66a 所示。SPS 调制策略具有动态特性好，易于实现软开关等优点，但 SPS 控制仅有一个控制自由度，难以根据不同运行情况对回流功率、电流应力和软开关特性进行优化调节。

2006 年 Germán G. Oggier 等人在论文 "Extending the ZVS operating range of dual active bridge high power dc-dc converters" 中提出了扩展移相（extended-phase-shift，EPS）控制，该控制下的 DAB 工作波形如图 4-66b 所示。EPS 调制在 SPS 外移相调制的基础上，在一侧全桥中引入额外的内移角度。因此，其中一个全桥电路输出的交流电压为三电平波形，另一全桥电路输出的交流电压为 50% 占空比两电平方波。EPS 控制中，外移相占空比 D_2 用于控制功率传递方向和大小，内移相占空比 D_1 则可用于对包括电流应力、损耗、软开关特性等 DAB 变换器的运行特性进行优化。

类似于 ESP 控制，为解决 SPS 控制中存在的回流功率高、易丢失软开关的问题，Bai H 等人于 2008 年在论文 "Eliminate reactive power and increase system efficiency of isolated bidirectional dual-active-bridge DC-DC converters using novel dual-phase-shift control" 提出双移相（dual-phase-shift，DPS）控制，在该控制下

DAB 的稳态工作波形如图 4-66c 所示。不同于 EPS 控制，DPS 控制在 SPS 控制的基础上，对全桥电路 H_1 和 H_2 内部的桥臂间引入了相同的内移相角。通过调节内、外移相角实现对回流功率的灵活控制。

ETH 大学的 Kolar 教授团队于 2006 年在论文 "Performance optimization of a high current dual active bridge with a wide operating voltage range" 中提出三重移相（triple-phase-shift，TPS）控制，其稳态工作波形如图 4-66d 所示，TPS 控制包含一、二次侧全桥内移相角，与外移相角共三个控制变量。因此，TPS 控制下 DAB 运行模态较多，分析较为复杂。

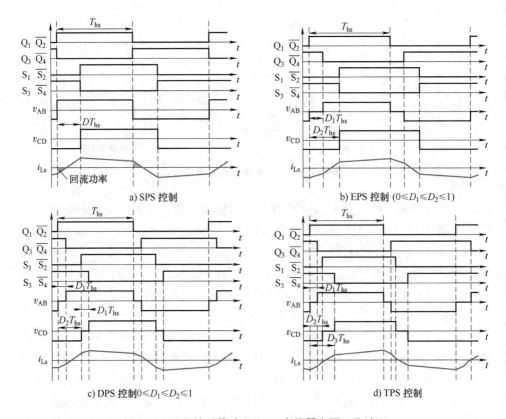

图 4-66　不同控制策略下 DAB 变换器主要工作波形

随着 DAB 变换器的广泛应用，传统单相全桥 DAB 变换器已经不能满足一些场景的需求。因此，基于图 4-65 所示全桥 DAB 变换器，一些研究通过改进全桥电路 H_1 与 H_2 的结构、改进变压器结构或引入谐振腔电路，形成了例如半桥 DAB 变换器、三电平 DAB 变换器、三相 DAB 变换器、多端口 DAB 变换器等 DAB 变换器衍生拓扑。

（1）半桥 DAB 变换器

相比采用全桥 DAB 变换器，半桥 DAB 变换器可以有效节省开关器件数量，典型双有源半桥变换器包括对称半桥结构、非对称半桥结构以及电感输入型半桥 DAB 变换器，以降低输入电流纹波，其拓扑结构如图 4-67 所示。

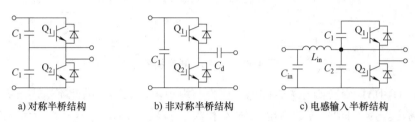

a) 对称半桥结构　　　　　b) 非对称半桥结构　　　　　c) 电感输入半桥结构

图 4-67　半桥 DAB 变换器

（2）三电平 DAB 变换器

为了实现更高电压输入，可引入三电平桥式电路，提出三电平 DAB（three-level-dual-active-bridge，TL-DAB）变换器，降低器件电压应力。如图 4-68 所示，TL-DAB 变换器根据其结构不同亦可分为全桥 TL-DAB 变换器、对称半桥 TL-DAB 变换器、非对称半桥 TL-DAB 变换器以及混合型 TL-DAB 变换器。四种 TL-DAB 变换器中，全桥 TL-DAB 变换器使用开关器件最多，但其电流应力最低。对称与非对称半桥 TL-DAB 变换器使用较少的开关器件，但是相应电流应力也有增加，混合型 TL-DAB 变换器则介于两者之间，但全桥桥臂开关管的电压应力为输入电压。此外，开关管数量的增多也为 TL 结构的应用引入了新的控制自由度，使得其控制更加灵活。

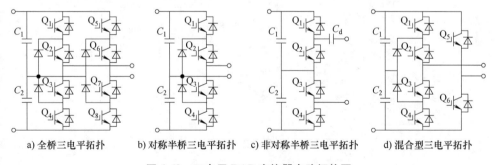

a) 全桥三电平拓扑　　b) 对称半桥三电平拓扑　　c) 非对称半桥三电平拓扑　　d) 混合型三电平拓扑

图 4-68　三电平 DAB 变换器电路拓扑图

（3）三相 DAB 变换器

为了提高变换器传输功率、满足大电流场合需求，可采用图 4-69 所示三相 DAB（three-phase dual active bridge，TP-DAB）变换器。在相同传输功率下，TP-DAB 变换器具有更低的开关器件电流应力，更小的直流滤波电容。

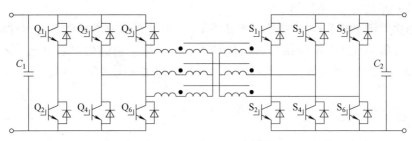

图 4-69   三相 DAB 变换器

但 TP-DAB 变换器开关管的电压应力与端口电压相同，因此不适用于高压大功率场合。为了同时满足高电压输入和大电流输出需求，本书作者等在论文 "A three-phase triple-voltage dual-active-bridge（T^2-DAB）converter for medium voltage DC transformer to reduce the number of submodules" 提出了如图 4-70 所示的三相三倍压 DAB（three-phase triple-voltage dual active bridge，T^2-DAB）变换器。该变换器在一次侧采用串联式三相桥式电路降低开关器件的电压应力，而在二次侧采用三相并联式桥式电路，降低了开关器件的电流应力。

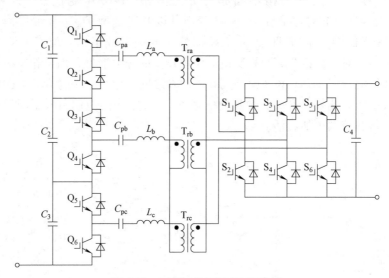

图 4-70   三相三倍压 DAB 变换器

另一方面，由于三相 DAB 变换器三相间移相角互相耦合，难以引入全桥 DAB 变换器的内移相调制策略，实现对三相 DAB 变换器的优化控制。因此，有学者提出了基于非对称调制策略的优化控制方法，其中同相桥臂开关管占空比互补，通过调节各开关管占空比，可拓宽三相 DAB 变换器在电压不匹配与轻载下的软开关范围，减小损耗。

4.10 三相 PFC 整流器

为实现三相功率因数校正（power factor correction，PFC），最简单可采用图 4-71 所示的三相单开关 Boost PFC 电路，只使用一个开关管，控制简单，但每相输入电流为断续，谐波含量高，所以该电流适用于功率较低且对谐波含量要求不高的场合。较常见的三相 PFC 电路为图 4-72 所示的三相六开关 PFC 电路，通常称为三相 PWM 整流器，不但可以作为整流器，还可以作为逆变器，同时为电网提供或吸收无功。图 4-72 为二电平电路，也可以采用三电平电路以实现更低的电流 THD 以及高电压场合，如图 4-73 所示的三电平二极管箝位型 PWM 整流器。PWM 整流器可以实现能量双向流通，但采用的开关器件较多，对于只需要能量单向流动场合，如通信电源、电动汽车直流充电桩等场景，使用 PWM 整流则成本较高。1993 年，瑞士苏黎世联邦理工学院 Johann W. Kolar 教授在欧洲发明专利"Device and method for transforming three-phase AC current into DC current，EP0660498A2"中提出一种单向三相 PFC 电路（Vienna 整流器），如图 4-74 所示，与传统的二极管箝位型或飞跨电容型三电平整流器不同，其通过在每一相的输出端与直流侧母线电容中点间使用全控型开关器件进行控制。Vienna 整流器具有电感电流连续、波形畸变率低、可实现单位功率因数运行等优点。同时，Vienna 整流器的开关管电压应力为直流母线电容电压的一半，且不存在上下管直通的问题，无需设置额外的死区时间。当然，图 4-74 所示的 Vienna 整流器中在电流回路中串入较多二极管，导通损耗较大，可以采用图 4-75 所示的 Vienna 整流器，减少了导通损耗，目前 Vienna 整流器已成为一种十分主流的拓扑结构选择。

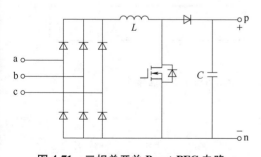
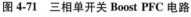
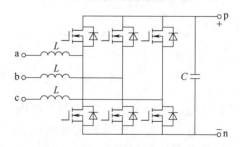

图 4-71 三相单开关 Boost PFC 电路　　图 4-72 三相六开关 PFC 电路

Vienna 整流器与传统的二极管箝位型或飞跨电容型三电平整流器相同，常采用正弦脉宽调制（sine pulse width modulation，SPWM）或空间矢量脉宽调制（space vector pulse width modulation，SVPWM）。Vienna 整流器普遍采用原理最为基础、应用最为广泛的双闭环控制系统。该控制系统需采样 Vienna 整流器直流侧

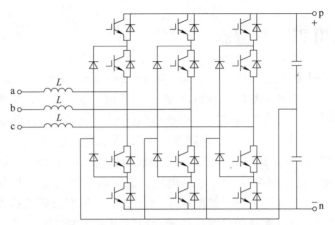

图 4-73　三电平二极管箝位型 PWM 整流器

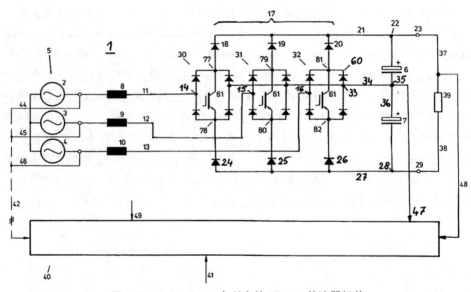

图 4-74　J. W. Kolar 专利中的 Vienna 整流器拓扑

母线电容电压及交流侧滤波电感电流。首先，将采样得到的母线电容电压与电压给定值作差，得到外环电压误差的控制信号，再用该控制信号控制电流，通过调节滤波电感电流使母线电容电压能够跟随电压给定值进行变化，形成电流内环。对于控制器，Vienna 整流器普遍采

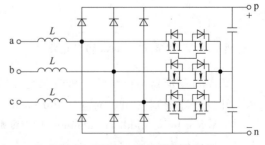

图 4-75　Vienna 整流器拓扑结构

130

用十分成熟、算法简单的 PI 控制器，但因其动态响应性能相对较差等缺点，在非线性系统中较难获得理想的控制效果。因此，后续学者在 Vienna 整流器中引入了模糊控制、单周期控制、模型预测控制等方法，进一步提升了控制系统的稳定性与鲁棒性等性能。

Vienna 整流器为三相 Boost 型整流器，其输出电压较高，在某些输出电压较低或需要降压的场合并不符合要求。为此，J. W. Kolar 教授又提出了三相 Buck 型整流器，即 Swiss 整流器，其拓扑结构如图 4-76 所示，其可分为三个部分，即三相不控整流桥、DC-DC 降压结构及三次谐波注入网络。与传统的三相六开关 Buck 型整流器相比，Swiss 整流器的开关器件数量虽相对较多，但二极管整流桥与三次谐波注入网络的开关器件都处于低频工作状态，且电压、电流应力相对较小，在大功率场景下具有一定的成本优势。Swiss 整流器与 Vienna 整流器相同，同样可以采用正弦脉宽调制或空间矢量脉宽调制的调制策略。

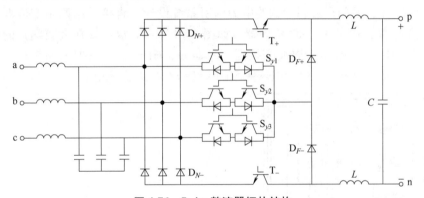

图 4-76　Swiss 整流器拓扑结构

在三相 PFC 整流器方面，国内重庆大学的周雒维教授、杜雄教授、浙江大学的吕征宇教授、姚文熙教授、华中科技大学的段善旭教授、西安理工大学的同向前教授、北京信息科技大学王久和教授等都做出了丰富工作。

4.11　AC-AC 变频器

按照是否有中间直流环节，AC-AC 变换技术可以分为交-直-交变换和交-交变换，这一小节主要指的是交-交变换。其实早在 20 世纪 30 年代，就已经对交-直-交变频器在实际条件下进行了设计和测试，如图 4-77 所示，由中间直流环节电路连接的整流器和逆变器组成。当时的 AC-AC 变频器特别用于铁路电力牵引系统电源，一些欧洲国家的标准铁路采用单相交流电频率为 $16\frac{2}{3}$ Hz。在大多数情况下，公共网络通常提供 50Hz 电源，早在 1931 年，德国就进行了 100kW AC-

DC-AC 变频器的测试，一年后，西门子公司安装了一台 AC-DC-AC 变频器，用于连接三相 50Hz 交流电网和 16⅔Hz 电气铁路网，然而，该系统由于功率因数差和控制系统的问题，系统仅运行 2 年。

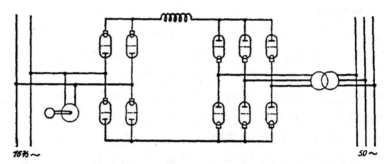

图 4-77　AEG 设计的 AC-AC 变频器电路

1933 年，西门子公司为铁路电力牵引系统设计了直接采用两组变流器组成三相输入-单相输出 AC/AC 变频器，如图 4-78 所示。也即现在大家熟知的晶闸管相控 AC-AC 变频器（周波变换器，cyclo-converter），可以把电网频率交流电直接变换成可调频率（仅为电网频率的 1/3~1/2）的交流电。

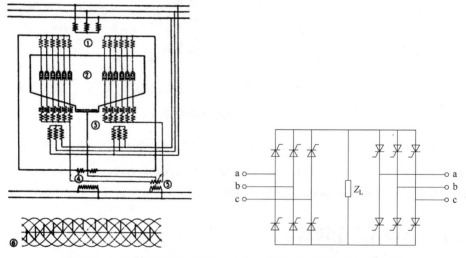

图 4-78　1933 年西门子公司设计的 AC-AC 变频器及现代等效电路

1936 年，AEG 公司也发展了不需要中间直流环节的 AC-AC 变频器，如图 4-79 所示，可以通过电压叠加的形式产生 16⅔Hz，就是从现在眼光看，这个变频电路也十分巧妙。

AC-AC 变频器的代表性电路是矩阵变换器（matrix converter，MC）[28]。上述提到的晶闸管相控 AC-AC 变频器由于采用电网换流，其输出频率是受到限制

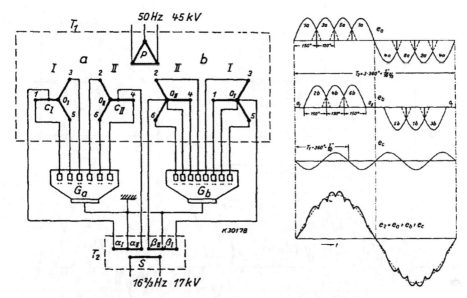

图 4-79 1936 年 AEG 研制的 AC-AC 变频器电路

的。为了突破输出交流电频率的限制，采用强迫换流技术，20 世纪 60 年代出现了 "unrestricted frequency changer" 或 "static frequency changer" 概念，最早可能是由美国西屋电气公司的 Laszlo Gyugyi 和 Brian R. Pelly 在 1967 年美国专利 "Static frequency converter with novel voltage control，US3470447" 中提出，如图 4-80a 和 e 所示，通过双向开关（bilateral switch，BS，图 4-80b）并采用脉宽调制可以实现低频（图 4-80c）或高频（图 4-80d）交流电输出，它是一种直接式交-交功率变换器，基本特征是无需大容量无源元件，其拓扑结构中无直流母线储能电容，网侧所需滤波元件也比双 PWM 变换器的体积和重量显著降低。

矩阵变换器真正开始研究始于 1980 年 Marco Venturina 和 Alberto Alesina 发表的论文 "The generalized transformer：A new bidirectional sinusoidal waveform frequency converter with continuously adjustable input power factor"，并首次提出了 "matrix converter" 这一术语。最早提出的 MC 拓扑被称为直接式 MC（direct MC，DMC），DMC 由拓扑本身直接进行交流电的变换与传递，无中间直流环节。典型的 DMC 拓扑结构如图 4-81 所示，由 9 个双向开关构成 3×3 的矩阵形式，输入侧通过输入滤波器与三相交流电源连接，输出则通过输出滤波器与负载直接相连。

Marco Venturina 和 Alberto Alesina 使用严格的数学推导，在理论上证明使用 3×3 的双向开关矩阵，能够在三相工频交流输入的情况下输出指定频率和幅值的三相交流电，这种使用数学推导得出了矩阵变换器的调制策略，称为"直接传递

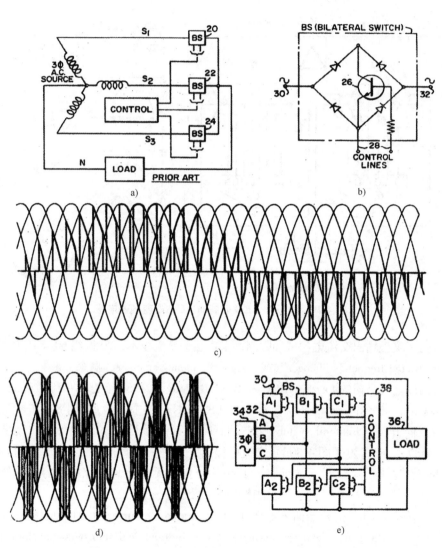

图 4-80　Laszlo Gyugyi 等专利中的 AC-AC 变频器

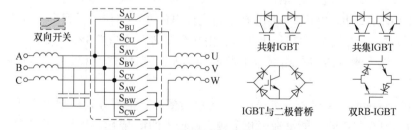

图 4-81　DMC 拓扑结构及典型双向开关

函数法"，不过由于这种方法基于数学上的推导，物理意义不明确，理解起来比较困难。1989—1995 年，Huber 和 Borojevic 提出了一种基于"虚拟直流环节"概念的空间矢量脉宽调制方法，在理论上将矩阵变换器等效为一个整流器和逆变器的虚拟连接。后来，意大利的 Casadei 小组提出了不考虑假想直流环节的直接空间矢量调制策略[29]。

目前，DMC 的基础理论与控制技术较为成熟，且具有功率密度高的突出优点，理论上相同条件下 DMC 的体积仅为双 PWM 变换器的 1/2，重量则仅为双 PWM 变换器的 1/3。此外，DMC 输入输出侧的波形质量高，输入侧可对任何负载实现单位功率因数，可实现四象限运行，具备能量可双向流动能力。虽然 DMC 功率密度很高，但其过于依赖于双向开关，而目前工业市场无技术成熟、性价比高的集成式双向开关模块，只能由多个离散功率半导体器件构建，导致 DMC 的实现难度和制造成本均较高，同时由于每一个离散功率器件均承受最大输入线电压和输出相电流，DMC 的可靠性仅略高于双 PWM 变换器，其可靠性和效率均存在一定提升空间。此外，DMC 的换流、保护和控制较为复杂，输入输出直接耦合使输入侧性能直接受输出侧的干扰影响，正向运行时最大升压比仅为 0.866[30]。

为优化 MC 的性能，衍生出间接式 MC（indirect MC，IMC），IMC 在电路上被明显地划分为整流级和逆变级。最早的 IMC 包含 12 个双向开关，相比 DMC 增加 3 个，所需的开关管数量为 24 个，它继承了传统直接型矩阵变换器的优点，且换流相对更为简单。2001 年，Thomas. A Lipo 教授团队简化了 12 双向开关式 IMC 的拓扑结构[31]，形成了标准的 IMC 拓扑，其拓扑结构如图 4-82 所示。相比于图 4-81 所示的 DMC，IMC 拓扑所需开关管的数量也为 18 个，但双向开关的数量减少了 6 个，其实现难度相比 DMC 有所降低。IMC 整流级交流侧的电容为滤波电容，该电容不起储能作用，其容量远小于双 PWM 变换器中的直流母线储能电容，仅与交流输入侧的电感共同构成 LC 滤波器，用于滤除交流输入侧电流中的 PWM 高频谐波。IMC 继承了 DMC 的大部分优点，箝位电路有所简化，整流

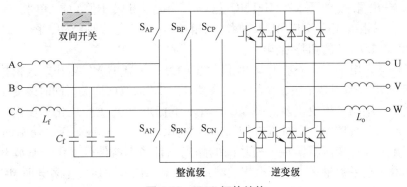

图 4-82　IMC 拓扑结构

级可实现零电流换流，整个变换器的可靠性更高。然而，IMC 与 DMC 等效输出时导通损耗增加，尽管开关损耗则与 DMC 相差无几，其总体效率低于 DMC，此外 IMC 实现成本并未显著降低。

图 4-82 所示 IMC 的两级式结构使其容易实现拓扑改造，MC 领域的学者也开展了许多研究，提出了许多新型 MC 拓扑。瑞士苏黎世联邦理工学院的 J. W. Kolar 教授改进 IMC 的整流级开关组成，提出了稀疏型 IMC 拓扑、非常稀疏型 IMC 拓扑和超稀疏型 IMC 拓扑，上述 3 种改进 IMC 拓扑将变换器所需全控功率开关管的数量分别减少到 15 个、12 个和 9 个，图 4-83 是超稀疏型 IMC 的拓扑结构[32]。IMC 整流级的开关组成改进后，整个系统成本得到有效降低，但这些拓扑进一步增加了导通损耗或者失去功率双向流动能力，仅在一些特殊的应用场合有发展空间。

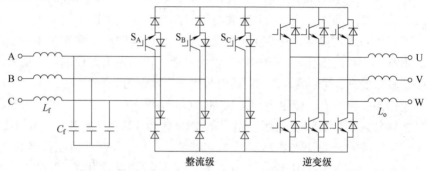

图 4-83　超稀疏型 IMC 拓扑结构

高频链 MC（high frequency link MC，HFLMC）是另一种衍生的 MC 拓扑，它是带高频环节的 MC，先通过整流级 AC/DC 型 MC 将交流电斩成方波脉冲，再由中间环节的单相高频变压器进行方波脉冲的幅值变换，最后由逆变级 DC/AC 型 MC 产生所需的交流电。HFLMC 可实现整流级电路与逆变级电路的电气隔离，在有效提高输出电压等级的同时，保留变换器的功率双向流通能力。根据输入相数与输出相数的不同，HFLMC 包括三相-三相式 HFLMC、单相-单相式 HFLMC、三相-单相式 HFLMC 及单相-三相式 HFLMC 等多种结构，图 4-84 是三相-三相式 HFLMC 的拓扑结构[33]。

模块化多电平 MC 是基于 DMC 衍生出的另一种新型 MC 拓扑，其拓扑结如图 4-85 所示，采用多个级联全桥子模块替换 DMC 的双向开关，同时改变了输入侧滤波器的结构。模块化多电平 MC 具有如下优点[34]：①模块化程度高，易于集成生产和冗余扩展，同时具有较高的可靠性；②直接实现高压大功率的交-交变换，无需通过变压器实现子模块间的隔离，且功率器件可工作于基波开关频率；③输出电平数量多，电压电流的波形质量高。因此，模块化多电平 MC 在高压大功率变频领域具备较大的发展和应用前景。

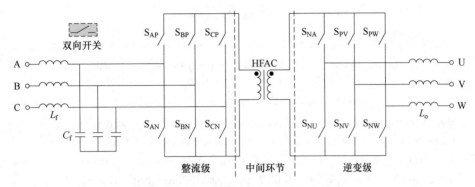

图 4-84　三相-三相式 HFLMC 拓扑结构

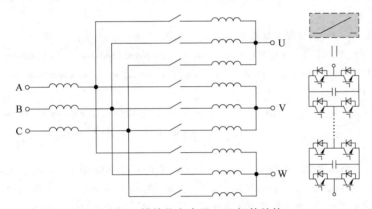

图 4-85　模块化多电平 MC 拓扑结构

　　相比于交-直-交变频器，矩阵变频器控制更复杂，产品化也更难。日本安川经过长达二十年的研究和开发，在 2002 年首家推出低压矩阵变频器 Varispeed AC 系列；2005 年首家推出高压矩阵变频器 FS Drive-MX1S 系列。2006 年 5 月，日本富士电动机也推出了用于高速电梯 FRENIC—MXC 矩阵变频器。之后，安川又开发了高压矩阵变频器 FS Drive—MX1H 专用系列和用于风电的 Enewin 系列，电压等级 3kV，功率范围 1.5~6MW[35]。

　　在矩阵变换器方面，国内中南大学的粟梅教授、孙尧教授团队提出了多种矩阵变换器和功率解耦衍生拓扑，建立了基于数学构造的矩阵变换器通用调制理论，研制了国内首套 1.1MW 中高压矩阵变换器装置。南京航空航天大学的周波教授、葛红娟教授，清华大学的黄立培教授、孙凯教授，中国矿业大学的谭国俊教授，西安理工大学的宋卫章教授，湘潭大学的朱建林教授、郭有贵教授、邓文浪教授，河南理工大学马星河教授等都做出了大量工作。

参 考 文 献

［1］GREINACHER H. Über eine methode，wechselstrom mittels elektrischer ventile und kondensatoren in hochgespannten gleichstrom umzuwandeln ［J］. Zeitschrift für Physik，1921，4（2）：195-205.

［2］COCKCROFT J D，WALTON E T. Experiments with high velocity positive ions.（ⅰ）Further developments in the method of obtaining high velocity positive ions ［J］. Proc. Roy. Soc. London. Ser. A，Containing Papers of a Math. Physical Character，1932，136（830）：619-630.

［3］DICKSON J F. On-chip high-voltage generation in MNOS integrated circuits using an improved voltage multiplier technique ［J］. IEEE J. Solid-State Circuits，1976，11（3）：374-378.

［4］OWEN E L. Origin of the inverter ［J］. IEEE Industry Applications Magazine，1996，2（1）：64-66.

［5］BEDFORD B D，HOFT R G. Principles of inverter circuits ［M］. New York：John Wiley & Sons，1964.

［6］陈道炼. DC-AC 逆变技术及其应用 ［M］. 北京：机械工业出版社，2003.

［7］UENO F，INOUE T，OOTA I. Realization of a Switched-Capacitor AC-DC Converter Using a New Phase Controller ［C］. IEEE International Symposium on Circuits and Systems，Singapore，1991：1057-1060.

［8］UENO F，INOUE T，OOTA I，et al. Novel Type DC-AC Converter Using a Switched-Capacitor Transformer ［C］. European Conference on Circuit Theory and Design，Davos，Switzerland，1993：1181-1184.

［9］UENO F，INOUE T，OOTA I，et al. Realization of a Switched-Capacitor AC-AC Converter ［C］. European Conference on Circuit Theory and Design，Davos，Switzerland，1993：1177-1180.

［10］阮新波，严仰光. 直流开关电源的软开关技术 ［M］. 北京：科学出版社，2000.

［11］高效率 PA 设计：从 Class A 到 Class J ［EB/OL］. 中国科学院半导体研究所，2022. https：//mp. weixin. qq. com/s/HbG6Ed2cLzrONTLlZOwcWg.

［12］徐明，钱照明. 通信开关电源中软开关功率变换技术综述 ［J］. 当代通信，2000，14：27-32.

［13］MARQUARDT R. Stromrichterschaltungen mit verteilten energiespeichern：German Patent DE10103031A1 ［P］. 2001-01-24.

［14］吴婧，姚良忠，王志冰，等. 直流电网 MMC 拓扑及其直流故障电流阻断方法研究 ［J］. 中国电机工程学报，2015，35（11）：2681-2694.

［15］许树楷，周月宾，杨柳，等. 曹琬钰应用于远距离架空线直流输电的混合 MMC 直流故障清除方式比较分析 ［J］. 南方电网技术，2022，16（2）：3-13.

［16］唐庚，徐政，薛英林. LCC-MMC 混合高压直流输电系统 ［J］. 电工技术学报，2013，28（10）：301-310.

［17］MERLIN M M C，GREEN T C，MITCHESON P D，et al. A new hybrid multi-level Voltage-Source Converter with DC fault blocking capability ［C］. IET International Conference on AC and DC Power Transmission，London，United Kingdom，2010：147-151.

［18］BARUSCHKA L，MERTENS A. A new 3-phase AC/AC modular multilevel converter with six branches in hexagonal configuration［C］. IEEE Energy Conversion Congress and Exposition, Phoenix, AZ, USA, 2011：4005-4012.

［19］刘文君. 九边形模块化变换器拓扑研究及其在交直流组网中多端口拓展［D］. 武汉：武汉大学, 2019.

［20］WANG K, LI Y, ZHENG Z, et al. Voltage Balancing and Fluctuation-Suppression Methods of Floating Capacitors in a New Modular Multilevel Converter［J］. IEEE Transactions on Industrial Electronics, 2013, 60（5）：1943-1954.

［21］HAGIWARA M, AKAGI H. Experiment and Simulation of a Modular Push-Pull PWM Converter for a Battery Energy Storage System［J］. IEEE Transactions on Industry Applications, 2014, 50（2）：1131-1140.

［22］HAO Q, OOI B T, GAO F, et al. Three-Phase Series-Connected Modular Multilevel Converter for HVDC Application［J］. IEEE Transactions on Power Delivery, 2016, 31（1）：50-58.

［23］DU S, WU B, ZARGARI N R, et al. A Flying-Capacitor Modular Multilevel Converter for Medium-Voltage Motor Drive［J］. IEEE Transactions on Power Electronics, 2017, 32（3）：2081-2089.

［24］ROBINSON J. 模块化多电平转换器：CN111656670A［P］. 2020-09-11.

［25］LAN J, CHEN W, LI X, et al. A Three-Phase Multiplexing Arm Modular Multilevel Converter With High Power Density and Small Volume［J］. IEEE Transactions on Power Electronics, 2022, 37（12）：14587-14600.

［26］PENG F Z. Z-source inverter［C］. IEEE Industry Applications Conference, Pennsylvania, USA, 2002：775-781.

［27］董帅, 张千帆. Z 源变换器及其在新能源汽车领域中的应用［M］. 哈尔滨：哈尔滨工业大学出版社, 2022.

［28］PATRICK W WHEELER, JOSÉ RODRÍGUEZ, JON C CLARE, et al. Matrix Converters：A Technology Review［J］. IEEE Transactions on Industrial Electronics, 2002, 49（2）：276-288.

［29］粟梅. 矩阵变换器——异步电动机高性能调速系统控制策略研究［D］. 长沙：中南大学, 2005.

［30］陈道炼. AC-AC 变换技术［M］. 北京：科学出版社, 2009.

［31］WEI L, LIPO T A. A novel matrix converter topology with simple commutation［C］. IEEE Ind. Appl. Soc. Annu. Meeting, 2001, 3：1749-1754.

［32］KOLAR J W, FRIEDLI T, RODRIGUEZ J, et al. Review of three-phase PWM AC-AC converter topologies［J］. IEEE Transactions on Power Electronics, 2011, 58（11）：4988-5006.

［33］CHA H J, ENJETI P N. A three-phase AC/AC high-frequency link matrix converter for VSCF applications［C］. IEEE 34th Annual Conference on Power Electronics Specialist, Acapulco, Mexico, 2003：1971-1976.

［34］李峰. 模块化多电平矩阵变换器关键技术研究［D］. 济南：山东大学, 2016.

［35］张宗桐, 变频技术三十年［J］. 电世界, 2017, 58（01）：1-6.

第5章 电力电子系统建模、控制与稳定运行技术

5.1 开关器件调制

5.1.1 相位调制

早在 1903 年，彼得·库珀·休伊特（第 2 章中提到的水银整流器的发明人）的助手 Percy·H·Thomas 就提出通过相位角的控制来调节整流输出电压的幅值，并申请了美国专利 "System of electrical distribution，US783482"，如图 5-1 所示。大约 10 年后，寻找避免多阳极整流器回火的解决方案成为发展电网控制的起点。1914 年，美国化学家、物理学家欧文·朗缪尔发现，阳极和阴极之间的电极可以影响电弧点火，负电网电压抑制点火。通过相位角控制，可以将直流输出从最大值调整到零。20 世纪 20 年代，电网控制整流器越来越多地投入使用，如在电机速度控制器中，自 1927 年以来，电网负电压被用于在过载、短路和回火的情况下关闭整流器。对于水银整流器、闸流管、引燃管、晶闸管等半控器件，最经典常用的就是相位控制。

5.1.2 脉冲宽度/频率调制

对于 Buck、Boost 等非隔离直流变换器以及正激、反激等隔离式直流变换器，采用占空比控制是大家所熟知的，占空比控制是在 1960 年左右提出的，当时有不同的称谓，如时间比控制（time ratio control，TRC）、脉冲控制（pulse control）、脉冲调制控制（pulse modulation control）等。对于具体控制方法，就有恒定频率变器件开通时间、恒定器件开通时间变频控制、恒定器件关断时间变频控制等。如在 1964 年的论文 "Time ratio control with combined SCR and SR commutation" 中，针对 Buck 变换器，总结的占空比控制方法如图 5-2 所示。或

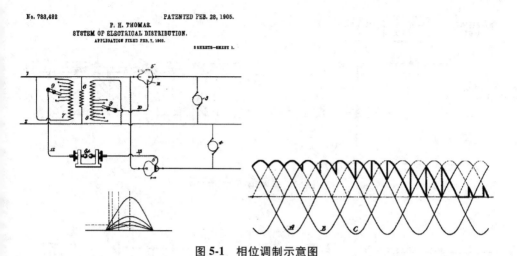

图 5-1　相位调制示意图

者用现在术语来讲，就是脉冲宽度调制（pulse-width modulation，PWM）和脉冲频率调制（pulse-frequency modulation，PFM），当然也可将两者相结合，即PWM/PFM 混合调制。

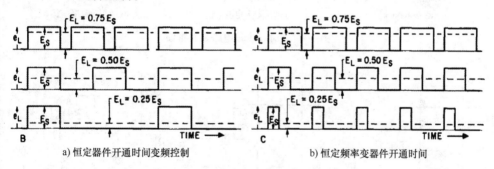

a) 恒定器件开通时间变频控制　　　　　　　b) 恒定频率变器件开通时间

图 5-2　占空比控制方法

　　除上面大家熟悉的占空比控制方法外，1962 年德国 AEG 公司针对直流电动机驱动场合提出了一种脉冲控制，如图 5-3 所示（由于未找到德文文献，用1963 年论文 "Pulse control of D-C and A-C motors by silicon-controlled rectifiers"中图），其实这是一种滞环控制方法，这应当是最早的滞环控制策略了。

　　在 1966 年发表的 "Voltage control by means of power thyristors" 中对多种相控以及占空比控制方法进行了总结，还发现该论文提出了多种扩展 Buck、扩展Boost 电路，分别如图 5-4 和图 5-5 所示。当时 Buck 电路叫 Series Chopper，Boost叫 Parallel Chopper。

　　对于开关器件只有 1 个（如 Buck）或 2 个（双管正激变换器）的变换器，可控的器件或变量很少，占空比控制被广泛采用，而对于有多个开关器件的变

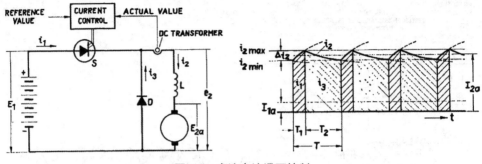

图 5-3　直流电流滞环控制

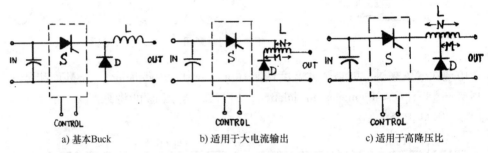

a) 基本Buck　　　　　　b) 适用于大电流输出　　　　　c) 适用于高降压比

图 5-4　基本 Buck 电路及其推演

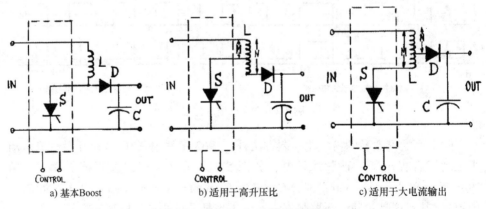

a) 基本Boost　　　　　　b) 适用于高升压比　　　　　c) 适用于大电流输出

图 5-5　基本 Boost 电路及其推演

换器，如有 4 个开关器件的全桥变换器，则控制策略就可以多样化，其中比较经典的就是移相控制。最早的移相控制可能出自 1935 年的论文"High power outphasing modulation"，应用于广播通信调制，提出了移相控制，后来在桥式结构变换器中得到发扬光大，如在双有源桥变换器中，就有单移相控制、双移相控制、三移相控制、扩展移相控制等，具体见第 4 章 4.9 节。

5.2　电压/电流控制

上面讲到的相位调制或者脉冲调制，更多的是从开关器件动作方式层面角度，而其如何动作，则需要控制回路进行调控，根据电压或电流控制对象的不同，可以有电压型控制和电流型控制。

5.2.1　电压控制

如图 5-6 给出了电压型控制 Buck 变换器原理图和稳态控制波形，其特点是只有一个控制环路，是单闭环负反馈控制，设计和分析都比较简单，但其不足是输入电压或输出电流的变化，只能在输出电压改变时才能检测到，并反馈回来进行校正，因此响应速度较慢。

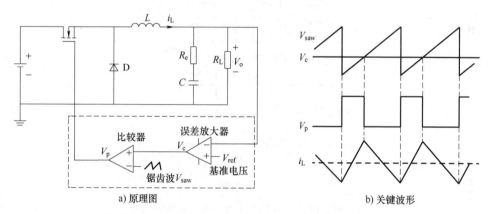

a) 原理图　　　　　　　　　　　　　　b) 关键波形

图 5-6　电压型控制 Buck 变换器原理图及稳态控制波形

5.2.2　电流控制

电流型控制（current mode control），又称为 current injected control 或 current programmed control 或 ASDTIC（analog signal to discrete time interval converter）。现在大家熟悉的电流型控制是电压和电流的双闭环控制，它是在电压型控制的电压负反馈外环基础上增加了一个电流反馈内环，外环输出的误差信号作为内环的电流基准，内环比较电流检测信号与电流基准值的大小从而产生占空比脉冲信号。当然这也是经过发展的结果，最开始并没有两个环路，如在 1964 年的美国专利 "current regulator with A. C. and D. C. feed back，US33506289" 以及 1972 年的美国 NASA 报告 "ASDTIC：A feedback control innovation" 中，都是将电流采样信号与电压采样信号相叠加，再送入电压环，从而起到加快动态响应的效果，如图 5-7 所示。

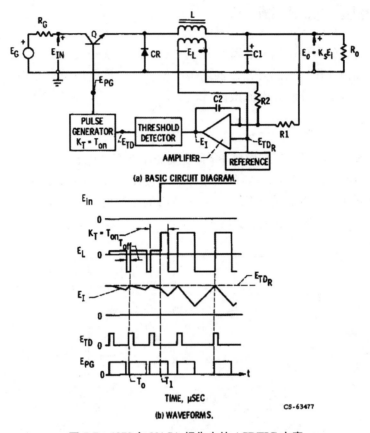

图 5-7　1972 年 NASA 报告中的 ASDTIC 方案

美国 Bose 公司（就是那个做音响很牛的 Bose）的 Thomas. A. Froeschle 在 1972 年申请的美国专利 "Current controlled two-state modulation，US4456872" 中提出了电压电流双环的方案，如图 5-8 所示（最早在其 1967 年的研究报告 "Two state modulation techniques for power systems" 就提出，只是没有找到该报告）。

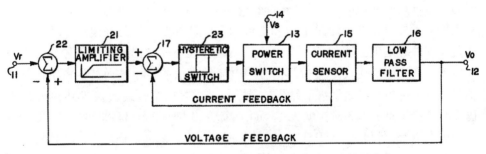

图 5-8　Thomas. A. Froeschle 提出的电压电流双环控制方案

1978 年，美国贝尔实验室的 Cecil W. Deisch 在论文 "Simple switching control method changes power converter into a current source" 中提出了电流型控制，即峰值电流控制，如图 5-9 所示，在该论文中，作者也首次提到了峰值电流控制的稳定性问题，即稳定占空比范围为 $D<0.5$，当 $D>0.5$ 时，变换器不稳定，会产生次谐波振荡，并给出了斜坡补偿的解决方案。1985 年，Richard Redl 等人在论文 "Current-mode control, five different types, used with the three basic classes of power converters: Small-signal AC and large-signal DC characterization, stability requirements, and implementation of practical circuits" 中又提出了谷值电流控制技术。1990 年，L. H. Dixon 在 "Average current-mode control of switching power supplies"

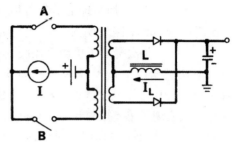

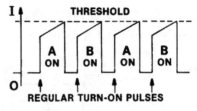

图 5-9　峰值电流控制

(Unitrode Power Supply Design Seminar Manual) 中提出了平均电流控制方案。

后续为了提高控制系统的瞬态响应速度，又发展出了 V^2 型控制、V^2C 型控制等，在此方面国内西南交通大学的许建平教授、周国华教授等做了很多工作[1]。

5.2.3　电荷控制

1979 年，欧洲航天局技术中心的 A. Carpel 在论文 "Charge controlled conversion principle in DC DC regulators combines dynamic performances and high output power" 中提出了电荷控制（charge control）。1992 年，美国的 F. C. Lee 教授团队在论文 "Charge control: modeling, analysis and design" 对该控制策略进行了详细研究。其基本思想是：在一个开关周期内对电感电流或开关管电流进行积分，从而控制一个周期内输入的总电荷量，基于电荷控制的 Buck 变换器如图 5-10 所示。

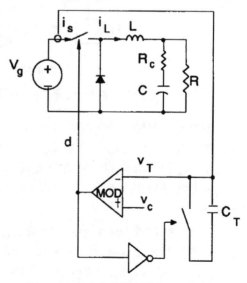

图 5-10　基于电荷控制的 Buck 变换器

5.2.4 单周期控制

1991 年，美国加州理工学院的 Keyue Ma Smedley（马科悦）博士和 Slobodan
Cuk 教授（Cuk 电路发明人）在他们的文章 "One-cycle control of switching con-
verters" 中，首次提出了单周期控制（one cycle control，OCC）的基本思想与方
法，其实更早是在 1990 年 Keyue Ma Smedley 的博士论文 "Control art of switching
converter" 中提出（这博士论文的名字够大气上档次的）。在论文中，用常频积分
复位开关实现了单周控制开关，并把它应用于 Buck 变换器的控制中，如图 5-11
所示。在一个开关周期内，对二极管电压进行积分，从而控制一个周期内输入
电压的平均值。当输入电压或基准电压变化时，占空比或输出电压的瞬态响应
过程可在一个开关周期内结束，即实现了"单周期控制"。基于此技术，Keyue
Ma Smedley 在 2004 年与 Dr. Greg 联合成立了 One-Cycle Control 公司。

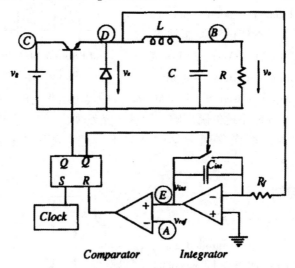

图 5-11　基于单周期控制的 Buck 变换器

单周期控制是一种非线性控制方式，其控制的基本思想是设计一个控制内
环，控制开关变换器的开关变量，使每个开关周期中开关变量的平均值严格等
于或正比于控制参考量。具有静态误差和动态误差都非常小，动态响应快速，
对输入的扰动抑制能力很强的特点。（电荷控制与单周期控制从对偶关系看有相
似之处。）

随后一些学者们又对单周期控制进行了跟进和深入性的研究与应用。1992
年，美国加州理工学院的 Enria Santi 和 Slobodan Cuk 在论文 "Modeling of one-
cycle controlled switching converters" 中进一步分析了单周期控制的原理、方法和
特点，建立了相应控制器的单周期控制模型，分析了其小信号稳定性，并把它

应用于 Cuk、Buck 和 Boost 变换器的控制中。随后，单周控制技术分别被应用于 DC-DC、DC-AC、AC-DC 等各种类型的电力电子变换器的控制中。国内的山东理工大学张厚升教授，南京航空航天大学的龚春英教授、谢少军教授、陈新教授，燕山大学张纯江教授等在单周期控制方面做了较多的工作。

5.3　坐标变换

　　近百年来，坐标变换方法已广泛应用于电气工程的各个领域，以解决三相（甚至多相）交流系统中数学模型表征、多变量解耦及不对称分量分析等难题。随着高品质电机系统的迫切需求以及高效电能变换的发展，坐标变换方法已成为系统设计、建模和分析的重要手段。Clarke（克拉克）变换和 Park（帕克）变换是两种典型的坐标变换方法，用于电机系统建模分析及驱动控制和逆变器建模等方面。从数学角度出发，Clarke 变换和 Park 变换实现了机电或电气系统中物理量在不同坐标系下的表征。

5.3.1　Clarke 变换

　　1918 年，美国西屋电气公司工程师 Charles LeGeyt Fortescue（为了纪念他，AIEE 于 1939 年设立了 Charles LeGeyt Fortescue 奖学金）在 "*Transactions of the American Institute of Electrical Engineers*" 发表了一篇 114 页（是的，你没看错，我也没写错）的论文 "Method of symmetrical coordinates applied to the solution of polyphase setworks"，提出了用于分析不对称三相系统的对称分量法（method of symmetrical components），即将不对称的三相分量分解为正序、负序和零序分量。三相的正序、负序分量相序相反，零序分量幅值、相位均相同，如图 5-12 所示。

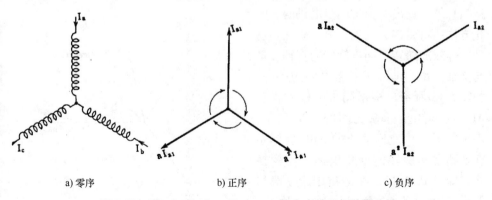

a) 零序　　　　　　b) 正序　　　　　　c) 负序

图 5-12　Charles LeGeyt Fortescue 论文中的三相分量分解

　　下面 Clarke 变换登场了，需要先介绍伊迪丝·克拉克（Edith Clarke），她是美国第一位专业从事电气工程师工作的女性，1926 年，克拉克在美国电气工程师协会（AIEE）期刊上发表了"Steady-state stability in transmission systems calculation by means of equivalent circuits or circle diagrams"，使克拉克成为第一位在 AIEE 上发表论文的女性，同时她也是美国第一位电气工程女教授，也是第一位获得美国麻省理工学院（MIT）电气工程学位的女性，她还写了一本经典的交流系统分析的专著 Circuit analysis of A-C power systems。

1937 年和 1938 年，Clarke 在 GE Review 上分别发表了"Determination of voltages and currents during unbalanced faults"和"Problems solved by modified symmetrical components"，提出了 $\alpha\beta0$ 分量法以改进对称分量法，简化了电力系统中不对称问题的分析。1951 年，Clarke 指出采用 $\alpha\beta0$ 坐标系可以简化电气设备数学模型的推导过程。因此，她将原来用于电力系统分析的 $\alpha\beta0$ 分量法推广到同步电机分析中，建立了瞬时相量 ABC 和 $\alpha\beta0$ 分量、$\alpha\beta0$ 分量和 dq0 分量之间的变换关系。随着坐标变换在电气工程领域中的广泛应用，考虑到 Clarke 的理论贡献，ABC/$\alpha\beta0$ 变换逐渐被称为 Clarke 变换。

5.3.2 Park 变换

1899 年，法国物理学家 André-Eugène Blondel（他还创造了光度的单位 lumen）在其论文"Empirical theory of synchronous generators"中针对凸极同步电机的结构特点提出了双反应理论（two-reaction theory），用两个相对简单的交、直轴电枢反应描述复杂难解的电枢反应。即将电枢基波磁动势 F_a 分解为作用在直轴上的直轴电枢反应磁动势 F_d 和作用在交轴上的交轴电枢反应磁动势 F_q。

1929 年，美国 GE 公司工程师 Robert H. Park 在其论文"Two-reaction theory of synchronous machines generalized method of analysis-part I"中对双反应理论进行概括总结，提出了分析同步电机的一般化方法：将磁链、电流、电压等三相物理量等效成随转子同步旋转的直轴分量与交轴分量，消除了变量之间的耦合，如图 5-13 所示。根据同步电机方程及 ABC 与 dq0 坐标系之间的对应关系，Park 推导出由空间静止的 ABC 坐标系变换到空间旋转的 dq0 坐标系的变换式，即 Park 变换。在分析中，一般均假设三相对称，故 0 轴略去。因此，Park 变换本质上是 ABC/dq0 的坐标变换方式。

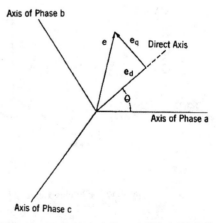

图 5-13 Park 论文中的 dq0 坐标系的变换

5.3.3　坐标变换的目的

交流电机是一个多变量、非线性、强耦合的系统，各物理量（电压 u、电流 i、磁通 Φ、电磁转矩 T_e 等）相互关联，存在较强的耦合。例如，电磁转矩正比于主磁通 Φ 和电流 i，而 Φ 和 i 是随时间变化的函数。因此电磁转矩的表达式中将出现两个变量的乘积项，数学模型复杂。如果能将交流电机的物理模型等效变换为类似直流电机的模型，分析和控制可大为简化，这是坐标变换的目的。

在理想条件下，空间上三相互差 120° 的交流电机定子绕组中通以相位互差 120°、频率为 ω 的三相正弦交流电，在空间上产生一个角速度为 ω 的旋转磁场。同理，在空间上相互垂直的两相绕组（α、β）中通入相位互差 90°、频率为 ω 的两相平衡交流电流，也能建立同样的角速度为 ω 的旋转磁场。简言之，除单相电机外，两相、三相或四相等任意空间对称的多相绕组，通以对称的多相交流电流，都可以产生旋转磁场，以两相最为简单。在两个相互垂直的绕组 d 和 q 中，分别通入直流电流，产生合成磁动势，其位置相对 d 和 q 绕组而言是固定的静止的。如果让两个绕组以一定速度旋转，则原来静止的合成磁动势变为旋转磁动势。通过控制直流电流大小和旋转速度，可保证该旋转磁动势与交流电流形成的旋转磁动势等效，即该直流绕组与前述的交流绕组等效。在静止侧看，d 和 q 绕组是与三相或两相交流绕组等效的旋转直流绕组；在 d 和 q 绕组侧看，它们是通以直流电而相互垂直的静止绕组。如果控制磁通定位在 d 轴上，此时的两绕组模型与直流电机物理模型在本质上是一致的，d 轴绕组相当于励磁绕组，q 轴绕组相当于伪静止的电枢绕组。

为了表达不同绕组之间的关系，坐标变换方法应运而生，即利用不同的坐标系用数学语言表达绕组间的等效关系。从数学角度出发，上述过程分作两步执行更好理解。将三相静止交流绕组等效为两相静止交流绕组，再等效为两相旋转直流绕组，即从 ABC 坐标系变换到 αβ0 坐标系再变换到 dq0 坐标系。经过上述坐标变换，交流电机具有了直流电机的特点，交流电机的数学模型大为简化[2]。

5.3.4　三相静止到两相静止坐标变换

在两相静止坐标系中，坐标轴可以定义为 x、y，或者 m、n。但是，该变换由 Clarke 提出，并由 αβ0 分量法推广而来，故坐标轴的定义保持不变，仍采用 α、β 变量描述。三相静止坐标系和两相静止坐标系间的关系如图 5-14 所示。

除了保证变换前后电流产生的旋转磁场等效之外，根据变换前后物理量之间的关系，Clarke 变换分为等幅值变换和等功率变换。

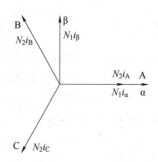

图 5-14 ABC/αβ0 坐标变换示意图

假设复平面上任意矢量 x 用 ABC 坐标系（α 轴为复平面实轴，且与 x_a 方向重合；β 轴为复平面虚轴）下互差 120° 的分量 x_a、x_b、x_c 表示。从三相静止到两相静止的等幅值和等功率坐标变换可分别表示为

$$\begin{bmatrix} x_\alpha \\ x_\beta \\ x_0 \end{bmatrix} = C_{\text{clarke-A}} \begin{bmatrix} x_A \\ x_B \\ x_C \end{bmatrix} = \frac{2}{3} \begin{bmatrix} 1 & -\dfrac{1}{2} & -\dfrac{1}{2} \\ 0 & \dfrac{\sqrt{3}}{2} & -\dfrac{\sqrt{3}}{2} \\ \dfrac{1}{2} & \dfrac{1}{2} & \dfrac{1}{2} \end{bmatrix} \begin{bmatrix} x_A \\ x_B \\ x_C \end{bmatrix} \quad (5.1)$$

$$\begin{bmatrix} x_\alpha \\ x_\beta \\ x_0 \end{bmatrix} = C_{\text{clarke-P}} \begin{bmatrix} x_A \\ x_B \\ x_C \end{bmatrix} = \sqrt{\frac{2}{3}} \begin{bmatrix} 1 & -\dfrac{1}{2} & -\dfrac{1}{2} \\ 0 & \dfrac{\sqrt{3}}{2} & -\dfrac{\sqrt{3}}{2} \\ \dfrac{1}{\sqrt{2}} & \dfrac{1}{\sqrt{2}} & \dfrac{1}{\sqrt{2}} \end{bmatrix} \begin{bmatrix} x_A \\ x_B \\ x_C \end{bmatrix} \quad (5.2)$$

最初，Clarke 为了分析电力系统物理量的不对称性提出了 αβ0 分量法。在电机系统分析中，在 αβ0 坐标系下用两相正交绕组替代三相对称绕组既可以保证同样的旋转磁场，又可以简化系统的数学模型。由此可见，电机分析中的 Clarke 变换与最初的 αβ0 分量法在物理意义上不尽相同，但在数学意义上相似，故电机中从三相到两相的坐标变换被称为 Clarke 变换。

5.3.5 两相静止到两相旋转坐标变换

在 Clarke 变换所定义的 αβ0 坐标系中，一般规定 α 轴超前 β 轴 90°，且 α 轴与 A 相绕组轴线方向重合。但对于 Park 变换，不同文献给出了不同的 dq0 坐标系的定义。目前，主要有三种不同的 dq0 轴定义方式，具体如图 5-15 所示。图 5-15a 中，d 轴超前 q 轴 90°，规定 d 轴与 A 轴间的夹角为 α；图 5-15b 中，

q 轴超前 d 轴 90°，规定 d 轴超前于 A 轴的夹角为 α；图 5-15c 中，q 轴超前 d 轴 90°，规定 d 轴滞后于 A 轴的夹角为 θ。

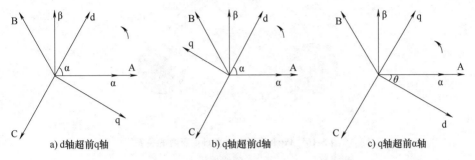

a) d轴超前q轴　　　　b) q轴超前d轴　　　　c) q轴超前α轴

图 5-15　不同 dq0 轴定义的坐标系统示意图

不同的坐标轴定义，从 ABC 到 dq0 坐标系的变换矩阵不同，即对应上述三种情况的变换矩阵不同。为便于理解，由静止的 $\alpha\beta0$ 坐标系变到 dq0 旋转坐标系的变换称为 2s/2r 变换。对于图 5-15a、b 和 c，从 ABC 到 dq0 的等幅值变换矩阵 $T_{3s/2r}$ 分别为

$$T_{3s/2r}=\frac{2}{3}\begin{bmatrix}\cos\alpha & \cos(\alpha-120°) & \cos(\alpha+120°)\\ \sin\alpha & \sin(\alpha-120°) & \sin(\alpha+120°)\\ \dfrac{1}{2} & \dfrac{1}{2} & \dfrac{1}{2}\end{bmatrix} \tag{5.3}$$

$$T_{3s/2r}=\frac{2}{3}\begin{bmatrix}\cos\alpha & \cos(\alpha-120°) & \cos(\alpha+120°)\\ -\sin\alpha & -\sin(\alpha-120°) & -\sin(\alpha+120°)\\ \dfrac{1}{2} & \dfrac{1}{2} & \dfrac{1}{2}\end{bmatrix} \tag{5.4}$$

$$T_{3s/2r}=\frac{2}{3}\begin{bmatrix}\cos\theta & \cos(\theta+120°) & \cos(\theta-120°)\\ \sin\theta & \sin(\theta+120°) & \sin(\theta-120°)\\ \dfrac{1}{2} & \dfrac{1}{2} & \dfrac{1}{2}\end{bmatrix} \tag{5.5}$$

可见，dq 轴的定义不同，ABC/dq0 变换矩阵有所差别。上述两相静止坐标系到两相旋转坐标系的变换与当初 Park 为了分析凸极电机电枢反应而采用的 dq0 坐标变换的最终目的相同。但是，原始的 Park 变换是指从 ABC 到 dq0 的坐标变换，而目前大部分文献所指的 Park 变换专指从 $\alpha\beta0$ 到 dq0 的坐标变换。在 2019 年的一篇论文 "A geometric interpretation of reference frames and transformations：dq0, Clarke and Park" 中，用图 5-16 所示比较好的描述了两个变换之间的关系。

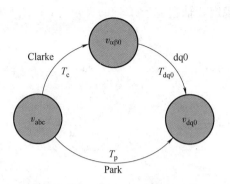

图 5-16　Park 变换和 Clarke 变换的关系

5.4　逆变器/变频器控制

逆变器的原理早在 20 世纪 20 年代就在文献中提出（见第 4 章）。1948 年，美国西屋电气公司（Westinghouse）用水银整流器制成了工作于 3kHz 的感应加热用逆变器。1961 年，W. McMurray 与 B. D. Bedford 提出了改进型 SCR 强迫换向逆变器，为 SCR 正弦波逆变器的发展奠定了基础，20 世纪 60 年代之前，逆变器都是相当于方波控制，对逆变器输出电压的调节主要依靠对输入侧直流电压的调节来实现。1960 年以后，人们注意到改善逆变器波形以及有效方便地调节输出电压的重要性，并开始进行研究。在 1963 年的美国专利 "Variable pulse width parallel inverters，US3075136" 中提出逆变器的变脉宽调制，相当于现在熟知的单脉宽调制，半个周期内只有一个可变宽度的脉冲，以实现对输出电压的可控调节。

5.4.1　多重叠加法

1962 年，Andress Kernick 等在论文 "Static inverter with neutralization of harmonics" 中提出了 "谐波中和法"（harmonic neutralization），见第 4 章图 4-16，也即后来常用的 "多重叠加法"，将几个逆变器的输出矩形波形在相位上错开一定角度进行叠加，使之获得尽可能接近正弦波的多阶梯波形。

5.4.2　特定谐波消除法

1963 年，F. G. Turnbull 在论文 "Selected harmonic reduction in static D-C—A-C inverters" 中提出了 "特定谐波消除法"，如图 5-17 所示，为后来的优化 PWM 法奠定了基础，以实现特定的优化目标，如谐波最小、效率最优等。

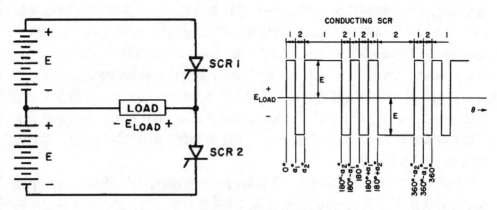

图 5-17　逆变器电路及特定谐波消除法

5.4.3　滞环控制

1963 年，K. Heumann 在论文"Pulse control of D-C and A-C motors by silicon-controlled rectifiers"中首次将电流滞环控制应用于逆变器，如图 5-18 所示，滞环控制属于 Bang-Bang 控制，其控制算法简单明确，便于实现，缺点则是开关频率不固定。

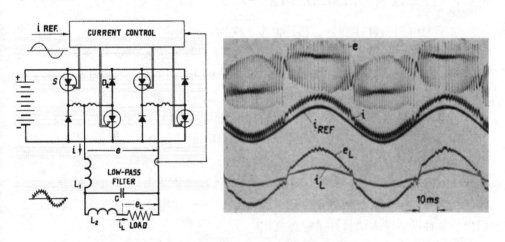

图 5-18　逆变器电路及电流滞环控制实验波形

5.4.4　正弦脉宽调制（SPWM）

1964 年 A. Schonung 和 H. Stemmler 在论文"Static frequency changer with sub-harmonics control in conjunction with reversible variable speed AC drives"中首次将

通信中的 PWM 调制技术应用到交流逆变器的控制，产生了正弦脉宽调制（sinusoidal pulse width modulation，SPWM）技术。其实在 1964 年出版的 "Principles of inverter circuits" 中，也提到了 "the pulse widths of consecutive pulses vary in a sinusoidal fashion"，即每半个周波里有多个宽度按正弦规律变化的脉冲，只是作者 B. D. Bedford 不知道如何产生这样正弦规律的脉冲。SPWM 控制技术为交流传动的推广应用开辟了新局面，此后，各种不同的 PWM 技术成为逆变器的主导控制方式，例如三次谐波注入 SPWM、梯形波调制 PWM、随机 PWM、空间矢量调制（SVPWM）等。

SPWM 控制技术的实现经历了从模拟到数字的过程，第一个阶段是利用模拟电路完成载波信号（三角波）和调制信号（正弦波）的比较，产生脉宽随正弦波变化的脉冲信号，称为自然采样法。第二阶段伴随着微处理器的发展，采用全数字化的设计方法在线实时产生 PWM 信号，在此方面，英国布里斯托大学的 Sidney R. Bowes 教授做了大量工作，在 1975 年论文 "New sinusoidal pulsewidth-modulated invertor" 中对自然采样规律做了简单近似，提出了规则采样的数字化 PWM 方案，如图 5-19 所示，为 PWM 技术数字化实现提供了理论依据。

5.4.5 梯形波调制法和三次谐波注入法

对于三相 SPWM 逆变器，当调制度为 1 时，直流电压利用率仅为 0.866，为了提高直流电压利用率，研究人员提出了多种调制方法。1983 年，美国 GE 公司的 Marlen Varnovitsky 在论文 "A microcomputer-based control signal generator for a three-phase switching power inverter" 中提出采用梯形波调制方法，如图 5-20a 所示，可以提高直流电压利用率，然而梯形波调制会引入低次谐波，如 5、7 次等。同一年，英国布里斯托大学的 Duncan A. Grant 等在论文 "A new high-quality PWM AC drives" 中提出了在正弦波上反相位地注入三次谐波从而形成马鞍形调制波的方法，如图 5-20b 所示，虽然每相 PWM 波中都含有三次谐波成分，但三相三次谐波同相位，合成线电压时相互抵消，确保线电压的正弦性。此方法为后世的各种谐波注入法打开了思想之门。

5.4.6 无差拍控制

为了提高动态响应性能，1985 年美国密苏里大学的 Kalyan P. Gokhale 在论文 "Deadbeat microprocessor control of PWM inverter for sinusoidal output waveform synthesis" 中首次提出了无差拍控制方法，其基本思想是，根据状态方程以及反馈信号来预测下一个控制周期的占空比并对功率器件进行控制。

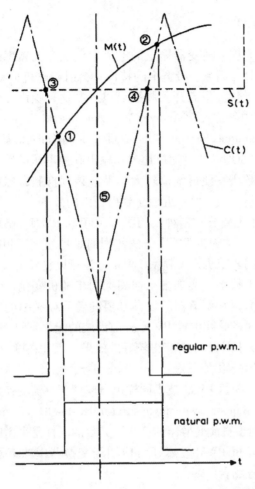

图 5-19　**Sidney R. Bowes** 论文中的自然采样法与规则采样法

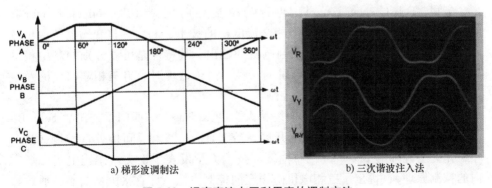

a) 梯形波调制法　　　　　　　b) 三次谐波注入法

图 5-20　提高直流电压利用率的调制方法

5.4.7 随机 PWM

根据脉宽调制原理，逆变器输出的电流中包含开关频率的倍频及其边频带的谐波。这类谐波具有高频、带宽窄的特性，会引起电机振动，产生窄带噪声，同时也会引起电磁干扰。提高开关频率可以抑制这种噪声，但是会增加开关损耗。1987 年，美国内华达大学 Andrzej M. Trzynadlowski 等在论文 "Random pulse width modulation technique for voltage-controlled power inverters" 中首次提出随机 PWM 技术，其基本原理是通过随机地改变输出脉冲电压的脉宽位置和开关频率来改变输出电压的频谱，使得幅值较大的谐波得到抑制，理想状态下使得谐波频谱均匀地分布在整个频率段，近似达到白噪声的效果[4]。

随机 PWM 技术主要分为三种：随机开关频率 PWM、随机脉冲位置 PWM、随机开关 PWM。不同的随机 PWM 方法实现的难易程度不相同，而且对应的谐波频谱特性也不相同。随机开关频率 PWM 方法可以在整个频率段获得比较好的频谱特性，但是由于数字化实现中采样周期同步随机变化，使得滤波器设计复杂，而且控制器的增益和调节器的设计都要随着采样频率的变化而变化，使得工程化实现困难。随机脉冲位置 PWM 分散谐波的能力有限。随机开关 PWM 方法仅仅工作在高开关频率下才能获得较好的效果，因此在以 IGBT 为开关器件的电力电子装置中应用受限[5]。

需要指出的是，随机 PWM 技术同样也可应用于直流变换器等其他场合，如在 1989 年的论文 "Random-switching control in DC-to-DC converters"，应当是第一篇将随机 PWM 应用于直流变换器的论文，其目的同样是平滑噪声。除应用于谐波或噪声抑制外，随机 PWM 技术还可应用于变换器中功率器件开关损耗的平衡、器件温升抑制等场合。

5.4.8 矢量控制

矢量控制（vector control）也称为磁场导向控制（field-oriented control，FOC），是一种利用变频器控制三相交流电机的技术，利用调整变频器的输出频率、输出电压的大小及角度来控制电机的输出。其特性是可以分别控制电机的磁场及转矩，类似他激式直流电机的特性。由于处理时会将三相输出电流及电压以矢量来表示，因此称为矢量控制。

从 1968 年开始，德国达姆斯塔特大学的 K. Hasse 和西门子公司的 Felix Blaschke 率先对交流电机矢量控制开展研究。Hasse 提出了间接矢量控制，1971 年，作为工程师的 Blaschke 在布伦瑞克技术大学发表了论文《感应电机磁场定向的控制原理》，提出了三相电机磁场定向控制方法，即直接矢量控制，通过异步电机矢量控制理论解决交流电机转矩控制问题。基于上述工作，各国学者和工程师不断研究，建立了交流电机磁场定向控制系统，又称为矢量控制系统。布伦瑞克工业大学的 Werner Leonhard 进一步发展了磁场导向控制技术，使得交流电机驱动器开始有机会取代直流电机驱动器。西门子公司的变频器通常都采用矢量控制技术。

矢量控制的特点在于依托坐标变换（见本章 5.3 节），把交流电机在按磁链定向的同步旋转坐标系上等效成直流电机，进一步模仿直流电机进行控制，使交流电机调速达到并超过传统的直流电机调速性能。利用矢量控制，可以用类似控制他励直流电机的方式控制交流感应电机及同步电机。在他励直流电机中，磁场电流及电枢电流可独立控制，在矢量控制中，控制磁场及电枢的电流互相垂直，理论上不会互相影响，因此当控制转矩时，不会影响产生磁场的磁链，因此可以有快速的转矩响应。

5.4.9 直接转矩控制

1985 年德国鲁尔大学的 M. Depenbrock 教授提出了有别于坐标变换矢量控制的全新交流电机调速控制原理——直接转矩控制（direct torque control，DTC）。1986 年，日本学者 I. Takahashi 和 Noguchi 提出了类似的控制方案，又称磁场加速法。1995 年 ABB 公司将直接转矩控制技术应用到通用变频器上，推出采用直接转矩控制技术的变频器，随后又将直接转矩控制技术应用于 IGCT 三电平高压变频器，并应用于大型轧钢、船舶推进中。ABB 公司的变频器通常都采用直接转矩控制技术。

在直接转矩控制中，对定子电压积分获得定子磁通，依托估测的定子磁通向量和量测的电流向量内积直接计算转矩。构建磁通和转矩闭环控制回路，当磁通或转矩的偏差超过允许值时，变频器中的开关管进行切换操作，缩小磁通或转矩的误差。因此直接转矩控制也可以视为一种磁滞或继电器式控制。

与矢量控制不同的是不需要将磁链和转矩解耦，而是将电机的定子磁链作为控制对象，从而直接控制电机转矩。把电机和变频器看成一个整体，采用空间电压矢量分析方法，在定子坐标系下分析交流电机的数学模型，计算定子磁通和转矩，通过变频器的开关状态直接控制转矩，从而获得高性能的转矩控制效果[6]。

5.5 电力电子系统小信号建模

由于电力电子系统中包含功率开关器件等非线性元件，而开关器件周期性地导通或截止将引起电力电子电路结构在时间上的变化，因而电力电子系统是一个非线性的时变系统。建立该系统的数学模型，从理论上得到瞬态响应的精确解析解是较为困难的。因此在工程应用中，需要采用数学手段简化复杂的物理模型，获得研究对象近似的数学模型。

小信号分析法是适用于非线性系统线性化的一种较好的理论建模方法，也是目前电力电子系统动态建模与分析的常用方法。其基本思想是：假设电力电子系统运行在某一稳态工作点附近，当扰动信号很小时，在稳态工作点附近的电力电子系统可以被近似看作线性系统，从而可以建立其小信号线性动态模型。目前电力电子系统小信号建模的常用方法有三种，即状态空间平均法、谐波线性化方法和谐波状态空间方法[7]。

5.5.1 状态空间平均法

美国加州理工学院的 Middlebrook 教授等在 20 世纪 70 年代首次针对 DC-DC 变换器提出了著名的状态空间平均法（state-space averaging method）[8-9]，该方法对后来的研究影响深远，在此基础上也发展了各种各样的电力电子系统等效电路模型。状态空间平均法的主要思路是：根据开关器件的导通和关断，对变量在一个开关周期内进行平均，用周期平均值代替实际值，继而通过占空比加权得到状态平均方程，再经小信号扰动和线性化处理，得到 DC-DC 变换器的小信号线性模型。状态空间平均法需满足三个假设条件，即"小信号""低频"和"小纹波"假设。其中，"小信号"假设是指扰动信号的幅值远低于直流工作点；"低频"假设是指扰动频率远低于开关频率，这样可以近似认为各物理量在一个开关周期内基本维持恒定，用周期平均值代替瞬时值不会引起较大误差；"小纹波"假设是认为变换器中各状态变量和调制信号中的开关纹波远低于其直流量，可以忽略不计。基于状态空间平均法，1994 年，Silva Hiti 等人在论文 "Small-signal modeling and control of three-phase PWM converters" 中对三相 AC-DC（或 DC-AC）变换器系统进行了建模，思路为：应用 Park 变换在 dq 坐标系中建立一个时不变系统，然后围绕系统的稳态工作点进行线性化，以获得线性时不变数学模型。

状态空间平均法具有形式简单、物理概念清晰的特点。然而，在基于状态空间平均法构建的小信号模型中，PWM 调制器被近似为一个比例环节。由于 PWM 调制器本质上是非线性的，这体现在它具有自然采样特性、边带效应和混叠效应，这些非线性特征会导致一些状态空间平均模型无法解释的不稳定问题。为了构建反映 PWM 调制器非线性特性的电力电子系统小信号模型，学者们相继提出了多种方法，如 Seth R. Sanders 等人在论文 "Generalized averaging method for power conversion circuits" 提出的广义状态空间平均法；Jim Groves 在论文 "Small-signal analysis using harmonic balance method" 中提出的谐波平衡法；Richard Tymerski 在论文 "Application of the time-varying transfer function for exact small-signal analysis"中提出的时变传递函数法；Yang Qiu 等人在论文"A generic high frequency model for the nonlinearities in buck converters"中提出的多频率模型等多种建模方法。此外，状态空间平均法仅在三相平衡的电力系统中有效，当三相不平衡或电压谐波失真时，dq 坐标系下的系统模型仍然具有时变性。为了较为准确地构建电力电子系统在三相不平衡或电压谐波失真时的小信号模型，目前有四种常用建模方法：谐波线性化方法、谐波状态空间法、动态相量法和广义 dq 建模法。

5.5.2　谐波线性化方法

谐波线性化方法（harmonic linearization method）是一种针对非线性周期时变系统的处理方法，可以对非线性交流电路和系统进行线性化，得到其宽频阻抗模型。谐波线性化方法具有概念简单、适用范围广等优点，其基本原理为：通过在换流器的端口电压或电流中叠加正弦的小扰动信号，然后利用谐波平衡和小信号近似原理提取扰动频率处的小扰动响应，从而得到扰动频率处的小信号阻抗模型。谐波线性化方法由美国伦斯勒理工学院孙建教授首次提出，用于研究单相 PFC 的阻抗模型，并进一步将谐波线性化建模方法应用推广到其他变流器系统的阻抗建模分析中[10]。

对于三相电路和系统而言，可以采用对称分量分解的方法将任意一组三相小信号扰动分解成对称的正序、负序和零序扰动，并利用谐波线性化原理计算每种相序对应的响应，从而计算得到相应的序阻抗。序阻抗是一个宽频概念，在基波、间谐波及谐波频率下均有效，适用于三相不平衡系统。相比于 dq 坐标系下的建模方法，谐波线性化方法得到的序阻抗模型具有更清晰的物理释义，便于通过实验测量。此外，dq 坐标系阻抗建模基于变换器的本地坐标系，在分析多台变换器并联时需要将各自的阻抗模型从不同的本地坐标系转换到统一坐标系，实现起来难度很大，而谐波线性化建模方法则不存在坐标系统一的问题，便于推广建立多机系统的阻抗模型，因此在进行多逆变器并网系统的稳定性分析时谐波线性化建模方法得到的序阻抗模型也更具优势。

5.5.3　谐波状态空间法

谐波状态空间理论是针对多谐波耦合系统建模的有效方法，其概念最早在 1991 年出现于麻省理工学院的一篇博士论文"Analysis and control of linear periodically time varying systems"，该论文采用谐波状态空间法（harmonic state space method）对直升机叶片的动态特性进行建模与分析，具有较好的效果。随后，该理论被引入到电力电子系统的小信号建模中。丹麦奥尔堡大学的王雄飞教授团队对基于谐波状态空间法的研究十分深入，对直流变换器、并网变换器以及并联变换器都分别进行了建模分析，并深入探讨了谐波耦合特性。近年来，谐波状态空间法已用于不平衡电网中单相变流器、三相变流器和模块化多电平换流器的动态分析。

谐波状态空间法是将时域空间表达式中的状态变量分解成傅里叶级数的指数形式，即分解出一个状态变量所有频次谐波信号的幅值与相位，由于这些幅值和相角都是不随时间变化的常数，因此谐波状态空间法可以实现多谐波周期时变系统的定常化。为进一步获取其线性模型，需要采用微扰线性化方法加以处理，基本思想是：向模型中所有的变量在稳态工作点处加入一个微小扰动，忽略扰动项的 2 次及更高次部分，仅保留其线性部分，即可对模型实现近似线性化，从而得到系统的小信号线性模型。

谐波状态空间法构建的小信号模型具有实际物理意义，形式直观清晰，且易于使用编程求解，应用十分方便。然而，若建模时考虑的谐波次数较高，模型尺寸将十分庞大，因此现有基于谐波状态空间法构建的小信号模型一般仅考虑 3 次及以下谐波，这在一定程度上影响了模型精度。

5.5.4　动态相量法

1991 年，动态相量的概念在论文"Generalized averaging method for power conversion circuits"被提出，并应用于高频电力电子系统建模。基于动态相量法构建的模型是从广义平均算子导出的，通过给定固定的系统基频，采用广义平均算子计算移动时间窗口上周期变量的傅里叶系数，于是时间周期系统可以由多个时不变傅里叶系数的微分方程表示，最后围绕它们的平衡点进行线性化。动态相量法通过忽略电路中非主导的频率分量，充分简化模型并减小计算量，此外，动态相量法打破了传统正弦准稳态假定的限制，可以分析传统相量模型难以解决的问题，已广泛应用于三相不平衡电网与多谐波电网中的电力电子变换器建模。

动态相量法和谐波状态空间法都基于时变傅里叶级数进行建模，不同之处在于动态相量法利用了傅里叶级数的三角函数形式，而谐波状态空间法则利用的是复指数形式。

5.5.5　广义 dq 建模法

广义 dq 建模法是基于广义 dq 变换理论所开发的，最初的想法在论文"Multiple reference frame analysis of an unsymmetrical induction machine"中提出，随后文献"Regulation of a PWM rectifier in the unbalanced network state using a generalized model"采用谐波平衡原理进行了改进和完善。该方法假设电力电子系统中存在多个 dq 坐标系，用于解决同时将基波与高次谐波变换到 dq 坐标系的问

题，以实现包含高次谐波动态的时变模型的定常化。目前，广义 dq 建模法已应用于模块化多电平换流器的小信号建模中。

5.6　电力电子系统小信号稳定性

电力电子系统的小信号稳定性是指系统在稳态运行点附近经历小扰动（如电压或频率波动、负荷微小波动等）时的渐近稳定性。目前，针对电力电子系统小信号稳定性的研究主要采用基于状态空间模型的特征值分析法和阻抗分析法两类。

5.6.1　特征值分析法和阻抗分析法

基于状态空间模型的特征值分析法的理论依据是 1892 年俄国数学家李雅普诺夫（Lyapunov）在其博士论文中提出的李雅普诺夫第一法（又称间接法），其基本思路是：构建式（5.6）所示电力电子系统在稳态运行点处的线性化状态空间方程，再通过求解系统状态矩阵 A 的所有特征值来判断系统小信号稳定性：当系统状态矩阵 A 的所有特征值均具有负实部时，系统渐进稳定。

$$\begin{cases} \dfrac{\mathrm{d}\Delta x}{\mathrm{d}t} = A\Delta x + B\Delta u \\ \Delta y = C\Delta x + D\Delta u \end{cases} \tag{5.6}$$

式中，x 为系统所有状态变量组成的状态向量；u 为系统所有输入变量组成的输入向量；y 为系统所有输出变量组成的输出向量；A、B、C、D 为状态空间模型矩阵，其中 A 又称为系统状态矩阵；前缀 Δ 表示增量。

基于状态空间模型的特征值分析法的优点在于根据特征值和特征向量可以全面揭示系统的稳定与振荡特性以及影响系统稳定性的主导变量。因此，基于状态空间模型的特征值分析法被广泛应用于微电网动态特性研究及稳定性分析、风电场低频振荡分析、虚拟同步多机并联系统稳定性分析以及并网逆变器系统谐波稳定性等问题的研究。例如，北京交通大学的李虹教授团队将 Floquet 理论应用于多类型电力电子变换器系统的时域稳定性分析。但是该方法需要依赖于完整的系统参数信息，而实际的电力电子系统往往呈现"灰箱"或"黑箱"特征；当系统结构发生变化时，系统状态空间模型需要重构。

阻抗分析法最早可追溯到 1976 年，由 J. M. Undrill 和 T. E. Kostyniak 在论文"Subsynchronous oscillations, Part I-Comprehensive system stability analysis"中提出，他们基于发电机和输电网络的阻抗模型研究了电力系统的次同步振荡问题。同年，Middlebrook 教授在论文"Input filter considerations in design and application of switching regulators"中将阻抗分析法应用于 DC-DC 变换器的输入滤波器设计。

阻抗分析法的基本思路是：基于系统内部所有设备或子系统的端口阻抗，根据麦克斯韦判据、柯西辐角原理、奈奎斯特稳定判据、广义奈奎斯特稳定判据等控制理论，构造可用于评价系统稳定性的阻抗表达式，以此评估电力电子系统的小信号稳定性。阻抗分析法的优势在于：阻抗属于设备或子系统的端口外特性，可以在结构和控制参数未知的条件下通过注入扫频信号测量获取；基于阻抗模型可以进行模块化系统建模，可拓展性较好。阻抗分析法清晰的物理意义使其在电力电子系统小信号稳定性分析方面具有极大的吸引力和发展潜力，近几十年来得到了广泛深入的研究，并取得了一系列研究成果。

5.6.2 Middlebrook 判据与阻抗比判据

1976 年，Middlebrook 教授在研究输入滤波器与负载变换器交互作用引起的不稳定现象时提出了 Middlebrook 判据，用以设计输入滤波器参数，如图 5-21 所示，图中 $Z_s(s)$ 为输入滤波器的等效阻抗，$Z_{in}(s)$ 为负载变换器的输入阻抗。Middlebrook 判据指出当负载变换器可以独立稳定运行，且 $|Z_s(s)|$ 在全频率范围内均远小于 $|Z_{in}(s)|$，即 $|Z_s(s)| \ll |Z_{in}(s)|$ 时，图 5-21 所示直流系统是稳定的。此外，Middlebrook 判据还定义阻抗比 $Z_s(s)/Z_{in}(s)$ 为系统的等效环路增益 $T_m(s)$。实际上，从小信号建模角度，输入滤波器可以等效为一个开环的 DC-DC 变换器，为负载变换器提供直流电压和功率，从而可视为一个源变换器。为此，可以将 Middlebrook 判据推广到如图 5-22 所示的级联直流系统中：当源变换器和负载变换器可以独立稳定运行，且源变换器的输出阻抗 $Z_s(s)$ 在全频率范围内均远小于负载变换器的输入阻抗 $Z_{in}(s)$，即 $|T_m(s)| \ll 1$ 时，级联直流系统稳定。

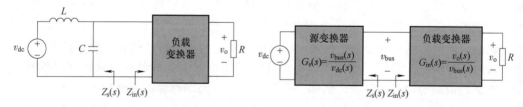

图 5-21　含输入滤波器的直流系统　　　图 5-22　级联直流系统

Middlebrook 判据的理论依据是奈奎斯特稳定判据，图 5-22 所示级联直流系统输入电压 v_{dc} 到输出电压 v_o 的传递函数为

$$G_{total}(s) = \frac{v_o(s)}{v_{dc}(s)} = \frac{G_s(s)\,G_{in}(s)}{1+T_m(s)} \tag{5.7}$$

根据式（5.7），当且仅当系统等效环路增益或阻抗比 $T_m(s) = Z_s(s)/Z_{in}(s)$ 满足奈奎斯特稳定判据时，级联直流系统稳定，该结论也称为直流系统的阻抗

比判据。根据奈奎斯特稳定判据，若阻抗比的奈奎斯特曲线包围（−1，j0）点时，系统不稳定，如图 5-23a 所示；若阻抗比的奈奎斯特曲线与单位圆有交点但不包围（−1，j0）点时，系统的稳定性指标可以由幅值裕度 G_m 与相角裕度 φ_m 衡量，如图 5-23b 所示。

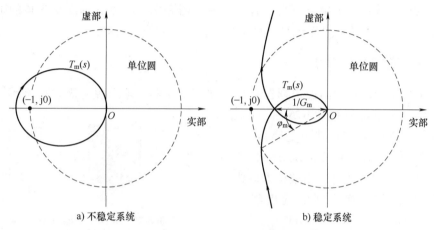

图 5-23　阻抗比 $T_m(s)$ 的奈奎斯特曲线

5.6.3　基于阻抗比的禁区判据

禁区判据是指在 s 平面内制定一个区域（称为禁区），只要阻抗比的奈奎斯特曲线不进入禁区，就认为系统是稳定的。Middlebrook 判据就是一种基于阻抗比的禁区判据，其禁区为 s 平面内以原点为圆心、半径为 $r_0(r_0<1)$ 的圆域之外的所有部分。然而，Middlebrook 判据的要求过于严格，保守性高，在实际系统中比较难满足。为此，学者们提出了多种禁区判据，以减小禁区范围和判据的保守性，如图 5-24 所示，包括：GMPM（gain margin and phase margin）判据、OA（opposing argument）判据、ESAC（energy source analysis consortium）判据及其改进判据 RESC（root exponential stability criterion）和 MPC（maximum peak criterion）判据等[11-15]。需要说明的是，上述所有禁区判据都是级联直流系统稳定的充分非必要条件。

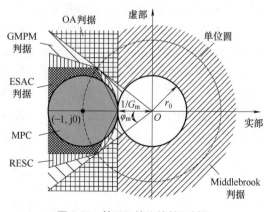

图 5-24　基于阻抗比的禁区判据

　　基于禁区的稳定判据还可以用于系统级设计，通过约束各设备端口阻抗以避免集成后的系统出现失稳问题。为解决禁区判据中变换器阻抗无法完全解耦的问题，浙江大学韦巍教授团队针对直流配电系统，在论文"Decentralized impedance specifications for small-signal stability of DC distributed power systems"中提出了一种分散式阻抗规范，当所有负载变换器和源变换器分别满足各自的阻抗边界条件时，直流配电系统自然稳定且具备一定的稳定裕度。

5.6.4　逆阻抗比判据

　　上述基于阻抗比的稳定判据都是面向源变换器为电压源的级联直流系统所提出的，然而对于如图 5-25 所示的并网逆变器系统而言，其源变换器为电流型并网逆变器，由交流源 u_g 和电网阻抗 $Z_g(s)$ 组成的电网则被视为负载，$Z_{inv}(s)$ 为并网逆变器的输出阻抗，PCC（point of common coupling）为公

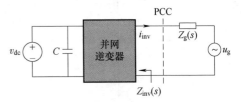

图 5-25　并网逆变器系统

共耦合点。2011 年孙建教授在论文"Impedance-based stability criterion for grid-connected inverters"中提出：若并网逆变器可以独立稳定运行，则图 5-25 所示系统的稳定性应由 $Z_g(s)/Z_{inv}(s)$ 是否满足奈奎斯特稳定判据进行评估。该判据与 Middlebrook 判据所提出的源-载阻抗比完全相反，也称为逆阻抗比判据，为解决电流型并网变流器与电网相互作用问题奠定了理论基础，具有重要的理论意义与工程价值。

5.6.5　通用阻抗比判据

　　上述稳定判据所研究的电力电子系统必须等效为电压源系统或电流源系统，且功率流向确定。但实际的电力电子系统内部设备数量较多、设备类型与控制模式多样，无法简单等效为电压源系统或电流源系统。为此，阮新波教授、张欣教授和 Chi K. Tse 教授在论文"Impedance based local stability criterion for DC distributed power systems"中首先将系统内部控制或影响直流母线侧端口电压与电流的变换器分别定义为 BVCC（bus voltage controlled converter）和 BCCC（bus current controlled converter），然后基于 DC-DC 变换器的二端口小信号模型，推导得到整个系统的等效环路增益 $T_m(s)$ 为式（5.8）。当且仅当 $T_m(s)$ 满足奈奎斯特稳定判据时，单电压等级直流配电系统是稳定的。

$$T_m(s) = \frac{\left(\sum_{j=1}^{m} Z_{BVCC,j}^{-1}\right)^{-1}}{\left(\sum_{k=1}^{n} Z_{BCCC,k}^{-1}\right)^{-1}} \tag{5.8}$$

式中，$Z_{\mathrm{BVCC},j}$ 和 $Z_{\mathrm{BCCC},k}$ 分别为 BVCC$_j$ 和 BCCC$_k$ 在直流母线侧的端口阻抗。

由于等效环路增益 $T_{\mathrm{m}}(s)$ 也表示所有 BVCC 的并联等效阻抗与所有 BCCC 的并联等效阻抗之比，因此 Middlebrook 教授和孙建教授定义的两类阻抗比可视为式（5.8）所示阻抗比的特例。

5.6.6　阻抗和判据、导纳和判据与全局导纳判据

上述稳定判据给出的都是阻抗比的形式，此外研究者们还提出了其他形式的阻抗判据。2014 年，西安交通大学刘进军教授在论文 "Stability issues of Z+Z type cascade system in hybrid energy storage system（HESS）" 中提出适用于级联电压源变换器系统的阻抗和判据：当两个电压源变换器的母线侧端口阻抗之和的奈奎斯特曲线不包围原点时，系统稳定。2019 年钟庆昌教授与张欣教授在论文 "Impedance-sum stability criterion for power electronic systems with two converters/sources" 中将阻抗和判据的适用范围进一步推广到任意类型的交流或直流级联变换器系统，并指出阻抗和判据相较于阻抗比判据的优势是无需提前区分变换器类型。

由于导纳是阻抗的倒数且在电路中可以相互转换，因此也可以从导纳的角度分析电力电子系统的小信号稳定性。2013 年，西安交通大学刘进军教授团队针对级联直流系统在论文 "General impedance/admittance stability criterion for cascade system" 中提出了导纳和判据，即系统稳定性取决于导纳和是否有右半平面零点。2019 年，东南大学曹武副教授在研究多并联并网逆变器系统的谐波稳定性时，在论文 "Harmonic stability analysis for multi-parallel inverter-based grid-connected renewable power system using global admittance" 中提出了全局导纳判据，即系统稳定性取决于全局导纳是否包含右半平面零点，其中全局导纳定义为所有逆变器导纳、无源设备导纳与电网导纳之和。实际上，全局导纳判据也适用于单电压等级直流配电系统，并具备无需对变换器进行分类的优势。

5.6.7　无源判据与母线阻抗判据

根据一端口网络的无源理论，Antonino Riccobono 和 Enrico Santi 于 2012 年在论文 "A novel passivity-based stability criterion（PBSC）for switching converter DC distribution systems" 中提出了基于母线阻抗 $Z_{\mathrm{bus}}(s)$ 的无源判据，并将其应用于直流配电系统。无源判据要求：①$Z_{\mathrm{bus}}(s)$ 没有右半平面极点；②对任意的 ω 均满足 $\angle Z_{\mathrm{bus}}(\mathrm{j}\omega) \in [-90°, 90°]$ 或 $\mathrm{Re}[Z_{\mathrm{bus}}(\mathrm{j}\omega)] \geqslant 0$。母线阻抗 $Z_{\mathrm{bus}}(s)$ 如图 5-26 所示，其中两个子系统分别由若干个变换器并联组成，i_{inj} 可以认为是外部设备向直流母线注入的电流，$Z_{\mathrm{bus}}(s) = v_{\mathrm{bus}}(s)/i_{\mathrm{inj}}(s)$ 也是所有变换器在直流母线侧端口阻抗的并联组合。根据无源理论，一个无源的系统必然也是稳定的，

但反之则不成立，因此无源判据是系统稳定的充分非必要条件。无源判据也可以视为一种特殊的禁区判据，其面向母线阻抗 $Z_{\text{bus}}(s)$ 的禁区为 s 平面的整个左半平面。实际上，电力电子系统的小信号稳定性可以仅根据 $Z_{\text{bus}}(s)$ 是否有右半平面极点进行评估，本书作者团队在论文 "A generic small-signal stability criterion

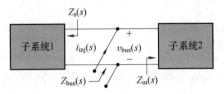

图 5-26 母线阻抗 $Z_{\text{bus}}(s)$ 示意图

of DC distribution power system：Bus node impedance criterion（BNIC）" 中提出了母线阻抗判据，母线阻抗判据是无源判据的第一个条件，也是系统稳定的充分必要条件，还将母线阻抗判据拓展到分布式直流配电系统中，提出了母线节点阻抗判据：当且仅当任意一个母线节点处的等效阻抗没有右半平面极点时，系统稳定。此外，该团队在论文 "Unified frequency-domain small-signal stability analysis for interconnected converter systems" 中进一步指出：阻抗比判据、逆阻抗比判据、阻抗和判据、导纳和判据与母线阻抗判据评估级联变换器系统小信号稳定性的基本原理是等价的。

5.6.8 适用于三相交流系统的稳定判据

三相交流系统是典型的多输入多输出系统，其内部变换器或设备的三相交流侧端口阻抗和导纳常表示为 dq 坐标系或正负序下的二阶传递函数矩阵表达式。如图 5-27 所示，DC-AC 变换器的三相交流侧导纳 $Y_{\text{ac}}(s)$ 和电网阻抗 $Z_{\text{g}}(s)$ 都是二阶传递函数矩阵。1977 年，英国剑桥大学的 Macfarlane 和 Postlethwaite 在论文 "The generalized Nyquist stability criterion and multivariable root loci" 中将适用于单输入单输出系统的传统奈奎斯特稳定判据推广得到适用于多输入多输出系统的广义奈奎斯特稳定判据，为三相交流系统的稳定性分析奠定了重要的理论基础。

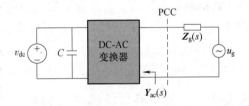

图 5-27 三相交流系统

三相交流系统稳定要求行列式 $\det[\boldsymbol{I}+\boldsymbol{Y}_{\text{ac}}(s)\boldsymbol{Z}_{\text{g}}(s)]$ 的奈奎斯特曲线不包围原点。当 dq 坐标系下的回路比矩阵 $\boldsymbol{Z}_{\text{g}}(s)\boldsymbol{Y}_{\text{ac}}(s)$ 满足广义奈奎斯特稳定判据时，三相交流系统稳定。由于 $\boldsymbol{Z}_{\text{g}}(s)\boldsymbol{Y}_{\text{ac}}(s)$ 和 $\boldsymbol{Y}_{\text{ac}}(s)\boldsymbol{Z}_{\text{g}}(s)$ 的特征值相同，因此也可以将矩阵 $\boldsymbol{Y}_{\text{ac}}(s)\boldsymbol{Z}_{\text{g}}(s)$ 定义为回路比矩阵。尽管基于回路比矩阵的判据是三相交流系统稳定的充要条件，但是矩阵特征值的求解相对较为复杂，且无法清晰地指导系统参数设计。为此，提出了几种简化的稳定判据：

1）奇异值判据：若 $\boldsymbol{Z}_{\text{g}}(s)$ 的最大奇异值和 $\boldsymbol{Y}_{\text{ac}}(s)$ 的最大奇异值在任意频

率处的乘积均小于 1，则三相交流系统稳定。但该判据中的矩阵奇异值计算较为复杂。

2）D 通道判据：在高功率因数的三相交流系统中，dq 轴分量间的耦合以及 q 轴分量由于幅值太小均可以忽略不计。因此，系统稳定性可以仅通过分析 $Z_g(s)$ 和 $Y_{ac}(s)$ 的 d 轴分量得出。由于 D 通道判据是对特定系统分析得出的，并非是理论上的充分条件，因此实际应用有较大的局限性，无法保证在其他单位功率因数三相交流系统中应用的有效性。

3）范数判据：当 $Z_g(s)$ 的某种范数和 $Y_{ac}(s)$ 的某种范数的乘积在全频域内小于某一个常数，那么系统稳定。范数判据主要有 G-范数判据，∞-1-范数判据，∞-范数判据，G-Sum-范数判据四类。其中前两种判据由 Belkhayat Mohamed 教授在其博士论文 "Stability criteria for AC power systems with regulated loads" 中提出，后两种范数判据则由西安交通大学刘进军教授团队提出。

与上述稳定判据不同的是，湖南大学师智康教授团队在论文 "Stability investigation of bidirectional AC-DC converter considering operating conditions" 中研究双向 AC/DC 变换器并网系统的稳定性时，发现锁相环将通过电网阻抗在电压外环和电流内环控制回路中引入正反馈环路，从而引发系统失稳，并通过利用"正反馈"概念论证了 AC/DC 变换器在逆变模式下的稳定裕度低于整流模式。此外，团队在论文 "Divided DQ small-signal model：A new perspective for the stability analysis of three-phase grid-tied inverters" 中通过划分并网逆变器系统的 d 轴和 q 轴小信号模型，提出了逐步检查系统稳定性的判据方法，该方法基于一维的标量传递函数表达式，计算处理相对简单。

5.7　多变换器模块串并联均压/均流控制

为了实现更大电流或更高电压目的，可以采用多个变换器模块相互并联或串联形式，根据联结方式不同，多模块串并联组合系统可以分为四种基本类型：①输入并联输出并联（Input-Parallel Output-Parallel，IPOP）；②输入并联输出串联（Input-Parallel Output-Series，IPOS）；③输入串联输出并联（Input-Series Output-Parallel，ISOP）；④输入串联输出串联（Input-Series Output-Series，ISOS），如图 5-28 所示。每类串并联组合系统都有其特定的应用场合。IPOP 系统适用于输出电流较大的场合，IPOS 系统适用于输入电压较低而输出电压较高的场合，ISOP 系统适用于输入电压较高而输出电流较大的场合，ISOS 系统适用于输入电压和输出电压均较高的场合。

按照能量变换形式，图 5-28 中的标准模块可分为 DC-DC 变换器、DC-AC 逆变器、AC-DC 整流器和 AC-AC 变频器四大类，而多模块串并联组合系统中最关

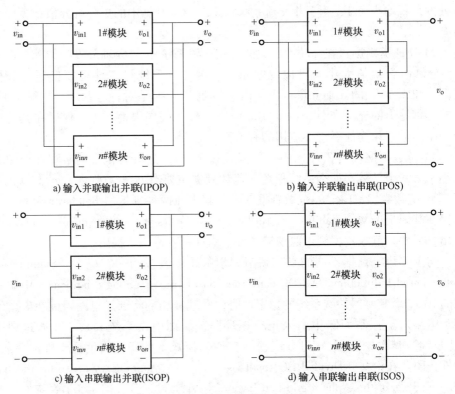

a) 输入并联输出并联(IPOP)　　　　b) 输入并联输出串联(IPOS)

c) 输入串联输出并联(ISOP)　　　　d) 输入串联输出串联(ISOS)

图 5-28　四类串并联组合系统

键的是实现各模块的均压/均流控制，由于 AC-DC 整流器和 AC-AC 变频器的组合系统研究使用较少，下面将分别对前两种类型变换器为基本模块的串并联组合系统进行介绍。

5.7.1　DC-DC 变换器串并联组合系统

1. IPOP 直流变换器系统

在直流变换器系统中，目前研究最多的是 IPOP 系统，它已广泛应用于通信电源和电压调节模块（voltage regulator module，VRM）等系统中，其关键问题是保证系统中各模块的输出均流。目前已有大量文献对此进行了研究，提出了多种均流方法，如下垂法、平均电流法、主从设置法等。

下垂法的重要特点是无需均流母线，其基本出发点就是通过调节各个模块的输出外特性，使外特性曲线相交于稳定工作点，从而使各模块输出均流。该方法的优点是实现非常简单，各模块间不需要均流母线，具有较强的独立性。但是由于调节各模块输出外特性，组合系统的负载调整率较差。下垂控制有多种实现方案，如在输出侧串联电阻、输出电流反馈控制、低直流增益的电流控制模式，当然还可以采用变增益控制以实现均流与负载调整率的折中平衡，如图 5-29 所示[16]。

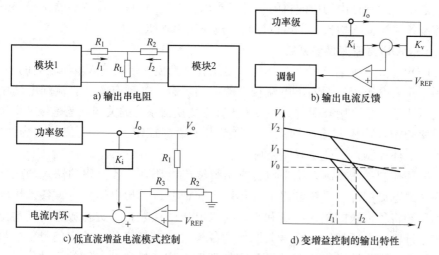

a) 输出串电阻

b) 输出电流反馈

c) 低直流增益电流模式控制

d) 变增益控制的输出特性

图 5-29　多种下垂控制方法

需要均流母线的控制方法有平均电流法和主从设置法等。平均电流法的均流母线信号反映的是系统中各模块的平均电流；主从设置法的均流母线信号反映的则是系统中某个模块的电流。这两种均流方法都是将各模块的输出电流信号与均流母线信号进行比较，将它们的误差信号送给各自的均流环，通过均流环的调节达到输出均流的目的。平均电流法的主要优点是可以获得比较精确的均流效果，不足之处是均流母线对噪声比较敏感。主从设置法的主要优点是实现比较简单，可扩充性好，不足之处是容错性能较差，主模块的失效将导致整个系统的瘫痪。

2. IPOS 直流变换器系统

IPOS 直流变换器系统可以应用于高输出电压场合或者需要将较低的电压变换为较高的电压场合，例如半导体制作设备、臭氧发生器、太阳能光伏发电系统等。

IPOS 直流变换器系统的关键问题是保证系统中各模块的输出均压。由于各模块输出侧是串联的，IPOS 直流变换器系统可以采用各模块单独调节自身输出电压的方法来保证输出均压，即调节单个模块输出电压为系统输出电压的 $1/n$。但各模块的电压基准信号以及采样电路很难做到一致，因此会影响输出均压效果。如果使各个模块采用相同的占空比，那么输出电压高的模块会输出较大的电流，输出电压低的模块则输出电流较小，从而达到输出电压的自动均衡，该方法要求各模块参数完全一致，但这在实际电路中很难做到。有学者提出最高电压均压控制策略，选择系统中模块最高输出电压为基准，与各模块的输出电压进行比较，然后将其偏差信号叠加到各模块的电压环的输出，调节各模块的输出电压，达到输出均压的目的。可以看出，对于 IPOS 直流变换器系统，既可以控制各模块输入均流，也可以控制各模块输出均压。

3. ISOP 直流变换器系统

ISOP 直流变换器系统可以用输入电压较低的模块组成输入电压较高的系统，适用于输入电压较高而输出电流较大的应用场合，如现有柔性直流配电网中直流变压器基本是采用 ISOP 结构。ISOP 直流变换器系统的关键问题是保证系统中各模块的输入均压和输出均流。目前提出了很多控制方式，可以归纳为两类，一类是三环控制，一类是双环控制。

三环控制是指控制系统中包含有系统输出电压环、各模块的输入均压环和各模块的电流内环。系统输出电压环用来保证系统输出电压稳定，各模块的输入均压环将各模块的输入电压和平均输入电压的误差信号进行放大，其输出信号与系统输出电压的输出信号共同作为各模块的电流内环的给定信号，电流内环的输出与锯齿波进行比较并做相应处理后得到各模块开关管的驱动信号。在三环控制中，系统输出电压闭环的输出信号送给每个电流内环，作为电流给定信号，而输入均压环的输出作为电流给定信号的调整信号，以实现各模块输入均压。

若将三环控制策略中的各模块电流内环去掉，只保留输入均压环和系统输出电压环，则可得到双环控制策略。

4. ISOS 直流变换器系统

ISOS 直流变换器系统适用于输入电压和输出电压都较高的场合，其关键问题是保证系统中各模块的输入均压和输出均压，可采用与 ISOP 类似的方案。

5.7.2 DC-AC 逆变器串并联组合系统

逆变器组合系统也包含四种串并联组合方式，但目前研究的重点主要集中在 IPOP 逆变器系统，对其他三种组合系统的研究较少。

IPOP 逆变器系统的关键问题是保证系统中各模块的输出均流，已有大量的文献对此进行了研究，主要从两方面入手，一是在逆变器拓扑结构上进行改进，二是通过控制策略来实现各模块的输出均流。

在电路拓扑方面，在逆变器输出端串联电感或者耦合电感可以抑制并联逆变器模块间环流，也可使用多一次侧的变压器实现逆变器的输出并联，这些方法都需要对逆变器的主电路结构进行较大的改动，且故障检测和故障处理的能力较差，因此其应用受到了限制。

IPOP 逆变器系统的输出均流控制方式可分为集中控制、主从控制、分散逻辑控制和无互联线控制四种方案。

（1）集中控制方式

图 5-30 给出了一种集中式均流控制方式，同步脉冲由并联控制单元中的晶振产生，各个逆变器模块的锁相环电路用于保证其输出电压频率和相位与同步信号相同。并联控制单元检测总负载电流 i_o，再除以并联单元数作为各个模块均流控制的给定信号，各逆变器模块检测自身的输出电流，与均流给定信号相减求出相应的电流偏差。由于各并联单元由一个同步信号控制，可以认为其输出电压频率和相位偏差不大，逆变器模块间的电流偏差由电压幅值的不一致引起的。所以可以将电流偏差作为电压环基准的补偿量加入各逆变器模块中，用以消除输出电流的不平衡，实现各模块的输出均流。

集中式控制方式实现比较容易，均流效果也比较好，但冗余度较差，一旦并联控制单元发生故障，整个并联系统必将整体瘫痪，因此可靠性不高。

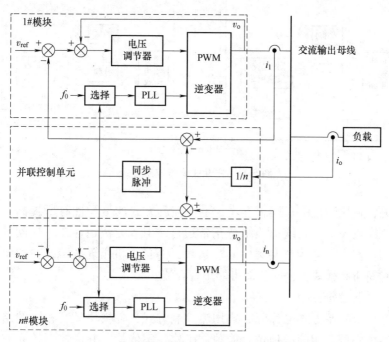

图 5-30　集中式均流控制方式

（2）主从控制方式

图 5-31 给出了一种主从控制方式，其中每个模块内部都有同步基准信号产生电路，该同步基准信号是否发送由可控开关 K 决定。若 K 闭合，则这个模块就将基准信号送到公共同步基准信号母线上，其他模块则通过该母线接收同步基准信号，再由内部的锁相电路实现模块输出电压频率和相位与同步信号相同。

均流信号母线用于传递均流控制信号。网络状态母线（NB）用于反映系统中有无主机在工作，若 NB = 1，则表示系统中有主机在工作；若 NB = 0，则表示系统中没有主机在工作。主从标志 MI 用于反映本模块的状态，若 MI = 1，则表示本模块为系统主模块；若 MI = 0，则表示本模块为从模块。

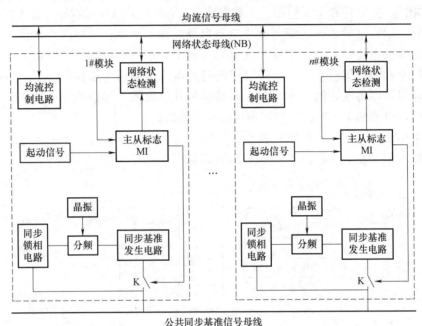

图 5-31　主从式均流控制方式

可见，相比于集中式控制方式，主从控制方式的可靠性有所提高，系统中任何一个模块失效，系统仍能维持正常运行。但该方法也存在一些问题，如各模块的同步基准信号为公共集中同步信号，一旦主机出现故障，在切换过程中有一段时间所有模块失去同步而可能出现环流。

（3）分散逻辑控制

分散逻辑控制方式也称分布式均流控制方式，各模块具有相同的结构与功能，在系统中处于相同的地位，能独立工作，不依赖于并联控制单元或者系统中的其他模块，是一种真正实现冗余的控制方式，具有可靠性高、危险性分散、功能扩展容易等优点。分散逻辑控制方式主要包括平均电流瞬时控制方式和有功无功控制方式。

图 5-32 给出了一种平均电流瞬时控制框图，将各模块的基准正弦波同步、平均后得到的平均值作为各模块电压调节器的基准信号，将各模块输出电压反馈信号的平均值作为各模块电压调节器的电压反馈信号，将各模块电压调节器

输出电压的平均值作为各模块电流调节器的给定信号。该控制法的主要特点是并联后系统的动静态性能不低于单个模块，且不需要附加增加额外的并联控制单元。由于需要平均多个信号，模块间的模拟信号线较多，易受干扰。

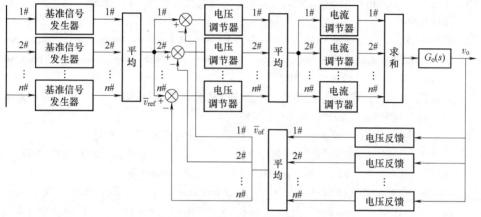

图 5-32　平均电流瞬时控制方式

（4）无互联线控制

在上述三种并联控制方式中，各逆变器模块之间都有互联线，且大容量设备并联时互联线距离较远，容易受到干扰。如果能够去掉各模块之间的互联线，将有利于提高系统的抗干扰能力。无互联线控制一般采用频率电压外特性下垂法，图 5-33 给出了一种无互联线控制框图，逆变器的输出电压的频率和幅值分别随着输出有功功率和无功功率的

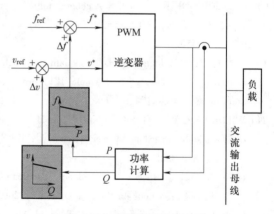

图 5-33　无互联线控制方式

增加而下降，从而使逆变器的输出电压和频率稳定在一个新的平衡点，最终实现输出均流。该控制方式具有各逆变器模块之间无通信连线，易于实现冗余控制等优点。

关于四类串并联组合系统的模块均压/均流控制，可参考本书作者于 2020 年的综述论文 "A review of voltage/current sharing techniques for series-parallel-connected modular power conversion systems"。在此方面，国内主要有南京航空航天大学的阮新波教授、北京理工大学的沙德尚教授、哈尔滨工业大学的张东来教授、黑龙江大学的孟涛教授等。

参 考 文 献

［1］周国华，许建平，吴松荣. 开关变换器建模、分析与控制［M］. 北京：科学出版社，2016.

［2］付兴贺，陈锐. 电机中 ABC 到 dq0 坐标变换的梳理与辨析［J］. 微特电机，2021，49（04）：1-9.

［3］O'ROURKE C J，QASIM M M，OVERLIN M R，et al. A Geometric Interpretation of Reference Frames and Transformations：dq0，Clarke，and Park［J］. IEEE Transactions on Energy Conversion，2019，34（4）：2070-2083.

［4］刘和平，刘庆，张威，等. 电动汽车用感应电机削弱振动和噪声的随机 PWM 控制策略［J］. 电工技术学报，2019，34（7）：1488-1495.

［5］王庆义. 交流变频驱动系统关键技术及应用研究［D］. 武汉：华中科技大学，2008.

［6］中国电源学会. 电源产业与技术发展路线图［M］. 北京：中国科学技术出版社，2022.

［7］徐德鸿. 电力电子系统建模及控制［M］. 北京：机械工业出版社，2005.

［8］WESTER G W，MIDDLEBROOK R D. Low-frequency characterization of switched dc-dc converters［J］. IEEE Transactions on Aerospace & Electronic Systems，1973，AES-9（3）：376-385.

［9］MIDDLEBROOK R D，CUK S. A general unified approach to modeling switching-converter power stages［C］// IEEE 7th Annual Power Electronics Specialists Conference，Pasadena，CA，1977：521-550.

［10］SUN J，BING Z. Input impedance modeling of single-phase PFC by the method of harmonic linearization［C］. Twenty-Third Annual IEEE Applied Power Electronics Conference and Exposition，2008：1188-1194.

［11］WILDRICK C M，LEE F C，Cho B H，et al. A method of defining the load impedance specification for a stable distributed power system［J］. IEEE Transactions on Power Electronics，1993，10（3）：826-832.

［12］FENG X，LIU J，LEE F C. Impedance specifications for stable DC distributed power systems［J］. IEEE Transactions on Power Electronics，2002，17（2）：157-162.

［13］Sudhoff S D，Glover S F，Lamm P T，et al. Admittance space stability analysis of power electronic systems［J］. IEEE Transactions on Aerospace and Electronic Systems，2000，36（3）：965-973.

［14］Sudhoff S D，Crider J M. Advancements in generalized admittance-based stability analysis of DC power electronics based distribution systems［C］// Electric Ship Technologies Symposium（ESTS），Alexandria，USA，2011：207-212.

［15］Vesti S，Suntio T，Oliver J A，et al. Impedance-based stability and transient-performance assessment applying maximum peak criteria［J］. IEEE Transactions on Power Electronics，2013，28（5）：2099-2104.

［16］张军明. 中功率 DC/DC 变流器模块标准化若干关键问题研究［D］. 杭州：浙江大学，2004.

第6章 新能源发电中的电力电子

为了应对能源紧缺和环境问题，人类在积极寻求新型清洁能源开发。光伏发电，风力发电以及储能技术等在电能系统中将扮演日益重要的角色。本章主要介绍新能源发电系统中的电力电子技术。

6.1 光伏发电

面向光伏系统，本章节首先简要介绍光伏的发展历史[1]，再着重阐述光伏系统中的电力电子变换器，最后针对光伏系统中的漏电流问题进行梳理。

6.1.1 光伏发展简介

（1）第一代光伏技术（1839—1920 年）[2]

这一阶段光伏技术处于实验阶段，关键发现包括光伏效应的发现及其理论提出。1839 年，法国科学家埃德蒙德·贝克雷尔（Edmond Becquerel）在实验一个由两个金属电极组成的电解池时发现了光伏效应，该电解池放置在导电溶液中，暴露在光下发电量会增加。1883 年，美国发明家查尔斯·弗里茨（Charles Fritts）利用硒制造出了世界上第一块太阳电池。1905 年，德国物理学家爱因斯坦发表了关于光电效应的论文，解释了光子的能量与光电子释放现象之间的关系，为光伏效应的理论建立做出了重要贡献。1916 年，美国物理学家罗伯特·密立根（Robert Millikan）实验证明了光电效应，并因在基本电荷和光电效应方面的研究而获得 1923 年诺贝尔物理学奖。1918 年，波兰科学家柴可拉斯基（Czochralski）发明了一种名为提拉法的工艺，用于生长单晶硅。这一工艺的出现为太阳电池的制造提供了重要的材料基础。

（2）第二代光伏技术（1921—1956 年）

此阶段进入了成型阶段，该阶段提出了完整的理论并成功研发出相对成熟的产品。1921 年，爱因斯坦因为光电效应理论而获得了诺贝尔物理学奖。1941

年，美国贝尔实验室的奥尔在硅材料上发现了光伏效应的存在，从而奠定了半导体硅在太阳能光伏发电中广泛应用的基础。而在 1954 年，科学家们又发现了砷化镓材料的光伏效应，这为新型光伏材料研究提供了新方向。同年，美国贝尔实验室的 D. M. Chapin、C. S. Fuller 和 G. L. Pearson（分别为工程师、化学家、物理学家，进一步说明了多学科交叉的作用）成功研发出了转化率达到 4.5% 的单晶硅太阳能电池。这个成果标志着太阳能技术的重要突破，为太阳能电池的商业化应用打下了基础。当年的《纽约时报》在头版写道"可能标志着一个新时代的开端并最终实现人类最为珍视的梦想之一——将几乎无穷无尽的太阳能用于文明"。

（3）第三代光伏技术（1957—1979 年）

光伏技术进入了科研应用阶段，在军工高端产品得到应用。1957 年，Hoffman 电子实验室成功制造出效率达到 8% 的单晶硅太阳电池。1958 年，美国发射了第一颗利用太阳能发电的卫星"先锋 1 号"。1962 年，第一个商业通信卫星 Telstar 成功发射，使用光伏电池作为通信供电的重要组件（顺便说一下，开关电源最早就是在美国的航空航天工业中得到应用，因为在此场合体积小、效率高的优势超过了高成本，随着成本降低后才开始进入民用市场，1967 年，RO Associates 推出了第一款 20kHz 的开关电源产品，据称这是第一款商用成功的开关电源）[3]。1965 年，Peter Glaser 和 A. D. Little 提出了卫星太阳能电站的构想。1971 年，中国首次成功将太阳能技术应用于东方红二号卫星。1977 年，D. E. Carlson 和 C. R. Wronski 制造出了世界上第一个非晶硅（a-Si）太阳能电池，这一技术突破为后续非晶硅太阳能电池的发展奠定了基础。

（4）第四代光伏技术（1980—2018 年）

光伏系统进入了产业发展阶段，太阳能产业迎来了快速发展和商业化应用。1980 年，ARCO 太阳能公司成为全球第一个年产量达到 1MW 的光伏电池生产厂家，并于 1982 年第一个安装 MW 级太阳能发电项目。1985 年，澳大利亚新南威尔士大学的 Martin Green 研制的单晶硅太阳电池效率达到 20%。这一突破性的效率提升使得以硅为主要光伏材料的商业应用成为可能，并应用至今。2002 年，我国有关部门启动"送电到乡工程"，在西部七省区的近 800 个无电乡所在地安装光伏电站，该项目推动了我国光伏工业快速发展。截至 2015 年底，我国光伏发电累计装机容量 4318 万 kW，成为全球光伏发电装机容量最大的国家。截至 2018 年底，全球光伏发电累计装机量达 480GW，2009—2018 年增长了 20 倍。

（5）第五代光伏技术（2019 年至今）

光伏系统进入了生态发展阶段，着重于提高光电转换效率、推动产业发展与生态应用，并为清洁能源和生态能源的发展做出贡献。同时也出现了一些新的光伏电池技术。2019 年，神舟飞船使用砷化镓太阳电池，其转换效率超过

30%，显示出技术上的突破。2020 年，英属哥伦比亚大学的研究人员通过利用细菌打造的光伏电池，可将阳光转化为能量。2021 年 8 月，德国弗劳恩霍夫太阳能研究所使用基于砷化镓的新型薄膜光伏电池在单色激光下实现了创纪录的 68.9%转换效率。2022 年，西安电子科技大学段宝岩院士带领的"逐日工程"研究团队传来好消息，世界首个全链路全系统的空间太阳能电站地面验证系统顺利通过专家组验收，这一验证系统突破并验证了高效率聚光与光电转换、微波转换、微波发射与波形优化、微波波束指向测量与控制、微波接收与整流、灵巧机械结构设计等多项关键技术。2023 年，美国加州理工学院一支研究团队朝着实现"太空发电"这一长期梦想迈出了重要一步：首次实现在太空中收集太阳能并将其发射到地球，他们把一颗有太阳能板、微波发射器等设备的卫星送上太空，随后成功在太空收集太阳能，将能量转化成电磁波，再把这些电磁波传送至该校一栋实验室屋顶的接收器。虽然此次试验中的微波发射器发射功率很小，只有 200mW，但该突破被誉为可媲美"爱迪生发明电灯"，是人类第一次实现"天地供电"，为人类开发太空太阳能迈出了重要一步。

6.1.2　光伏系统中的电力电子

光伏系统中电力电子变换器主要涉及微型逆变器、组串式逆变器和集中式逆变器三大类。

1. 微型逆变器

光伏微型逆变器是从单一太阳电池组件至交流电的功率变换装置。微逆输出功率通常在 3kW 以内，特点在于组件级的逆变及最大功率点跟踪，具有即插即用、易扩容、可靠性高等优点，其变换效率在 90%~97%之间。

1977 年，加州理工大学喷气推进实验室率先提出了交流光伏模块（AC photovoltaic module）的概念[4]。交流光伏模块即集成直流到交流逆变器的光伏模块，但受限于当时电力电子、集成电路、微处理器和通信方面的技术壁垒，并没有实现商业化应用。20 世纪 80 年代开始，德国卡塞尔大学的 Werner Kleinkauf 教授在微型逆变器方面做了大量工作，发表了多篇论文，90 年代后美国、瑞士和德国等欧美公司纷纷对微型逆变器开展了相关的研究，其中德国的 ZSW 公司于 1992 年制作出了世界上首台微型逆变器，但功率过小，仅为 50 W。2006 年，SolarEdge 率先开创单体组件优化器方案。2008 年，位于美国加州的由 3 名来自 NASA 的工程师创立的 Enphase 公司开始商业化量产微型逆变器，如图 6-1 所示，并且于当年销售几万套产品。随后 Enphase 获得几次风投后于 2020 年在美纳斯达克交易所上市，成为全球第一的微型逆变器制造商。英伟力（Involar）新能源科技公司是国内最早从事微逆变器研究的公司，从 2008 年初开始微逆变器技术的开发，并于 2010 年 5 月成功发布了其第一代产品 MAC250。2011 年以来，我国昱能科技、锦浪科技、禾迈、阳光电源、华为等厂商也相继推出微型逆变器或组件级功率优化器产品。同时，学术界也提出了诸多微型逆变器新方案。

图 6-1　Enphase 微型逆变器

　　微型逆变器区别于传统逆变器的特点在于其输入电压低，输出电压高，单块光伏组件的输出电压范围一般为 20~50V，而电网的电压峰值约为 311V（AC 220V）或 156V（AC 110V），这要求微型逆变器需要采用具备升压变换功能的逆变器拓扑；而集中式逆变器一般为降压型变换器，其通常采用桥式拓扑结构，逆变器输出交流侧电压峰值低于输入直流侧电压。微型逆变器可选的拓扑方案包括：高频链逆变器、升压变换器与传统逆变器相组合的两级式变换、基于隔离式的 Flyback 逆变器等几种，其中 Flyback 变换器拓扑结构简洁、控制简单、可靠性高，是一种较好的拓扑方案，目前 Enphase 等公司开发的微逆变器产品均基于 Flyback 变换器。

　　日本东京都立大学的 Toshihisa Shimizu 教授针对交流光伏模块做了较为系统的研究工作。2001 年分别提出了基于反激拓扑[5-6]以及阻抗导纳转换理论[7]的交流光伏模块，如图 6-2 所示，在图 6-2b 所示的反激拓扑中，通过引入功率解耦电路，有效地将二倍频功率脉动转移到解耦电容中，减小了光伏侧的电容容值。国内南京航空航天大学的胡海兵教授、浙江大学陈敏教授、合肥工业大学苏建徽教授、北京交通大学魏学业教授、上海大学汪飞教授等做了大量工作。

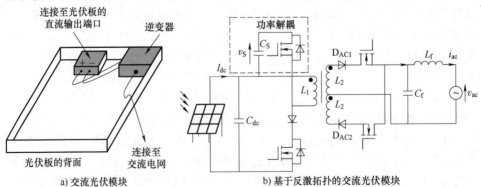

a) 交流光伏模块　　　　b) 基于反激拓扑的交流光伏模块

图 6-2　Toshihisa Shimizu 教授提出的交流模块

2. 组串式逆变器

组串式逆变器是对单串或数串光伏组件进行单独最大功率点跟踪及逆变后在交流侧汇流并入电网。如图 6-3 所示，组串式逆变器采用模块化设计，每个光伏串对应一个逆变器，直流端具有最大功率跟踪功能，组串式逆变器适用于住宅至中型商业光伏系统。

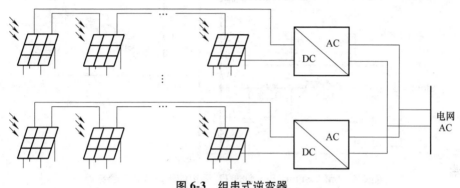

图 6-3　组串式逆变器

20 世纪 80 年代中期，自换相或线换相集中式逆变器占据着主要的逆变器市场。1990 年秋，德国联邦和州政府推出一项补贴计划 "1000 Roofs Program"，在该计划框架下，预计在 1990—1994 年期间在独立屋和双层住宅中安装约 1500 个光伏发电设备，自该计划提出后，组串式逆变器方案得以流行推广。

德国 SMA 公司于 1991 年开发了第一台组串式光伏逆变器 PV-WR 1800，内置高频变压器，能与计算机通信，效率达到 90.5%。1995 年，SMA 推出了至今仍畅销全球的 Sunny Boy 系列组串式逆变器（Sunny Boy 700）。作为第一代大规模商业化应用的组串式光伏逆变器产品，Sunny Boy 一代机额定功率为 700W，内置 50Hz 变压器，效率达到 93.5%。1999 年，第二代 Sunny Boy（Sunny Boy 1300TL/1600TL/2100TL）去除了内置变压器结构，减少了内在能耗，从而进一步提高了逆变器产品效率到 95.6%。最新 Sunny Tripower 组串式逆变器工作效率达到 98% 以上[8]。

SMA Sunny Boy 5000TL 设计了三个光伏组串，每个组串功率 2200 W，电压范围 125~750V，各组串具备独立的 MPPT 控制，PV 串连接标准的 boost 变换器，DC-AC 级为两电平电压源逆变器，电路拓扑如图 6-4 所示。

论及光伏逆变器，合肥工业大学张兴教授和阳光电源公司建立了典型的产学研范例，在学术界和业界都作出了诸多卓有成效的贡献。2001—2005 年 "十五" 期间，张兴教授及其团队与阳光电源联合承担并合作完成了科技部科技攻关项目 "并网光伏发电用系列逆变器的产业化开发"，解决并网光伏系统的关键部件逆变

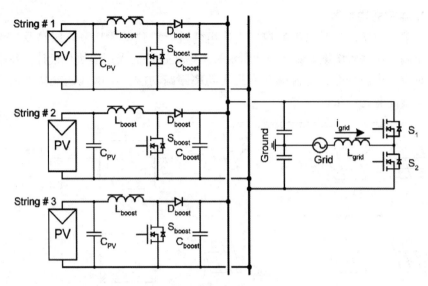

图 6-4　SMA Sunny Boy 5000TL 采用的组串式逆变器拓扑

器的产业化难点，推进我国并网光伏发电产业的发展。具体包括：①完成并网光伏发电系列逆变器的产业化，具体单机功率型谱如下：单相：1kW、2kW、3kW、5kW，三相：20kW；②完成并网光伏逆变器软硬件开发和产业化工作；③完成并网光伏逆变器系统设计仿真软件包的开发；④完成系列并网光伏逆变器的企业标准和工艺技术文件。

　　2014 年，阳光电源推出一款 60kW 光伏并网逆变器。该产品是全球第一款效率超过 99% 的商业化逆变器，也是当时功率最大的组串式逆变器，电网友好性更好，符合最新国标 GB/T 19964 和 GB/T 29319 的规范要求。2019 年，阳光电源推出了全球首款单机功率超过 200kW 的 1500V 组串逆变器 SG225HX。采用国际领先的三电平逆变技术和 12 路 MPPT 设计，组串级的 MPPT 跟踪完美地适应了复杂地形。交流电压提升到 800V，更好地降低了交流侧损耗。最大效率 99.01%，中国效率 98.52%（中国效率、欧洲效率、美国加州效率分别是指按照不同地区的日照情况，确定不同百分比的逆变器额定交流功率所占的权重），双双达到了国际领先的水平。2019 年，华为成为全球第一个百 GW 级逆变器装机企业，其主流产品也是组串式逆变器。

　　2020 年，第十四届国际太阳能光伏与智慧能源展览会（SNEC）上，正泰公司、特变电工、禾望电气等诸多公司亮相。其中正泰公司发布的"晨泰 275kW 组串式逆变器"成为当时业界最大功率的组串逆变器，最高效率可达 99%；特变电工发布新能源 1500V/228kW 光伏逆变器作为全球首批 200kW 以上的组串逆变器，产品具有以下亮点：24 路输入，12 路 MPPT，有效降低了组串并联失配影响；禾望电气展示的 225/250kW 组串式逆变器系列产品，采用最新的电力载波技术，最高效率达 99% 以上，拥有超高容配比。

现代的组串式逆变器更加智能，集成性更强，更具连通性和灵活性，这得益于将所有数据通信集成到逆变器中，减少了复杂性和组件数量，降低了成本。此外，这些逆变器在设计灵活性方面也有所提高，能够处理复杂的屋顶形状或阴影问题。现代的组串式逆变器还具有集成的电弧故障检测功能，可减少模块或接触器产生电弧的风险。

3. 集中式逆变器

集中式逆变器是将汇总后的直流电转变为交流电，逆变器功率相对较大，目前光伏电站中一般采用 500kW 以上的集中式逆变器，这种逆变器集成度高，功率密度大，便于维护管理，如图 6-5 所示。

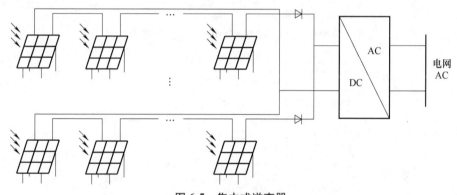

图 6-5　集中式逆变器

早在 1977 年，NASA 在科技报告 "ERDA/Lewis research center photovoltaic systems test facility" 描述了美国国家光伏发电系统实验设施，功率 10kW，采用的是线换相光伏逆变器拓扑，拓扑如图 6-6 所示。该拓扑的优点在于效率高、成本低、鲁棒性强，但主要缺点是功率因数比较低，通常在 0.6~0.7 左右。

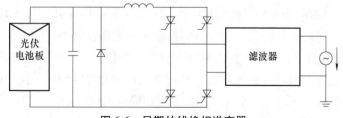

图 6-6　早期的线换相逆变器

随着 MOSFET 以及 IGBT 等功率器件技术成熟，全桥型逆变电路得到大量应用，同时逆变器的拓扑结构由传统的两电平向三电平甚至四电平、五电平发展。图 6-7 所示为美国 PowerOne 公司（2013 年被 ABB 公司收购）的四电平拓扑结构，图 6-8 所示为 PowerOne 公司的五电平拓扑结构。

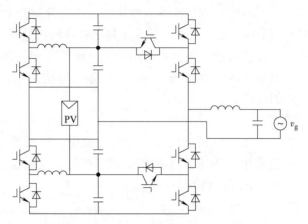

图 6-7 PowerOne 公司四电平拓扑结构

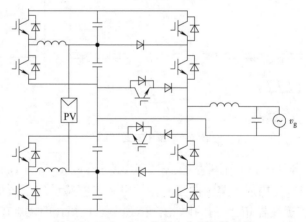

图 6-8 PowerOne 公司五电平拓扑结构

2002 年，德国 SMA 公司推出集中式逆变器 Sunny Central 产品，功率 100kW；随后 2009 年，推出大功率集中式逆变器 Sunny Central 系列产品，功率达到 500kW。逆变器集成度越来越高，单机容量也不断提升。2014 年，德国 SMA 公司推出单机容量为 2457kVA 的逆变器，其直流侧电压可达 1500V，在行业内处于领先水平。2018 年，国内光伏系统开始大范围切换至 1500V 系统。2018 年阳光电源推出 3125/3400kVA 的集中式逆变器，并推出了 6.25MW 解决方案。采用先进的 I 型三电平拓扑结构，不含隔离变压器，整机最大效率突破 99%。

近年来，产业界推出了集散式光伏逆变解决方案，结合了大型集中式光伏逆变器的"集中逆变"优势和组串式光伏逆变器的"分散 MPPT 跟踪"优势，达到"集中式逆变器低成本高可靠性，组串式逆变器的高发电量"。系统结构如图 6-9 所示。前端采用多路 DC-DC 变换器进行 MPPT 和升压（700～850V），在有效提高系统 MPPT 性能的同时，也提高了集中式逆变器的运行效率。

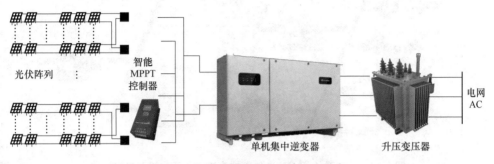

图 6-9 集散式光伏逆变系统解决方案

上面讲的都是单个光伏并网逆变器的方案，针对并网逆变器群中各逆变器协调运行问题，山东大学的高峰教授团队提出了全局同步脉冲宽度调制方法，首次实现了新能源并网逆变器在开关序列层次的协调控制，初步建立了并网逆变器协同运行的理论体系，可为并网逆变器优化设计提供新方案，显著减小逆变器开关频率和滤波器参数，进而提升新能源发电系统的效率和可靠性。他指导的许涛博士获得了首届 IEEE 电力电子学会博士论文奖。

最近，光伏发电经中压直流汇集成为一种技术方案。在国家电网有限公司科技项目"大型光伏电站直流升压汇集接入关键技术及设备研制"支持下，由中国电力科学研究院刘纯教高牵头，联合许继集团、东南大学、合肥工业大学、武汉大学、上海交通大学在新能源与储能运行控制国家重点实验室张北试验基地建成了 1.5MW 光伏直流升压并网实证平台，该平台包含三台 500kW/±35kV 光伏中压 DC-DC 变换器装置，分别由许继集团、东南大学和合肥工业大学研制，实证平台系统结构如图 6-10 所示。该系统由 1.5MW 光伏电站、MPPT 汇流箱、三台 MV DC-DC 变换器、两台直流故障隔离装置、一体化控制保护装置和 ±35kV MMC 换流器组成。1.5MW 光伏电站分别由三组 500kW 光伏发电系统组成，每组由 7 路光伏经 MPPT 汇流箱汇集接入汇流柜，每路约 50～100kW 不等，为每台中压 DC-DC 变换器提供 500kW 输入功率。为验证不同的变换器技术路线，三台中压 DC-DC 变换器分别为模块化 IPOS 型 DC-DC 变换器、高频谐振型 DC-DC 变换器和中频型 DC-DC 变换器，每台中压 DC-DC 变换器均实现低压侧 820V 输入控制和高压侧±35kV 输出。

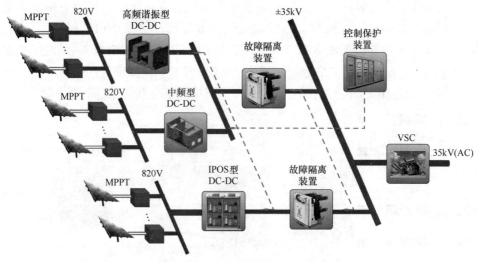

图 6-10 ±35kV/1.5MW 光伏电站直流升压汇集接入系统结构

2021 年，中国科学院电工研究所王一波教授团队在国家重点研发计划支持下，研制了集中型 ±30kV/1MW 和串联型 20kV/500kW 两种光伏直流升压变换器，效率大于 97.5%，实现了 8 台变换器串/并联运行，两种方案优势互补，适用于不同容量和电网电压等级的光伏电站。针对光伏阵列低压直流到高压直流的高变比升压需求，采用 IPOS 结构的光伏直流升压变换器设计集成和控制技术，同时建立了 ±30kV/5MW 光伏直流并网接入实证研究平台，如图 6-11 所示。

2022 年 11 月，由阳光电源承担的国家重点研发计划"可再生能源与氢能技术"重点专项"新型光伏中压发电单元模块化技术及装备"项目顺利通过综合绩效评价验收。该项目由阳光电源联合浙江大学、上海交通大学、合肥工业大学、中国电力科学研究院等单位，针对高效率、低成本大型光伏电站需要，开展了光伏中压发电单元模块化技术及装备的研究，研制出基于模块化设计的 35kV/6MW 中压并网装备。

6.1.3 光伏系统中的漏电流问题及解决方案

在光伏系统中，太阳能电池和接地外壳之间存在一个对地寄生电容。寄生电容的大小取决于直流源和环境因素。在光伏系统中，由于光伏板具有较大的总面积，光伏组件与地之间的寄生电容甚至可以达到毫法级。当光伏系统中不采用变压器时，电网和光伏阵列之间存在直接的电气连接。开关管的动作会导致寄生电容上的电压变化。这种变化的共模电压可以激发由滤波元件和电网阻抗组成的共模电路，从而产生共模电流，也就是漏电流，如图 6-12 所示。

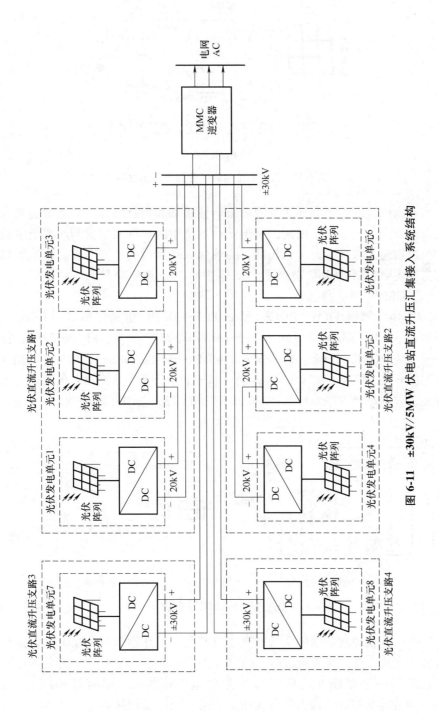

图6-11　±30kV/5MW 伏电站直流升压汇集接入系统结构

185

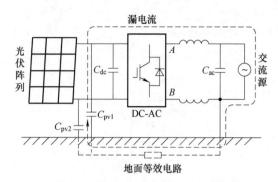

图 6-12 对地寄生电容产生漏电流示意图

高频漏电流的产生会导致进网电流谐波增加和损耗增加，甚至可能对人员和设备的安全构成威胁。因此，对于光伏系统中的这种漏电流问题需要进行有效的解决措施，以减少谐波和损耗，并确保人员和设备的安全性。主流的拓扑解决方案主要包括 HERIC 逆变器、H5 逆变器、H6 逆变器等[9]。

（1）HERIC 逆变器

2002 年，德国 FRAUNHOFER GES FORSCHUNG 申请了专利"Inverter for transforming a DC voltage into an AC current or an AC voltage，EP1369985"，提出了一种名为 HERIC（highly efficient and reliable inverter concept）的逆变器拓扑结构，如图 6-13a 所示。德国 Sunways 公司基于此进行了一系列商业化的逆变器产品开发，包括单相 NT3000、NT4200 以及三相 PT30k、PT33k 等产品。

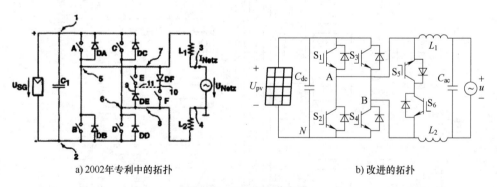

a) 2002年专利中的拓扑   b) 改进的拓扑

图 6-13 HERIC 逆变器

HERIC 逆变器在普通的全桥逆变电路基础上，在输出端并联了由旁路开关管组成的支路。进入续流阶段时，旁路开关管开通，从而不借助逆变器进行续流，在续流阶段切断交流侧和直流侧的电气连接，从而有效抑制漏电流。HERIC 逆变器的拓扑结构为分布式光伏并网系统的运行提供了一种有效的解决方案。

（2）H5 逆变器

随着分布式光伏发电在德国的广泛应用，德国 SMA 公司也认识到无变压器光伏逆变器这项技术的巨大潜力，于 2004 年在专利 "Method of converting a direct current voltage from a source of direct current voltage into an alternation current voltage, structure of circuit arrangement, and inverter, HK1084248" 中发明了 H5 逆变器。

图 6-14 所示为 H5 逆变器的拓扑结构，它在普通的全桥逆变电路基础上，在输入端口串联了一个额外的开关管。由于 H5 逆变器在直流侧增加了辅助开关管，通过续流模态实现了光伏板侧和电网的解耦，从而切断了共模回路，显著减小了漏电流的问题。然而，相比 HERIC 拓扑结构，H5 在能量传输阶段电流需要流过三个功率器件，而在续流阶段只需流过两个功率器件。这导致 H5 逆变器的导通损耗略微增加，对其逆变效率产生了一定影响。尽管如此，H5 逆变器的拓扑结构已经被 SMA 公司商业化应用于其光伏逆变器 SunnyBoy 4000/5000 系列产品中。根据 "Photon International" 杂志报道，该逆变器的欧洲效率达到 97.7%，最高效率可达 98%。

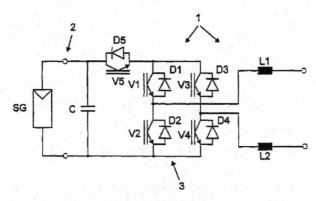

图 6-14　H5 逆变器

（3）H6 逆变器

在 H5 逆变器基础上，国内外学者又陆续提出了多种 H6 型电路拓扑。2011 年，美国弗吉尼亚理工大学 Jih-Sheng（Jason）Lai 教授团队在论文 "High-efficiency MOSFET inverter with H6-type configuration for photovoltaic nonisolated AC-module applications" 中提出了一种新型高效率的单相无变压器 H6 逆变器，如图 6-15 所示。通过增加两个辅助开关管，在续流阶段将光伏板和交流电网解耦，切断共模回路，进而大幅减小漏电流。据论文报道，该拓扑可实现低漏电流，欧洲效率 98.1%，最高效率可达 98.3%。

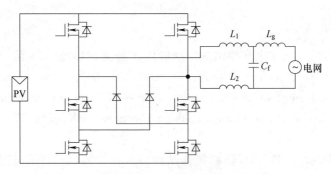

图 6-15 弗吉尼亚理工大学提出的 H6 逆变器

2011 年，浙江大学何湘宁教授、李武华教授团队在论文 "A novel single-phase transformerless grid-connected inverter" 中提出了两种 H6 拓扑，如图 6-16 所示。图 6-16a 所示拓扑增加了两个开关管和两个二极管，开关管在正负直流母线上，且处于两个桥臂之间；图 6-16b 所示拓扑则在正负直流母线上分别增加了一个开关管。同年，团队还提出了一种虚拟直流母线逆变器方案。这些电路拓扑均为光伏系统的漏电流问题提供了有效的解决方案。

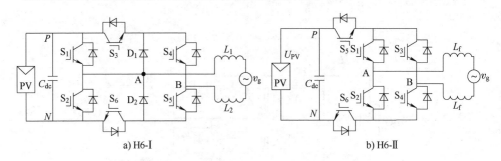

a) H6-I

b) H6-II

图 6-16 浙江大学何湘宁教授团队提出的 H6 逆变器

2014 年，河海大学的张犁教授、清华大学孙凯教授、南京航空航天大学的邢岩教授科研团队在论文 "H6 transformerless full-bridge PV grid-tied inverters" 中提出了一种新型 H6 逆变器拓扑结构，如图 6-17 所示。该拓扑同样增加了两个开关管，将其连接在正直流母线和逆变桥臂中点。在正向传能阶段电流需要流过三个功率器件，而在反向传能和续流阶段仅需流过两个功率器件，在一定程度上降低了导通损耗。

发展至今，仍不断有新的电路拓扑提出，以更好地解决漏电流问题，适应不同场景的光伏应用。国内山东大学张承慧教授、陈阿莲教授，南京航空航天大学谢少军教授，东南大学肖华锋教授，燕山大学郭小强教授，江苏大学廖志凌教授等在并网逆变器拓扑、模型、控制等方面做了大量出色工作。

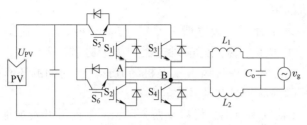

图 6-17　新型 H6 逆变器

6.2　风力发电

6.2.1　风力发电简介

风能的历史很早，比较有名的就是荷兰人利用风车改造低洼地，因此风车也成了荷兰的象征。第 1 章中提到，1832 年，法国工程师皮克西制造了直流发电机，而 1850 年以后，主要用于泵水的美国农场风车得到了大量应用。于是将发电机和风力机结合起来组成风力发电机的条件日渐成熟[10-12]。

1887 年，英国格拉斯哥大学的詹姆士·布莱斯（James Blyth）教授开发了一台 3kW 的垂直轴风力发电机组，为蓄电池组充电并用于照明。1888 年，美国发明家查尔斯·布拉什（Charles F. Brush）在克利夫兰制造了一台 12kW 风力发电机组，用来为其家地窖里的蓄电池充电。

1891 年，丹麦南部阿斯考夫民众高等学校的保罗·拉·库尔（Poul La Cour）教授建造了一个风力发电试验站，并建立了第一个用于实验风力发电机的风洞，成为世界上在风洞里使用人工气流进行系统实验的第一人。他试制了一台含 4 组百叶窗式叶片的风电机组，产生直流电通过蓄电池供离网用户使用，还将产生的电能用于电解水，以获得氢气，然后利用氢气灯为校园照明。由于氢气中含有少量氧气致使氢气爆炸，他不得不数次更换学校的窗户。他还创立了世界上第一个风力发电期刊——《风电杂志》。在他的推动下，风力发电在丹麦得到广泛的应用。1918 年风力发电机的容量就占当时丹麦电力消耗量的 3%。现在丹麦仍然是风力设备生产大国，如维斯塔斯（Vestas）公司。

1941 年，美国水轮机制造商摩根·史密斯（Morgan Smith）公司制造了由工程师史密斯·帕特南（Smith Putnam）设计的大型风力发电机（Smith Putnam 风力机），MIT 著名空气动力学教授冯·卡门也参与了设计。这是世界上第一个兆瓦级风力发电机，该风力机叶轮直径 53.3m，配有额定功率 1.25MW 同步发电机，风轮通过一个能够有转速差的液力联轴器驱动发电机。此后兆瓦级风力机成为风力发电机的主流。

1957 年，丹麦工程师约翰尼斯·尤尔（Johannes Juul）制造了著名的盖瑟（Gedser）风力发电机组，采用感应发电机，额定功率为 200kW，安装在丹麦南部的盖瑟海岸，已经初具现代风力发电机的雏形。同时期的还有德国的胡特尔风力发电机、法国的尼尔必克风力发电机等。

20 世纪 70 年代发生石油危机后，西方国家对新能源开发愈加重视，开创了风能利用新局面。1987 年美国研制出单机容量为 3.2MW 的水平轴风力发电机组，风轮直径约为 100m，塔高为 80m，安装在夏威夷的瓦胡岛；1987 年，加拿大研制出单机容量为 4.0MW 的垂直轴达里厄型风力发电机组，安装于魁北克省，不过这些巨型机组因故障维修困难，经费难以维持，未能发展成商业机组。1979 年，丹麦一个生产轻型卡车用液压起重机的企业维斯塔斯转向生产风力机，并首次安装了 80 台 55kW 风力机。到 20 世纪 90 年代，单机容量为 100~200kW 的机组已在中型和大型风电场中成为主导机型，其后发展到 300kW、500kW、600kW 和 750kW 机型。

2000 年，德国恩德（Nordex）能源公司生产的 N80/2500 风力发电机组投入运行，风轮直径 80m，采用双馈发电机，2.5MW，2015 年又推出 3.3MW 风力机组。

2002 年，德国埃纳康（Enercon）公司推出了直驱式风力发电机组额定功率为 4.5MW，采用永磁同步发电机，2015 年，又推出单机容量为 7.5MW 的机组。

2004 年，GE 风电公司研制的 7 台 3.6MW 机型在爱尔兰风电场成功运行，2019 又推出 12MW 机组，整体高度 260m。

2008 年西门子公司在丹麦安装了 3.6MW、风轮直径为 120m 的直驱风力发电机组，2011 年生产了 6MW 的机组，2015 年生产了 7MW 的永磁直驱海上风力发电机组。

1986 年，山东荣成建成了我国第一座风电场——马兰风力发电厂正式并网发电，安装了从丹麦引进的 3 台 55kW 风力发电机组。1986 年在新疆达坂城安装了一台 100kW 风电机组，1989 年又安装了 13 台 150kW 风电机组，开始了我国风电场运行实验和示范。

1997 年，风能公司与德国 JACOBS 签订了 600kW 风力机生产许可转让合同，并在 1998 年以注册资金 300 万元成立新疆新风科工贸有限公司——就是金风科技的前身。1999 年完成了 600kW 风力机的研发项目并通过了科技部的验收鉴定。这是在中国风电产业中具有划时代意义的第一台国产风力机。目前，我国主要有金风科技、明阳智能、三峡能源、远景能源、上海电气等风电机组厂家。

6.2.2　风力发电中的电力电子变流器

从发电机的角度，已有的商业化大功率风力发电机可分为异步电机和同步电机两大类，异步电机主要有笼型感应发电机（SCIG）、绕线转子感应发电机（WRIG）、双馈感应发电机（DFIG），同步电机主要包括永磁同步发电机（PMSG）、绕线转子同步发电机（WRSG）。从发电机转速控制的角度，并网风力发电系统可以分为恒速恒频和变速恒频两类。恒速恒频技术一般采用 SCIG 和 WRIG 作为风力发电机，不通过电力电子设备而直接并网，一般通过主动失速、桨距角控制等机械手段来保证恒频并网。早期的风力发电技术多采用这种方式，它存在风速范围窄、转换效率低、部件机械应力大等不足，已经逐渐退出历史舞台。变速恒频风力发电技术借助电力电子变流器实现柔性并网，可以实现不同转速下的最大功率点跟踪，并且有一定的无功补偿能力，并网电能质量更好，是目前风力发电系统的主流。从传动链组成的角度，并网风力发电系统可以分为齿轮传动型和直驱型两类。由于大型风力机风轮庞大，转速较低，为了与高转速运行的发电机匹配，必须使用齿轮传动装置来进行能量传递，但是齿轮传动装置增加了风电系统的能量变换环节和体积成本，还增加了系统的故障率和维护成本。直驱型风力发电系统的风力机一般采用多对极的同步发电机，它运行在低速状态，可以被风力机轮毂直接驱动，从而省去了齿轮传动装置，提高了风能的利用效率。从功率变流器容量角度，并网风力发电系统可以分为部分功率风力发电机组和全功率风力发电机组。顾名思义，部分功率风电机组只有一部分能量通过变流器并入电网，而全功率风电机组则需要容量与风力发电机相当的变流器来并入电网。全功率机组虽然增加了变流器容量和损耗，但是实现了风力机和电网的完全解耦，还可以实现更大范围的调速和最大功率点跟踪，并且更有利于电网对风电的接纳，是当今大功率风力发电系统发展的主流方向[13-14]。

典型的全功率风力发电系统基本构成如图 6-18 所示[15]，其主要组成部分包括：风轮机和变速齿轮箱、风力发电机、机侧滤波器、电力电子变流器、网侧滤波器、并网升压变压器等。变流系统的主要功能是将频率实时变化的交流电转换为恒定频率的交流电送入中高压电网，变换的本质是交流电到交流电的变换，理论上来讲有交-交变换和交-直-交变换两种形式，交-交变换无法对电机和电网能量进行解耦，目前还未见有风电工程实际使用，一般都是采用交-直-交变换。

模块化变流器不仅可以提升功率密度，还能通过电力电子集成模块来简化设计，降低单模块容量要求，有利于工程实现。按照风电变流器的特点，可以采用的模块化方案包括低压、中压两个技术方向，按照不同国家和地区标准，低压、中压序列见表 6-1。

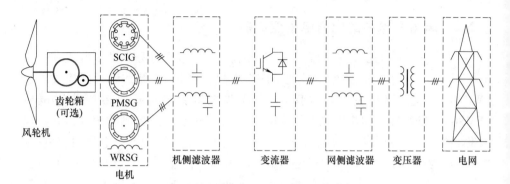

图 6-18　全功率风力发电系统基本结构

表 6-1　不同地区低压与中压电压等级序列划分

国家/地区	参考标准	电压等级序列
中国	GB50052	低压：220V、380V、660V
		中压：3kV、6kV、10kV、20kV、35kV
欧洲	IEC60038	低压：200V/220V/230V、400V、690V
		中压：3.3kV、6.6kV、11kV、22kV、33kV
美国	ANSIC84.1	低压：208V、120V/240V、480V、575V
		中压：2.4kV、4.16kV、6.9kV、12.47kV、13.81kV、21kV、34.5kV

考虑通用性，可认为电压小于 1kV 为低压范围，而在 1~35kV 为中压范围。低压模块化方面，利用多种形式的并联可以扩大变流器容量，减小单模块的载流量；中压方面，通过提升风力机和变流器的电压等级，也能达到减小单机电流、提高功率密度的目的。

1. 风电低压全功率交-直-交变流器

低压全功率风电机组交-直-交变流器主要由连接电机的整流器和与电网接口的网侧逆变器组成，主要拓扑形式包括：二极管整流加晶闸管逆变器（Diode Rectifier + Thyristor Inverter）、二极管整流加两电平电压源 PWM 逆变器（Diode Rectifier + 2-level VSC）、二极管整流后 Boost 升压再接两电平电压源 PWM 逆变器（Diode Rectifier + Boost + 2-level VSC）、两电平电压源型背靠背 PWM 变流器（Back to Back 2-level VSC）、中点箝位三电平背靠背变流器（Back to Back 3-level Neutral Point Clamped）等几种[16]。受到器件功率等级和成本影响，大部分的低压风电机组并网电压都在 690V 左右，三电平用于低压并无优势，主要应用于中压系统。在除三电平外的其他几种低压拓扑结构中，可根据风力机侧整流形式分为不控整流和 VSC 整流两种类型，两种类型的主要优缺点比较见表 6-2。

表 6-2　风力机侧不控整流与 VSC 整流性能对比

比较项目	不控整流	VSC 整流
典型拓扑	Diode+Boost+2L-VSC	BTB+2L-VSC
成本与控制复杂程度	成本较低，控制简单	成本较高，控制相对复杂
发电机转矩与定子电流	转矩脉动大，电流畸变严重	转矩脉动小，电流正弦化
风速捕捉运行范围	由于直流电压限制运行范围窄	有源整流运行范围宽
MPPT	含 Boost 电路时可实现	可实现
能量双向流动	能量无法向发电机流动	可双向流动
并网性能	性能良好	性能良好

二极管整流加晶闸管逆变的拓扑在早期风力发电中应用广泛，此结构只需对网侧晶闸管进行控制，但是晶闸管逆变器输出含有大量无功和谐波，需要额外的无功补偿装置，并且包含机侧不控整流的所有主要缺点，具体包括：风力发电机功率因数低、低风速时直流电压过低无法并网（风速运行范围较窄）、无法使发电机运行在电动状态（发电机在起动、安装调试时会处于电动状态）等。随着全控器件 IGBT 发展成熟和价格下降，晶闸管逆变的拓扑已经完全被淘汰。二极管整流加两电平 VSC 拓扑的优点在于并网 VSC 大大提升了风电机组的并网电能质量，但是机侧采用不控整流，机侧性能同样较差。二极管整流后 Boost 升压再接两电平电压源 PWM 逆变器的拓扑是对纯二极管整流拓扑的一种改进，Boost 电路保证了最大功率点跟踪功能的实现，并拓宽了风力发电机的转速运行范围，但是其机侧同样为不控整流，其实际应用也逐渐被淘汰。两电平电压源型背靠背 PWM 变流器拓扑结构是目前应用最为广泛的拓扑。该拓扑对称的结构有利于模块化设计；发电机侧，电机电压和电流可实现完全正弦化，转矩无脉动，电机损耗小，并且 VSC 本身具有升压功能，可实现较大风速范围内的运行；电网侧，对电网友好，并网功率因数可调、电能质量较好。此外直流稳压、MPPT、有功无功解耦、单位功率因数、电机直接转矩控制等控制方法均可实现，从这个方面来讲，大大丰富了控制的自由度，为多种优化的总体控制策略提供了条件。同时还可实现风力机的双向能量流动，方便了电机的起动和安装调试。总体来讲，背靠背 PWM 两电平变流器拓扑结构已经成为目前的主流低压风力发电机并网拓扑。目前在运行的大多数全功率风电变流器就采用这种拓扑方案，变压器选用 0.69/35kV 箱式升压变压器，直流母线一般运行在 1050～1100V 之间，功率开关选用 1.7kV IGBT 模块。由于单个 IGBT 模块的电流容量有限，一般单个背靠背变流器容量不超过 1.5MW。

随着新能源并网的进一步规模开发，风电机组单机功率越来越大。在低压条件下，更大的单机功率意味着更大的电流，这就对电机绕组、连接线缆、滤波器、功率器件等要求更高，线缆的交流损耗和体积都随电流增大而上升，趋肤效应更是导致铜缆的浪费。所以单模块变流器的容量不足以满足日渐增加的单机功率需求，必须采用扩容手段，变流器并联是进行扩容的主要手段之一，并联变流器的主要优势包括：模块化设计利于扩容、冗余特性好等。常见的并联扩容有三种形式，即器件并联、功率单元并联、变流器系统并联[17-19]。

2. 风电中压全功率交-直-交变流器

对于单机功率在 3MW 以上的风力发电机，将风力发电的电压等级从低压提升到中压将带来诸多好处，例如降低电流额定值从而减小线缆、滤波器体积成本，降低损耗，利于中压并网甚至可能实现无变压器并网等。考虑 IGBT 器件耐压和成本，目前可能实现中压风电变流的主要技术方案包括器件串联以及多电平方案，分类如图 6-19 所示[20-21]。

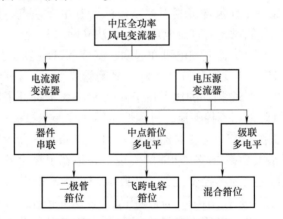

图 6-19　中压风电变流器拓扑分类

使用低压器件串联和两电平拓扑实现中压变换，具有拓扑简洁、控制简单、经济性好等优点。但 IGBT 的串联使用需要解决一系列问题，其难点在于 IGBT 的动态、静态均压问题和过电流故障后的微秒级检测及同步关断，该方案很少采用。

图 6-20 所示为基于二极管箝位三电平拓扑的背靠背全功率风电变流器系统（BTB-3L-NPC），这种三电平拓扑又被称作"I 型三电平"。当 IGBT 选用 1.7kV IGBT 模块时，网侧输出电压可以由 690V 提升到约 1150V。采用三电平拓扑方案能减小输出电流，减少背靠背模块并联数量，提升变流器效率和可靠性，非常适合 4~7MW 容量等级的风电变流器。

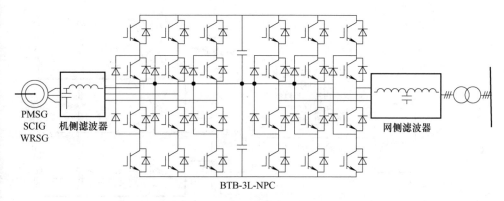

图 6-20　基于 NPC 拓扑的交-直-交全功率风电变流器系统结构

随着风电机组对单机容量要求越来越高，采用 1.7kV IGBT 的技术方案已经难以满足要求，必须进一步提升系统电压来提升变流器的容量，因此 3kV 电压等级风电变流器被提出来。一种选择是采用 4.5kV IGBT 和三电平拓扑方案实现风电变流器 3kV 输出，受限于高压 IGBT 的电流容量，单个背靠背变流器容量最大约为 2.5MW，因此还需要进行并联。

第二种方案是采用 4.5kV IEGT 作为功率开关器件。IEGT 比 IGBT 通流能力更强，可以做到更大容量。目前 GE 公司采用 IEGT 器件和 NPC 三电平拓扑的解决方案，容量涵盖 5~16MW。

第三种方案是采用 IGCT 与三电平结合技术，单个背靠背变流器可以实现最高达 7MW 变流容量，ABB 公司已经推出了多款基于 IGCT 的全功率风电变流器产品，容量涵盖 5~12MW。

在风力发电机以及相应的风电变流器方面，国内东南大学程明教授、湖南大学黄守道教授、上海交通大学蔡旭教授等团队做了大量出色工作。

6.2.3　风力发电送出技术

上一小节介绍了风电变流器的发展，研究电力电子的学者不但要关注到风电变流器，还需要关注到风电变流器的出口，即风力发电送出技术，这里以海上风电送出为例。送出系统分为交流送出和直流送出系统两大类。

目前，近海海上风电场通常采用二级升压方式（少数采用三级）接入交流电网，即风力发电机输出电压 690V，经箱变升压至 35kV 后，分别通过 35kV 海底电缆汇流至 110kV 或 220kV 升压站，最终通过 110kV 或 220kV 线路接入电网。图 6-21 所示为海上风电场典型布局[22]。

海上风电工频交流输电受制于容性电流、损耗等影响，工频交流送出理想距离为 70~100km，超过该距离后，高压直流输电以无容性电流、损耗低和用

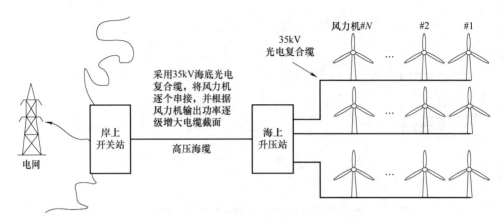

图 6-21　海上风电场接入系统拓扑结构

海海域小成为优选方案，如图 6-22 所示。海上风力机通过 35kV 线路汇集后接入交流升压站的升压变压器，升压变压器将电压升到 155kV 或 220kV 后通过交流高压海缆接入海上换流站的联结变压器，经过联结变压器转换为与柔直匹配的阀侧电压接入换流阀，换流阀转换成直流后接入高压直流电缆送出到岸上换流站，岸上换流站通过联结变压器接入交流电网。最近，随着风力机容量的增大，出现了风力机侧直接以 66kV 电缆接入海上换流站的方案，升压站和换流站合并一站，风力机通过 66kV 电缆汇集直接接入柔直联结变压器，近一步降低成本[23]。

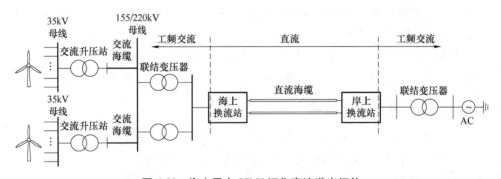

图 6-22　海上风电 35kV 汇集直流送出拓扑

为了进一步提升海上风电送出的经济性，欧洲规划的下一代远海风电柔直送出工程，采用更大容量远海风电汇集后接入标准化的 2000MW 柔直集中送出系统，其主接线如图 6-23 所示，采用真双极柔性直流带金属回线方案，满足单极停运可以继续运行，提高可靠性，经济性和技术性亦进一步提升。

2010 年，德国建成世界上第一个海上风电柔直送出工程——±150kV/

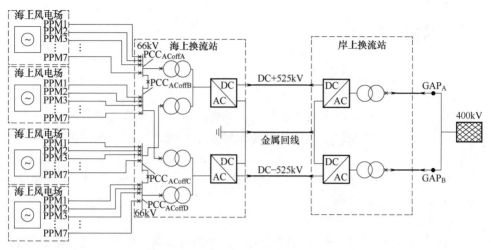

图 6-23　2000MW 海上风电直流送出主接线

400MW 的 BorWin1，换流站采用两电平拓扑结构将单个风电场经远海送出。后来，MMC 技术在 HelWin2（2015 年）、BorWin2（2015 年）等多个海上风电项目中应用。我海上风电直流送出技术起步较晚，但依托于国内柔性直流技术快速发展，2021 年，三峡集团和中广核集团投运了世界上电压等级最高的亚洲首个海上风电柔性直流输电工程——如东±400kV/1100MW 海上风电柔直工程。

采用 MMC 的柔直送出工程，其海上平台的投资约占据了整个风电直流送出工程的 19%。为了降低海上平台重量和体积，提高工程经济性，国内外专家学者提出了多种改进和优化方案。

比较有代表性的有，西门子风电公司提出的海上风电二极管整流送出方案，将风力机簇接入不同的二极管整流器，多个二极管整流器串联升压并用多重化技术抑制直流侧谐波，大幅降低了换流成本，但这种方案需要解决风电场的无功补偿和起动问题。

西安交通大学王锡凡院士在 1994 年提出分频输电技术，通过降低频率提高交流海缆输电距离，在避免建设海上换流站的同时实现远海风电送出。2022 年 6 月，世界首条低频输电工程——台州柔性低频输电工程正式商业投运，该工程的 M3C 换流阀、控制保护、低频测量系统由南瑞继保研制，将大陈岛的 2 台工频风力机改造为 20Hz 低频风力机，通过低频变压器再接入新建的低频海缆，然后接入岸上低频换流站，将 20Hz 交流电变换成 50Hz 接入工频交流主网。还有其他多种方案，具体可参考浙江大学徐政教授发表的论文"海上风电送出主要方案及其关键技术问题"。

6.3 储能

6.3.1 储能发展简介

风电、光伏等新能源具有间歇性、波动性等特点，电网的能源消纳问题逐渐成为制约其发展的瓶颈。储能技术是保障未来新能源大规模发展和电网安全经济运行的关键技术。随着新能源产业不断增长，储能技术迎来了历史性的发展机遇。根据储能原理的不同，储能技术可以划分为机械储能、电化学储能、电磁储能等几个主要类别。

1. 机械储能

根据储能介质不同，机械储能又主要分为抽水蓄能、压缩空气储能和飞轮储能。其中，抽水蓄能是目前最为成熟、成本最低、应用规模最大的储能技术。

（1）抽水蓄能

抽水蓄能通过利用电能将水抽升至高位以储存能量，需要时再通过水力发电将水下泄以产生电能。抽水蓄能具有成本低、规模大、技术成熟、寿命长等优点。1882年，瑞士苏黎世诞生了全球第一座抽水蓄能电站。1968年，河北岗南水库电站安装了我国第一台容量11MW的进口抽水蓄能机组。抽水蓄能电站从最初的四机式（水轮机、发电机、水泵、电动机）、过渡到三机式（水轮机、发电-电动机、水泵）、最后发展到两机可逆式水泵水轮机组，从配合常规水电的丰枯季调节到配合火电、核电运行、逐渐转变为配合新能源运行，从定速机组发展到交流励磁变速机组和全功率变频机组。抽水蓄能电站在电网中承担调峰填谷、调频、配合新能源储能、事故备用和黑起动等功能，对电网的安全稳定运行发挥着重要作用。

（2）压缩空气储能

压缩空气储能（Compressed-Air Energy Storage，CAES）是指在电网负荷低谷期将电能用于压缩空气，将空气高压密封在报废矿井、沉降的海底储气罐、山洞、过期油气井或新建储气井中，在电网负荷高峰期释放压缩空气推动汽轮机发电的储能方式。自1949年Stal Laval提出利用压缩空气储能以来，国内外学者进行了大量的研究。世界上已有两座大型传统的压缩空气储能电站投入运营。1978年，第一台商业运行的压缩空气储能机组在德国的亨托夫（Huntorf）诞生。1991年5月第二座电站在美国亚拉巴马州麦金托夫市（Mcintosh）投入运行。

从2012年开始，清华大学梅生伟教授团队和华能江苏公司与中盐金坛公司合作，开启盐穴储能项目研究，沿着"非补燃"，即不烧煤、不烧天然气、实现零碳排放的工艺路线，探索压缩空气储能电站，2021 年，建成世界首个非补燃压缩空气储能电站，在金坛并网发电，电-电转换效率达 60%。

（3）飞轮储能

飞轮储能主要利用和飞轮同轴旋转的电机电能和旋转飞轮的动能进行能量转换。在储能阶段，通过电动机拖动飞轮，将电能转换为旋转飞轮动能进行存储；在释能阶段，电动机作为发电机运行，将动能转换为电能输出，技术特点是高功率密度。据《2022 储能产业应用研究报告》，截至 2021 年，全球储能市场的装机功率为 205.3GW，而飞轮储能仅占 0.47%，仍然是一种非主流的储能方式。

2. 电化学储能

第 1 章中介绍的莱顿瓶是最早的电容器之一，被认为是最早的蓄电装置。1748 年，美国富兰克林根据莱顿瓶的电容原理设计了平行板电容器，他将 11 个电容器用金属链串联成一个电池组，称为 "electric battery"（电池）。battery 来自法语，衍生自拉丁词根 batt-（击打），同根词还有 battle（战役）等，"battery"最早用于指代一组炮，富兰克林把这个 "一组一起发挥作用的武器" 的概念借用来描述一组电池。

铅酸蓄电池是 1859 年由法国物理学家普兰特（Gaston Plante）发明的，在发明之后，在化学电源中一直占有绝对优势。这是因为它有价格低廉、原材料丰富、可靠性高，适用于大电流放电及广泛的环境温度范围等优点。

锂作为电池材料的研究始于 20 世纪 50 年代。20 世纪 70 年代初，英国材料学家 M·斯坦利·威廷汉（M. Stanley Whittingham）在开发首个功能性锂电池时就利用了锂的巨大动力来释放其外部电子。1979 年，美国材料学家约翰·班尼斯特古迪纳夫（John Bannister Goodenough）发现通过使用钴酸锂作为锂离子可充电电池的阴极，使用金属锂以外的阳极就有可能实现高密度的储能。以古迪纳夫的研究为基础，日本化学家吉野彰使用钴酸锂阴极和碳阳极，在 1985 开发了第一个商业上可用的锂离子电池。他三人因在锂离子电池领域的贡献共同获得 2019 年诺贝尔化学奖。

3. 电磁储能

电磁储能技术是一种利用电场或磁场存储的技术。主要的电磁储能设备包括超导磁储能（Superconducting Magnetic Energy Storage，SMES）、超级电容器储能等。超导储能系统是采用超导线圈将电磁能直接储存起来，需要时再将电磁能返回电网或其他负载的一种电力设施。超导磁储能技术具有转换效率高（≥95%）、响应速度快（约几毫秒至几十毫秒）等优点。

超导除应用于储能外，还有一些其他新型应用[24]。超导直流输电是利用超导体的零电阻和高密度载流能力发展起来的新型输电技术，通常需要采用液态介质冷却以维持电缆导体的超导态，但介质循环冷却系统给超导直流输电增加了运维成本。基于可再生能源制备的液态清洁燃料,如液氢、液化天然气(Liq-uefied Natural Gas,LNG)等,其输送也需要专用保温绝热管道和低温制冷系统。因此,将超导直流输电与低温液体燃料输送管道相结合,两者共用制冷系统和传输绝热管道,在液体燃料输送的同时冷却超导电缆,进而形成一体化输送的"超导能源管道",可望成为未来能源输送的技术选择之一。自从 20 世纪末首次提出"氢电混输超导能源管道"概念后,美、日、俄、欧等国家和地区相继开展了输氢/输电能源管道的探索和研究工作。中国科学院电工研究所肖立业教授团队考虑到 LNG 管道输送的现实性,提出了电力/LNG 混输的超导能源管道设想。2019 年 7 月,团队研制出 10m 长、10kV/1kA 超导直流能源管道样机,并通过了多种测试。

6.3.2 储能双向 DC-DC 变换器

1977 年日本九州大学的 H. Matsuo 等在论文 "New DC-DC converters with an energy storage reactor" 中梳理了三种带储能电抗器的双向 DC-DC 变换器,如图 6-24 所示。1982 年 H. Matsuo 教授基于升压型双向 DC-DC 变换器设计了光储一体化系统[25]。

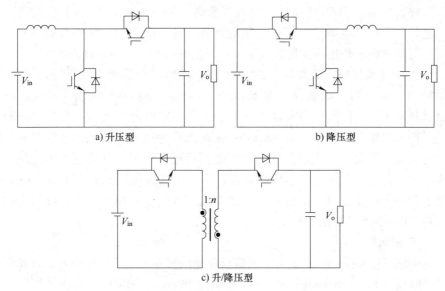

a) 升压型   b) 降压型

c) 升/降压型

图 6-24 带储能电抗器的 DC-DC 变换器

20 世纪 80 年代初,为了减轻人造卫星太阳能电源系统的体积和重量,美国学者提出用 Buck-Boost 型双向直流变换器代替蓄电池充电器和放电器,实现汇流条电压的稳定[26]。

1995 年罗马大学的 F. Caricchi 教授等将图 6-24a 升压型和图 6-24b 降压型双

向 DC-DC 变换器进行级联，提出如图 6-25 所示的级联型 Buck-Boost 双向直流变换器（也称为四开关 Buck-Boost）。基于这一拓扑结构，F. Caricchi 教授成功研制了电动汽车驱动用 20kW 水冷式双向 DC-DC 变换器[27]。

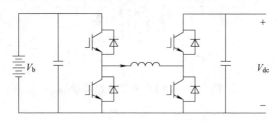

图 6-25 级联型 Buck-Boost 双向 DC-DC 变换器

"亚洲电动车之父"、中国工程院院士陈清泉教授较早地开展了电动汽车用双向 DC-DC 变换器的研究工作，提出了零电压开关多谐振直流变换器[28]、双向零电压开关直流变换器[29]等软开关电路拓扑。

隔离型双向 DC-DC 变换器包括正激、反激、推挽、桥式等电路拓扑。反激变换器、推挽变换器电路结构对称，易于构造双向直流变换器，1989 年就有学者提出双向推挽 DC-DC 变换器电路拓扑，尽管推挽变换器结构简单，但变压器偏磁和漏感问题限制了其应用。桥式直流变换器应用较广，浙江大学徐德鸿教授等对复合有源箝位和移相控制软开关双向直流变换器进行了系统研究。双有源桥变换器是经典的隔离型双向变换器，具体请见第 4 章 4.9 节。

LLC 谐振变换器在 20 世纪 80 年代被提出，由于同时包含两个电感（L）和一个电容（C），因此称之为 LLC，其电路如图 6-26 所示[30]。LLC 变换器的主要特点是利用谐振元件（电感和电容）谐振实现开关器件软开关，从而实现高效的电能变换。

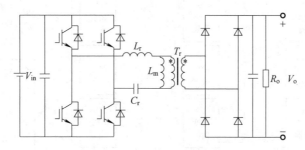

图 6-26 谐振型 DC-DC 变换器

在随后的几十年中，许多学者对 LLC 电路进行了设计与改进，当其用于双向变换时电路不对称，2010 年，浙江大学吕征宇教授较早地研究了 CLLC 型谐振变换器，其拓扑如图 6-27 所示[31]。该拓扑一、二次侧结构较为对称，能够实现能量双向传输，适用于储能系统。

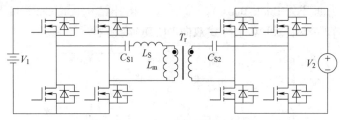

图 6-27　CLLC 双向直流变换器

6.3.3　储能双向 DC-AC 变流器

储能双向 DC-AC 变流器是连接储能和交流负载或电网的核心电力电子装置。在低压系统中，主要的储能变流器拓扑有两电平拓扑、三电平拓扑等，在中高压系统中，主要有级联 H 桥、MMC 等电路拓扑。

1999 年，美国橡树岭国家实验室的 Leon M. Tolbert、Fangzheng Peng（彭方正）等人较早地将基于级联 H 桥的电池储能系统应用于电动汽车的驱动中，其拓扑如图 6-28 所示，其每个 H 桥模块直流端的电池电压选用 48V[32]。

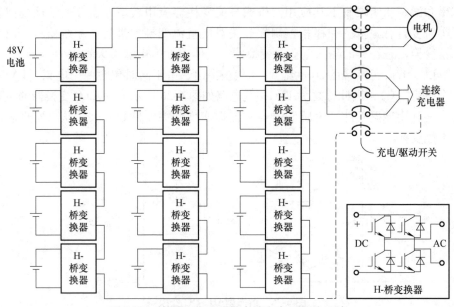

图 6-28　基于级联 H 桥的电动汽车用储能系统

2009 年，日本东京工大学的 Hirofumi Akagi 教授提出将级联 H 桥结构用于大容量储能系统，研究设计了可接入中压电网的 NiMH 电池储能系统，构建了500kW/238kWh 的锂电池储能实验系统，交流侧电压为 1.5kV，经工频变压器接入 6.6kV 电网[33]。

2010 年，上海交通大学蔡旭教授课题组首次提出无变压器直挂 10kV 高压储能变流器方案，并在国家 863 计划支持下，于 2014 年 9 月在南方电网宝清储能电站 11 号储能分系统实现了 2MW/2MW·h 无变压器直挂储能的世界首例示范应用，其拓扑如图 6-29 所示[34]，无变压器直挂电网的链式储能变换效率可达 98%以上，与有变压器的方案相比，一个充放循环的效率可提升 3%以上，高效率的特点非常显著。2022 年，南瑞继保研制的世界首套 35kV 高压直挂储能系统在绍兴市红墟储能电站顺利并网运行。近年来，基于模块化多电平变换器的电池储能技术成为一个研究热点。

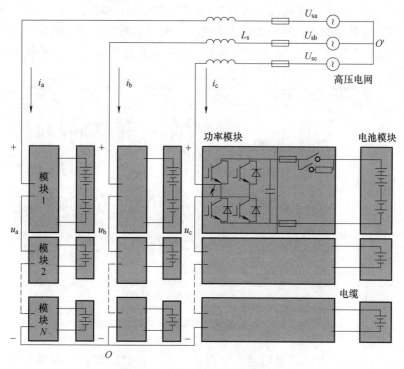

图 6-29　高压直挂链式储能系统

6.4　新能源并网系统振荡分析与抑制

6.4.1　振荡现象

风电、光伏等新能源发电经交流弱电网、串补线路、常规直流、柔性直流送出系统中含有大量电力电子装备。大规模新能源并网系统形成了"高比例新能源、高比例电力电子"的局部双高电力系统[39]。局部双高电力系统特性由上述电力电子装置的控制特性主导，系统运行特性与传统电力系统相比将发生深刻变化。近年来，国内外多个地区陆续发生大规模新能源并网宽频振荡脱网事故，严重影响系统的安全稳定运行。

2009 年，美国得克萨斯州南部安装 DFIG 风电机组的某风电场经串补线路送出发生振荡事故，持续振荡过程中电压、电流均出现约 20Hz 的振荡分量，如图 6-30 所示，振荡最终激发了风电机组撬棒保护，造成大量风电机组脱网，且过电流也造成机组损坏[40]。2010 年，美国明尼苏达州西南部 Xcel 能源公司某双馈风电场经串补线路送出，在串补装置常规投切过程中引发系统持续振荡，系统振荡频率为 10~13Hz，事故造成部分机组损坏[41]。2014 年，德国北海 Borwin1 工程发生 250~350Hz 振荡事故，造成高压直流海上平台滤波电容烧毁，系统停运半年之久，给当地电力公司造成了巨大经济损失，同时在业界形成了广泛影响[42]。

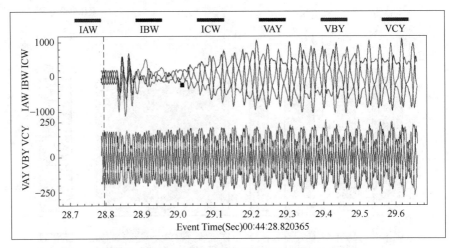

图 6-30 2009 年美国得克萨斯州风电场次同步振荡

2010 年，上海南汇风电场经柔性直流送出工程调试期间，在风电场出力逐渐增大过程中多次观测到振荡现象，振荡频率为 20~30Hz[43]。2012 年，我国河北沽源地区发生了多次由双馈风电场与串补线路引发的次同步振荡事故，系统振荡频率分布在 4~9Hz[44]。2013 年，我国南澳多端柔性直流输电示范工程在风电场出力逐渐增大的过程中发生 30Hz 左右的振荡现象，引发风电机组脱网[45]。2015 年，我国新疆哈密地区频繁发生多起 PMSG 风电场并网系统振荡事故，振荡频率为 25/75Hz。2015 年 7 月 1 日，振荡事故激发了汽轮机组轴系扭振，最终造成超过 300km 外的火电厂机组全跳及特高压直流功率骤降[46]。2017 年，鲁西背靠背柔直发生 1270Hz 高频振荡事故[47]，如图 6-31 所示。2020 年 6 月，张北柔性直流电网示范工程投运，随着新能源并网容量的逐步增加，系统发生了 44/56、58、650~900、3410~4250Hz 宽频振荡问题，严重影响系统的安全稳定运行[48]。国内外宽频振荡案例如图 6-32 所示。

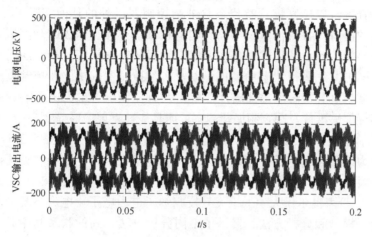

图 6-31　鲁西背靠背柔直高频振荡

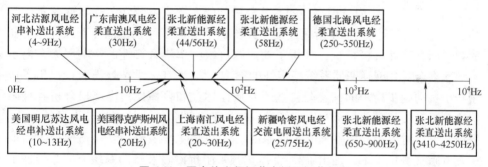

图 6-32　国内外宽频振荡案例及振荡频率

6.4.2　振荡分析方法

新能源并网系统宽频振荡问题是小信号稳定性问题，现有研究提出了多种宽频振荡分析方法，主要包括特征值分析法、阻抗分析法、时域仿真分析法等，特征值分析法和阻抗分析法的特点见第 5 章 5.6.1 节。下面简单介绍下时域仿真分析法。

时域仿真分析法通过建立包含新能源并网系统的等值模型，并求解微分与代数方程组，得到系统中变量随时间变化的响应曲线，从而分析系统动态特性。时域仿真可以模拟元件从几百纳秒至几秒之间的电磁暂态及机电暂态过程，仿真过程不仅可以考虑新能源发电及直流输电等电力电子装置的控制特性、电网元件（如避雷器、变压器、电抗器等）的非线性特性、输电线路分布参数特性和参数的频率特性，还可以进行线路开关操作和各种故障类型模拟。

通过控制硬件在环仿真（control hardware-in-the-loop，CHIL），可实现新能源并网系统电力电子装置"灰箱化/黑箱化"控制系统的时域仿真分析。控制硬件在环仿真平台以仿真模型替代了除被测控制器以外的其他实际设备或环境，通过相应的接口设备将仿真模型与真实的控制器连接，构成闭环测试系统，并要求系统的软件环境和硬件设备按照实际工程的时间尺度运行，从而完成整个系统在不同工况下运行状态的模拟，以及实际控制器的功能和控制策略的实验验证。时域仿真分析法可描述新能源发电及直流输电等电力电子装置的非线性因素，不仅能够准确复现宽频振荡频率，而且能够复现振荡幅度。

在学术研究方面，阻抗分析法能够揭示新能源并网系统振荡的产生机理，以优化电力电子装备的控制特性，为提升系统稳定性提供指导。美国伦斯勒理工学院教授孙建教授首次提出基于谐波线性化的序阻抗分析方法（见第 5 章的 5.5.2 节），丹麦奥尔堡大学王雄飞教授归纳了电力电子化电力系统中谐波稳定性的概念、模型和分析方法，揭示了不同分析方法之间的联系和差异，提出了分频段分析和无源性概念[49]。重庆大学杜雄教授通过将风速和光照强度引入新能源阻抗模型中，形成基于"频率-风速/光照强度-幅值"和"频率-风速/光照强度-相位"的三维阻抗模型，能有效分析新能源并网系统在工作点变化条件下的稳定性[50]。浙江大学年珩教授推导并验证了考虑多种频率耦合下并网逆变器的频率耦合特性解析模型，分析了新能源机组频率耦合特性的影响因素，揭示了频率耦合对并网逆变器系统稳定性的影响[51]。浙江大学辛焕海教授提出了适用于小扰动同步稳定的广义阻抗法，并从标称性和鲁棒性角度给出分析各种阻抗法是否有效的量化指标和适用场景，解释了多种阻抗法的判稳结果虽然等价、但控制设计时效果却差别大的本质原因[52]。湖南大学罗安院士团队研究了新能源发电阻抗测量技术，提出了高/低压宽频带阻抗测量装备的系统方案，研发了 35kV 兆瓦级宽频带阻抗测量装备，测量频率范围可达 1Hz ~ 2kHz，可实现新能源发电装备阻抗在线扫描，为工程现场阻抗分析提供了基础[53]。

阻抗分析方法需要分别建立电源和负载两个子系统的阻抗模型来评估稳定性，虽有效揭示了两个子系统在系统稳定性的贡献量，但一般只针对划分为两个子系统的情况，而对于包含 3 台及以上装备的系统，只能将包含多机的一部分先合并为一个子系统，再以两个子系统形式分析。因此，难以进一步精细化衡量不同装备本身分别对系统稳定性的贡献量。华中科技大学袁小明教授、胡家兵教授团队则基于自稳/致稳性概念，提出一种适用于含多电力电子装备电力系统的相互作用分析方法，称之为路径级数展开方法。基于该方法，可清晰刻画多装备本身及它们之间相互作用路径与系统稳定性的直观关系，有助于更好地理解系统不稳定现象背后的物理机理[54]。（网络上一个流行梗叫"我看不懂，但我大受震撼"，比较贴切的形容了我在看这篇论文的心境）。袁小明教授还是电力电子化电力系统动态问题研究的倡导者，是相关幅相动力学理论体系（基于幅相运动方程的不同尺度设备和网络建模理论、基于自稳性/致稳性的动态相互作用分析方法以及基于广义稳定器的稳定控制方法）的创建者。

6.4.3　振荡抑制方法

国际上众多学者对新能源并网系统宽频振荡问题进行了大量研究。基于阻抗分析法，通过频段划分、负阻尼分析、谐振回路分析，可准确定位引发振荡的主导频率、主导装备以及主导控制回路，从而提出振荡抑制方法，包括优化装置本体性能和增加辅助装置两大类。

（1）优化装置本体性能主要包括优化控制参数和改进控制结构两种方式

1）优化控制参数。新能源发电及直流输电均为包含诸多控制器的电力电子装置，装置控制的特性是系统振荡的重要因素。近年来，国内外学者的研究工作主要围绕电力电子装置控制参数优化，实现系统振荡抑制。基于控制参数优化的阻抗重塑技术优点是实现相对简单，通过对电力电子装备特定控制器的控制参数调整，进而对装备特定频段阻抗特性优化，实现振荡抑制。例如通过基于锁相环的阻抗重塑方法实现全功率变换风电场并网次/超同步振荡[55]。

2）改进控制结构。受控制参数调整范围的限制，对于某些频段的振荡问题，仅依赖于控制器参数优化难以实现振荡抑制。通过引入虚拟导纳、有源阻尼等附加控制器，实现对特定频段的阻抗重塑及振荡抑制。基于 PMSG 机组网侧变换器（Grid-Side Converter, GSC）附加阻尼控制，实现了 PMSG 风电场经 MMC-HVDC 送出系统次/超同步振荡抑制[56]。基于 LCL 滤波拓扑的有源阻尼控制策略，有效解决 PMSG 并网系统高频振荡问题[57]。通过引入基于相位超前补偿和虚拟正电阻的有源阻尼控制策略，有效抑制了 DFIG 风电场多个频率振荡[58]。清华大学谢小荣教授提出通过附加阻尼控制器，抑制 DFIG 风电场经串补送出次同步振荡[59]。

在系统侧，还可采用基于常规直流及柔性直流的阻抗重塑振荡抑制策略，通过常规直流送端换流站定触发角控制、柔性直流送端换流站采用环流有源阻尼、电容电流有源阻尼等控制策略改进，结合锁相环、电流环等控制参数改进，能够消除常规直流的次/超同步频段以及柔性直流的宽频负阻尼特性，实现新能源经直流送出系统的宽频阻抗重塑与振荡抑制。

（2）增加辅助装置主要包括增加串联型和并联型柔性交流输电系统（Flexible Alternating Current Transmission System, FACTS）装置

串联型 FACTS 装置通过合理的设计能够取得很好的抑制效果，但其串接于系统之中，结构上不够灵活，缺乏可靠性，且全控型的 FACTS 装置价格昂贵。

相比串联型 FACTS 装置，并联型 FACTS 装置结构灵活可靠，工程使用方便，但是并联型 FACTS 装置的抑制能力有限（FACTS 装置具体见第 7 章 7.2 节）。

6.4.4　振荡工程分析与抑制案例

近年来，中国电力科学研究院新能源研究中心王伟胜教授团队基于序阻抗分析方法，在新能源并网系统宽频振荡分析与抑制方面取得了多项重大突破，攻克了新能源发电集群经交流、常规直流、柔性直流不同送出场景发生振荡的相关技术难题，形成了"机理明晰、分析准确、抑制有效"的整体解决方案。在理论模型方面，建立了风力发电、光伏发电、静止无功发生器、常规直流、柔性直流等电力电子设备的频率耦合阻抗模型，揭示了新能源集群经多场景送出的宽频振荡机理；在平台构建方面，搭建了千万千瓦级新能源基地经弱交流电网、常规直流、柔性直流多场景送出的全电磁暂态仿真平台，可以在控制结构、参数未知情况下，实现新能源基地阻抗扫描、振荡风险评估、振荡复现、机理分析以及抑制策略验证[60]。

下面以新疆哈密 PMSG 风电场接入交流弱电网次/超同步振荡为例进行介绍。

哈密南-郑州特高压直流工程是国家实施疆电外送战略，实施西北地区大型火、风、光电力打捆送出的首个特高压直流工程，是常规直流工程。工程起于新疆哈密，止于河南郑州，直流输电线路全长 2210km，额定电压±800kV，输电容量 800 万 kW。送端天山换流站配套 3 座装机容量为 2×66 万 kW 的火力发电厂。该工程已于 2014 年 1 月投入运行。

哈密风电装机主要分布在北部、东部、中西部和东北部四个片区，电网采用辐射型结构。风电经多级升压、汇集后集中外送。截至 2016 年 4 月底，哈密北部片区各汇集站共接入 20 座风电场，总容量约 1989MW。其中，PMSG 风电场装机容量 1567MW，DFIG 风电场装机容量 422MW。各风电场经 110kV 线路接入 220kV 汇集站，各 220kV 汇集站经 220kV 线路接入 750kV 三塘湖汇集站，750kV 汇集站经长距离（约 300km）线路、哈密汇集站，最终接入天山换流站。风电场接入哈密电网拓扑结构如图 6-33 所示。

自 2015 年 7 月至 2016 年 4 月，哈密北部片区陆续发生了 100 余次振荡事件，引发 PMSG 风电机组大规模脱网，甚至导致 3 台 66 万 kW 配套火电机组跳机，直流功率紧急下调 150 万 kW，电网电压大幅波动，严重影响电网安全运行。

基于现场 PMSG 机组控制器构建 CHIL 仿真平台，开展 PMSG 机组宽频阻抗扫描，发现风电场阻抗在超同步频段呈现容性负阻尼，系统在正序 77Hz 幅值/相位稳定裕度不足，存在振荡风险。揭示了锁相环与交流电流环在超同步频段的频带重叠效应导致容性负阻尼的作用机理。提出了基于锁相环与交流电流环

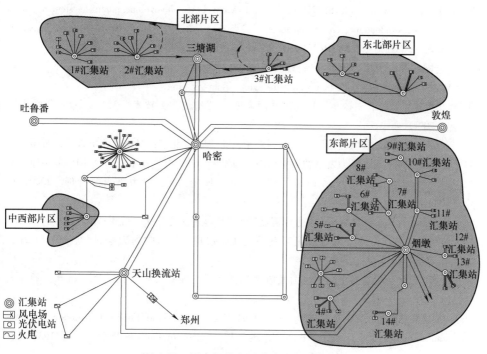

图 6-33　风电场接入哈密电网拓扑结构

参数优化的阻抗重塑方法。有效抑制 77Hz 正序振荡，进而消除 23Hz 正序耦合振荡分量。

参 考 文 献

[1] The history of solar [EB/OL]. https://www1. eere. energy. gov/solar/pdfs/solar_timeline. pdf.

[2] 第五代光伏的前世今生 [EB/OL]. [2021-12-04]. https://www. sohu. com/a/505404202_120014277.

[3] KEN S. The quiet remaking of computer power supplies: A half century ago, better transistors and switching regulators revolutionized the design of computer power supplies [J]. IEEE Spectrum, 2019, 56 (8): 38-41.

[4] WILLS R H, HALL F E, STRONG S J. The AC photovoltaic module [C]// Conference Record of the Twenty Fifth IEEE Photovoltaic Specialists Conference, Washington, DC, USA, 1996: 1231-1234.

[5] TOSHIHISA S, NAOKI N, KEIJI W. A Novel Flyback-type Utility Interactive Inverter for AC Module Systems [J]. Roc. of ICPVZOOl (in Korea), 2001, 518-522.

[6] SHIMIZU T, WADA K, NAKAMURA N. A flyback-type single phase utility interactive inverter with low frequency ripple current reduction on the DC input for an AC photovoltaic module system [C]// 2002 IEEE 33rd Annual IEEE Power Electronics Specialists Conference. Proceedings (Cat. No. 02CH37289), Cairns, QLD, Australia, 2002: 1483-1488.

［7］YATSUKI S，WADA K，SHIMIZU T，et al. A novel AC photovoltaic module system based on the impedance admittance conversion theory ［C］. IEEE 32nd Annual Power Electronics Specialists Conference（IEEE Cat. No.01CH37230），Vancouver，BC，Canada，2001：2191-2196.

［8］爱士惟. SMA 组串型光伏逆变器发展历史 ［EB/OL］. https://m. aiswei-tech. com/news/SMA-zu-chuan-xing-guang-fu-ni-bian-qi-fa-zhan-li-shi-23. html.

［9］肖华锋，王晓标，王锐彬. 非隔离并网逆变器及其软开关技术 ［M］. 北京：科学出版社，2021.

［10］宋俊，宋冉旭. 驭风漫谈风力发电的来龙去脉 ［M］. 北京：机械工业出版社，2020.

［11］杜朝辉，胡丹梅. 风力发电的历史、现状与发展 ［J］. 电气技术，2004（10）：5-13.

［12］赵炜，李涛. 国外风力发电机的现状及前景展望 ［J］. 电力需求侧管理，2009，11（02）.

［13］杨恩星. 低速永磁直驱风力发电变流器若干关键技术研究 ［D］. 杭州：浙江大学，2009.

［14］马伟明，肖飞. 风力发电变流器发展现状与展望 ［J］. 中国工程科学，2011（01）：11-20.

［15］王冕. 模块化大容量全功率风力发电变流器运行与控制技术研究 ［D］. 杭州：浙江大学，2016.

［16］YARAMASU V，WU B，SEN P C，et al. High-Power Wind Energy Conversion Systems：State-of-the-Art and Emerging Technologies ［J］. Proceedings of the IEEE. 2015，103（5）：740-788.

［17］李瑞. 永磁直驱风力发电变流器的并联运行研究 ［D］. 哈尔滨：哈尔滨工业大学，2013.

［18］贺超，陈国柱. 基于主从控制的交流器并联系统输出电流一致性分析 ［J］. 电力系统自动化，2014（11）：116-122.

［19］张建文. 高可用度长寿命并联型风电变流器研究 ［D］. 上海：上海交通大学，2014.

［20］吴小田，蒲晓珉，边晓光，等. 全功率风电变流器拓扑选择与控制技术概述 ［J］. 东方电气评论，2020，34（03）：5-10.

［21］蔡旭，陈根，周党生，等. 海上风电变流器研究现状与展望 ［J］. 全球能源互联网，2019，2（02）：102-115.

［22］迟永宁，梁伟，张占奎，等. 大规模海上风电输电与并网关键技术研究综述 ［J］. 中国电机工程学报，2016，36（14）：3758-3770.

［23］李钢，田杰，王仙荣，等. 远海风电送出技术应用现状及发展趋势 ［J］. 供用电，2022，39（11）：2-10.

［24］张京业，唐文冰，肖立业. 超导技术在未来电网中的应用 ［J］. 物理，2021，50（02）：92-97.

［25］MATSUO H，KUROKAWA P. New solar cell power supply system using a boost type bidirectional DC-DC converter ［C］. 1982 IEEE Power Electronics Specialists conference，Cambridge，MA，USA，1982：14-19.

［26］严仰光. 双向直流变换器 ［M］. 南京：江苏科学技术出版社. 2004.

［27］CARICCHI F，CRESCIMBINI F，DI NAPOLI A. 20kW water-cooled prototype of a buck-boost bidirectional DC-DC converter topology for electrical vehicle motor drives［C］. Proceedings of 1995 IEEE Applied Power Electronics Conference and Exposition-APEC′95, Dallas, TX, USA, 1995, 2：887-892.

［28］ CHAU K T, CHING T W, CHAN C C. Constant-frequency multi-resonant converter-fed DC motor drives［C］. Proceedings of the 1996 IEEE IECON. 22nd International Conference on Industrial Electronics, Control, and Instrumentation, CHINA, Taiwan, 1996, pp. 78-83 vol. 1, doi：10. 1109/IECON. 1996. 570905.

［29］ CHAU K T, CHING T W, CHAN C C. Bidirectional soft-switching converter-fed DC motor drives［C］. PESC 98 Record. 29th Annual IEEE Power Electronics Specialists Conference （Cat. No. 98CH36196）, Fukuoka, Japan, 1998（1）：416-422.

［30］ VANDELAC J-P, ZIOGAS P D. A DC to DC PWM series resonant converter operated at resonant frequency［C］. IEEE Transactions on Industrial Electronics, 1988, 35（3）：451-460.

［31］ CHEN W, RONG P, LU Z. Snubberless Bidirectional DC-DC Converter With New CLLC Resonant Tank Featuring Minimized Switching Loss［C］. IEEE Transactions on Industrial Electronics, 2010, 57（9）：3075-3086.

［32］ TOLBERT L M, PENG F Z, HABETLER T G. Multilevel converters for large electric drives, in IEEE Transactions on Industry Applications, vol. 35, no. 1, pp. 36-44, Jan. -Feb. 1999, doi：10. 1109/28. 740843.

［33］ MAHARJAN L, INOUE S, AKAGI H, et al. State-of-Charge（SOC）-Balancing Control of a Battery Energy Storage System Based on a Cascade PWM Converter［C］. IEEE Transactions on Power Electronics, 2009, 24（6）：1628-1636.

［34］ 蔡旭，李睿，刘畅，等. 高压直挂储能功率变换技术与世界首例应用［J］. 中国电机工程学报，2020, 40（01）：200-211+387.

［35］ 汇川 IES100 系列微网产品在世界最大离网型光伏电站上的应用［EB. OL］. http://www. gongkong. com/article/201406/49537. html.

［36］ 比亚迪携手美洲 RES 建设北美最大储能项目［EB. OL］. https://www. ne21. com/news/show-61166. html.

［37］ 阳光电源 500kW 储能变流器成功应用于高原微电网示范工程［EB. OL］. https://www. kesolar. com/headline/39447. html.

［38］ 全球单期最大容量储能电站运营［EB. OL］. http://news. sohu. com/a/594211609_777213.

［39］ WANG W, LI G, GUO J. Large-scale renewable energy transmission by HVDC：challenges and proposals［J/OL］. Engineering, 2022, 19（12）：252-267.

［40］ ADAMS J, CARTER C, HUANG S-H. ERCOT experience with subsynchronous control interaction and proposed remediation［C］. Proc. Transmission and Distribution Conf. Expo. 2012：1-5.

［41］ NARENDRA K, FEDIRCHUK D, MIDENCE R. New microprocessor based relay to monitor and protect power systems against sub-harmonics［C］. 2011 IEEE Electrical Power and Energy Conference, Winnipeg, MB, Canada, 2011.

[42] BUCHHAGEN C，RAUSCHER C，MENZE A，et al. BorWin1-first experiences with harmonic interactions in converter dominated grids［C］. International ETG Congress 2015；Die Energie-wende-Blueprints for the new energy age，Bonn，Germany，2015.

[43] 尹聪琦，谢小荣，刘辉，等. 柔性直流输电系统振荡现象分析与控制方法综述［J］. 电网技术，2018，42（4）：1117-1123.

[44] XIE X R，ZHANG X，LIU H K，et al. Characteristic analysis of subsynchronous resonance in practical wind farms connected to series-compensated transmissions［J］. IEEE Transactions on Energy Conversion，2017，32（3）：1117-1126.

[45] 魏伟，许树楷，李岩，等. 南澳多端柔性直流输电示范工程系统调试［J］. 南方电网技术，2015，9（1）：73-77.

[46] LIU H K，XIE X R，HE J B，et al. Subsynchronous interaction between direct-drive PMSG based wind farms and weak AC networks［J］. IEEE Transactions on Power Systems，2017，32（6）：4708-4720.

[47] ZOU C，RAO H，XU S，et al. Analysis of Resonance between a VSC-HVDC Converter and the AC Grid［C］. IEEE Transactions on Power Electronics，2018，33（12），10157-10168.

[48] 杜镇宇，阳岳希，季柯，等. 张北柔直工程高频谐波振荡机理与抑制方法研究［J］. 电网技术，2022，46（8）：3066-3075.

[49] WANG X，BLAABJERG F. Harmonic stability in power electronic-based power systems：Concept，modeling，and analysis［J］. IEEE Transactions on Smart Grid，2019，10（03）：2858-2870.

[50] 刘俊良，杜雄，管勃，等. 变工作点下的逆变器并网系统建模与稳定性分析［J］. 电网技术，2022，46（09）：3642-3650.

[51] 年珩，徐韵扬，陈亮，等. 并网逆变器频率耦合特性建模及系统稳定性分析［J］. 中国电机工程学报，2019，39（05）：1421-1432.

[52] 宫泽旭，艾力西尔·亚尔买买提，辛焕海，等. 新能源电力系统并网设备小扰动稳定分析（一）：机理模型与稳定判据适用性［J］. 中国电机工程学报，2022，42（12）：4405-4419.

[53] 伍文华. 新能源发电接入弱电网的宽频带振荡机理及抑制方法研究［D］. 长沙：湖南大学，2023.

[54] 张美清，袁小明，胡家兵，基于自稳/致稳性的路径级数展开方法及其在含多样化电力电子装备电力系统稳定性分析中的应用［J］. 中国电机工程学报，2021，41（05）：1637-1654.

[55] 张冲，王伟胜，何国庆，等. 基于序阻抗的直驱风电场次同步振荡分析与锁相环参数优化设计［J］. 中国电机工程学报，2017，37（23）：6757-6767.

[56] 王红星，郭敬梅，谢志文，等. 海上风电次/超同步振荡的网侧附加阻尼抑制方法［J］. 南方电网技术，2021，15（11）：49-55.

[57] ZHANG Z H，WU W M，SHUAI Z K，et al. Principle and robust impedance-based design of grid-tied inverter with LLCL-filter under wide variation of grid-reactance［J］. IEEE Transactions

on Power Electronics，2019，34（5）：4362-4374.

［58］SONG Y P，BLAABJERG F，WANG X F. Analysis and active damping of multiple high frequency resonances in DFIG system［J］. IEEE Transactions on Energy Conversion，2017，32（1）：369-381.

［59］胡应宏，邓春，谢小荣，等. 双馈风机-串补输电系统次同步谐振的附加阻尼控制［J］. 电网技术，2016，40（4）：5.

［60］王伟胜，李光辉，何国庆，等. 新能源并网系统宽频振荡分析与抑制［M］. 北京：中国电力出版社，2022.

第7章 交直流输电系统中的电力电子

7.1 交流输电技术发展简史

在讲柔性交流输电系统之前，需要先介绍下交流输电系统的发展历史[1]，由于直流发电机发明得更早，最早输电是以直流形式开始的。

1874 年，俄国皮罗茨基在彼得堡架设了输送功率为 4.5kW 的直流输电线路，线路长度为 0.5km，后来增加到 1km。1876 年，皮罗茨基将低压直流电沿铁路轨道输送了 3.6km，这种以铁轨用作输电回路的实践，目前在机车牵引上广泛采用。

1882 年，法国物理学家、电气技师德普勒（Marcel De Pree）用米斯巴赫煤矿中的一台 3 马力直流发电机，以 1500~2000V 直流电压沿 57km 电报线把电能输送到慕尼黑国际博览会，输电效率在 25% 左右。德普勒是开创远距离输电的先驱者，证明了远距离输电的可能性，1885 年他采用 6000V 高压直流发电机进行了 56km 的远距离输电实验，随后又进行了 112km 的输电实验。要提高直流电效率，必须提高直流电压，可是高压发电机制造技术面临难以解决的困难。

随着电力变压器的实际应用和交流输电技术的进步，昔日直流技术的垄断地位受到交流技术的挑战（见第 1 章）。到 20 世纪初，三相交流输电的优越性更加明显，直流输电和交流输电的争论几乎已经分晓，但直流输电技术还要做最后的挣扎。瑞典工程师瑟雷（Thury）继续发展直流输电，积极改进直流发电机和电动机的串联系统，提高直流输电的可靠性。其中有代表性的是 1927 年改建的从德国慕吉水电站到里昂的输电线，长 260km，电压 125kV，输电容量 20MW，这是瑟雷的最后一次胜利。由于发电机容量的增大，低速的蒸汽机被高速汽轮机所代替，需要换向的直流发电机不能制成大容量的，因此，三相交流发电机淘汰了直流发电机，二十多年内欧洲各国建成的 15 条直流输电线路逐一被拆除，改用三相交流输电，最后剩下的慕吉到里昂的直流输电线路在 1937 年也为三相交流线路所代替,交直流输电的争论结束。

输电技术发展的特点是努力减少线路损失,要减少线损有两种方法:一是增加导线截面,二是提高输电电压。经济合理的减少线损方法是提高电压,输电技术的发展史就是不断地提高电压等级,增加输送功率,加长输送距离。

提高输电电压,与线路、变压器、断路器的绝缘密切相关。在输电技术发展初期,绝缘问题成为输电发展的瓶颈,1898 年第一条 120km 长的 33kV 交流输电线在美国加利福尼亚州投入运行,由于当时线路采用针式绝缘子,应用范围限于导线截面积不超过 50mm^2,电压不超过 60kV。在 20 世纪初,输电电压就达到了 80kV 极限。直到 1908 年休伊特(E. Hewlett)和巴克(H. Buck)共同研制成悬式绝缘子,输电技术才有了新的突破,使输电电压可以提高到 110~120kV。

美国于 1908 年建成第一条 110kV 输电线路,电压提高后,又出现导线截面不够大时产生电晕的问题。由于电晕损耗与线电压和电晕临界电压差的平方成正比,所以电压越高,电晕损失迅速增加,使输电技术发展遇到新的困难。1910—1914 年间,美国皮克(Peek)、怀特海(Whitehead)和苏联沙特林、米特开维奇、高列夫等研究发现:电晕临界电压与导线直径成比例增加。这就促使人们采用铝线和钢芯铝线作输电导线。铝的电阻率比铜大,要使导线有相同的电导,铝导线的截面积约为铜导线的两倍,因此铝导线比铜导线的直径约大40%。使用和铜线电导相等的铝线,线损保持不变的同时还能提高电晕临界电压,输电电压也就可以提高到 150kV。

美国于 1912 年首先建成 150kV 高压输电线路,输电距离可达 150~250km。当输送功率增大时,感应压降迅速增加,使受端难以保持正常电压,如果在受端安装同步调相机就可以克服这一困难。当输电电压提高到 200~220kV 时,又出现了一串绝缘子中电压分布不均的现象。在电压 220kV 时,靠近导线的一个绝缘子上的电压要比电晕电压高得多,就要产生电晕。经过多年实验研究,终于获得解决问题的技术措施:用两个金属环加在一串绝缘子的上端和下端,使绝缘子串电压分布均匀,从而达到 220kV 绝缘要求。当电压等级提高到 330kV 及以上时,就需要采用分裂导线来控制电位梯度,以避免产生强烈的无线电干扰和减少电晕损失。

随着大容量水电站、火电厂和核电站的建设,从 20 世纪 50 年代开始,330kV 及以上的高压输电线路得到很快发展,1969 年,美国第一条 765kV 超高压输电线路投入运行。1985 年 5 月,苏联建成 1150kV 特高压输电线路投入运行,开创了输电最高电压新纪录,至此,人类在交流输电系统电压等级上发展到了极限。

7.2 FACTS 控制器

20 世纪 80 年代末期，随着电力电子技术的进一步发展，出现了柔性交流输电系统（flexible AC transmission system，FACTS）的概念，它旨在提高交流电网的可控性，实现灵活的潮流控制和电网的最大化传输能力。FACTS 作为一个完整的技术概念，最早是由美国电力科学院（Electric power research institute，EPRI）副总裁 N. G. Hingorani 博士（IEEE PES 设立有 Nari Hingorani FACTS 技术突出贡献奖，我国周孝信院士于 2008 年获得该奖，南京南瑞继保电气有限公司的方太勋博士于 2022 年获得该奖）在 1986 年的美国电力科学院杂志（EPRI Journal）上提出，并于 1987 年 7 月在旧金山举行的 IEEE PES 夏季会议及 1988 年 4 月在芝加哥举行的美国电力第 50 届年会上公开宣讲，其中后者的文稿被公开发表在 IEEE Power Engineering Review 杂志上。在 1997 年 IEEE PES 学会正式公布的 FACTS 定义是：装有电力电子型和其他静止型控制装置以加强可控性和增大电力传输能力的交流输电系统[2]。

FACTS 概念一经提出，立即受到各国电力科学院、高等院校、电力公司和制造企业的重视，科技论文、研究报告、产品装置不断涌现，标志性事件如下[3]：

➢ 20 世纪 70 年代初，FACTS 控制器家族中的第一个成员——采用晶闸管控制电抗器（thyristor controlled reactor，TCR）的静止无功补偿器（static var compensator，SVC）在电力系统中得到应用，它是历史最悠久，目前应用最广的 FACTS 控制器。

➢ 1980 年，日本三菱电机公司研制出第一台基于晶闸管的静止同步补偿器（static synchronous compensator，STATCOM），容量为±20Mvar。

➢ 1981 年，N. G. Hingorani 博士发明了以他名字命名的 FACTS 控制器——NGH-SSR damper。

➢ 1986 年，N. G. Hingorani 博士首次完整公开地提出 FACTS 概念。

➢ 1986 年，美国西屋公司和 EPRI 合作研制出首台基于门极可关断（GTO）晶闸管的 STATCOM，容量为±1Mvar。

➢ 1992 年，德国西门子公司研制并在美国西部电力局（Western area power administration，WAPA）投运第一台晶闸管控制串联电容器（thyristor controlled series capacitor，TCSC）装置。

➢ 1997 年，IEEE/PES 成立专门的 DC&FACTS 分委会，设 FACTS 工作组，旨在规范 FACTS 技术的术语定义和应用标准。

➢ 1998 年，美国电力公司、西屋公司和 EPRI 合作研制了容量为±320MVA

的统一潮流控制器（unified power flow controller，UPFC）。

➢ 1999 年，清华大学和河南省电力局合作研制了我国首台工业化 STATCOM，容量为 ±20Mvar。

➢ 2001 年，美国纽约电力局投运其可转换静止补偿器（convertible static compensator，CSC）的第一阶段，即 ±200Mvar 的 STATCOM。

➢ 2015 年 12 月 11 日，江苏南京 220kV 西环网 UPFC 工程投运，这是我国首个自主知识产权的 UPFC 工程，也是国际上首个使用 MMC 技术的 UPFC 工程。

➢ 2020 年底，由国网浙江省电力有限公司电力科学研究院、南京南瑞继保电气有限公司等单位共同研制的全球首个 220kV 分布式潮流控制器（distributed power flow controller，DPFC）示范工程，在湖州祥福 220kV 变电站正式投入运行。

在 FACTS 概念形成以前，取得广泛应用的 FACTS 控制器基本上只有 SVC，而在此后，FACTS 技术得到迅速的发展和推广，成为电力工业近二十年来发展最快和影响最广的新兴技术领域之一。目前已发明了近 20 种 FACTS 控制器，部分已经商业化并取得良好的成效，如 SVC、STATCOM、TCSC、UPFC。

FACTS 的核心是 FACTS 控制器，指的是基于电力电子技术的系统或其他静态设备能够对交流输电系统的某个或某些参数进行控制。下面简要介绍 FACTS 控制器的基本类型及主要 FACTS 控制器的原理。

根据 FACTS 控制器与电网中能量传输的方向是串联还是并联的关系，可以将其为分为 4 种基本类型，如图 7-1 所示。

一是并联型 FACTS 控制器，如图 7-1a 所示，在具体形式上可以是一个并联可变阻抗。原则上所有的并联控制器都相当于在连接点处向系统注入的电流源，通过改变该电流源输出电流的幅值和相位，即可改变其注入系统的无功甚至有功的大小，从而起到调节功率和电压的作用，并联型控制器在维持母线电压方面更具性价比。二是串联型 FACTS 控制器，如图 7-1b 所示，串联型控制器产生一个与线路串联的电压源，通过调节该电压源的幅值和相位可以改变其输出无功甚至有功的大小，直接改变线路等效参数，即阻抗。因此在实际应用中对于控制潮流、提高暂态稳定性和阻尼振荡具有很好的效果。但由于是串联在线路中的，所以必须能有效应对线路短路故障时的短路冲击电流。三是串联-串联组合型 FACTS 控制器，如图 7-1c 所示，即可以将多个独立的串联型控制器组合起来，让其协调工作，构成组合型控制器。四是串联-并联组合型 FACTS 控制器，如图 7-1d 所示，有两种方式，一是让多个独立的串联和并联控制器协调工作，另一种是将串联型和并联型控制器的直流侧连在一起，如 UPFC，其可以兼具串联型和并联型控制器的优点。当然，由上面 4 种基本类型还可以发展出更复杂的 FACTS 控制器。

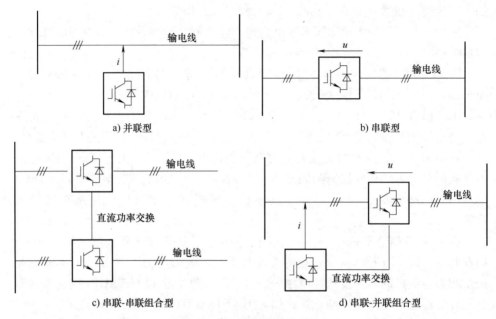

a) 并联型   b) 串联型

c) 串联-串联组合型   d) 串联-并联组合型

图 7-1　FACTS 的 4 种类型

7.2.1　并联型 FACTS 控制器

　　静止无功补偿器（static var compensator，SVC）是一个通称，它包括 TCR、TSR、TSC 以及它们之间或与机械投切式无功补偿设备构成的某种组合体，SVC 是最早出现的 FACTS 装置，早在 1974 年还没有 FACTS 概念时，美国 GE 公司就生产出世界上第一台商用 SVC，它也是目前应用最为广泛的 FACTS 控制器之一。SVC 通过从电网吸收或向电网输送无功功率，可以实现对装设点电压的控制，同时在调节过程中输出阻抗不断变化，还可以改善系统的功角稳定。

　　1. 晶闸管控制电抗器（thyristor-controlled reactor，TCR）**和晶闸管投切电抗器**（thyristor-switched reactor，TSR）

　　在国家标准 GB/T 20298—2006《静止无功补偿装置（SVC）功能特性》中，将 TCR 定义为与电网并联连接的、晶闸管控制的电抗器，通过对晶闸管阀导通角的控制，其有效感抗可以连续变化，如图 7-2a 所示。

　　2. 晶闸管控制变压器（thyristor-controlled transformer，TCT）

　　在国家标准 GB/T 20298—2006《静止无功补偿装置（SVC）功能特性》中，将 TCT 定义为与电网并联连接的、晶闸管控制的变压器，通过对晶闸管阀导通角的控制，其有效感抗可以连续变化。TCT 属于 TCR 的一种变形，将降压变压器与主电抗作为一个整体考虑。

3. 晶闸管投切电容器（thyristor-switched capacitor，TSC）

在国家标准 GB/T 20298—2006《静止无功补偿装置（SVC）功能特性》中，将 TSC 定义为与电网并联连接的、晶闸管投切的电容器，通过对控制晶闸管阀的导通与关断，其有效容抗可以阶梯式变化。早在 1972 年，瑞典就安装了 60Mvar 的 TSC 补偿器，用于电弧炉的补偿，如图 7-2b 所示。

在实际应用中，为了既可以实现感抗又可实现容抗调节，通常将 TCR 和 TSC 组合使用。世界上第一个使用 TCR 和 TSC 的组合静止无功补偿器是在 1979 年南非的 ESCOM 132kV 系统，调节范围从 20Mvar 容性无功到 10Mvar 感性无功。

4. 磁控电抗器（magnetic-controlled reactor，MCR）

通过直流偏磁磁通的幅值变化来改变电抗器等效电抗量的一种并联可变电抗器，如图 7-2c 所示[4]。20 世纪 50 年代，苏联的科技工作者将磁放大器理论引入电力系统中，对饱和式可控电抗器进行了深入研究。1955 年世界上第一台可控电抗器在英国制造成功，其额定容量为 100MVA。随着 70 年代晶闸管的发展，晶闸管控制电抗器以其控制灵活的特点成为了研究热点。1986 年苏联学者提出了新型的可控电抗器结构，使直流饱和式可控电抗器有了突破性进展。2013 年，新疆特变电工公司成功投建世界首台 750kV MCR，解决了青海鱼卡开关站长输电线路的电压波动问题。

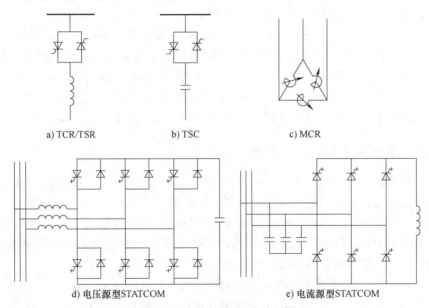

a) TCR/TSR　　　　b) TSC　　　　c) MCR

d) 电压源型STATCOM　　　　e) 电流源型STATCOM

图 7-2　并联型 FACTS 控制器

5. 静止同步补偿器（STATCOM 或 SSC）

STATCOM 或 SSC 并联于电网中，相当于一个可控的无功电源，其无功电流可以快速地自动补偿电网系统所需无功功率，对电网无功功率实现动态无功补偿。从理论上可以将 STATCOM 分为电压源型和电流源型，如图 7-2d 和 e 所示。就其电路结构来说，电压源型 STATCOM 直流侧并联有大电容，桥侧串联电感，而电流源型 STATCOM 则是直流侧串联大电感，桥侧并联电容。在实际装置中，大容量 STATCOM 基本都采用电压源型结构。

在动态响应速度和可控性能上，STATCOM 优于 SVC，SVC 的优势在于成本较低。在 IEEE 对 FACTS 术语进行规范之前，STATCOM 还有很多同义词，如 ASVG（advanced static var generator）、ASVC（advanced static var compensator）、STATCON（static condensor）、VSC light 等。

早在 1980 年，日本三菱电机公司与关西电力公司合作研制了世界上首台 STATCOM，它采用晶闸管强制换流电压源型变流器，容量为 ±20Mvar。1986 年由美国西屋公司和 EPRI 合作研制了世界首台基于可关断器件 GTO 晶闸管的 STATCOM。1994 年，清华大学的韩英铎院士、王仲鸿教授主持承担的与国家电力部、河南省电力局共同立项的重点项目"±20Mvar 电力系统新型静止无功发生器研制（ASVG）"，成为当时清华大学最大的横向科研课题之一，总经费达 1688 万元，该项目经过五年多的艰苦攻关，先后完成了 ±300kvar 和 ±20Mvar 静止无功发生器的研制，并将它们分别安装在郑州和洛阳，2000 年 6 月，所研制的装置通过了国家电力公司组织的技术鉴定。

由于 STATCOM 直流侧一般采用电容或电感等元件，不能大容量存储电能，因此它只能提供持续的无功补偿功能，如果在直流侧引入电源或大容量的储能系统，则可得到更广义的静止同步发电机（static synchronous generator，SSG）。

静止无功发生器（static var generator，SVG）是 IEEE 定义的一个更广泛意义上的静止无功电源，上面讲到的 SVC 和 STATCOM 都属于 SVG 的范畴。

7.2.2 串联型 FACTS 控制器

一般认为长距离的交流输送功率会受到线路串联阻抗的限制，在 20 世纪五六十年代即开始研究通过在线路中串联电容器来提高系统稳定性。在 20 世纪 80 年代，无功串联补偿器就已经被用来抵消部分线路电抗以提高线路传输的功率，在后来的 FACTS 研究中，也证明了采用可变串联无功补偿器对于控制输电线路的潮流和提高系统稳定性方面具有很好的作用。

1. 晶闸管控制串联电容器（thyristor-controlled series capacitor，TCSC）

如图 7-3a 所示，TCSC 由一个电容器和一个 TCR 并联构成，原理为：当 TCR 的晶闸管完全关断时，电抗器不导通，TCSC 对外表现为电容器串联补偿；当晶闸管导通角度逐渐增加时，TCR 支路的电抗从无穷大逐渐减小，TCSC 表现为电容器与 TCR 支路等效电抗的并联，当晶闸管导通角增加到某一程度时，

TCSC 对外将表现为感性，因此，通过控制晶闸管的导通角，可以在一定的容性和感性范围内连续调节 TCSC 对外的等效阻抗。TCSC 的基本结构是由 John J. Vithayathil 博士（美国工程院院士、IEEE Fellow，他入选院士的贡献即为发明了 TCSC 以及促进了 HVDC 技术的进步）等在 1986 年提出的，John J. Vithayathil 发明了"快速调节网络阻抗"［rapid adjustment of network impedance（RANI），特别需要指出的是，这是以他的妻子 Rani 的名字命名的］这一理念，TCSC 是 RANI 的一种。世界上第一台工程应用的 TCSC 在 1992 年由西门子公司研制并在美国西部电力局投运。

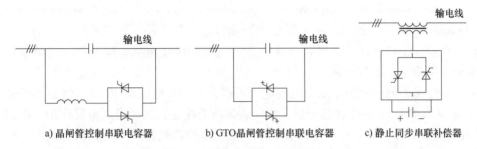

a) 晶闸管控制串联电容器　　b) GTO晶闸管控制串联电容器　　c) 静止同步串联补偿器

图 7-3　串联型 FACTS 控制器

从上面分析可知，当 TCR 支路中的电抗值很小时，且只采用投切控制时 TCSC 演变为晶闸管投切串联电容器（thyristor-switched series capacitor，TSSC）。TSSC 有两种工作模式，即电抗支路断开的电容器串联补偿模式和电抗支路完全导通的旁路模式，在旁路模式下，由于电抗值很小，相当于短路，因此 TSSC 只能提供阶梯式控制的容抗补偿。TCSC 和 TSSC 都采用半控器件晶闸管，1993 年，美国亚利桑那州立大学 George G. Karady 教授提出采用可关断器件（如 GTO 晶闸管）与电容器并联而组成 GTO 晶闸管控制串联电容器（GTO controlled series capacitor，GCSC）方案，如图 7-3b 所示，GCSC 通过关断延迟角可获得连续可控的容抗补偿。

2. 晶闸管控制串联电抗器（thyristor-controlled series reactor，TCSR）

把图 7-3a 中 TCSC 的串联电容器改为电抗器，即为 TCSR，其工作原理也与 TCSC 类似，采用晶闸管触发角进行控制，当 TCR 支路完全导通时获得最小的感性补偿电抗，当 TCR 支路完全关断时，获得最大的感性补偿电路。类似的，如果 TCSR 不采用晶闸管触发角控制而采用投切控制，则可得到晶闸管投切串联电抗器（thyristor-switched series reactor，TSSR）。

3. 静止同步串联补偿器（static synchronous series compensator，SSSC 或者 S^3C）

由美国西屋电气公司 Laszlo Gyugyi 博士在 1989 年提出，是指串联在输电线路上并产生相位与线路电流正交、幅值独立控制的电压，通过增加或减少线路上的无功压降而控制线路传输功率的大小，其电路结构如图 7-3c 所示，可见，SSSC 就是将 STATCOM 串联在线路中使用，有时也称之为串联型 STATCOM。2018 年 12 月，世界首个静止同步串联补偿器示范工程在天津石各庄 220kV 变电站正式投运，容量 30MVA，实现了输电线路及输电断面功率均衡、限流等灵活调节功能，解决了高场—石各庄双线潮流分布不均、电力输送能力受限的问题，增加了南蔡—北郊供电分区内 10%供电能力，大幅提高系统安全稳定裕度。

4. N. G. Hingorani 次同步谐振阻尼器（NGH-SSR damper）

NGH-SSR damper 是由 FACTS 概念的提出人 N. G. Hingorani 博士在 1981 年论文 "A new scheme for subsynchronous resonance damping of torsional oscillations and transient torque" 中提出，用于阻尼次同步振荡，其电路如图 7-4 所示。基本原理是在系统工作频率下，如果串联电容上基波电压在每半个周期终点的值超过某个相关值时，就打开晶闸管放电，强迫电容电压下降为零，因此相当于一个晶闸管控制的放电电阻。由于电容电压不能自然地响应线路电流的次同步频率，因此 NGH-SSR damper 显然干扰了次同步振荡的建立，从而起到阻尼作用。换句话说，NGH-SSR damper 在次同步频率下呈现电阻特性，而不是容抗特性。按照 IEEE Subsynchronous Working Group 给出的定义，次同步谐振（subsynchronous resonance，SSR）是指在电气网络与发电机轴系之间以一个或多个次同步频率进行明显的能量交换现象的运行状态。电力系统次同步谐振（SSR）的研究开始于 1937 年，20 世纪 70 年代，美国 Mohave 电厂先后发生了两次由于固定串联补偿引起的次同步谐振，进而导致汽轮发电机组轴系损坏，至此才引起关注。

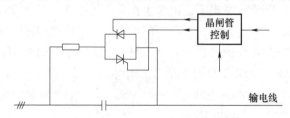

图 7-4 N. G. Hingorani 次同步谐振阻尼器

7.2.3 串联-串联组合型 FACTS 控制器

线间潮流控制器（interline power flow controller，IPFC），1999 年由 Laszlo Gyugyi、Kalyan K. Sen（Sen 变压器的共同发明人，另一发明人是 Mey Ling Sen，这两人是夫妻）和 Colin D. Schauder 在论文 "The interline power flow controller concept: A new approach to power flow management in transmission systems" 中共同提出，为多种输电线路的补偿提供一个新的解决方案。线间潮流控制器一般使用多个直-交变流器，每个变流器都为各自所在线路提供串联补偿，也可以说，

IPFC 由多个 SSSC 组成，IPFC 的一般构成原理是将 SSSC 的直流侧连在一起，如图 7-5 所示，IPFC 除了能提供串联无功补偿外，每个变流器还可以向公共直流母线提供/吸收有功功率，即可调节多条线路之间的有功和无功功率分配。

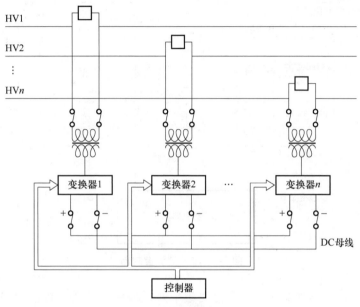

图 7-5　线间潮流控制器

7.2.4　串联-并联组合型 FACTS 控制器

统一潮流控制器（Unified Power Flow Controller，UPFC）

UPFC 由 Laszlo Gyugyi 博士在 1991 年发表的论文 "A unified power flow control concept for flexible AC transmission systems" 中首先提出相关概念，它由 STATCOM 和 SSSC 基于共直流母线组成，如图 7-6 所示，所谓"统一"，是指 UPFC 能同时或选择性地控制所有影响输电线路潮流的参数，即能对电压、阻抗和相位角进行控制，实现有功和无功潮流控制。

1998 年由美国电力公司、西屋电气公司和 EPRI 联合研制了世界首个大容量工业化 UPFC（由 160MVA 的 SSSC 和 160MVA 的 STATCOM 组成），采用 GTO 晶闸管器件，安装在美国肯塔基州的 Inez 变电站。2015 年，我国首个 UPFC 在南京 220kV 铁北站投入运行，包含三个换流器，额定容量 3×60MVA，采用 MMC 结构。2017 年，苏州南部电网 500kV UPFC 示范工程正式投运，该工程是目前（截至 2023 年）世界上电压等级最高、容量最大、控制最复杂的 UPFC 工程，也是世界上首个 500kV 电压等级的双回线路 UPFC 工程，在世界范围内首次实现 500kV 电网电能流向的灵活、精准控制，最大可提升苏州电网电能消纳能力约 130 万 kW。

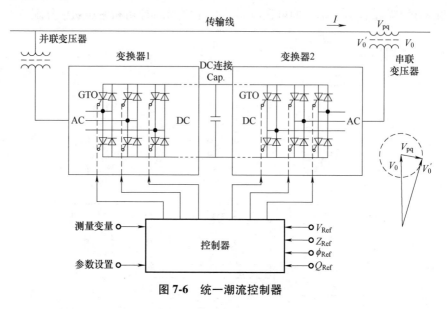

图 7-6　统一潮流控制器

　　上述的 FACTS 装置都可以称之为集中式，2004 年，美国佐治亚理工学院的 Divan Deepak 教授等申请了美国专利 "Distributed floating series active impedances for power transmission systems，US7105952"，首次提出了分布式 FACTS（distributed FACTS，D-FACTS）的概念，即将集中式 FACTS 的功能分散化，单个 D-FACTS 装置具有体积小、成本低、安装方便等优点。以分布式串联阻抗（distributed series impedance，DSI）为例，其在输电线路中的安装如图 7-7a 所示，其中 DSI 电路结构如图 7-7b 所示，如果 S_1 闭合，则相当于在线路中串联一个感抗；若 S_2 闭合，则相当于在线路中串联一个容抗，如果在线路中串联了 N 个 DSI，则通过多种组合可以得到 $2N$ 个不同感抗/容抗值。除 DSI 外，D-FACTS 家族还有分布式静态串联补偿器（distributed static series compensator，DSSC）等，其电路结构如图 7-7c 所示，通过向线路注入串联补偿电压来调节线路阻抗，实现对线路潮流的柔性控制，可提升线路的输送能力及系统运行的安全稳定水平，又称之为分布式潮流控制器（DPFC）。

　　2017 年，世界上第一个 DPFC 工程由美国 Smart Wires 公司和爱尔兰国有电力供应商 EirGrid 合作完成，工程位于爱尔兰西部的卡什拉—埃尼斯 110kV 线路的两侧变电站附近。其中 DPFC 采用带串联变压器的电压源变换技术，子单元容量约为 120kvar，单台质量约为 600kg，可向线路注入容性/感性电压约 80V。

　　爱尔兰 DPFC 示范项目采用带串联变压器的电压源变换技术方案，存在串联

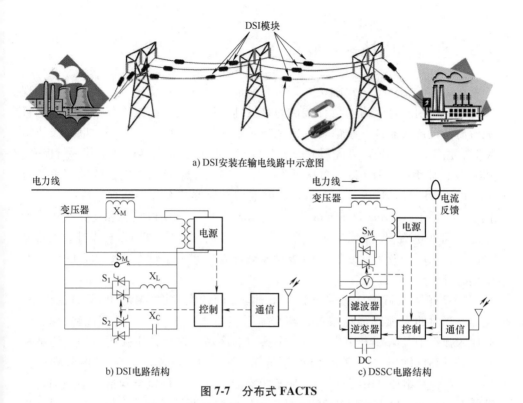

a) DSI安装在输电线路中示意图

b) DSI电路结构　　　　　c) DSSC电路结构

图 7-7　分布式 FACTS

变压器体积大、损耗高、制造安装工艺要求高等缺点。针对以上问题，Smart Wires 公司改进研发了无串联变压器型 DPFC，支持铁塔、变电站柱式和可移动集装箱等多种安装方式。2019 年，为解决可再生能源的高渗透率导致的系统拥塞问题，希腊输电公司 IPTO 在伯罗奔尼撒地区安装了 Smart Wires 公司的移动式 DPFC，位于 IPTO 变电站出线的 150kV 输电线路上，总容量达到 2.3Mvar。

2020 年 12 月，由南瑞继保成套供货的世界首个 220kV DPFC 工程——国网浙江省电力有限公司湖州 DPFC 示范工程，顺利完成首期所有系统试验，正式投入运行，如图 7-8 所示。湖州 DPFC 示范工程装置总设计容量达 5.8 万 kVA，可动态转移潮流达 15 万 kW，可有效解决湖州地区电网线路过载问题，优化局部电网潮流分布，增强区域供电能力，提升电网整体效能[5]。

图 7-8　湖州 DPFC 示范工程

7.3　直流输电技术发展简史

在 20 世纪 20 年代就建立了 220kV 交流系统，随着交流系统的扩展，出现了稳定性问题。直流输电系统被认为是最佳解决方案，但无法获得产生高压直流所需的设备或器件。事情转机出现在汞整流器的发明，到第一次世界大战结束时，由于所需的玻璃外壳尺寸较大，玻璃泡型的汞整流器达到了其运行极限。1908 年，休伊特（Hewitt）首次开发了结构坚固、载流能力更强的钢制汞整流器。由于钢的导热性更好，不需要玻璃泡型整流器的大冷却圆顶。1914 年美国化学家兰缪尔（Irving Langmuir）发明了栅极控制，这使得整流和逆变过程成为可能。到 20 世纪 30 年代中期，由于不断地改进，汞整流器有多种设计，大致分为两类：①用于较小功率场合的密封玻璃外壳；②用于较大功率场合的金属冷却钢罐外壳[6]。

1932 年，汞弧阀首次用于瑞士和德国之间的实验性 3MW/45kV 直流线路。然而，当时的汞弧阀损耗很大，与交流系统相比在效率上不具有优势，此外，高压汞弧阀中其阻断电压集中在一个狭窄的区域，这使得汞弧阀对表面污染和真空条件高度敏感。1939 年 BBC 公司（Brown，Boveri&Cie，在 1988 年和瑞典的 ASEA 合并组成 ABB 公司）在瑞士国家展览和贸易展览会建造了一条临时示范线路，这条 500kW/50kV/25km 的直流输电线路两端各有一个换流站，通过单极电缆将电力从韦廷根传输至苏黎世的 BBC 公司展馆（利用大地作为返回线）。

1939 年，瑞典通用电气集团 ASEA 工程师 Uno Lamm 博士（高压直流输电技术之父，PES 设有 IEEE PES Uno Lamm 高压直流输电奖，意在表彰在世界范围内对直流输电技术发展和应用作出重大贡献的杰出个人，2017 年国家电网公司副总经理刘泽洪、2018 年南方电网公司饶宏院士分别获得该奖项）获得了在汞弧阀中引入分级电极的专利，显著改善了汞弧阀电压分布和耐受能力[7]。此后，直流输电得到了快速发展，20 世纪 40 年代，在德国的莫阿比特到柏林，以及瑞典和美国都开始了高压直流输电技术的实验，但因为第二次世界大战，技术进展缓慢。

在 20 世纪 30 年代，相继建成多条工业性试验直流输电线路（见表 7-1），为工业应用积累了丰富的建设和运行经验。这些试验线路不用原来的直流发电机将交流转换为直流，采用空气吹弧换流阀、闸流管、引燃管或汞弧阀作为换流设备，1941 年，西门子-舒克特、AEG 和 F&G 联合体在德国计划建立第一套商用 HVDC 输电系统，为避免引起盟军的注意，它将通过一对埋地电缆从易北河上的 Vockerode 发电站向柏林传输 60MW/±200kV 的电力，距离为 115km。每个换流站有两个 200kV 的六脉波桥，桥中的每个阀由三个串联的单阳极汞弧阀组成。1945 年 4 月，在第二次世界大战的背景下，德国人完成了雄心勃勃的易北河-柏林 HVDC 项目建设工作，但调试活动未能完成，战争结束后，整个系统被拆卸并转移到苏联，阻止了德国完成第一个商业 HVDC 项目的调试任务。1950 年，易北河-柏林高压直流系统重新安装为莫斯科-卡什拉输电系统，用作输电和研究之用。

表 7-1　部分直流输电试验性工程[1]

试验工程所在地	建成年份	电压/kV	容量/×10⁴kW	线路长度/km	线路类型	换流设备种类
德国里尔吉—密斯堡	1932—1942	±40	1.6	4.6（5）	电缆	空气吹弧换流阀（1942 年后改用汞弧阀）
美国梅卡尼尔斯维尔—斯克内克塔迪	1936	27（30）	0.5（0.47~0.52）	27	架空线	闸流管（1940 年后用引燃管代替），40/60Hz 变频
瑞士韦廷根—苏黎世	1939	50	0.05	25	架空线	有栅控的铁壳汞弧阀，单极线路—大地回流电路

　　第二次世界大战后的 1946 年，瑞典的 ASEA 在瑞典 Mellerud 和 Trollhättan 之间建立了 60km 的实验直流线路，电压为 90kV，传输功率为 6.5MW。随后在 1954 年，ASEA 建立了世界上第一个商用直流输电工程（从瑞典本土至哥特兰岛的 20MW/100kV 海底直流电缆输电），其所用的汞弧阀如图 7-9a 所示。

　　随着 HVDC 汞弧阀技术的成熟，出现了瑞典和苏联两种截然不同的阀设计路线，主要差异在于分级电极的数量。苏联的汞弧阀使用四个分级电极，而瑞典设计使用大量分级电极，例如，125kV 汞弧阀使用 20 个电极。少数分级电极设计提供了高阳极电流额定值，但耐压能力有限。苏联设计的单阳极汞弧阀（见图 7-9b），对于更高的电压，需要两个阀串联使用。瑞典设计使用多阳极汞弧阀，所有阳极都安装在公共阴极罐上。当需要高于 125kV 的电压时，两个完整的六脉波桥串联放置。瑞典设计采用水冷，而苏联设计使用油冷却阴极。

　　1961 年，英国的英国电气公司与 ASEA 签署了一项汞弧阀的设计和制造协议，随后对真空外壳进行了改进。至此，英国也建立了第一个直流输电工作。由于 Uno Lamn 博士的开创性工作，英国电气工程师协会（IEE）于 1965 年授予他"HVdc 输电之父"（father of HVdc power transmission）的称号。ASEA 开发的最后一个汞弧阀的电流为 1000A/阳极，由于后来晶闸管阀的进展迅速，因此并未投入生产。

a) 第一个商用汞弧阀　　　　　b) 单阳极汞弧阀

图 7-9　汞弧阀

　　到 1997 年为止，共有 12 项采用汞弧阀的直流工程投入运行，部分工作见表 7-2。但由于汞弧阀的制造技术复杂，难于产生更高的直流电压，价格昂贵且可能产生逆弧现象，造成输电系统的可靠性较低，运行维护工作量大，使得直流输电的发展受到一定的限制。汞弧阀的应用也存在环境问题，每个密封汞弧阀含有 2.5L 左右的汞，在阀的操作和维护期间，需要在阀室周围进行监测，以监控汞的泄漏。

表 7-2　使用汞弧阀的直流输电工程[1]

序号	国家	工程名称	容量/×10⁴kW	电压/kV	投入年份	输电距离/km	工程作用
1	瑞典	哥特兰	2/3	100/150	1954/1970	96	海底电缆输电
2	英国、法国	英法海峡联网	16	±100	1961	65	海底电缆输电
3	苏联	伏尔加格勒-顿巴斯	72	±400	1962	475	远距离输电
4	瑞典、丹麦	康梯-斯堪	25	250	1965	180	海底电缆输电
5	日本	佐久间	30	±125	1965		变换频率
6	新西兰	新西兰	60	±250	1965	609	海底电缆输电
7	意大利	撒丁岛	20	200	1967	413	海底电缆输电
8	加拿大	温哥华	31.2	260	1968	73	海底电缆输电

（续）

序号	国家	工程名称	容量/×10⁴kW	电压/kV	投入年份	输电距离/km	工程作用
9	英国	太平洋联络线	144	±400	1970	1362	大容量远距离输电
10	加拿大	纳尔逊运河 I	167	±450	1973	895	大容量远距离输电
11	英国	金斯诺斯	64	±266	1975	85	向大城市地下输电

20 世纪 50 年代晶闸管的出现，为换流设备制造开辟了新途径，促进了高压直流输电的进一步发展。在晶闸管发明后不久，1962 年便开始了用晶闸管更换汞弧阀的研究。但当时人们对晶闸管是否可以取代高压直流的汞弧阀还表示怀疑。晶闸管的低压工业应用（几千伏）和高压直流应用（几百千伏）之间的技术差距很大。到 20 世纪 60 年代末，研制出了具有 1.6kV 阻断能力和 900A 额定电流的晶闸管，以此构建的 50kV 的阀串已具有较好的经济性，但高于此电压时，晶闸管仍然不如汞弧阀，因为损耗更高。

1963 年，由 AEG、BBC 和西门子组成的 HVDC 传输（HVDCT）工作组成立，以研究小型汞弧阀串联的可能性，该工作组得出结论，未来的 HVDC 换流器应基于晶闸管技术。

20 世纪 60 年代中期，英国也在探索小型汞弧阀的串联技术，由于复杂的电压降和分级电路要求而放弃。因此，HVDCT 工作组的两名成员西门子公司和 BBC 公司分别于 1967 年建造了两个功率强大的晶闸管原型阀，额定功率分别为 100kV/1000A 和 100kV/800A。BBC 公司的晶闸管阀采用空气冷却，由 192 个串联级组成，每个级都有两个并联的晶闸管。西门子的阀采用强制油冷却和模块化结构，是一种引领潮流的产品，由 180 个串联的盘式晶闸管组成。晶闸管原型阀的测试非常成功，1969 年西门子公司、BBC 和 AEG 就获得了第一个基于晶闸管阀的长距离高压直流输电项目（Cabora-Bassa）的合同。1967 年，美国 GEC 以背靠背的方式成功测试了 20kV、36MW 的晶闸管原型变流器，证明了晶闸管阀的可行性。

1967 年，ASEA 在瑞典首次对正在运行的 HVDC 工程用晶闸管阀进行了测试，它取代了哥特兰工程 Ygne 逆变器站中的一个现有汞弧阀（50kV/220A）。该晶闸管阀使用了两个由 56 个晶闸管组成的并联组件，每个晶闸管的额定电压为 2.8kV。在 1969 年 2 月拆除之前，它在没有任何干扰的情况下运行了大约两年。于是在 1970 年，在哥特兰输电工程中又增加了晶闸管阀，使其输送功率从 20MW 提高到 30MW。

经过近十年的发展，1972 年，美国 GEC 在加拿大建设了第一个基于晶闸管阀的 HVDC 项目——伊尔河高压直流输电工程（320MW）。在此之后，只有一个新建设 HVDC 工程采用汞弧阀。从那时起，由于晶闸管的设计简单、维护量少和占地面积少，在直流输电系统中得到稳步增长，主要工程见表 7-3。汞弧阀换流器所需的空间约为 $3.5m^2/MW$，而类似额定值的晶闸管阀换流器所需空间为 $1m^2/MW$。

表 7-3　使用晶闸管阀的直流输电工程[1]

序号	国家	工程名称	容量/×10⁴kW	电压/kV	投入年份	输电距离/km	工程作用
1	加拿大	伊尔河	32	2×80	1972		非同期联网
2	加拿大	纳尔逊河Ⅱ	200	±500	1978	937	大容量远距离输电
3	南非	卡布拉巴萨	192	±533	1977	1414	大容量远距离输电
4	加拿大	温哥华（增设）	37	280	1977	74	海底电缆输电
5	美国	汉密尔	10	±50	1977		非同期联网
6	挪威、丹麦	斯卡盖拉克	50	±250	1976	242	海底电缆输电
7	美国	斯卡格巴特	50	±250	1977	734	远距离输电
8	日本	新信浓	30	2×125	1977		变换频率
9	日本	北海道-本州	30	250	1979	168	变换频率，海底电缆输电
10	美国	CU 工程	100	±400	1979	710	远距离输电
11	巴拉圭、巴西	阿卡雷	5.5	±25	1981		非同期联网
12	芬兰、苏联	维堡	71	2×±85	1982		非同期联网
13	奥地利、捷克	杜恩罗尔	55	145	1983		非同期联网
14	瑞典	哥特兰 2	13	150	1983	96	电缆输电

由于晶闸管阀没有自关断电流的能力，并且其开关频率也很低，使得换流器的性能受到很大的约束。因此基于晶闸管的电流源型高压直流输电技术的特点是受端必须有一个相当大容量的电力系统，由这个系统提供换相电流，其逆变器才能将直流变换成交流送入受端电网，晶闸管自身没有逆变换相能力。如果受端电网容量小，提供不出足够的换相电流，线路换相换流器就不能正常工作。线路换相换流器高压直流输电 LCC（line commutated converter）-HVDC 也称为常规直流。

由于晶闸管自身没有逆变换相能力，所以 LCC-HVDC 天然存在换相失败的隐患。换相失败的定义：在换流器中，刚退出导通的阀，在反向电压作用的一段时间内，若其换相过程未进行完毕或阻断能力未能恢复，则阀侧电压变为正向时，被换相的阀都将向原来预定退出导通的阀倒换相，这称为换相失败。换相失败问题从 20 世纪 90 年代开始引起国内外学者的重视。目前普遍认为，

HVDC 系统逆变侧交流系统故障所引发的换相电压幅值降低和相位偏移是换相失败的主要诱因，此外，励磁涌流或投切滤波器等造成的换相电压波形畸变也可能引发换相失败。通过配备额外的辅助设备或进行换流器拓扑改造可以有效提升直流输电系统的换相失败抵御能力，国内华北电力大学赵成勇教授团队对该类问题进行了深入研究。

2023 年 5 月 12 日，在第五届"清洁能源发展与消纳"论坛上，国网智能电网研究院有限公司总工程师、先进输电技术全国重点实验室主任贺之渊博士作了题为"新型换流技术解决换相失败问题"的报告。在报告中提出一种换相失败问题解决方案——可控换相换流器（controllable line commutated converter, CLCC），如图 7-10 所示，考虑换流器运行损耗和成本，提出采用半控-全控器件混合来替代传统半控型晶闸管的思路，在原来晶闸管阀基础上串联少量 IGBT，作为主通流支路，并实现电流转移。同时采用高压小电流全控阀作为并联支路，暂时承接主支路电流，为晶闸管阀提供足够的反向关断电压，实现可控关断[8]。

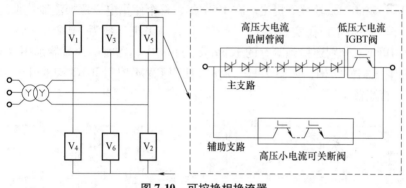

图 7-10　可控换相换流器

正常运行时，桥臂导通时同时触发主支路晶闸管和 IGBT。进入流通阶段，辅助支路保持关断 120° 之后，另一相桥臂触发导通，进入桥臂换相阶段。交流电压正常时，主支路电流下降至一定幅度后，关断主支路并同时导通辅助支路，电流转移到辅助支路。然后在交流电压作用下，桥臂电流继续向其他桥臂转移，不影响换相过程。换相过程完成后，主支路和辅助支路电流均降为零，辅助支路零电压零电流关断，不会产生关断电压。当发生交流侧故障时，采用正常运行时相同控制时序。电流转移至辅助支路后，通过辅助支路全控阀关断将电流关断，则电流转移至避雷器，由避雷器产生换相电压，完成桥臂间的电流换向，避免换相失败。

2023 年 6 月 18 日，CLCC 技术在我国首个超高压直流输电工程——±500kV/1200MW 葛洲坝-南桥直流工程改造中示范投运，投运前通过全部 200 余项系统联调试验，包括交流侧人工短路试验。试验结果表明，CLCC 在交流故障期间能够成功换相，故障期间平均功率传输维持70%以上，故障后系统恢复速度提前60ms。

　　未来，在我国新建的特高压直流输电工程或者在运直流工程改造中采用CLCC换流器，在继承传统LCC-HVDC直流输电技术大容量、低损耗、经济性优势的同时，又可以彻底解决换相失败问题，大幅降低多馈入直流换相失败对送、受端电网的有功无功冲击，提升跨区电网安全稳定水平，是一种优选技术方案。

7.4　电压源换流器

　　20世纪80年代IGBT开始用于低压场合，使用IGBT作为开关器件的电压源换流器（voltage-sourced converter，VSC）在工业驱动装置上得到广泛应用。随着IGBT电压和容量等级的不断提升，到了20世纪90年代初出现了高压IGBT（2.5kV、3.3kV、6.5kV），这使得采用IGBT构成电压源换流器来进行直流输电成为可能。1990年，基于电压源换流器的直流输电概念首先由加拿大McGill大学的Boon-Teck Ooi教授等提出。在1997年，首个使用电压源换流器技术的直流输电工程——赫尔斯扬实验性工程投入运行，其系统参数为3MW/±10kV，输电距离为10km，分别连接到既有的10kV交流电网中。当时的换流器采用IGBT阀和两电平三相桥结构，如图7-11a所示，使用PWM控制IGBT阀的开关和换流器的交/直流输出[9]。

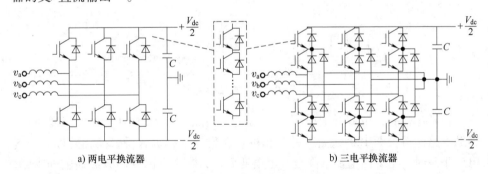

a) 两电平换流器　　　　　　　　　　　　　　b) 三电平换流器

图7-11　换流器基本结构

　　对于这种直流输电技术，国际权威学术组织国际大电网会议（CIGRE）和IEEE将其正式命名为"VSC-HVDC"，即"电压源换流器型直流输电"。ABB公司则称之为轻型直流输电（HVDC light），并将其作为商标注册，西门子公司则称之为HVDC Plus。2006年5月，由中国电力科学研究院组织国内权威专家在北京召开"轻型直流输电系统关键技术研究框架研讨会"，会上与会专家一致建议，国内将基于电压源换流技术的直流输电统一命名为"柔性直流输电"（flexible HVDC），以区别于采用晶闸管的常规直流输电技术。如果将采用汞弧阀作为换流元件的直流输电称为第一代直流输电技术，将晶闸管阀作为换流元件的直流输电称为第二代直流输电技术，则将基于电压源换流器技术的直流输电称为第三代直流输电技术。当然，第三代直流输电技术中根据换流器使用的电路拓扑及调制方式的不同，又可以分为表 7-4 所示的几个发展阶段[10]。

表 7-4 柔性直流输电技术的几个发展阶段

第一阶段	（Two-level）两电平技术，SPWM 方式，损耗 3%左右
第二阶段	（Three-level）三电平技术，SPWM 方式，损耗 2%左右
第三阶段	（Two-level）两电平技术，OPWM 方式，损耗 1.5%左右
第四阶段	（Multi-level）多电平技术，最近电平逼近调制，损耗 1%左右
第五阶段	（Multi-level）多电平技术，具有直流故障清除能力（可用于架空线路）

1999 年 6 月，世界上第一个商业运行的柔性直流输电工程，在瑞典哥特兰（Gotland）岛投运，其换流器为两电平结构，输送容量为 50MW，直流侧电压为±80kV，将南斯（Nas）风电场的电能送到哥特兰岛北岸的维斯比（Visby）市。后面几个工程都采用了与此类似的设计，这些早期柔性直流输电系统的换流器开关频率较高，可达 1950Hz，采用的都是两电平换流技术。而第二代柔性直流输电工程一般采用三电平换流器，如图 7-11b 所示，直流电压最高可达±150kV，输电功率达到 330MW，这种新的设计方案用在了克劳斯桑德联络工程与莫里互联工程，同时由于换流器电平数提高，换流器的开关频率有所降低。克劳斯桑德联络工程的开关频率为 1260Hz，莫里互联工程的开关频率为 1350Hz[11]。

而在 2007 年投入运行的伊斯特互联工程以及随后的工程，可以认为是第三代柔性直流输电技术，这些工程中换流器由于采用了优化脉宽调制（OPWM）技术。在换流器结构又回归到简单两电平的同时，还显著降低了开关频率至 1150Hz。

20 世纪 90 年代初到 2010 年这一阶段柔性直流输电技术基本上是由 ABB 公司垄断，采用的换流器是两电平或三电平电压源换流器，采用 PWM 理论。第 2 个阶段是 2010 年到今后一段时间，基本标志是 2010 年 11 月在美国旧金山投运的 Trans Bay Cable 柔性直流输电工程，该工程由西门子公司承建，换流器是模块化多电平换流器（MMC），调制方式是阶梯波逼近方法，称为第四代柔性直流输电技术，这一阶段建设的柔性直流输电工程中 MMC 都是采用半桥子模块，在直流侧发生直流短路故障时其无法清除故障，需要外加直流断路器。第五代柔性直流输电技术中 MMC 则具有直流故障自清除能力，可用于架空线路场合，如在昆柳龙直流输电工程中用的由半桥和全桥子模块混合构成的混合型 MMC。

截至 2022 年，我国投运的柔性直流输电工程有 11 项，见表 7-5，电压等级最高达到±800kV，输送容量 5000MW，均为世界最高水平。除此之外，我国还结合电网需求和运行特点，发展出常规直流与柔性直流混合连接的直流输电技术，如昆柳龙直流工程，送端采用了常规直流，受端采用了柔性直流，是世界上首个送受端混合的直流输电工程，也是世界首个采用特高压柔性直流技术的直流输电工程；白鹤滩直流输电工程，高端阀组采用常规直流，低端阀组采用柔性直流，是世界上第一个混合级联直流输电工程。欧洲大陆、北美地区以及新兴经济体国家都已规划基于柔性直流跨区域联网项目，欧洲"超级电网"计划将柔性输电作为骨干网架和主要路线，提高欧洲电网可再生能源的消纳利用。

表 7-5 国内已投运（规划）的柔性直流输电工程[12]

序号	工程名称	投运年份	容量/MW	直流电压/kV	应用场景
1	上海南汇	2011	20	±30	新能源并网
2	南澳多端	2013	200，100，50	±160	新能源并网
3	舟山五端	2014	400，300，100×3	±200	新能源并网
4	厦门柔性直流工程	2015	1000	±320	城市高密度负荷中心供电
5	鲁西背靠背	2016	1000	±350	电网柔性互联
6	渝鄂背靠背	2019	1250×4	±420	电网柔性互联
7	张北直流电网工程	2020	3000，1500	±500	新能源并网、无源网络供电
8	昆柳龙直流工程	2020	5000，3000	±800	远距离架空线路输电
9	如东海上风电工程	2021	1100	±400	新能源并网
10	广东背靠背工程	2022	1500×4	±300	电网柔性互联
11	白鹤滩直流工程	2022	4000（柔直）	±800	远距离架空线路输电

在我国的高压交直流输电技术发展过程中，国家电网有限公司和南方电网有限责任公司绝对是主力担当，在这过程中涌现出一大批杰出的科技工作者。如李立涅院士，他参加和组织建设了我国第一条 330kV 交流输电工程、第一条 500kV 交流输电工程、第一条±500kV 直流输电工程；参加和组织中国第一条也是世界上第一条±800kV 直流输电工程的技术研究、关键项目攻关和工程建设，是中国直流输电工程主要开拓者之一，在中国电力工程界被誉为"直流输电第一人"。汤广福院士针对电力电子换流内在规律、强电磁环境驱动与保护、等效试验机理等关键工程技术难题，以及重要装备的系统设计、设备研发和工程应用方面做出了大量工作。先后完成静止无功补偿器、可控串补晶闸管阀、±800kV 特高压直流换流阀、柔性直流换流器和高压直流断路器等高端电力装备的研制，陆续实施了参数居国际首位的重大工程示范和推广应用，为实现电网灵活可控、远距离大容量输电、高效接纳可再生能源提供了新的手段[13]。

在柔性直流输电技术中，除了换流站作为最核心装备外，还有一些关键装备，如直流断路器、直流耗能装置等，下面分别加以介绍。

7.5　直流断路器

开断直流电流一直是高压直流输电系统中的重大难题之一，要求高压直流断路器具备分断电流时创造"人工零点"、能够吸收故障系统储存的能量、具备在数毫秒内分断强短路电流的能力，这些要求使得直流断路器的实现技术难度远大于交流断路器。目前，高压直流断路器根据直流断路器中关键开断器件类型可分为机械式直流断路器、全固态式直流断路器、混合式高压直流断路器 3 类。机械式直流断路器开断时间过长，全固态式直流断路器通态损耗大、造价高制约了这两类直流断路器在高压领域应用前景。综合这两类直流断路器优点的混合式高压直流断路器具有机械开关的载流、绝缘能力以及固态开关的开断能力，渐渐成为柔性直流输电工程应用的首选[14]。

在 20 世纪 70 年代，美国 GE 公司的专家就提出采用振荡自然换流熄弧的机械式直流断路器，其拓扑结构如图 7-12 所示，主要在交流机械开关回路并联含有电容器和电抗器的振荡换流回路和过电压放电回路以及避雷器组成的能量吸收回路，实现直流电流的分断，并进行了 400kV/2kA 的开断实验。

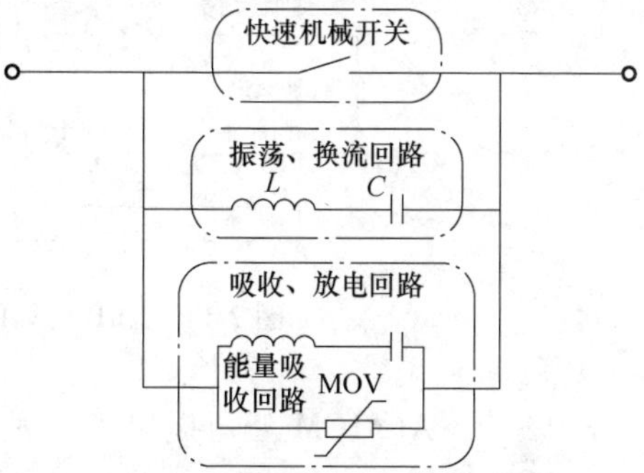

图 7-12　机械式高压直流断路器结构

除了自然振荡熄弧方式外，还有强制振荡熄弧方案，如图 7-13 所示，利用外部电源，通过预先在高压直流断路器动作前对其振荡回路中的电容进行充电，控制其在开断时进行触发，利用其产生的高频振荡电流，强制电弧电流过零，从而完成断路器的开断。强制振荡灭弧与自然振荡灭弧的区别在于其振荡电流的幅值较大，开断容量大且成功率高。该方案由华中科技大学潘垣院士、何俊佳教授、袁召、陈立学、李黎团队联合思源电气共同研制了 160kV 超快速机械式高压直流断路器，2017 年 12 月，该断路器正式在南澳多端柔性直流输电工程中应用。

2012 年 11 月，ABB 公司成功研制出世界第一台 320kV 混合式直流断路器，稳态通行电流为 2kA，开断能力 9kA/5ms；电路结构如图 7-14 所示。其主通流支路由快速隔离开关和少量 IGBT 串联构成，转移支路则由若干 IGBT 反向串联的换流阀子模块串联构成，以满足双向开断的需求，每个子模块与避雷器并联，以释放线路的能量并保护 IGBT 不过电压[15]。

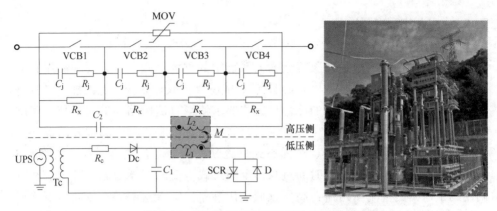

图 7-13　强制振荡熄弧断路器方案及样机

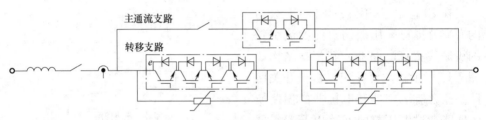

图 7-14　ABB 公司的混合式直流断路器

2014 年，ALSTOM 公司提出了一种基于晶闸管的混合式高压直流断路器，其电路结构如图 7-15 所示，共分为 4 条支路，支路 a 为主支路（通流支路）、支路 b 和 c 为转移支路，支路 d 为耗能支路。支路 a 主要由 IGBT 和快速机械开关构成，通过将主通流支路中的 IGBT 闭锁并分断快速机械开关，将故障电流转移到由晶闸管和电容构成的转移支路。支路 b 中的 C_1 和 C_2 为低压大电容，两端分别并联 MOV_1 和 MOV_2，使得快速开关分断过程中的电压上升率得到抑制，并将电压可靠限制在较低的幅值。高压直流断路器样机额定电压为 120kV，额定电流为 1.5kA，分断电流为 5.2kA，分段时间为 5.3ms。由于采用晶闸管来控制电流的开断，降低了电力电子器件使用数量，从而降低了装备总成本。

我国关于高压直流断路器的研究工作起步较晚，但成果卓著。2015 年 11 月，国网联研院研制出 200kV 直流断路器，开断能力 15kA/3ms；采用了基于 H 桥结构的混合直流断路器，如图 7-16 所示，其主支路由快速机械开关和少量的 H 桥子模块串联构成，转移支路则由大量的 H 桥子模块串联构成，吸收支路由避雷器构成。200kV 直流断路器于 2016 年 12 月在浙江舟山 5 端柔直示范工程成功挂网运行[16]。

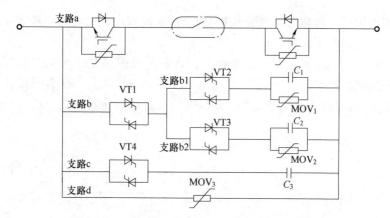

图 7-15　ALSTOM 公司的混合式高压直流断路器

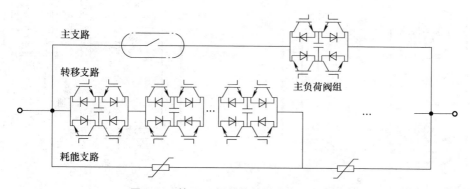

图 7-16　基于 H 桥结构的混合直流断路器

2016 年 12 月，南瑞继保公司研制的 500kV 直流断路器样机通过 KEMA 测试认证，开断能力 20kA/3ms，且具备重合闸功能，其采用的是二极管带 IGBT 全桥结构的混合式直流断路器方案，如图 7-17 所示，主支路由快速机械开关串联

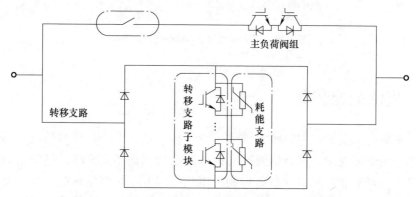

图 7-17　二极管带 IGBT 全桥结构的混合式直流断路器

主负荷阀组构成；转移支路由带 IGBT 的全桥整流双向开关构成，耗能支路的避雷器与转移支路的子模块并联。

目前使用的直流断路器电压等级最高、数量最多的是张北柔性直流电网工程，其一次接线图如图 7-18 所示，在每个换流站配置 4 台高压直流断路器，分别采用了 12 台混合式直流断路器、2 台机械式直流断路器和 2 台耦合负压式直流断路器。

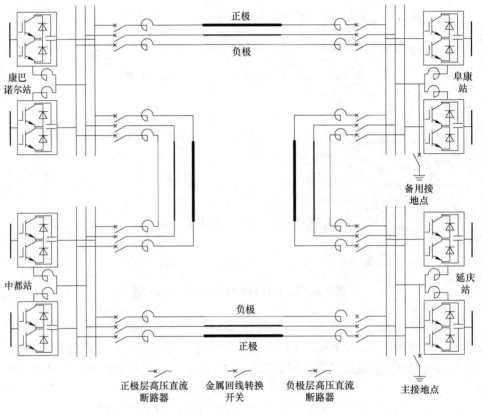

图 7-18　张北柔性直流电网一次接线图

7.6　直流耗能装置

对于海上风电 VSC-HVDC 系统，当岸上换流站交流侧发生故障时，风电场的功率无法全部送出，直流侧线路会因为盈余功率而不断充电，极间直流电压不断升高，若不能及时采取措施抑制过电压，则有损坏直流海缆、换流器等设备的风险。因此，如何消耗盈余功率并实现岸上换流站交流故障穿越是海上风电 VSC-HVDC 系统中的一个重要技术难点。目前，对上述盈余功率的处理主要有两种解决方法：第一种是紧急降低送端输出功率，如降低风力机输出功率；第二种是采用耗能装置。由于第一种方法的实现通常需要依赖于可靠的通信，且风力机具有较大惯性，响应速度无法满足故障穿越需求。为了保证可靠性及响应的快速性，工程上一般都配备耗能装置以动态消耗盈余功率。针对海上风电送出系统，送端换流站常常在海上平台上，若采取交流耗能装置将会大幅增加海上平台的成本，若采取直流耗能装置的方案则无需额外增加海上平台及相关设备，仅在陆上增加一套直流耗能装置，如欧洲北海地区的海上风电 VSC-HVDC 工程均采用在直流侧配置直流耗能装置，如图 7-19 所示，通过大功率耗能电阻的投退实现故障穿越[17]。

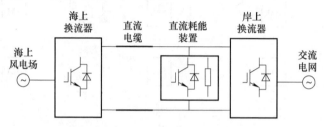

图 7-19 包含直流耗能装置的 VSC-HVDC 系统

HVDC 系统直流线路电压通常在 ±250kV 以上，直流耗能装置需要采用功率器件串联或者采用模块化串联子模块设计，耗能组件为大功率金属电阻或者碳陶瓷电阻，通过在故障期间将耗能组件接入正、负极直流线路之间，实现对差额功率的消耗，维持直流电压平稳。典型直流耗能装置方案如图 7-20 所示，包括 IGBT 直串集中电阻方案、模块化子模块串联集中电阻方案、半桥子模块串联集中电阻方案和模块化分布式电阻方案。前 3 种方案都属于集中式耗能方案，特点是耗能电阻集中布置在阀厅外部，对阀厅的散热有利，其控制上是串联的开关或模块投退耗能电阻；模块化分布式电阻方案属于分布式耗能方案，特点是耗能电阻均匀分布在各个模块中，其控制上可以做到每个耗能电阻独立投退，控制效果最佳，但分布耗能电阻和模块的电力电子器件集成在一起，必须放在阀厅，短期内会产生大量热量，对阀厅的散热提出较高要求。

图 7-20a 所示的 IGBT 直串集中电阻方案，已被 ABB 公司在 BorWin1、DolWin1 和 DolWin2 等几个海上风电场项目中应用。当直流电压超过某一水平时，该耗能装置打开，从而耗散直流系统中多余的功率，当直流电压降至某一水平以下时，该耗能装置关闭。IGBT 直串集中电阻方案存在多个 IGBT 器件直串均压困难、耗能动作期间直流电压波动范围大的不足。为解决器件直串均压问题，可以采用图 7-20b 所示的半桥子模块串联方案，可以解决 IGBT 串联均压及直流电压波

动过大的问题，但其子模块放电只能通过上管 IGBT 导通向直流线路馈入能量，这在耗能动作期间可能会对直流电压产生不必要的扰动。为此，2014 年西门子公司申请了如图 7-20c 所示的耗能装置方案美国专利（Sub-module of a modular braking unit, braking unit, and method for operating the braking unit, US20170133924），该方案在半桥子模块拓扑的基础上省去上管 IGBT，并在电容直流侧并联放电回路，解决了上述子模块放电的问题。

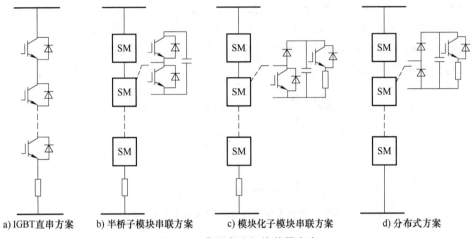

a) IGBT直串方案　　b) 半桥子模块串联方案　　c) 模块化子模块串联方案　　d) 分布式方案

图 7-20　典型直流耗能装置方案

许继电气股份有限公司为如东海上风电柔性直流输电项目研制了 ±400kV/1100MW 的直流耗能装置（这应当是国内第一个工程应用的直流耗能装置），由 216 个耗能阀子模块（包含 8%冗余），子模块选用 4500V/2000A IGBT 器件，子模块支撑电容选用 3mF，耗能电阻选用 $564\Omega/3300MJ$ 的 $Cr_{20}Ni_{80}$ 合金材料电阻[18]。

针对分布式直流耗能装置方案，南瑞继保公司的谢晔源等人提出如图 7-21 所示的耗能子模块方案（中国发明专利，ZL201811491913.2），其中 4 为直流电容，5 为第二功率半导体器件，6 为耗能电阻，7 为二极管，10 为第一旁路开关，11 为均压电阻，16 为第三旁路开关。其重要特点是利用第三旁路开关并联在第二功率半导体器件的方式，可以利用第三旁路开关与耗能电阻的串联回路为电容放电，将耗能电阻用做放电电阻，可节约成本，提高设备利用率，同时，第三旁路开关可以为机械开关或固态开关，可作为第二功率半导体器件的后备和冗余。

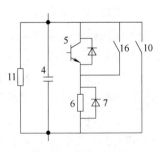

图 7-21　分布式直流
耗能装置方案

参 考 文 献

[1] 黄晞. 电力技术发展史简编 [M]. 北京：水利电力出版社，1985.

[2] 程汉湘，聂一雄. 柔性交流输电系统 [M]. 北京：机械工业出版社，2013.

[3] 谢小荣，姜齐荣. 柔性交流输电系统的原理与应用 [M]. 北京：清华大学出版社，2003.

[4] 邵家云. 磁控电抗器在电力系统中的应用研究 [D]. 沈阳：沈阳工业大学，2009.

[5] 周路遥，邵先军，郭锋，等. 分布式潮流控制器的工程应用综述 [J]. 浙江电力，2020，39（9）：8-13.

[6] DEEPAK TIKU. DC power transmission mercury-arc to thyristor HVdc valves [J]. IEEE Power and Energy Magazine，2014，12（2）：76-96.

[7] MATTHEW KORYTOWSKI，UNO LAMM. The Father of HVdc Transmission [J]. IEEE Power and Energy Magazine，2017，15（5）：92-102.

[8] 高冲，贺之渊，杨俊，等. 新型可控电网换相换流器拓扑及其控制方法 [J]. 中国电机工程学报，2023，43（05）：1940-1949.

[9] 徐政. 柔性直流输电系统 [M]. 北京：机械工业出版社，2019.

[10] 李立涅. 新型电力系统需要电力电子技术 [R]. 2022 IET ACDC（大会报告）.

[11] 汤广福. 基于电压源换流器的高压直流输电技术 [M]. 北京：中国电力出版社，2009.

[12] 饶宏，黄伟煌，郭知非，等. 柔性直流输电技术在大电网中的应用与实践 [J]. 高电压技术，2022，49（8）：3347-3355.

[13] 中国工程院. https://www.cae.cn/.

[14] 柔性直流电网工程技术丛书编委会. 高压直流断路器结构与原理 [M]. 北京：中国电力出版社，2021.

[15] Breakthrough. ABB's hybrid HVDC breaker, an innovation breakthrough enabling reliable HVDC grids [R]. ABB Review，2013.

[16] 沙彦超，蔡巍，胡应宏，等. 混合式高压直流断路器研究现状综述 [J]. 高压电器，2019，55（9）：64-70.

[17] 谢晔源，姚宏洋，李海英，等. 用于 VSC-HVDC 系统的模块化直串式直流耗能装置 [J]. 电力自动化设备，2021，41（7）：117-123.

[18] 周辉，刘黎，俞恩科，等. 海上风电直流送出直流耗能装置设计研究 [J]. 电力电子技术，2022，56（10）：9-12.

第8章 交直流配电系统中的电力电子

典型柔性交直流配电系统结构如图 8-1 所示，由 AC-DC 换流器或电力电子变压器连接交流配电网与中压直流母线，通过直流变压器（DC Transformer，DCT）将中压直流电压转换为低压直流，或通过电力电子变压器产生低压直流母线，以连接分布式光伏、交直流负荷与储能电池等。分布式光伏电站或风力发电机则通过大功率单向 DC-DC 变换器连接中压直流母线。各个交流母线之间也可以通用柔性合环进行连接。

下面分别就其中的电力电子变压器，直流变压器、柔性合环装置等进行介绍。

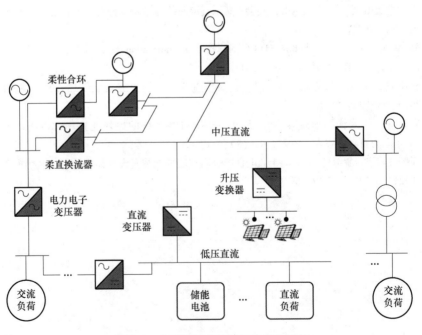

图 8-1 典型柔性交直流配电系统结构

8.1 电力电子变压器

电力电子变压器（power electronic transformer，PET）又称为电子电力变压器（electronic power transformer，EPT）、固态变压器（solid state transformer，SST）、智能变压器（intelligent transformer，IT）、电子变压器（electronic transformer，ET）等，是通过电力电子变换电路进行电能变换并采用中高频变压器进行磁耦合与隔离的电能变换装置。相比于传统工频变压器，PET能够实现交直流形式的电能变换，且由于含有电力电子变换电路，PET兼具功率因数校正、无功补偿、谐波治理和继电保护等功能。由于其高度的可控性，PET在能源互联网及智能配电网中具有较高的应用优势[1-3]。

PET的最初目的是将交流电转换为交流电，以便升压或降压，其功能与传统变压器相同。PET的概念早在1968年由美国GE公司工程师William McMurray提出，在其美国专利"Power converter circuits having a high frequency link，US3517300"中提出了如图8-2所示具有高频连接的AC-AC变换电路，成为基于直接AC-AC转换PET的基础，在其专利中William McMurray将该电路称为"电子变压器"（electronic transformer）。

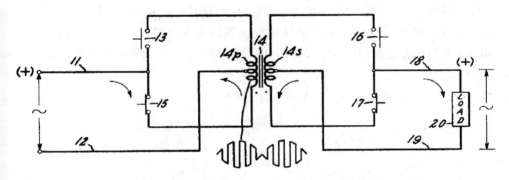

图 8-2 William McMurray 所提出的电子变压器

1980年美国南佛罗里达大学的J. C. Bowers等人与美国海军的J. L. Brooks在论文"A solid state transformer"中首次引入"solid state transformer"这一术语，并提出了基于单相AC-AC Buck变换器和AC-AC Buck-Boost变换器的高频AC-AC电路作为自耦变压器的替代品，如图8-3所示，通过高频PWM技术的使用，使变压器体积减小，实现恒压、恒流、功率因数校正等功能。

1996年，日本学者Koosuke Harada等在论文"Intelligent transformer"中提出"智能变压器"概念，电路结构如图8-4所示，并搭建200V/3kVA样机进行实验验证，开关器件工作于15kHz。

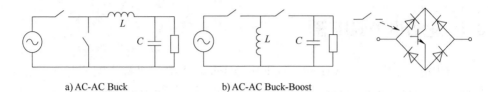

a) AC-AC Buck   b) AC-AC Buck-Boost

图 8-3   J. C. Bowers 等人提出的固态变压器

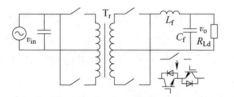

图 8-4   Koosuke Harada 等提出的智能变压器

1997 年，美国得克萨斯州农工大学的 Moonshik Kang 和 Prasad N. Enjeti 等在论文 "Analysis and design of electronic transformers for electric power distribution system" 中提出了一种基于直接 AC-AC 变换的电子变压器结构，如图 8-5 所示。这种电子变压器的首要设计目标是减小变压器体积和质量并提高其整体效率，其工作原理为：工频信号先被变换为中频信号（600Hz～1.2kHz）后通过中频隔离变压器耦合到其二次侧，中频信号随后又被同步还原为工频信号，并进行了 10kVA 样机的验证，但该方案二次侧电压波形仅仅是对一次侧电压波形的还原。

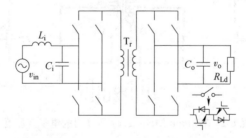

图 8-5   Moonshik Kang 等提出的电子变压器

由于受器件电压应力限制，上述的这些方案都不太适用于中高压场合。1998 年 ABB 公司的 Scott D. Sudhoff 申请了一种三级结构的且具有直流电压端口的 PET 专利（Solid state transformer，US5943229），如图 8-6 所示。由输入级（高压级）、隔离级和输出级（低压级）组成，其特点在于输入级采用多级功率模块串联的结构，输入电压被均分到每一模块上，可减小高压侧单个功率模块上承受的电压。这种输入串联输出并联的结构较好地满足了变压器一次侧高电压小电流和二次侧低电压大电流的要求。该结构在 7200V/240V/10kVA 的单相降压变压器上得到了实现。

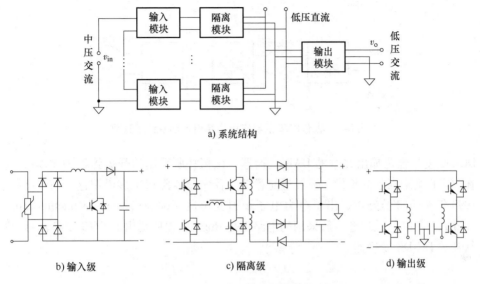

a) 系统结构

b) 输入级　　　　　c) 隔离级　　　　　d) 输出级

图 8-6　ABB 公司的三级结构 SST

2000 年，ABB 公司的 Madhav D. Manjrekar 和美国威斯康星-麦迪逊大学的 Rick Kiefemdorf、Giri Venkataramanan 在论文 "Power electronic transformers for utility applications" 中首次使用了 "power electronic transformer" 这一术语，并提出了基于反激型变换器的 PET，但显然反激变换器不适用于中高压大功率场合。

受到功率半导体器件发展水平的限制，PET 的发展一直较慢。但是在一些对工频变压器占用空间限制较高的特殊场合，PET 的研究得到了较广泛地关注，并进行了实用化的尝试。其中之一便是通过 PET 替代欧洲部分铁路系统的机车牵引用工频变压器。欧洲的部分铁路供电系统额定工作频率为 $16\frac{2}{3}$ Hz，这导致了机车上的车载牵引变压器体大笨重，也影响了机车的牵引变流系统性能。从 20 世纪 90 年代末开始，PET 的研究就得到了欧洲工业界的广泛关注，ABB、Bombardier、Siemens 等公司先后研制了中压等级的工程样机。采用 PET 的机车牵引传动系统的组成如图 8-7 所示，牵引网电压经电力电子变换装置转化为中高频交流电，利用中高频变压器的隔离和变压作用，再经电力电子变换装置变换为直流电，为牵引电机供电。

1996 年，瑞士洛桑联邦理工学院 A. C. Rufer 教授等针对 15kV/$16\frac{2}{3}$Hz 的牵引网，在论文 "A direct coupled 4-quadrant multilevel converter for $16\frac{2}{3}$ Hz traction systems" 中提出了基于 PWM 整流器+隔离 DC-DC 变换器的 PET 拓扑，如图 8-8 所示，其中 PWM 整流器为级联 H 桥（cascaded H-bridge，CHB）变换器，全桥隔离

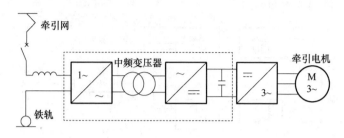

图 8-7　基于 PET 的机车电力牵引传动系统示意图

DC-DC 变换器为输出并联的 DAB 变换器。该拓扑所采用的开关管均为 IGBT，这在 IGBT 刚刚兴起的年代，极具超前意义，后续大多数 PET 多沿用这一拓扑结构。1998 年，西门子公司提出了电力电子牵引变压器（power electronic traction transformer，PETT）的概念，所采用的电路正是 Rufer 教授所提出的 CHB 变换器+隔离软开关 DC-DC 变换器。

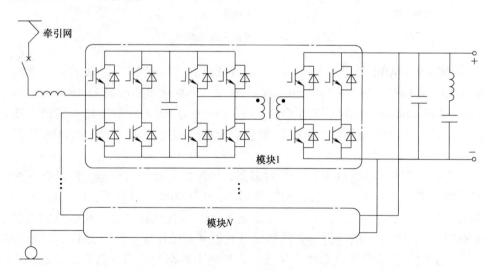

图 8-8　Rufer 教授提出的 PET 结构

　　2003 年阿尔斯通公司开发出名为 e-Transformer 的牵引电源系统，如图 8-9 所示，采用 CHB+LC 谐振变换器拓扑，LC 谐振变换器一次侧为半桥结构，采用 6.5kV 的 IGBT，二次侧为全桥结构，采用 3.3kV 的 IGBT。该 PET 样机共有 8 个模块串并联而成，额定功率为 1.5MW，其中的中频变压器（medium frequency transformer，MFT）采用共用磁心结构，工作频率为 5kHz。相同容量 $16\frac{2}{3}$Hz 的牵引变压器为 6.8t，而 e-Transformer 质量为 3.1t，e-Transformer 的质量能够减轻近 54%，效率高于 94%。

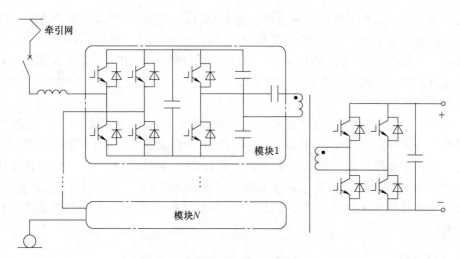

图 8-9　阿尔斯通的 e-Transformer 方案

　　2004 年，西门子公司和德国慕尼黑联邦国防大学共同提出了基于模块化多电平 AC-AC 变换器的 PETT 拓扑，如图 8-10 所示。该拓扑将牵引网电压变换为中频脉冲电压，经 MFT 隔离变压后，再由全控整流桥整流输出直流电压供给牵引逆变

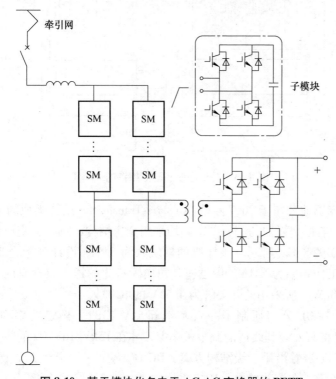

图 8-10　基于模块化多电平 AC-AC 变换器的 PETT

器。西门子公司基于该拓扑搭建了适用于 15kV/16⅔Hz 牵引网、额定功率 2MW 的大功率试验样机，选用 17 电平模块化多电平 AC-AC 变换器，MFT 工作频率 1kHz，开关管为 1.2kV/400A IGBT。该拓扑的优势在于 MFT 仅需要采用一个高压绕组，然而模块化多电平变换器中器件开关特性并不理想，PETT 的工作频率很难进一步提高。

ABB 公司于 2006 年成功开发出一台额定功率 1.2MW 基于级联矩阵变换器的 PETT 试验样机，如图 8-11 所示。该样机由 16 个模块组成，每个模块由矩阵变换器、MFT 和全控整流桥构成。MFT 的工作频率为 400Hz。相比于 15kV/16⅔Hz 的牵引变压器，装置的质量减小 50%、体积减小 20%、效率提高 3%。然而，受电路拓扑软开关性能的制约，MFT 的工作频率及系统变换效率难以进一步提升。

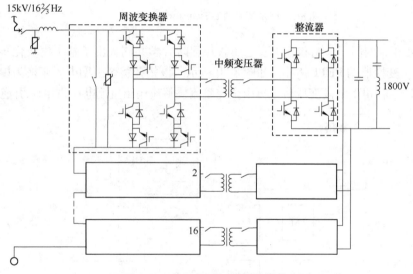

图 8-11 基于级联矩阵变换器的 PETT

加拿大庞巴迪公司于 2007 年研制了与 e-Transformer 结构类似的 PETT 样机，区别在于 LC 谐振变换器的一、二次侧均采用全桥结构，且中频变压器采用独立磁心设计，如图 8-12a 所示。该样机的模块数为 8 个，设计容量为 3MW，中频变压器预期工作频率为 8kHz。庞巴迪公司实际搭建的样机只含有两个模块，额定功率为 750kW，所采用的开关管为 4.5kV 的 IGBT。

2012 年，ABB 公司研制了一台基于 6.5kV IGBT、额定功率为 1.2MW 的 PETT 装置，将其安装到改造的调车机车上，并在 15kV/16⅔Hz 的线路上进行试运行。该 PETT 装置沿用三级结构方案，DC-DC 环节采用半桥 LLC 谐振变换器，如图 8-12b 所示。在该装置中，MFT 采用纳米晶磁心，工作频率为 1.75kHz。实

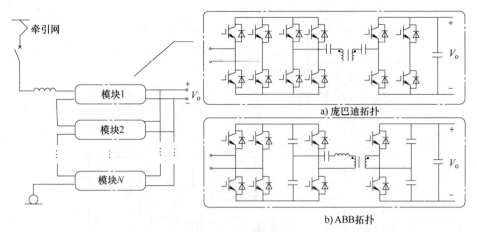

图 8-12　庞巴迪和 ABB 的 PETT 拓扑

验测试结果显示，当 PETT 的输出功率为 900kW 时，PETT 的效率可达 96%，包括冷却系统在内，整台装置的质量为 4500kg。

2017 年，在国家重点研发计划"先进轨道交通"重点专项"轨道交通高效变流装置"项目的支持下，由中车株洲电力机车研究所牵头，清华大学、北京交通大学、西南交通大学等多所高校及研发单位参与，共同开展了基于 25kV/50Hz 供电制式的 PETT 样机研制工作，2020 年 10 月底，在中车青岛四方机车车辆股份有限公司完成装车试验验证，所采用的电路拓扑与图 8-12b 的结构类似。

PET 除了在上述电力机车牵引有重要应用前景外，在能源互联网及智能配电网中同样具有较高的应用优势。在这里就必须要提到美国的 Alex Qin Huang（黄勤）教授，他在美国北卡罗来纳州立大学建立了 FREEDM（The future renewable electric energy delivery and management）中心，提出了以电能路由器为核心的能源互联网分布式发电系统、分布式储能系统和传统的发电系统共同为用户提供电能，如图 8-13 所示，而可以提供中压交流、低压直流和低压交流的三端口 SST 成为必需。FREEDM 中心的第一代 SST 采用的是多模块级联结构，如图 8-14 所示，而其最终是实现以 15kV SiC MOSFET 为开关器件的单模块结构[4]。

我国对电力电子变压器的研究时间相对较迟，2000 年之后以华中科技大学毛承雄教授团队为代表才对此展开研究。2015 年 9 月，由该团队与武汉钢铁（集团）公司联合研究开发的三相 10kV/400V/500kVA PET 工业样机成功完成了 72h 工业现场试运行，其单相电路结构及模组电路如图 8-15 所示。根据其运行场景需求，电能仅需从 10kV 侧向 400V 侧单向流动，因此在隔离级中高频变压器低压侧采用不控整流桥，以提高运行效率，降低成本，挂网运行试验中样机运行效率约 93.72%[5]。

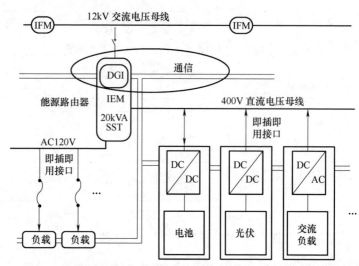

图 8-13　FREEDM 中心提出的以 SST 为核心的能源互联网架构

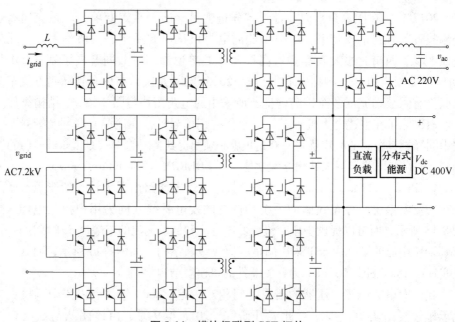

图 8-14　模块级联型 SST 拓扑

中国科学院电工研究所李耀华教授、李子欣教授团队于 2010 年提出 MMC
型 PET 拓扑，先后研制了两代 PET 样机，并完成挂网运行。第一代 PET 样机为
10kV 交流输入、380V 交流输出，额定容量为 100kVA，低压侧可同时提供直流、
交流连接端口。第二代 PET 主要用于连接 10kV 交流电网和 750V 低压直流微网

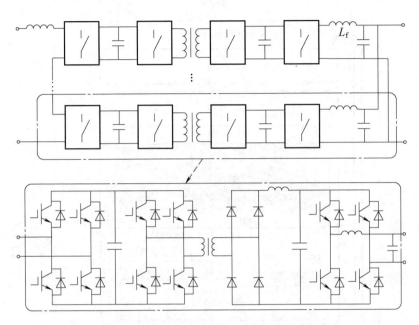

图 8-15 毛承雄教授团队研制的三相 10kV/400V/500kVA PET 结构

和部分交流负荷，额定容量为 1MVA，其主要功能是实现交流电网与直流微网的功率协调控制与能量管理[2]。

2016 年，湖南大学涂春鸣教授团队研制了 10kV 交流输入、380V 交流输出的 CHB 型 PET，PET 应用场景为高压交流侧接入 10kV 配网，低压交流侧接 380V 配网负荷，还可以提供 800V 直流接口，该 PET 隔离级输出也采用二极管不控整流桥，并完成了挂网运行试验[6]。

2017 年，针对光伏升压并网场景，西安交通大学杨旭教授团队与特变电工联合研制了基于全 SiC 器件的 800V/10kV 1MW 三相 PET，电路结构如图 8-16 所示[7]。

2020 年，清华大学赵争鸣教授团队研制了基于高频交流母线的 10kV/2MVA 四端口电力电子变压器，并实现挂网运行。其电路结构如图 8-17 所示，采用高压侧串联、低压侧并联的模块化串并联结构：高压侧通过功率子模块串联实现高电压等级输出，低压侧通过功率子模块并联实现高效扩容和大功率输出。各功率子模块由一个 H 桥和一个直流母线电容组成，同时采用高频变压器隔离，称为模块化多有源桥（modular multi-active bridge，MMAB）结构。PET 通过高频交流母线实现各端口间的能量电磁耦合和电气隔离，具备 10kV 中压交流端口、10kV 中压直流端口、380V 低压交流端口和 750V 低压直流端口[8]。

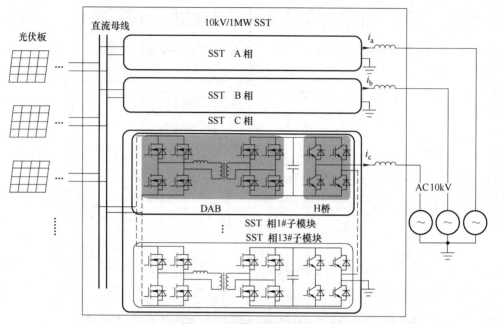

图 8-16　光伏并网型 PET

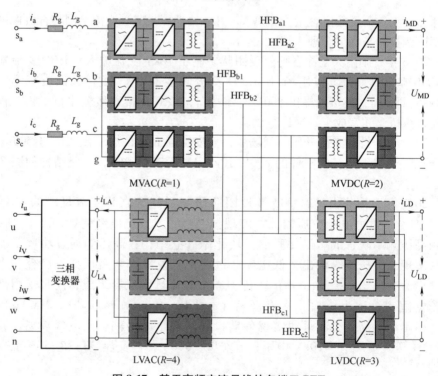

图 8-17　基于高频交流母线的多端口 PET

8.2　直流变压器

直流变压器（DC transformer，DCT）是中低压直流配电系统中实现中、低压直流母线互联的关键设备。此外，直流变压器还作为电力电子变压器中 DC-DC 级，起到电压变换与电气隔离的作用。

直流变压器的概念最早由美国弗吉尼亚理工大学李泽元教授（Fred C. Lee）等提出，将其应用于数据中心供电系统的电压调节模块（voltage regulator module，VRM）中。通过在 VRM 中引入内部母线结构（intermediate bus architecture，IBA），并令前级的隔离变换器以开环模式，运行在最优工作点，即直流变压器模式，大幅提高了 VRM 的效率和功率密度。随着直流输配电技术的发展，直流变压器的端口电压和功率等级进一步提升，而且其作用不仅仅局限于提供隔离和电压变换功能，还能实现双向潮流调度、母线电压控制、故障隔离等功能，如在上述 PETT 中的隔离 DC-DC 都相当于起到直流变压器作用。

2017 年，美国北卡罗来纳州州立大学 Alex Qin Huang 教授提出基于谐振 DAB 混合式拓扑，如图 8-18 所示，研制了一台 6kV/400V/10kW 直流变压器样机。该拓扑结构在过载或起动过程中，能够工作在混合 DAB 模式下，有效限制谐振电流。直流变压器高压侧采用 15kV SiC MOSFET，低压侧采用 1200V SiC MOSFET，开关频率为 40kHz，实验测得最高效率为 98%[9]。

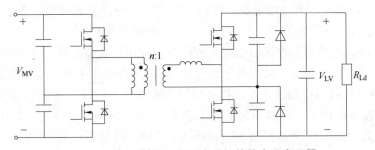

图 8-18　基于谐振 DAB 混合式拓扑的直流变压器

2018 年，三菱电机公司设计了一台 ±25kV/1kV/10MW 直流变压器，以用于未来海上风电直流升压汇集。直流变压器基于多模块串并联组合结构，其中基本模块为三相 DAB 变换器。研制了其中的单个三相 DAB 模块并进行了测试，额定输入输出电压 1kV，功率 200kW，采用 1700V IGBT，开关频率为 1.55kHz，变压器采用纳米晶磁心，整机效率为 98.5%[10]。

2019 年苏黎世联邦理工学院 Johann W. Kolar 团队针对数据中心电力应用场景，研制了一台 7kV/4kV/25kW 直流变压器。直流变压器采用串联谐振拓扑结构，采用固定开关频率的开环运行模式。直流变压器中压侧半桥采用 10kV SiC MOSFET，低压侧全桥采用 1200V SiC MOSFET，开关频率为 48kHz，高频变压器采用铁氧体磁心，直流变压器的满载效率为 99%[11]。

2020 年亚琛工业大学 Rik W. De Doncker 基于柔性电气网络（flexible electrical networks，FEN）项目设计建造校园三端环形中压直流配电示范工程，包含两台额定 5kV 输入，5MW 和一台 1kV 输入，1MW 的直流变压器样机。直流变压器拓扑采用三相三电平 DAB 结构，开关管采用 IGBT，工作频率为 1kHz。

在我国首个直流配电主题的 863 课题"基于柔性直流的智能配电关键技术研究与应用"的支持下，深圳供电局、清华大学和荣信公司等单位合作研制我国首个中压级别的直流变压器工程样机。直流变压器电压±7.5kV/400V，容量 0.2MW，采用基于 DAB 变换器的串并联组合型拓扑结构，采用 IGBT 器件，最高运行效率 97%[12]。除此之外，在 2018 年投运的贵州五端柔性直流配电示范工程，直流变压器也采用基于 IGBT 器件的 DAB 串并联组合型拓扑结构，直流电压为±10kV/±375V，容量为 0.5MW[13]。

2018 年，在杭州江东新城投运的智能柔性直流配电网示范工程，直流变压器采用基于串联谐振变换器的串并联组合型拓扑结构，直流变压器采用开环控制，实现固定电压传输比[14]。2018 年在珠海唐家湾投运的直流配电示范工程，直流变压器电压±10kV/±375V，容量 2MW，直流变压器同样采用基于 DAB 模块的串并联组合型拓扑结构，并在子模块中压侧增加全桥接口桥电路，实现了子模块的故障电流切断和在线冗余，然而一定程度上增高了器件成本和系统体积，直流变压器采用 SiC MOSFET 器件，最高运行效率为 98%[15]。

2019 年，在平顶山投运的直流配电示范工程中，直流变压器电压为±10kV/±375V，容量为 0.2MW，采用基于改进型 DAB 模块的串并联组合型拓扑结构。在 DAB 的中压接口中增设了半桥接口模块，能够实现故障电流切断和在线冗余等附加功能。此外，半桥接口电路可以工作在调压状态，提高直流变压器宽范围运行能力。直流变压器采用 SiC MOSFET 器件，最高运行效率 98%[16]。2022 年西安西电电力系统有限公司也采用类似的结构，研制了一台±10kV/±375V 1MW 直流变压器样机，最高运行效率为 97.3%[17]。

2021 年，清华大学研制了基于 IGCT-Plus 和中频隔离的大容量直流变压器，直流变压器两端电压均为±10kV，容量 10MW，作为东莞松山中压柔性互联示范工程的中间隔离 DC-DC 环节。直流变压器采用基于 4.5kV IGCT-Plus 器件的 DAB 两边分别串联结构，如图 8-19 所示，DAB 模块额定电压 2500V，中频变压器工作频率 600Hz，单个 DAB 模块满载效率 98.66%[18]。

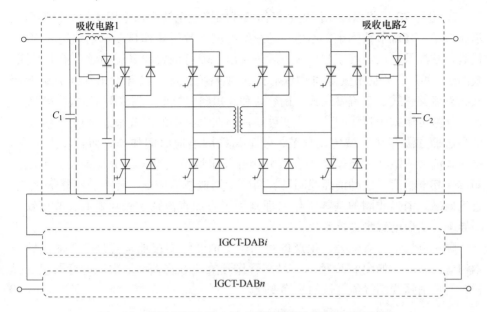

图 8-19 基于 IGCT-Plus 和中频隔离的大容量直流变压器

2022 年许继集团有限公司与本书作者合作，成功研制了基于三相三倍压双有源桥（three-phase triple-voltage dual-active-bridge，T^2-DAB）模块的直流变压器（见第 4 章图 4-71）。T^2-DAB 中压侧采用串联式三相桥结构，其端口电压可达传统全桥 DAB 变换器的三倍，大幅减少直流变压器模块数量，降低装置成本与体积，样机电压 10kV/560V，功率 500kW，采用 SiC MOSFET 器件，已应用于浙江平阳新兴产业园区直流配用电工程。

8.3 配电网柔性接地装置

电力系统中配电线路复杂，电缆线路极易发生单相接地故障，其中 70% 是瞬时接地故障，影响配电网安全稳定运行。国内配电网一般采用中性点不接地、经消弧线圈接地、经电阻接地等中性点非有效接地方式。随着城乡电网发展，电容电流增大，瞬时性接地故障消弧能力变差，故障点的电弧难以自行熄灭，易产生故障过电压，引起严重事故。影响接地故障消弧的因素有故障电流和间歇电弧过电压（包括故障相恢复电压的初速度、恢复时间与恢复电压幅值）。故障电流越小，介质损耗越小，越有利于故障消弧；故障相恢复电压的初速度越慢，恢复时间越长，越有利于绝缘恢复；恢复电压幅值越小，越难重新击穿绝缘介质，阻止电弧重燃，越有利于故障消弧。配电网接地故障消弧方法分为电流消弧法和电压消弧法。电流消弧法采用中性点接地电抗补偿接地故障残流，促进故障消弧[19]。

　　20 世纪 70 年代以前，国内外经消弧线圈接地系统中都采用离线分级调匝式消弧线圈，其调节范围小，不能自动跟踪电网参数变化作自动调谐。进入 80 年代后，欧洲及苏联等国家和地区先后研制出气隙可调式和直流偏磁式消弧线圈。我国于 1991 年研制出气隙可调铁心式消弧系统，接着又开发出在线分级调匝式、直流偏磁式、直流磁阀式、调容式和高短路阻抗变压器式等消弧装置[20]。

　　气隙可调式消弧线圈，靠改变可动铁心在气隙中的位置来连续调节电感值，但是这种方法存在机械传动环节，使消弧线圈响应时间加长，而且噪声较大。调匝式消弧线圈实际上是利用有载分接开关来调节具有多级分接抽头的消弧线圈改变其电感值，这种消弧线圈具有简单、制造技术成熟、经济、可靠等优点。直流偏磁式消弧线圈的基本工作原理是利用附加直流励磁磁化铁心，改变铁心磁导率，实现电感量连续变化。

　　顺特电气设备有限公司生产的自动调谐消弧线圈接地装置是基于晶闸管技术构造出来的，如图 8-20 所示，晶闸管作开关的方式控制二次侧电容器组的投切，实现消弧线圈等值电抗的阶梯变化。

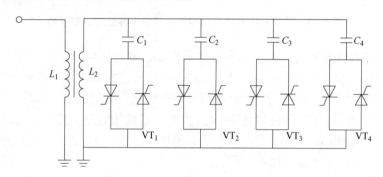

图 8-20　调容式消弧线圈原理图

　　广州智光公司研制的高短路阻抗变压器式消弧线圈是一种变压器式可控电抗器，如图 8-21 所示，变压器的高压绕组作为工作绕组（NW）接入配电网，低压绕组作为控制绕组（CW）被两个反向并联的晶闸管短路。该变压器的特点是短路阻抗约 100%，比普通变压器大得多。NW 的等效感抗由晶闸管的导通角控制[21]。

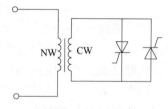

图 8-21　智能型快速消弧线圈远离结构

　　随电力电子技术的发展，近年来国内外涌现了连续可控阻抗接地的系列消弧技术。如华中科技大学陈乔夫教授团队研制了基于磁通可控的消弧线圈系统，如图 8-22a 所示，在带气隙的变压器的二次侧采用有源的方法注入一个与一次侧电流频率相同、相位相反的电流时，随着注入电流幅值的变化，变压器的主磁通会发生连续变化，从而实现了变压器的一次侧阻抗的连续无级可调，这就是基于磁通可控的可调电抗器基本原理。这里采用变压器二次侧多绕组电流补偿技术来实现大容量的连续可调电抗，因此，实际可调电抗部分的结构如图 8-22b 所示，二次侧设计了多个绕组同时注入电流，共同补偿调节铁心主磁通以实现所要求的可调电抗（即从变压器一次侧端口看进去的等效可调电抗）[22]。

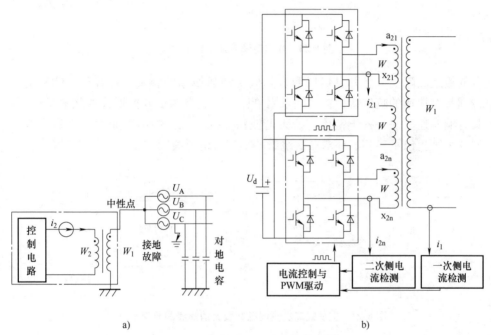

图 8-22　变压器二次侧多绕组电流补偿技术

上海交通大学蔡旭教授研制了变阻尼调匝消弧电抗器，如图 8-23 所示，在调匝式消弧线圈的铁心上再绕一个二次绕组，在二次绕组上经晶闸管开关 S 接入阻尼电阻，当电网正常运行时开关闭合以增大电网阻尼率，使中性点位移电压限制在 15% 相电压以内，当发生单相接地故障时断开开关，以保证消弧线圈的补偿效果[23]。

这些静止连续可控消弧线圈电抗或投切电阻的接地方式只能补偿故障点无功残流，不能补偿由于消弧线圈和电网本身存在的有功损耗存在的电流有功分量（约占全电流的 2%~8%）；同时也不能补偿由于系统中非线性元件产生的电流谐波分量（约占全电流的 5%，因配电网负荷而异）。

为此，华北电力大学杨以涵教授课题组提出了基于单相有源滤波技术的新型消弧线圈，如图 8-24 所示，它以自动调匝式消弧线圈为主体，用于补偿大部

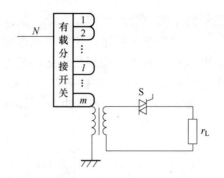

图 8-23　变阻尼调匝消弧线圈结构

分的接地故障电流，并且可以明显降低从消弧线圈的容量，这有利于使从消弧线圈具有快速的响应特性；并联采用单相电压式有源滤波器形式的从消弧线圈，具有响应速度快、补偿范围广、无谐波污染的优点。中国矿业大学王崇林教授课题组则提出了三相五柱双二次绕组的零残流消弧线圈[24]。

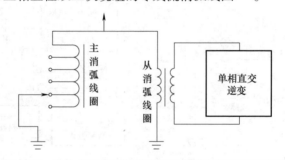

图 8-24　主从式二次侧调感零残流消弧线圈原理示意图

　　电压消弧是一个新的发展方向。随着城市化进程以及中压电力线路绝缘化发展，地下电缆及架空绝缘线在配电网中占比大幅增加，绝缘线路故障一般是电压击穿故障。传统消弧线圈采用电流消弧方式，难以应对绝缘电压击穿故障，易产生间隙性弧光故障过电压，甚至引发"火烧连营"事故，造成设备损毁和大面积停电。为此，长沙理工大学的曾祥君教授发明了电压消弧技术，研发了系列装备并推广应用。提出了一种基于配电网柔性接地控制的有源电压消弧思想，有源消弧装置可等效为可控电压源，通过电力电子装置向配电网中性点注入特定幅值和相位的零序电压，促使故障点电压为零，实现瞬时故障100%消弧。针对永久性高阻接地故障保护难题，在故障一定延时后调控中性点注入电压，增大故障点电压和故障残流，精确测量零序电压和各馈线零序电流变化量，实现接地故障的动态感知和可靠保护，其基本原理示意图如图8-25所示。还可将其换成四象限单相电压源，以解决配电网故障暂态过程导致的电压源过流及能量倒灌问题。

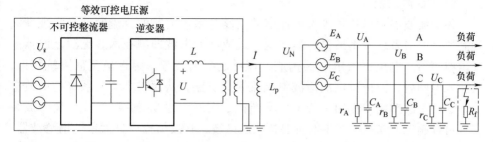

图 8-25　配电网单相接地故障有源消弧示意图

8.4　电能质量治理

早在 1892 年，美国 GE 公司的斯坦梅茨就讨论了非正弦电流的功率因数问题。1912 年，荷兰工程师 Krijer 发表了一篇关于多个阳极变换器功率因数的论文[25]。电能质量问题在 20 世纪 70 年代开始引起重视。作为 FACTS 技术在配电系统应用的延伸——DFACTS 技术［又称为定制电力或用户电力（custom power）技术］已成为改善电能质量的有力工具。电能质量治理技术根据其治理目标不同，可分为无功补偿、谐波治理、三相不平衡治理、电压暂降防治以及综合治理技术等。无功补偿设备主要有固定电容器（fixed capacitor，FC）、静止无功补偿器（static var compensator，SVC）、静止同步补偿器（static synchronous compensator，STATCOM，当应用于配电系统时，又称为配电静止同步补偿器，即 D-STATCOM）。谐波治理设备主要有无源滤波器（passive filter，PF）、有源滤波器（active power filter，APF）和混合型滤波器（hybrid active power filter，HAPF）。三相不平衡治理设备主要有换相开关和三相不平衡调节装置。电压暂降防治设备主要有固态转换开关（solid state transfer switch，SSTS）、不间断电源（uninterruptible power supply，UPS）、动态电压恢复器（dynamic voltage restorer，DVR）和直流侧治理设备等。统合治理技术主要有统一电能质量调节器（unified power quality conditioner，UPQC）。无功补偿设备在第 7 章中已有表述，这里不再重复。

8.4.1　谐波治理技术及相关设备

谐波（harmonic wave）是数学物理领域涉及较多的概念，其最早在声学中被提出，是对声音的一种描述。以数学的角度分析谐波在 18 和 19 世纪就已经开始了，指对周期性非正弦交流量进行傅里叶级数分解所得到的大于基波频率整数倍的各次分量。从电学来说，谐波就是指电压/电流中所含有的频率为基波整数倍的电压/电流量。为了消除谐波，需要采用各种滤波器。

259

1. 无源滤波器

无源滤波器利用并联接入点处谐波支路与系统支路的分流原理来实现谐波抑制，是电力系统应用最早、最广泛、最成熟的谐波抑制技术。无源滤波器主要由电容器、电抗器及电阻器构成，在特定次谐波频率附近呈现低阻抗特性，其接入电网后，使得特定次谐波电流流入此支路，从而减小流入系统的谐波电流，起到谐波抑制的作用。若干个不同特定次谐波滤波器并联组成一套滤波装置，可抑制电力系统中产生的主要特征次谐波，其按结构可分为单调谐滤波器、双调谐滤波器及高通滤波器等，常用的无源滤波器原理如图 8-26 所示。

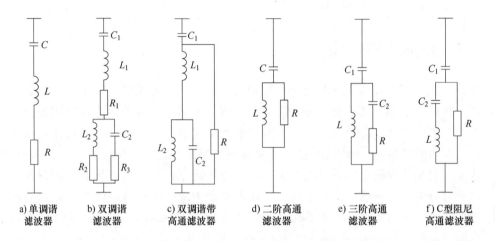

a) 单调谐滤波器 b) 双调谐滤波器 c) 双调谐带高通滤波器 d) 二阶高通滤波器 e) 三阶高通滤波器 f) C型阻尼高通滤波器

图 8-26　常用的无源滤波器原理图

2. 感应滤波技术

对大功率工业整流系统（如电解电源）而言，为了实现电力系统和设备之间的电压匹配和电气隔离，通常都需要通过整流变压器接入电网。而由于整流变压器二次侧电流可达到数千乃至上万安培，为降低损耗、节约运营成本，无源滤波器和有源滤波器等传统的滤波装置一般安装在网侧。因此，整流产生的谐波完全流经整流变压器，整流变压器会产生不可忽视的运行损耗和温升，加速了变压器的绝缘老化，缩短了其使用寿命。不同于传统滤波方式，感应滤波技术通过在变压器上增加一个滤波绕组，并在滤波绕组上配置单个或多个低次全调谐滤波器，实现谐波抑制。感应滤波方式接线图如图 8-27 所示。可见，感应滤波技术在整流变压器二次侧实现了谐波的就近抑制，避免谐波影响其他电气设备，且对整流变压器的影响小，是解决大功率整流系统谐波污染、提升系统运行效率的有效方法。

感应滤波技术的由来可追溯至 20 世纪 80 年代，当时为解决电气化铁道牵引变电站谐波污染问题，湖南大学刘福生教授提出感应滤波变压器的雏形产品——多功能阻抗匹配平衡变压器，并通过在三相变两相的阻抗匹配平衡变压器的二次绕组上引出抽头接入无源滤波器，构成能实现谐波屏蔽的电力机车牵引变压器，奠定了感应滤波的理论基础。近 30 年来，湖南大学罗隆福教授和张志文教授的科研团队围绕感应滤波技术的节能降耗机理、变压器滤波绕组设计、系统接线方案以及运行特性等方面进行了深入的研究，并成功地把感应滤波技术应用到工业整流系统、直流输电系统、舰船供电系统以及新能源发电系统，逐渐形成了拥有自主知识产权的感应滤波技术体系[26]。

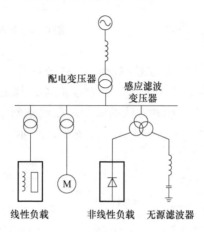

图 8-27　感应滤波方式下系统接线图

3. 有源滤波器

有源滤波器按系统可分为并联型有源滤波器、串联型有源滤波器、串并联混合型有源滤波器。并联型有源滤波器是最早期的有源滤波器，相当于一个谐波电流发生器，其跟踪谐波源电流中的谐波分量，产生与之相位相反的谐波电流，从而抵消谐波源产生的谐波电流。串联型有源滤波器通过变压器串联于配电线路中，其原理是跟踪谐波源电压中的谐波分量，产生与之相位相反的谐波电压，从而隔离谐波源产生的谐波电压。

1971 年，由日本广岛大学 H. Sasaki 教授等在论文 "A new method to eliminate ac harmonic currents by magnetic flux compensation—considerations on basic design" 中首次完整地描述了有源电力滤波器的基本原理，相当于大家熟悉的并联型有源滤波器，其主接线方式如图 8-28 所示。但由于当时是采用线性放大的方法产生补偿电流，其损耗大，成本高，因而仅在实验室研究。1976 年美国西屋电气公司的 L. Gyugyi 等人提出了用大功率晶体管 PWM 逆变器构成的有源滤波器，并正式确立了有源滤波器（active power filter，APF）的概念，提出了有源滤波器主电路的基本拓扑结构和控制方法[27]。

串联型有源滤波器的主接线方式如图 8-29 所示。这种装置相当于一个电压控制的电压源，通过检测环节测量电源电压中的谐波电压分量，产生与之相反的附加电压信号，从而实现系统与谐波的隔离，使电源端电压恢复为正弦波形。

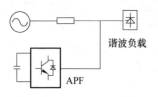

图 8-28　并联型有源滤波器

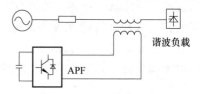

图 8-29　串联型有源滤波器

串并联混合型有源滤波器是 Hirofumi Akagi 教授等人于 1994 年提出的一种综合了串联型 APF 与并联型 APF 的混合型滤波器，其主接线方式如图 8-30 所示，该方案从拓扑上实现了两种方法的综合。在此基础之上，1998 年又提出了统一电能质量调节器（UPQC）的概念，如图 8-31 所示。

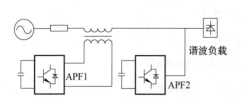

图 8-30　串并联混合型有源滤波器

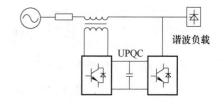

图 8-31　统一电能质量调节器

虽然有源滤波器技术 20 世纪 70 年代初就已提出，但刚开始只是在实验室进行研究，后来随着 GTO 晶闸管、IGBT 等器件的电压/电流定额以及开关速度等取得较大进步，以及先进的 PWM 逆变器控制技术和基于瞬时无功功率理论的谐波电流瞬时检测方法的提出，有源滤波器在 20 世纪 80 年代开始得到商业应用。1982 年，世界上第一台容量为 800kVA 的并联型有源滤波器投入工业应用，它采用的是 GTO 晶闸管构成的电流源逆变器。1986 年，混合型有源滤波器系统得到应用，包含用双极结型晶体管的电压源 PWM 逆变器构成的 800kVA 并联有源滤波器，以及 6600kVA 并联无源滤波器，用于吸收某钢铁厂中驱动轧钢机的大容量周波变换器产生的谐波。近年来，我国在低压 APF 的研究应用上取得了较大成果，但在中压 APF 的研究和应用上仍处于起步阶段。

国内湖南大学罗安院士团队在谐波治理、无功补偿方面做了出色的工作，从中低压小功率到高压大功率、从装备拓扑结构到主电路优化设计，从谐波与无功分量的检测提取到装备的先进控制策略，以及从单机智能控制到多节点协同优化都有重要贡献[28]。

8.4.2　三相不平衡治理技术及相关设备

1. 换相开关

采用三相四线制方式供电的低压线路中,用户负载多为单相负载,三相负荷不平衡问题长期存在。可采用换相开关治理三相负荷不平衡问题,如图 8-32 所示。主控制器采集配电变压器低压侧总线的三相电流大小和各支路的三相电流后,判断各支路的三相负荷不平衡度是否超过设定值,若超过设定值,则根据各换相开关所在相别和实时负载电流大小,计算出最佳切换方案,生成并发出切换指令,各换相开关接到主控制器命令后执行换相操作,其中换相开关有纯机械式、电力电子式、混合式等三种换相结构。

纯机械式换相结构是早期提出的一种换相结构,如图 8-33a 所示,用于选通三相中的某一相。内部包含三个机械式继电器,其中 S1、S2 为两进一出磁保持继电器,S3 为一进一出电磁式继电器。纯机械式换相结构的基本换相过程为先断开用户回路,然后切换用户相线,最后再闭合用户回路,换相过程最长失电时间不超过 20ms[29]。

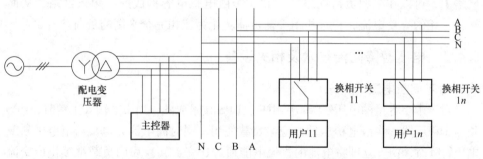

图 8-32　换相开关型三相不平衡治理装置

大部分带电源模块的家用电器对 10 ~ 20ms 的掉电不敏感,但部分不带电源模块的电器对掉电十分敏感,典型的如白炽灯,10 ~ 20ms 的掉电所产生的闪烁能被人眼察觉,影响用户用电。为进一步缩短换相时间,后续人们提出了电力电子式换相结构,如图 8-33b 所示,使用双向晶闸管(也有使用 IGBT 的)代替纯机械式换相方式中的继电器,具有换相时不拉弧、换相速度快、寿命长等优点,换相时间可以缩短到 2 ~ 3ms,但也存在半导体器件功耗较高、抗短路冲击能力弱等不足。

为解决电力电子式换相结构存在的弊端,又提出了一种混合式换相结构,如图 8-33c 所示,在每个双向晶闸管旁边又并联了一个磁保持继电器。不进行换相时,三路晶闸管均为截止状态,某一路继电器导通维持供电,避免了晶闸管

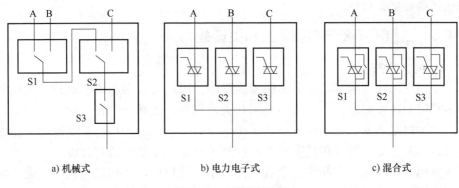

a) 机械式   b) 电力电子式   c) 混合式

图 8-33　三种换相开关

长期通电导致的发热问题。晶闸管仅在换相过程中辅助分断用户电流，避免拉弧，失电时长也为 2~3ms。

2. 三相不平衡调节装置

在 20 世纪初，斯泰因梅茨（Charles Proteus Steinmetz）教授最早提出三相负载的平衡化补偿原理，该原理的核心思想：在线性的低压配电网中性点不接地网络中，可以在三相负荷网络中并联一个由电感电容构成的三角形网络，从而转移三相的有功电流，将三相不平衡负荷转化为三相完全平衡的负荷。

8.4.3　电压暂降防治技术及相关设备

1. 不间断电源（UPS）

对于中小容量的电压暂降敏感用户，UPS 技术成熟，当市电输入正常时，UPS 相当于稳压器，将市电稳压后供应给负载使用，同时向电池充电，当市电中断或电压暂降时，UPS 立即将电池的直流电能通过逆变器转换后向负载继续供应交流电，避免用户受到电压暂降影响。UPS 的优点是响应速度快，不间断供电，持续供电达分钟级，同时具有稳压效果，对 UPS 的介绍具体见第 9 章 9.2 节。

2. 固态转换开关（SSTS）

固态转换开关的原理是在 20 世纪 70 年代提出的，随着电力电子技术的快速发展，目前，中压 10kV/35kV 固态转换开关已经达到工业应用水准。固态转换开关可以分为两种类型：一种是纯固态开关，即其主电路开关单元仅由反并联的晶闸管组成；另外一种是混合式开关，即由反并联晶闸管、快速开关以及保护装置并联的混合式结构。纯固态开关开断时间短，但在导通过程中晶闸管有导通损耗，需增加冷却系统，适用于对开关时间有特殊要求的场合。混合式开关一般由反并联晶闸管、快速机械开关以及保护装置并联组成，几乎没有电弧和晶闸管导通损耗，但快速机械开关的引入使得切换过程较为复杂。SSTS 供电模式可分为一主一备和互为主备两种，如图 8-34 所示[30]。

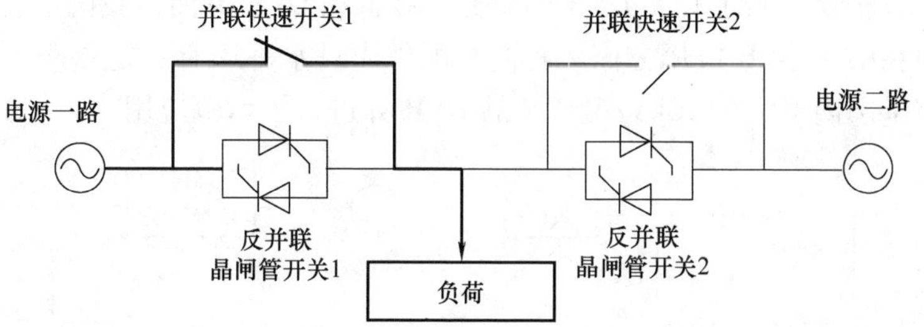

a) 一主一备

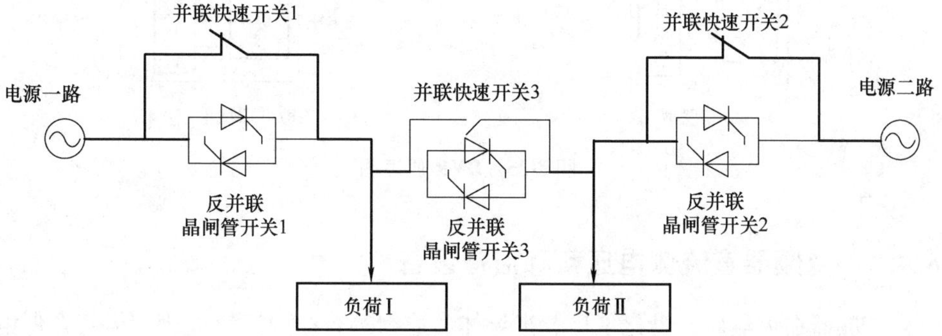

b) 互为主备

图 8-34　SSTS 接线方式

3. 动态电压恢复器（DVR）

DVR 由直流储能单元、逆变器、输出滤波器和串联变压器组成，根据工作原理的不同分为串联型和并联型，如图 8-35 所示。对于串联型，当电网电压出现波动时，DVR 相当于一可控电压源，根据相应的补偿策略，向电网输出幅值和相位均可控的电压，抵消电压波动，保证负荷侧电压稳定。对于并联型，当电网电压出现波动时，打开快速切换开关，此时整个负荷电压都由 DVR 提供。

1996 年，美国西屋电气公司在西部电子展览和会议上首次发表了 DVR 研究报告及实验结果，同年 8 月，世界上第一台工业应用的 DVR 安装在美国北卡罗来纳州 Duke 电力公司的 12.47kV 系统上，装置容量为 2MVA，主要用于抑制自动化纺织厂供应电压的骤升（swell）和骤降（sag）。

1998 年，ABB 公司研制的 4MVA DVR 在新加坡一家半导体制造厂开始投入工业运行，该装置投运两年共抑制了 10 多次的电压跌落。1999 年，西门子公司在加拿大一条 12.5kV 的配电线上安装了世界上第一台杆上紧凑式 DVR。2000年，ABB 公司研制出单套容量达 22.5MVA 的 DVR，安装在以色列一家微处理器制造厂，响应时间小于 1ms，可补偿持续时间达 500ms 的 35% 三相电压跌落和50% 单相电压跌落。2000 年开始，清华大学的韩英铎院士、姜齐荣教授，华北电力大学肖湘宁教授、韩民晓教授，华中科技大学邹云屏教授，东南大学吴在军教授等也相继开始了有关 DVR 的研究。在低压 DVR 方面，我国已有较多成熟产品，但在中压 DVR 应用方面，我们与国外先进水平还有一定差距，深圳供电公司研究了国内最大的 10kV/5MVA 的 DVR 并进行了示范应用[31]。

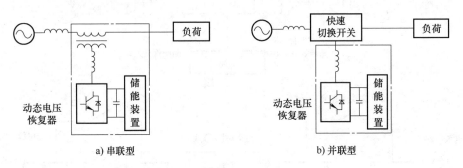

a) 串联型   b) 并联型

图 8-35   DVR 原理图

8.4.4   变频器直流侧电压暂降治理设备

变频器在火电厂、煤化工厂、半导体、造纸等企业中广泛应用，但其在低电压输入时会导致闭锁输出，从而引起重要辅机停机，造成生产中断。目前生产企业广泛使用的变频器为交-直-交型变频器，变频器通常配低压保护接触器，在遭遇电压暂降时（交流侧供电电压低于额定电压的 70%），接触器自动脱扣，避免内部电力电子器件结温骤升而引起设备损坏。如果在电压暂降发生时能够向变频器的直流母线提供足够能量，支撑直流母线电压水平，就可以抵御电压暂降，从而保证变频器输出的连续性，其原理如图 8-36 所示。

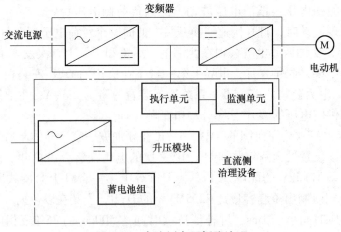

图 8-36   直流侧电压暂降治理

8.5　柔性合环装置

2010 年，英国帝国理工大学 Timothy C. Green 教授在论文"Increasing distributed generation penetration using soft normally-open points"中首次提出了"软常开开关"（soft normally-open point，SNOP）的概念，用于代替传统常开联络开关（normally open point，NOP），随着运行控制技术的逐渐成熟，SNOP 的功率连续调节能力愈发突出，不再具备明显的"常开"特征，因此在后续研究中被更多地称为 SOP（智能软开关），或称柔性合环、柔性互联装置、柔性软开关、柔性多状态软开关等（以下统称柔性合环）[32]。

如图 8-37 所示，柔性合环通过电力电子设备取代配电网末端节点之间的传统机械开关。与传统机械开关相比，不仅可以实现开关通断的功能，而且没有传统机械式开关动作次数的限制。并且柔性合环通过实时监测两端/多端馈线状态，实现负荷从高负荷率馈线向低负荷率馈线的转移，使得低负荷馈线能够分担高负荷馈线的压力，从而优化系统潮流。同时，柔性合环兼具运行模式柔性切换、控制方式灵活多样、故障快速安全隔离等特点，有利于馈线负载的均衡化，改善配电网的电能质量，实现电网的安全稳定运行。

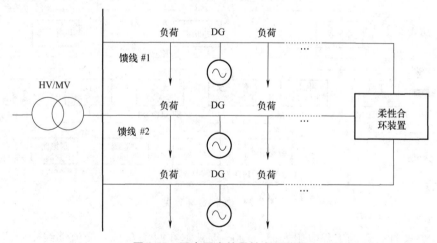

图 8-37　配电网中的柔性合环装置

根据应用场景，柔性合环可以连接同一变电站引出的多条馈线，调节同一变电站不同馈线之间的潮流，优化潮流分布，也可以连接不同变电站引出的多条馈线，实现不同电压等级、不同相位的配电网的合环运行，如图 8-38 所示[33]。

根据接入馈线的连接方式，可以将柔性合环分为串联型、并联型和串-并联型三类，如图 8-39 所示[34]。

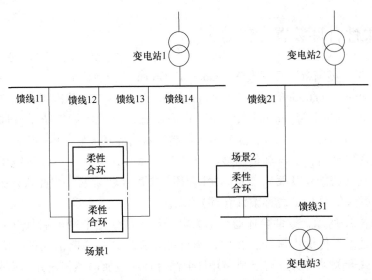

图 8-38　柔性合环的应用场景

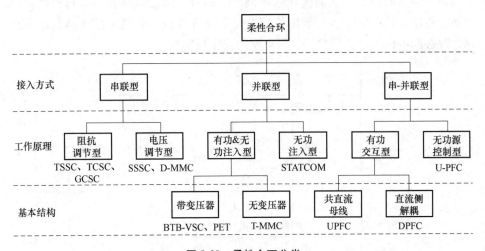

图 8-39　柔性合环分类

在柔性合环的工程应用方面，2006 年日本在两条 6.6kV 交流馈线中引入了环路平衡控制器（loop balance controller, LBC）[35]，拓扑采用 BTB-VSC 结构，最大传输功率为 1MVA。

天津大学王成山院士团队是国际上柔性互联技术研究的重要倡导者和推动者之一，围绕柔性配电系统灵活运行、高韧性供电等方面开展研究，参与了多项国内柔性互联示范工程建设，在方案设计和控制策略研究中提供了有力支持。例如，在天津北辰柔性互联配电网示范工程，规划建设了各端换流器容量均为

6MVA 的四端柔性合环，构成以 2 个 110kV 变电站为中心的柔性双环网架构，通过与居民负荷用电互补提高了线路负荷均衡度。此外，参与构建集成多套跨电压等级柔性互联装备的柔性变电站，不仅具有更加紧凑的交直流混合柔性互联功能，而且为配电侧源、荷提供了更多元化的入网选择。基于柔性互联技术，提出未来智能配电网网架形态演化的可能路径——蜂窝状配电网，促进新能源就地消纳和区内供需自平衡，支撑配电网形态结构将从传统自上而下的辐射状供用电模式转变为全新的分区互联形式。

目前，国内外有关柔性合环装置的研究刚刚起步，关于柔性合环装置的研发、调控技术、系统接入和可靠性分析等方面还亟待解决。

参 考 文 献

[1] 毛承雄，范澍，黄贻煜，等. 电力电子变压器的理论及其应用 [J]. 高电压技术，2003，29（10）：4-6.

[2] 李子欣，高范强，赵聪，等. 电力电子变压器技术研究综述 [J]. 中国电机工程学报，2018，38（5）：1274-1289.

[3] 张捷频. 电力电子牵引变压器新型拓扑及控制策略研究 [D]. 北京：北京交通大学，2019.

[4] HUANG A Q, CROW M L, HEYDT G T, et al. The Future Renewable Electric Energy Delivery and Management（FREEDM）System：The Energy Internet [J]. Proceedings of the IEEE，2010，99（1）：133-148.

[5] Dan Wang, Jie Tian, et al. A 10-kV/400-V 500-kVA Electronic Power Transformer [J]. IEEE Transactions on Industrial Electronics，2016，63（11）：6653-6663.

[6] 涂春鸣，兰征，肖凡，等. 模块化电力电子变压器的设计与实现 [J]. 电工电能新技术，2017，36（5）：42-50.

[7] ZHANG F, MA X, HUANG L, et al. Design and demonstration of a SiC-based 800-V/10-kV 1-MW solid-state transformer for grid-connected photovoltaic systems [C]. 2017 IEEE 3rd International Future Energy Electronics Conference and ECCE Asia（IFEEC 2017-ECCE Asia）. IEEE，2017.

[8] WEN W, LI K, ZHAO Z, et al. Analysis and Control of a Four-Port Megawatt-Level High-Frequency-Bus-Based Power Electronic Transformer [J]. IEEE Transactions on Power Electronics，2021，36（11）：13080-13095.

[9] WANG L, ZHU Q, YU W, et al. A Medium-Voltage Medium-Frequency Isolated DC-DC Converter Based on 15-kV SiC MOSFETs [J]. IEEE Journal of Emerging & Selected Topics in Power Electronics，2017，5（1）：100-109.

[10] JIMICHI T, KAYMAK M, DONCKER R W D. Design and Experimental Verification of a Three-Phase Dual-Active Bridge Converter for Offshore Wind Turbines [C]. 2018 International Power Electronics Conference（IPEC-Niigata 2018-ECCE Asia）. IEEE，2018.

[11] ROTHMUND D，GUILLOD T，BORTIS D，et al.99% Efficient 10kV SiC-Based 7kV/400V DC Transformer for Future Data Centers［J］. Emerging and Selected Topics in Power Electronics, IEEE Journal of, 2019, 7（2）: 753-767.

[12] 刘国伟，赵宇明，袁志昌，等. 深圳柔性直流配电示范工程技术方案研究［J］. 南方电网技术，2016，10（04）: 1-7.

[13] 徐玉韬，谈竹奎，郭力，等. 贵州电网柔性直流配电系统设计方案［J］. 供用电，2018，35（1）: 34-39.

[14] 祁琪，姜齐荣，许彦平. 智能配电网柔性互联研究现状及发展趋势［J］. 电网技术，2020，44（12）: 4664-4676.

[15] 郑建平，陈建福，刘尧，等. 基于柔性直流配电网的城市能源互联网［J］. 南方电网技术，2021，15（01）: 25-32.

[16] 赵彪，安峰，宋强，等. 双有源桥式直流变压器发展与应用［J］. 中国电机工程学报，2021，41（01）: 288-298+418.

[17] 张哲，杨晓平，封磊，等. 面向中压直流配电网的直流变压器设计与优化［J］. 高压电器，2022，58（11）: 248-254.

[18] 赵彪，崔彬，马已青，等. 基于IGCT-Plus和中频隔离的大容量直流变压器［J］. 中国电机工程学报，2023，43（3）: 1-9.

[19] 曾祥君，王媛媛，李建，等. 基于配电网柔性接地控制的故障消弧与馈线保护新原理［J］. 中国电机工程学报，2012，32（16）: 137-143.

[20] 何锡祺. 并联电抗器组合式消弧线圈的研究［D］. 北京：华北电力大学，2008.

[21] 陆国庆，姜新宇，梅中健，等. 配电网中性点接地的新途径［J］. 电网技术，2004，28（2）: 32-35.

[22] 盛建科，陈乔夫，熊娅俐，等. 基于磁通可控的新型自动调谐消弧线圈［J］. 电工技术学报，2005，20（2）: 88-93.

[23] 蔡旭，李仕平，杜永忠，等. 变阻尼调匝式消弧线圈及接地选线综合控制器［J］. 电力系统自动化，2004，28（5）: 85-89.

[24] 曲轶龙，董一脉，谭伟璞，等. 基于单相有源滤波技术的新型消弧线圈的研究［J］. 继电器，2007，35（3）: 29-33.

[25] VAN WYK J D. Power quality, power electronics and control［C］. 1993 Fifth European Conference on Power Electronics and Applications，1993: 17-32.

[26] 于佳琪. 感应型电能质量控制器及其关键技术研究［D］. 长沙：湖南大学，2018.

[27] 李战鹰，任震，杨泽明. 有源滤波装置及其应用研究综述［J］. 电网技术，2004（22）: 40-43.

[28] 罗安. 电能质量治理和高效用能技术与装备［M］. 北京：中国电力出版社，2014.

[29] 聂成松. 国内智能换相装置研究综述［J］. 机电信息，2023（1）: 19-23.

[30] 王国春，毛光辉，等. 电能质量治理典型案例分析［M］. 北京：中国电力出版社，2020.

[31] 曹军威，胡子珩，张华赢，等. 城市电网电能质量综合治理［M］. 北京：中国电力出版

社，2018.

[32] 王成山，宋关羽，李鹏，等. 基于智能软开关的智能配电网柔性互联技术及展望［J］.
电力系统自动化，2016，40（22）：168-175.

[33] 张国驹，裴玮，杨鹏，等. 中压配电网柔性互联设备的电路拓扑与控制技术综述［J］.
电力系统自动化，2023，47（06）：18-29.

[34] 周剑桥，张建文，施刚，等. 应用于配电网柔性互联的变换器拓扑［J］. 中国电机工程
学报，2019，39（01）：277-288+342.

[35] OKADA N，TAKASAKI M，SAKAI H，et al. Development of a 6.6kV-1 MVA Transformerless
Loop Balance Controller［J］. IEEE Power Electronics Specialists Conference，Orlando，FL，
USA，2007：1087-1091.

第**9**章 通用电源

前面 3 章分别介绍了发电、输电以及配电领域中的电力电子，电最终的目的还是各种应用，本章将介绍电力电子技术在一些常见通用场合的应用，包括照明电源、信息系统电源、电动汽车、轨道交通以及变频电源。

9.1 照明电源

据统计，全球照明用电占到总用电量的 20% 左右，我国照明用电量约占总发电量的 13%，因此照明一直是国内外节能低碳的重点领域之一。从本书第 2 章功率器件的发展历史可见，很多器件的发展都与人类对照明需求密切相关。1820 年英国德拉鲁（Warren De La Rue）发明铂丝白炽灯泡，由于真空度低，铂丝灼热很快就达到熔点，寿命极短。1860 年英国物理学家斯旺（Joseph Wilson Swan）发明了世界上最早可以用于实验的白炽灯泡，他用 U 形炭化纸片做灯丝，用电池供电，由于当时的实验条件有限，他的早期实验也没有获得成功，但他并没有放弃。到 1878 年，他发明了碳丝白炽灯和一种用作灯丝的硝化纤维喷射工艺，在纽卡斯尔化学协会会议上展出世界第一盏碳丝白炽灯，这比爱迪生发明的炭化棉丝白炽灯泡早一年。可见爱迪生并不是白炽灯泡的完全发明者，但是他成功地实现实用灯泡的突破，使白炽灯真正成为人类可以方便使用的光源（在 1879 年，上海虹口一家外商仓库内进行了电弧灯发光试验，取得了成功，宣告了华夏大地上第一盏电灯的问世）。1909 年，美国库利吉（William David Coolidge）取得了制造具有延展性金属钨的专利权，他发明用钨丝做白炽灯泡，延长了灯泡的使用寿命。同年美国化学家兰缪尔（Irving Langmuir，同样是他在 1914 年发明了利用栅极控制汞弧整流器）利用惰性气体充入白炽灯泡里，降低了钨丝的挥发和氧化作用，进一步延长了灯泡的使用寿命。1910 年，法国发明家克劳德（Georges Claude）利用惰性气体放电制成霓虹灯，1930 年，他将霓虹灯管上涂上荧光物质，后来发展为荧光灯（俗称日光灯）。到 1938 年，美国 GE

公司的诺埃曼发明实用荧光灯。荧光灯是照明电光源的一个飞跃，在目前仍然是工业及家庭应用最为广泛的照明器具之一[1]。

9.1.1　电子镇流器

在荧光灯问世后的 40 余年时间里，一直采用大而笨重的电感镇流器并配之辉光启动器（俗称启辉器）作为启动和稳流元件，采用电感镇流器的荧光灯工作电路如图 9-1 所示。在接通工频电源后，辉光启动器玻璃泡内的氖气在电压作用下发生电离，使内部双金属片变热而接通，电流通过灯丝进行预热。1~3s 预热后，双金属片因冷却而断开，在电感镇流器两端产生一个高幅值的脉冲电压，并叠加在交流电源电压（如 220V）之上，使灯管内的低压汞蒸气电离，灯管击穿而导通。在灯被启动并进入稳态工作后，镇流器起到稳流作用，在稳态工作时，几乎有一半的交流电压降落在电感镇流器上。

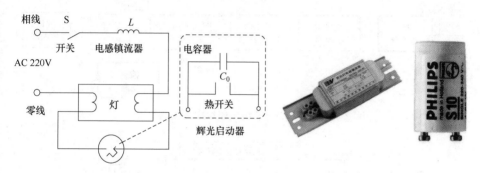

图 9-1　荧光灯工作电路及电感镇流器、启辉器

电感镇流器由于直接与电网相连，因此整个系统工作在低频状态，每半个周期开始时灯都被迅速地再点燃。尽管电感式镇流器具有成本低、可靠性高等优点，但是它存在以下几个缺点：首先，由于低频工作造成镇流器的体积大而且笨重；其次，工作在 50/60Hz 的电源下，灯的时间常数为毫秒级，灯的电极容易老化而且会造成频闪现象。早在 20 世纪 50 年代，就有学者针对电感镇流器存在的一些弊端开始了改进研究，并提出了采用高频进行驱动的方案。如 1954 年 J. H. Campbell 等人提出采用磁倍频器对荧光灯进行高频驱动，但并没有引起太多关注。1963 年，Thomas Roddam 在其著作 *Transistor inverters and converters* 的第 10 章中，提到了多个荧光灯交流电子镇流器电路方案（在此感谢郭哲辉博士在美国购买此书并寄给本书作者）。

直到 20 世纪 70 年代出现了世界性的能源危机，导致许多公司致力于新型节能光源和电子镇流器的研究。同时，半导体技术和电力电子技术日新月异地飞速发展，为电子镇流器提供了前提条件。70 年代后期，美国研制成功了高频电

273

子镇流器，但由于可靠性等问题，当时没有实现商业化。80年代初，荷兰飞利浦公司首先推出商业化的高频电子镇流器，这是照明电器发展史上的一项重大创新。

一般的电子镇流器电路结构如图9-2所示，DC-AC逆变电路的开关频率一般为 20~50kHz。主要有半桥逆变电路和推挽逆变电路两种。电子镇流器的输出通常采用 LC 串联谐振网络。灯的启动必须通过 LC 电路发生串联谐振，利用启动电容两端产生的高压脉冲将灯点燃，在灯启动后电感元件对灯起限流作用。由于开关频率很高，所以需要的电感很小。以半桥逆变电路为例，如图9-3所示，C_o 为交流耦合电容，并起到隔直流作用，L_s 和 C_s 组成 LC 串联谐振电路，当其发生谐振时，在 C_s 两端产生一个高压并施加到灯管两端，使灯管击穿而引燃，灯一旦点亮，L_s 仅起到稳流作用[2]。

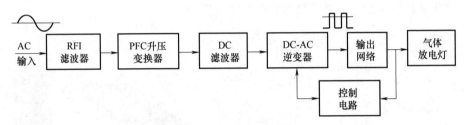

图9-2　电子镇流器组成框图

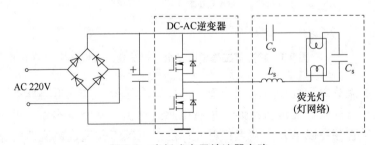

图9-3　半桥式电子镇流器电路

自飞利浦公司采用 120 余只元器件开发了 BHF132H12 单管 32W 荧光灯电子镇流器后，1984 年西门子公司以高频电子镇流器中采用分离元器件设计的有源功率因素校正（APFC）电路为基础，率先开发出 TDA4812 等 APFC 控制器 IC，并成功地应用到电子镇流器中，使系统功率因数达到 0.99 以上。20 世纪 80 年代中期开始，尤其是 90 年代，用于电子镇流器的 IC 系列品种繁多，除了 APFC 控制器 IC 外，还有高压高速自振荡驱动 IC、自振荡驱动模块和集 PFC、预热启动、自振荡驱动、可调光和各种保护功能于一身的 IC 系列产品。

电子镇流器在技术上是照明产业中偏离照明而属于电力电子的研究领域。与通用开关电源、交流电机调速电源、不间断电源等电力电子热门研究领域相比，由于受研究对象的限制，对电子镇流器的研究最初在学术领域并未得到足够的重视。对电子镇流器的研究主要集中在世界上几大照明公司，如 GE、Osram 和 Philips 等，主要是因为这三家公司本身是气体放电灯主要制造商，对气体放电灯本身的研究也一直处于领先地位，因此他们研究电子镇流器具有先天优势。除了上面一些照明公司以外，一部分 IC 设计公司借助于电子镇流器控制 IC 的设计，对电子镇流器也开展了一些研究。如美国的 IR 公司早期为电子镇流器提供驱动 IC，TI 公司针对汽车前照灯电子镇流器在 90 年代中期推出了其专用的控制芯片，Microchip 公司和 Philps Semiconductor 公司都推出了适用于电子镇流器的 8 位单片机[3]。

20 世纪 90 年代，国外陆续有大学开展了电子镇流器的研究，如美国 CPES 与 MEW 合作对 charge-pump 单级功率因数校正技术进行了深入的研究，与 Philips 合作在汽车前照灯电子镇流器的数字控制特性方面做了研究。国内高校方面，哈尔滨工业大学徐殿国教授和浙江大学钱照明教授团队在此做了较多的研究工作，如徐殿国教授的照明电子学课题组开发了基于 Motorola 公司 8 位单片机的 250W 和 400W 数字化电子镇流器，以及基于 GSM 和电力线载波通信技术的数字镇流器智能化远程监控管理系统，其中电子镇流器作为照明网络化关键的一个环节，在整个照明系统的作用至关重要[4]。

9.1.2 LED 驱动电源

发光二极管（LED）于 20 世纪 60 年代问世，在 80 年代之前主要用作指示灯使用，只有红光和绿光，这个时期属于 LED 的指示应用阶段。提到 LED，就不得不提到中村修二（赤崎勇、天野浩和中村修二因发明"高效蓝色 LED"而获得 2014 年诺贝尔物理学奖）。日本日亚化学工业株式会社（Nichia Corporation）先在 1987—1988 年资助中村修二到美国佛罗里达州立大学研究有机金属化学气相沉积法（MOCVD，metal-organic chemical vapor deposition，是在基板上成长半导体薄膜的一种方法），回到日亚化学投入 2 亿日元着手改造有机金属化学气相沉积法装置。尽管受到公司新社长的反对，但中村修二仍坚持进行研究活动。1993 年，中村修二发明双流式 MOCVD 方法，日亚化学得以量产实用级高亮度蓝色 LED，并取得 LED 照明市场的全球独霸地位，其后数年获利达数千亿日元。高亮度蓝光 LED 的问世，从根本上解决了 LED 三基色缺色的问题。1998 年，白光 LED 的问世打开了通往 LED 照明世界的大门。

相比于白炽灯的热辐射光源和荧光灯的气体放电光源，LED 属于固体发光光源，是一种典型的节能环保绿色照明光源。LED 除了具有发光特性外，还具有普通半导体二极管的特性，由于二极管的电流源特性，LED 基本都采用恒流或脉冲电流驱动方案。下面介绍一些 LED 驱动电源技术方案。

第一大类是无源方案，即不需要功率开关器件和相应控制芯片的驱动方案。最简单的即采用阻容降压方案，如图 9-4a 所示，通常由降压电容、泄放电阻、全波整流桥、电容滤波电路、限流电阻等部分组成。该方案最重要的优点就是器件少、成本低，在市面上的低成本小功率 LED 电源有很多采用这方案，但其恒流效率差，输入功率因数低、有 100/120Hz 低频闪烁，不适用于大功率产品。当然也可以采用变压器直接降压方案。还有一类方案是在输入侧采用大电感，如图 9-4b 所示，其中填谷电路（valley-fill circuit）用以实现高功率因数，由于输出有大滤波电感的存在，LED 电流可以得到较好的控制，但电感量比较大，导致电源的体积比较大，比较适用于如路灯等大功率场合。这类电路最早是由香港城市大学许树源（Shu Yuen Ron Hui）教授最先提出（本书作者在其课题组工作期间联合申请了这类 LED 驱动电路的美国专利，如 Apparatus and methods of operation of passive LED lighting equipment，US9717120）。

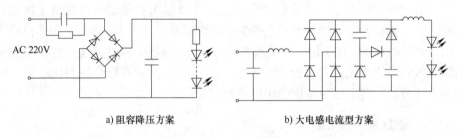

a) 阻容降压方案　　　　　　　　　　　　b) 大电感电流型方案

图 9-4　LED 无源驱动方案

第二大类是有源方案，根据输入电压的不同，可以分多种，如可以直接用交流电进行驱动的 AC LED 驱动方案，其中最有代表性的有美国 ExClara 公司开发的芯片 EXC100，其使用的电路结构如图 9-5 所示，输入交流整流后直接接入多串分段的 LED 芯片（无需电解电容），使得其输出电压保持为半个正弦波的样子，后面接的 LED 串分为几个小串，然后在半个正弦波期间按照电压的变化依次点亮这些小串，其典型的输入电压、电流波形如图 9-5 所示，其效率可高于90%，功率因数达 0.98。但其也有一些问题，如每串 LED 不是同时点亮，LED 的利用率较低，从电流波形上看有 100/120Hz 低频闪烁，但其有个很大的优点是去除了电解电容，同时集成度高。

国产也有很多类似的集成芯片，如晟碟集成 SDS3101、明微电子 SM2087、Zonopo 8260 芯片等。当然功能有的也更丰富，如 SDS3101 在原来基础上增加了细调节 LED 串，可以实现更高功率因数[5]。

还有一类 AC LED 驱动方案连输入整流桥都不需要，直接采用 LED 芯片作为整流桥，同时作为光源，最先提出该类方案的是韩国首尔半导体公司（Seoul Semi-conductor），在 2005 年推出了交流驱动 AC LED 专利产品 Acriche 系列，如 SMJP-

2V04W1P1（AC 120V 输入，4.3W）中给出的电路连接图以及实物如图 9-6 所示，可见，其将所有电路都做到一个模块里，集成度更高，同样无需要电解电容，但同样存在 LED 的利用率较低的问题。

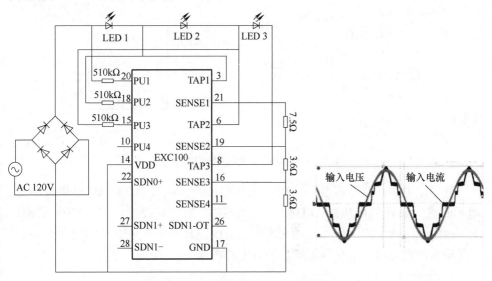

图 9-5　EXC100 外围电路及典型波形

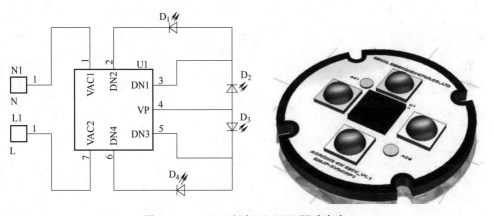

图 9-6　Acriche 系列 AC LED 驱动方案

如果输入电压为直流，如 48V 或 24V，则可以采用多种 DC-DC 变换器来驱动 LED，如适用于降压场合的 LM3402、BP2802、CAT4201 等集成芯片，如 LM3402 的典型应用电路如图 9-7a 所示，只需要少许的外围器件，如 Buck 变换器需要的续流二极管 D_1、滤波电感 L_1、LED 芯片直接和 L_1 串联作为负载。适用于升压场合的有 LM3509、BP1601、LT1937 等集成芯片，LM3509 的典型应用电路如图 9-7b 所示。在需要降压/升压场合的有 LTC3452、LCT3780、SP6686 等集成芯片[6]。

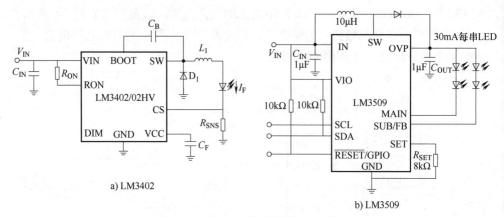

a) LM3402

b) LM3509

图 9-7　DC-DC 变换器驱动 LED 方案

针对市电输入、不需要隔离的较大功率场合，可采用 PT4207 等集成芯片，PT4207 是一款高压降压式 LED 驱动控制芯片，能适应直流从 18～450V 的输入电压范围、或 AC 85～265V 通用交流输入范围，其典型电路如图 9-8 所示，主要就是输入滤波电路、全桥整流器、填谷电路再加 Buck 电路。

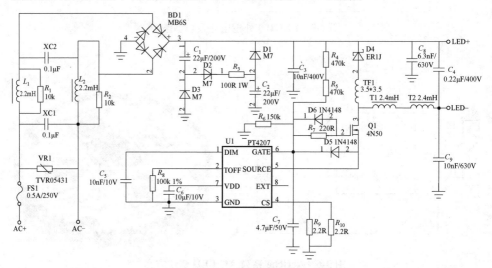

图 9-8　PT4207 典型应用电路

针对市电输入且需要隔离的小功率 LED 驱动器，理想电路是 Flyback 变换器，典型产品有 NCL30000、UCC28220 等。电路工作于电流临界连续模式，实现高输入功率因数，变压器二次侧的 NCS1002 是一个恒压/恒流控制器，以控制 LED 驱动电流。

对于更大功率需求，可以用前级 PFC+后级半桥 LLC 电路结构，典型芯片有

PLC810PG，可用于 150~600W 的 LED 驱动场合。

上述电路都是开关电源作为 LED 驱动器，也有部分线性电源芯片可作为 LED 驱动器，在小功率场合得到应用，如 TPS75100、MAX16800 等，集成度很高。

可见，目前在 LED 驱动电源芯片方面，国内外公司推出了非常多的产品，集成度越来越高，成本越来越低，功能越来越多。国内的华中科技大学邹雪城教授团队、浙江大学的朱大中教授团队、杭州电子科技大学的秦会斌教授团队等在 LED 驱动电源芯片设计方面也取得了丰富的研究成果。

上述供电方案都是每套 LED 灯具集成了一个独立的电源和一个 LED 灯，华南理工大学的张波教授团队提出了一种 LED 集中式直流供电系统（LED centralized dc power supply system and operating methods thereof，US8981654），该方案较适用于 LED 路灯等系统，能够取代传统的单灯单供电的形式，实现将 LED 灯同电源分开，通过集中式机房对 LED 灯集中供电，具有节省成本、电源维修和电源管理方便等优势。

学术界对 LED 驱动电源研究较早且有代表性有 Shu Yuen Ron Hui 教授等。Shu Yuen Ron Hui 教授最早提出了 LED 系统的光电热理论，利用 LED 灯中各个器件的结温温度公式、LED 的瞬态热阻热容网络模型、光通量理论公式中的 LED 电功率和发光效率，将热特性、电特性和光特性三者相互耦合起来，即光电热理论。该理论表明了良好的散热设计是 LED 光源设计中不可缺少的组成部分，不能有效地散热将极大地影响光源系统的输出。该理论详细地解释了 LED 的额定功率不是产生最大光通量的最佳工作点的原因。并依据简单的热模型可以用来确定 LED 系统的最佳工作点，以便为获得最大光通量的热设计提供依据。

9.2 信息系统电源

这里重点介绍以通信和数据中心为主的供电电源。通信电源是整个通信系统的"心脏和源动力"，随着通信系统的飞速发展，通信设备的不断更新换代，通信电源，尤其是其核心部分——交直流变换装备，也经历了多轮更新换代。我国通信用整流器的发展可追溯到 20 世纪 50 年代的充气整流管（钨氩管）手动调压的整流器，50 年代末邮电部设计院和武汉通信电源厂研制和生产了用饱和电抗器控制的划时代的"自动"稳压稳流硒整流器；60 年代用硅二极管取代硒整流片的稳压稳流硅整流器；60 年代末 70 年代初开始用晶闸管整流和控制的稳压稳流硅整流器；80 年代高频开关型整流器开始得到应用；90 年代世界电源技术的更新换代，通信用高频开关型整流器得到迅速发展[7]。

图 9-9 为集中供电方式通信电源系统组成示意图，其中交流供电系统由专用变电站、市电油机转换屏、低压配电屏、交流配电屏及备用发电机组成。直流

配电系统由整流器、蓄电池组和直流配电屏组成，直流供电系统向各种通信设备提供-48V 直流电源，不间断电源（uninterrupted power system，UPS）设备对通信设备及其附属设备提供不间断交流电源。下面对该系统中的整流器和 UPS 作简单介绍[8-10]。

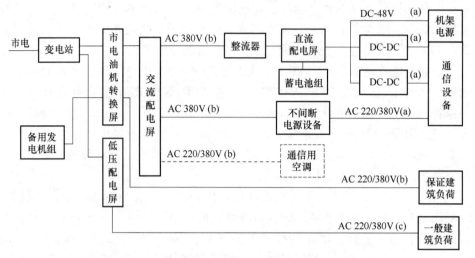

图 9-9 集中供电方式通信电源系统组成示意图

注：图中，（a）不间断；（b）可短时间中断；（c）允许中断。

9.2.1 整流器

整流器就从晶闸管相控整流写起，ZTA01-48V/400A 型晶闸管自动稳压整流器，是当时我国大中容量数字程控交换机基础电源的主要部分，其输入为三相380V 交流电压，输出为 48V/400A，其电路结构如图 9-10 所示，可见，其是由两台带平衡电抗器的双反星形整流电路并联组成。

高频整流电源与传统工频相控整流电源相比，在技术上是一次飞跃，不但可以方便地得到不同的电压等级，更重要的是去除了体大笨重的工频变压器及滤波电感、电容，由于采用高频功率变换，使电源装置明显减小了体积和质量，从而有可能和通信设备的主机体积相协调，并使电性能得到进一步提升，因此在 1994 年，原邮电部做出决策，要求通信领域推广使用高频开关电源取代相控电源。高频开关电源的使用节省了大量铜材、钢材和占地面积，同时由于变换效率的大幅提高，还减少了能耗。

高频开关电源产品从 20 世纪 90 年代初从国外（澳大利亚、新西兰、日本、德国、芬兰等）引进到我国自行开发，只经过一个很短的时间，一些大公司如武汉洲际、华为、中兴通讯等自主研发的电源系列产品，已获得广泛认可，从

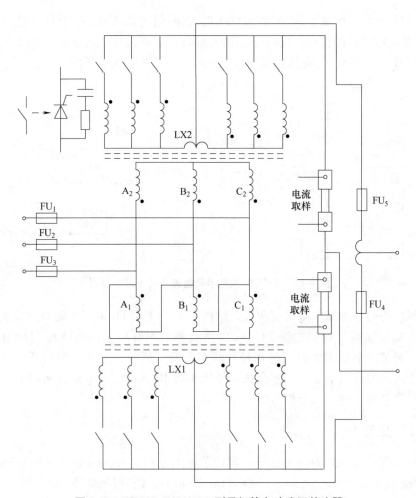

图 9-10　ZTA01-48V/400A 型晶闸管自动稳压整流器

技术角度，一般都具有以下一些特点：①采用移相控制全桥零电压开关技术；②采用功率因数校正技术；③具有模块自动均流功能；④具有完善的遥控、遥测、遥信"三遥"功能；⑤具有完善的充蓄电池监测充电限流功能等。

　　针对三相交流输入，以武汉洲际通信电源集团生产的 DMA10 型整流模块（三相交流 380V 输入，输出 48V/100A）为例进行说明，如图 9-11 所示，其三相 380V 交流输入经整流滤波后（通过单刀双掷开关的选择，也可适用于单相 AC 220V 交流整流滤波后接入），接入双半桥串联变换电路（控制电路采用 Unitrode 公司的 UC3825），这样可以降低器件电压应力，这个电路还有个有意思的地方是使用了 IGBT 与 MOSFET 并联组合开关，如图 9-11 右图所示，使用时 IGBT 与 MOSFET 同时开通，当需要关断时，IGBT 先关断，经过一段时间后，

IGBT 完全关断，电流全部经过 MOSFET，这时再关断 MOSFET。这样既利用了
IGBT 导通压降小的优点，又避免了其关断时的电流拖尾效应带来的较大关断损
耗，20 世纪 90 年代就有器件混用且做成产品，还是殊为不易的。

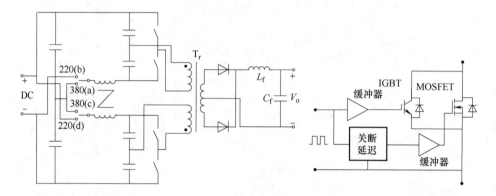

图 9-11　DMA10 型双半桥整流模块原理示意图

现代通信电源基本都采用两级式结构，第一级 APFC 电路主要是用来实现通
信电源高功率因数；第二级 DC-DC 电路大多采用移相全桥电路和 LLC 谐振电
路。一般情况下移相全桥电路在轻载状态下滞后桥臂，无法实现软开关，所以
在中小功率的通信电源，大多会选择使用半桥 DC-DC 谐振电路；而对于大功率
通信电源来说，则使用全桥电路。

9.2.2　交流 UPS

1934 年，美国人 John J. Hanley 申请了美国专利"Apparatus for maintaining an
unfailing and uninterrupted supply of electrical energy，US1953602"，意思就是"保持
电力不间断供应的装置"，不得不说，这个名字很精准地定义了不间断电源
（UPS）的功能，当时的发明是用于火灾报警系统供电。在用蓄电池之前，不间
断电源曾经使用飞轮和内燃机为负载提供电能供应，这种不间断电源被称为飞
轮式或旋转式不间断电源，但这种旋转系统效率低下，无法支持现代服务器和
数据中心。1967 年，我国进口英国一台计算机就配带了一台 20kVA 的 UPS，这
是一台在转子轴上安装了一个 5t 重飞轮的电动交流发电机。1964 年梅兰日兰
（MGE，2008 年被施耐德电气收购）设计制造了世界第一台三相 UPS。20 世纪
90 年代，美国 APC 公司（2008 年被施耐德电气收购）率先推出基于 Delta 变换
技术的大功率高频机 UPS 和模块化 UPS。

静止式 UPS 最早进入我国在 1972 年，美国总统尼克松访华时将 2 台 EXIDE
公司的 Powerware plus 6kVA UPS 作为礼物送给中国政府。1976 年，当时的电子
工业部决定自行研制大功率 UPS，任务落在了南京无线电厂（714 厂，即熊猫

厂）。因为当时只有样机还没有相应的技术资料，南京无线电厂联合当时的南京工学院（现在的东南大学），针对国内仅有的两台 UPS 进行技术消化，于 1979 年成功生产出我国第一台自己设计制造的 UPS 样机 BDYI-79 型。

我国 UPS 国产品牌产业化发展起步于 20 世纪 80 年代中期，最早涌现出的有科华技术（1988 年，后名科华恒盛，现更名科华数据）、青岛创统（1990 年）、广东志成冠军（1992 年）、深圳科仕达（1993 年）等国产 UPS 厂商。

国内 UPS 行业发展的前一二十年，国外巨头掌握高端大功率 UPS 的核心技术，建立了并机技术、单机容量以及关键控制等技术门槛，国内电源行业整体技术和工艺水平与国外厂商相比有一定差距，国内各行业大型数据中心大功率 UPS 市场几乎完全被国外产品垄断，国产品牌主要耕耘于中小功率等市场。但经过 30 多年的发展，以华为技术（重点 UPS 产品为模块化 UPS）、科华数据（重点 UPS 产品为大功率 UPS）、科仕达（重点 UPS 产品为小功率 UPS）、捷联先控（重点 UPS 产品为模块化 UPS）等为代表的少数国内较大规模的厂家目前在市场份额、高端技术等方面已经接近甚至超越国际知名品牌。

不间断电源有交流输出 UPS（以下简称交流 UPS 或 UPS）和直流输出 UPS（以下简称直流 UPS）。UPS 输入输出额定电压与低压交流配电网标称电压相同，即 AC 220V/380V，为中线接地系统。我国直流 UPS 系统标称电压有 240V 和 336V 两种（该电压为储能电源的额定电压，在该系统中还包含为电池充电的 AC/DC 环节，其额定电压为电池的浮充电压，即 273V 和 380V，国外还有 380V、400V 等不同的直流电压标准），为正、负极均浮地（不接地）系统，240V 和 336V 直流 UPS 系统主要为数据中心供电，而通信电源的一次电源为低压交流供电得到的-48V 直流系统，或者应当这样说，直流 UPS 系统的供电构架是从-48V 开关电源系统演化而来的，除了输出电压大小不同以及相应的直流开关、安全等级配置等不同外，系统结构基本相同。

交流 UPS 应用历史悠久，已形成很成熟的技术体系。交流 UPS 按运行方式可以分为双变换 UPS、单变换 UPS 和 Delta 变换 UPS。

双变换 UPS 由整流器（1）、蓄电池组（2）、逆变器（3）、静态开关（4、5）和检修旁路开关（6）组成，如图 9-12 所示，其中 IRP、IUG、IBY 为检修开关，IRE 为旁路开关。双变换 UPS 能够将输入的交流电通过整流器变成直流，并给配套的蓄电池组充电，再将蓄电池组直流电通过逆变器变成交流电，通过锁相环和幅值变换电路，保持与输入交流电的电压、频率、相位基本相同。

根据双变换 UPS 电路的工作频率来区分，又分为工频机 UPS 和高频机 UPS 两大类。

工频机 UPS 以传统的模拟电路原理设计，由晶闸管整流器，IGBT 逆变器、旁路开关和工频隔离变压器组成，其整流器的工作频率为 50Hz，顾名思义叫工

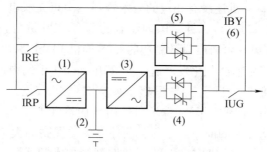

图 9-12 双变换 UPS 主电路框图

频 UPS，其典型拓扑如图 9-13a 所示。由于晶闸管整流器属于降压整流，所以直流母线电压经逆变输出后的交流电压比输入电压低，要使输出相电压能够达到恒定的 220V 电压，就必须在逆变输出增加升压隔离变压器。同时工频机的降压整流方式使蓄电池直挂母线成为可能，工频机典型直流母线电压通常为 300 ~ 500V，整流器既为逆变器供电又为蓄电池组充电。

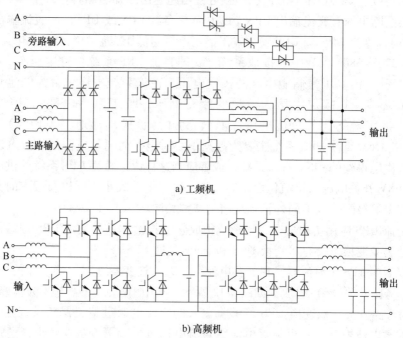

图 9-13 交流 UPS 电路结构示意图

与工频机 UPS 的整流部分不同，高频机 UPS 由 IGBT 高频整流器、电池变换器、逆变器和旁路开关组成，其典型电路如图 9-13b 所示。高频机 UPS 整流属于升压整流模式，其输出直流母线的电压比输入电压线电压的峰值高，一般典型值为 800V 左右，如果电池直接挂接母线，所需要的标配电池节数达 60 多节（单体 12V），这样给实际应用带来较大的限制，因此一般高频机 UPS 会单独配置一个电池变换器，把母线 800V 直流电压降到电池组电压。市电故障时电池变换器把电池组电压升压到 800V 的母线电压，从而实现电池的充放电管理。高频机 UPS 逆变器输出相电压可以直接达到 220V，逆变器之后不需要工频升压变压器。

从产品结构上看，高频机又可以分为一体化高频机和模块化高频机，一体化高频机（国内行业内常称为"塔机"）内部电路为单一的整流器（三电平整流器，主要是 Vienna 结构整流器）+逆变器（主要是三电平中点箝位逆变器），结构简单，元器件数量少，效率高，使用广泛，大型一体化机功率可达 600kW，将两台或多台一体化机并联可实现高达数兆瓦的供电能力。

模块化 UPS 系统是将 UPS 各部分功能完全以模块化实现的 UPS 产品，可实现在线扩容、在线维护、在线热插拔等功能，具有高冗余性等优点。模块化 UPS 的关键技术是多机并联，目前无互连线的下垂控制技术很成熟，业内俗称为热同步并机技术。模块化 UPS 的单机模块典型功率有 25kW、50kW、75kW、100kW 等。

高频机 UPS 的优点是省掉了逆变器输出变压器，节省了成本，提高了供电效率，并减少了 UPS 的占地面积和重量，另外。输入侧增加了功能因数校正功能，使高频机 UPS 具有很高的输入功率因数。工频机 UPS 曾在 20 世纪末到 21 世纪初得到广泛应用，进入 21 世纪后，随着高频机 UPS 技术的不断发展和成熟，工频机 UPS 逐渐被淘汰。目前国内和国际主流 UPS 生产厂家的工频机产品已经逐步停止生产，高频机 UPS 将全面替代工频机 UPS。

单变换 UPS 系统结构如图 9-14 所示。它的整流和逆变的功能由一个四象限逆变器完成，UPS 正常由市电供电时，交流电经电抗器直接向负载供电，逆变器同时时刻保持输出电压与负载并联工作，具有与双变换 UPS 输出电压同样的精度，当市电停止时，则由蓄电池经逆变器继续不间断供电，直到市电恢复。四象限逆变器保持正常输出的同时还需要对蓄电池组进行充电。

采用 Delta 变换技术的称为 Delta 变换 UPS，它由两个逆变器组成，都连接到蓄电池组上，其中一个逆变器称为 Delta 逆变器，另一个称为主逆变器，两个都具有四象限功能，即同时具有整流和逆变功能，如图 9-15 所示。平时有市电时交流电经补偿变压器一次侧串联向负载供电，同时也接到主逆变器供电。当市电中断时，则由蓄电池组供电给主逆变器工作，输出不间断交流电供负载使用。Delta 变换 UPS 由美国 APC 公司首先提出并在三相大功率 UPS 中形成产品。

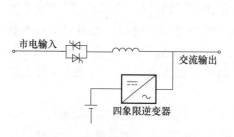

图 9-14　单变换 UPS 供电系统

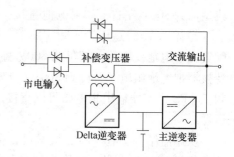

图 9-15　Delta 变换 UPS 供电系统

前述 UPS 的主要电能来源为市电，面向长备用、安全可靠、高效率的防灾供电，浙江大学徐德鸿教授团队和科华数据有限公司在国家"863"项目的支持下开发了多能源超级 UPS 系统，在福建漳州工业园建立了我国首个包含燃料电池、天然气、电力等多种能源的面向重大工程的应急电源应用示范系统，正常运行模式下效率为 98%，后备能源之间可以实现无缝切换，后备供电时间超过24h。多能源超级 UPS 是应对突发性灾害提供不间断电源的关键技术，是我国重大工程可靠供电的关键基础设施，可为我国数据中心、精密制造、核电等保驾护航。图 9-16 是多能源超级 UPS 的基本结构[11]。

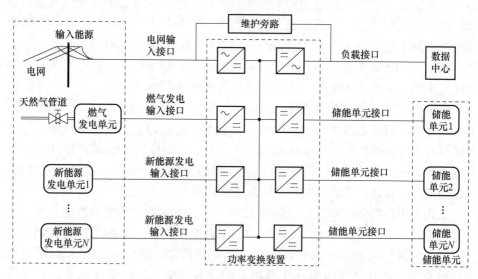

图 9-16　多能源超级 UPS 的基本结构

9.2.3　直流 UPS

直流 UPS 常称为高压直流（high voltage direct current，HVDC，此 HVDC

与电力系统中的 HVDC 差别很大）电源，直流 UPS 系统主要由交流配电柜、整流柜（整流模块、监控模块）、直流配电柜和电池柜四大部分组成。直流 UPS 技术起源于−48V 通信电源技术和电力系统的 DC 110V、DC 220V 电力操作电源技术，相较于交流 UPS，直流 UPS 系统中储能电池与负载的连接更直接，有利于简化供电系统结构和提高可靠性。信息系统直流 UPS 自 2007 年开始出现，最早在中国电信、中国移动等通信企业得到应用，2016 年开始直流 UPS 技术作为国家重点节能技术推广，近几年在数据中心逐步得到应用。

目前直流 UPS 主流电路拓扑采用具有三相功率因数校正功能的三电平 Vienna 整流器和隔离型 LLC 谐振变换器，如图 9-17b 所示，其中 PSU（Power Supply Unit）为电源单元。相较于交流 UPS，直流 UPS 模块并联更简单，提高可靠性。

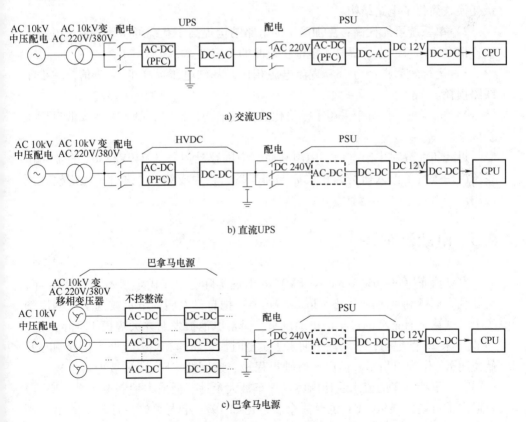

图 9-17 交流 UPS、直流 UPS 与巴拿马电源的电路结构对比

2018 年出现了一种由中压交流 10kV 直供的大功率直流 UPS，首先由台达电

子和杭州中恒电气针对阿里巴巴数据中心场景研发并试点运行，该电源被称为"巴拿马电源"（该电源的一体化、集成和缩短中间变换环节的理念，与巴拿马运河的缩短多个运输环节的理念十分相同，因此业界把此电源称之为巴拿马电源），如图 9-17c 所示。中压交流 10kV 接入多绕组降压变压器，基于三相不控整流形成多脉冲变压整流器（如 36 脉冲），无需有源功率因数校正即可实现高输入功率因数，整流后再采用非隔离的降压（buck）或升降压（buck-boost）进行输出电压调整。该电源系统中移相变压器的效率为 99%，整流调压部分的峰值效率为 98.5%，整体峰值效率可达 97.5%。其他厂家也逐步推出相应产品，如科华数据推出的"云动力"中压直供集成式直流 UPS[11]。

240V/336V 直流供电技术与传统交流 UPS 供电系统相比，具有以下优点。

1）电路结构简单：240V/336V 直流系统相比于传统 UPS 系统减少了 DC-AC 转换环节，同时由于直接输出直流电，服务器 PSU 减少了 AC-DC 环节，取消两级变换，简化了电路结构。

2）单系统可靠性高：更加简单的电路结构提高了系统可靠性，由于电池直接连接在输出母线上，提高了电池供电时的可靠性。

3）运行效率高：与 48V 直流电源相比，基础电压提高了 5~7 倍，减少了线路损耗。

4）扩容便捷：由于采用了模块化热插拔结构，扩容简单，方便降低后期维护成本。

近几年业界对中国电信、中国联通、中国移动主导的 240V/336V 直流供电系统应用进行了深入研究，相关标准和产品已较为成熟，已进行了大规模在网应用。

9.3　电动汽车

电动汽车（electric vehicle，EV）的出现实际上早于内燃机汽车。1828 年，匈牙利人耶德利克·阿纽升（Jedlik Anyos）把自己发明的电机放到了一辆模型车上，这算是有记载的最早的电动汽车。铅蓄电池被发明并大规模工业生产后，19 世纪末 20 世纪初，电动汽车迎来了黄金时代，纽约和伦敦这两个世界中心开始使用 EV 作为出租车，但由于行驶里程短、速度低，EV 渐渐被冷落下来。与此同时，福特汽车的流水线让内燃机汽车被大量地、低成本地制造出来，EV 也就退出了市场，偶尔，EV 也会露个脸，比如 1971 年人类放在月球上的第一辆车。然而，20 世纪七八十年代的石油危机爆发，车轮上的老百姓突然发现自己开不起车了，必须要寻找替代出行能源。在 1990 年的洛杉矶车展上，车企巨头通用汽车展示了 GM Impact EV 概念车，1997 年丰田推出了普锐斯 PRIUS Hybrid

（PRIUS），是世界上第一个大规模生产的混合动力车款，这款车型现在几乎成为混合动力汽车的代名词。进入21世纪，埃隆·马斯克（Elon Musk）的特斯拉开始登上电动汽车的舞台。当然，现在我们国家有比亚迪、蔚来、理想、小鹏等代表性的电动汽车公司[12]。

顾名思义，电动汽车就是以电力为动力源驱动的汽车。当然现在电动汽车有几个种类，即混合动力汽车（hybrid electric vehicle，HEV，如丰田普锐斯）、插电式混合动力汽车（plug-in hybrid electric vehicle，PHEV，如雪佛兰 Bolt）、纯电动汽车（battery electric vehicle，BEV，如特斯拉 Model S）、氢燃料电池汽车（hydrogen fuel cell vehicle，HFCV，如丰田 Mirai）。

对于电动汽车来说，其拥有三大核心部件，分别是：①动力电池总成：即电池组和电池管理系统（battery manage system，BMS）；②电机总成：电机和电机控制器；③高压电控总成：包括车载充电机（on-board charger，OBC）、车载 DC-DC 模块等，当然，更外围的还包括充电桩。本书下面将介绍 OBC、车载 DC-DC 模块、充电桩、电机控制器等。

9.3.1 车载充电机 OBC

根据安装位置的不同，电动汽车的充电机可分为车载充电机（OBC）和非车载充电机两种。车载充电机的整流等电能变换环节都在电动汽车内完成，车外仅需要一个交流输入供电电源，因此也称为交流充电机（俗称"慢充"），但因车内空间有限，其功率、体积和重量等都小于非车载充电机。非车载充电机通常固定安装在地面上，输入侧的交流电经过电能变换后转变为直流输出，并给电动汽车的电池组充电，因此也称为直流充电机（俗称"快充"）。

OBC 主要功能是将交流 220V 市电（单、三相兼容是大功率充电机的发展方向）转换为高压直流电给动力蓄电池（锂离子动力电池是主流）进行充电。针对 OBC 的输入电压，最新的趋势是通用型 OBC，它可容纳单相（AC 100~260V）和三相（AC 208~500V）输入。OBC 的输出，根据电池充电状态（SOC），额定电压为 400V 的蓄电池的端口电压可以从 250V 变化至 450V，或对于额定电压为 800V 的电池（如保时捷 Taycan、奥迪 e-tron GT），端口电压为 550~850V。OBC 的功率常用有的 3.3kW、6.6kW、11kW、19.2kW 和 22kW，目前国内 6.6kW OBC 依然是主流，11kW、22kW 作为高端车型配置；海外 6.6kW 和 11kW 是主流，22kW 在少量高端车型中配置。当功率更大时，体积和成本将成为将 OBC 放置在车辆内部的主要障碍。因此，额定功率更大的充电器（例如>22kW）放置在车辆外部，并归类为非车载充电器，例如直流快速充电，其直接提供直流给蓄电池充电。

当然 OBC 除作为电池充电功能外，现在还有一种趋势就是实现功率的双向流动，即利用电动汽车储能电池通过 OBC 向外部负载供电。如车辆到电网 V2G（vehicle to grid）、车辆到负载 V2L（vehicle to load）、车辆到车辆 V2V（vehicle to vehicle）、车辆到家庭/建筑 V2H/B（vehicle to house/building）。V2G 技术可以将新能源汽车作为可调节负荷的"分布式储能"，实现在用电低谷时充电，在用电高峰时对电网发电，从而平抑电网波动。V2L 和 V2H/B 技术可以实现车载电源对外输电，其中 V2L 可以实现为照明灯、冰箱、手机等小功率电子、电器类产品供电；而 V2H/B 技术可将车辆存储的能量返回家庭电网，降低房主用电成本；V2V 技术则可实现车与车互相充电。

目前 OBC 基本都采用两级式变换结构，即前级功率因数校正（power factor correction，PFC）+后级隔离 DC-DC 变换器，如图 9-18 所示。

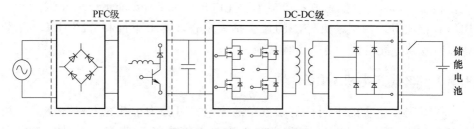

图 9-18　两级式 OBC 结构

前级的 PFC 电路可采用标准的 Boost-PFC 电路或多路并联，也可采用图腾柱电路或多路并联，如图 9-19 所示。后级的 DC-DC 可采用 LLC 拓扑或移相全桥变换器，如图 9-20 所示，可实现器件软开关，提高变换效率。

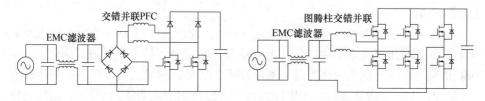

图 9-19　前级 PFC 电路

9.3.2　车载 DC-DC 模块

车载 DC-DC 模块指将车载动力电池的直流电压转换为低压直流电以供车内 12V 铅酸电池和其他电子设备（如空调、大灯、雨刷、收音机等）用电，车载 DC-DC 模块输出多为 9~16V 之间，功率一般在 500W~3kW 之间。随着新能源车的发展，用电部件越来越多，所以车载 DC-DC 模块的功率也在不断加大。车

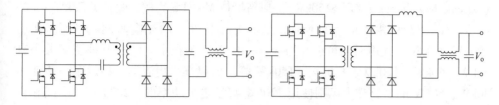

图 9-20 后级的 DC-DC 电路

载 DC-DC 模块大多采用全桥变换器，由于低压侧电流比较大，常采用倍流整流电路，此外，由于两侧电压差很大，会采用多个变压器在一次侧串联以降低变压器匝比以及每个变压器二次侧电流值。

为了进一步减小电源部分的体积以及降低成本，可以将 OBC 与 DC-DC 模块集成在一起，称为充电机"二合一"，有些是物理集成，即将两者放一个壳体融合，有些是部分电路融合，如有的厂家采用如图 9-21 所示方案，将 OBC 与 DC-DC 共用主变压器，减少了磁性元件数量，提升功率密度。但由于 OBC 与 DC-DC 主功率电路耦合且同步工作，需要在 DC-DC 输出再加一级 Buck 用于功率解耦。

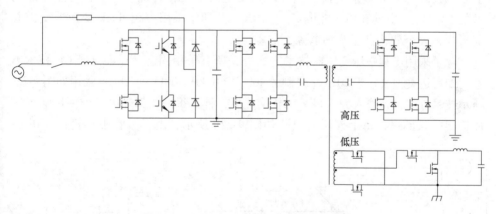

图 9-21 OBC 与 DC-DC 变压器集成方案

还有进一步的充电机"三合一"，即 OBC、DC-DC 和高压配电盒（power distribution unit，PDU）集成在一起，公用某个壳体。PDU 是整车高压电的一个电源分配装置，由很多高压继电器、高压熔丝组成，它内部还有相关的控制芯片，以便同相关模块实现信号通信，确保整车高压用电安全。

9.3.3 非车载充电机

这里主要指直流充电机（充电桩），称为快充（fast charger，FC）或超快充

（extreme fast charger，XFC>150kW）。以特斯拉 Model 3 为例，配备了 75kW·h 的电池，如果仅使用 6.6kW 的 OBC，则需要 12h 以上的充电时间。然而，使用 500kW 的 XFC，充电时间可以缩短至 5~10min。现在主流的充电桩功率大小有 30kW、60kW、120kW、150kW、180kW 等。出租车、物流车、乘运车一般使用 30kW、60kW 的，公交大巴则使用 120kW 甚至更大功率的。2020 年，中国和日本联合发布新一代 ChaoJi 充电技术标准，充电功率达 500kW，未来将达 900kW。

直流充电机大多采用模块化并联方式，它将 15kW 或 30kW 的基本充电模块并联起来，以提供高达 150kW 的功率。每个模块也是采用 AC-DC+DC-DC 两级变换，前级的 AC-DC 可采用 Vienna 整流器拓扑或三相 PWM 整流器得到稳定的直流母线电压，后级隔离 DC-DC 适用的拓扑结构通常为 LLC 谐振变换器和移相 ZVS 全桥变换器。

对于更大充电功率，如 350kW 以上，也可采用多模块并联形式，但单模块功率需要更大，如 50kW 甚至 100kW。还有一种采用工频隔离变压器的技术趋势，如充电停车场，2~3MW 的整体功率设置可提供 6~8 个高功率充电桩，其电力直接来自中压工频变压器，其中压侧接到 10kV 或其他等级中压交流系统，低压侧接多脉波无源整流器，同样可以使电流谐波符合现有标准，再接非隔离型的 DC-DC 给电池充电，非隔离型的 DC-DC 通常采用多相 Buck 变换器交错并联形式，整个架构和巴拿马电源类似。

除了采用工频中压变压器技术方案外，还有采用固态变压器（SST）技术方案。如台达美国公司于 2019 年研制的 400kW/1000V/400A 的 XFC，采用如图 9-22a 所示技术方案，其输入为 4.8kV 三相交流电，针对每一相都采用三个模块输入串联输出并联形式，每个模块的电路如图 9-22b 所示，由二极管中点箝位（diode

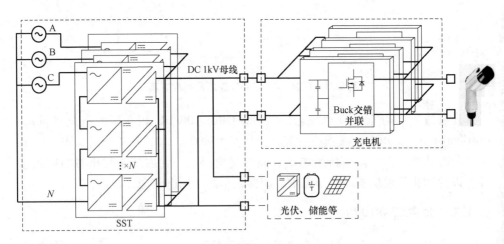

a) 系统整体架构

图 9-22　基于 SST 的 XFC 技术方案

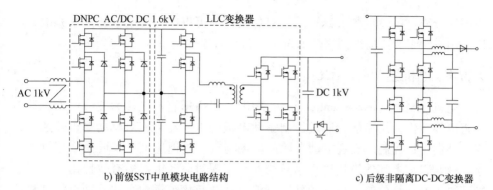

b) 前级SST中单模块电路结构

c) 后级非隔离DC-DC变换器

图 9-22　基于 SST 的 XFC 技术方案（续）

neutral point clamped，DNPC）三电平整流器与 4 开关堆叠半桥（stacked half-bridge，SHB）LLC 变换器（高频变压器一次侧都采用 1.2kV 的 SiC MOSFET，变压器二次侧采用 1.7kV 的 MOSFET），得到 1kV 直流母线电压（还可将其他的供用电设备接入此 1kV 母线，如蓄电池、光伏等，以降低对交流配电网峰值功率的需求），再接多相 Buck 变换器（采用 1.2kV 的 SiC MOSFET）交错并联给电动汽车充电，整体效率可达 96.5%[13]。

针对该场合，还可以采用中压 SiC MOSFET 方案，如 2020 年美国田纳西大学提出的如图 9-23 所示 SST 技术方案，在中压侧采用 6kV 的 SiC MOSFET，可以

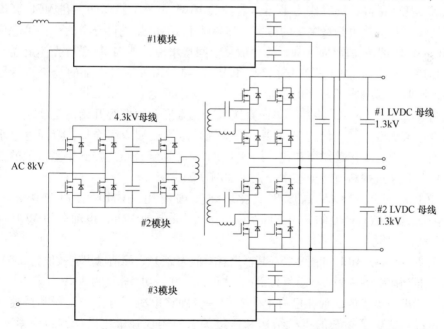

图 9-23　基于中压 SiC MOSFET 的 SST 技术方案

将中间母线电压稳定在 4.3kV，该 XFC 设计为可以同时两个电动汽车充电，所以采用三绕组变压器得到两个 1.3kV 的低压直流[14]。

9.3.4　电机控制器 MCU

电机控制器（motor control unit，MCU）将高压直流电转为交流电，驱动电机将电能转化为机械能，通过控制驱动电机的电压和电流对驱动电机转速、转矩、转向进行控制，实现电动车辆的起动运行、进退速度、爬坡力度等行驶状态，并与整车上其他模块进行信号交互，实现对驱动电机的有效控制。还用于捕获再生制动释放的能量并将其回馈给电池。与传统燃油车的发动机将燃料燃烧的化学能转为机械能不同，电机工作效率更高，能达到 85% 以上，故相比传统汽车，其能量利用率更高，能够减少资源的浪费。

驱动控制电机功能是 MCU 的核心，通过接收的整车控制器指令与采集的信号，电机控制器输出驱动信号至驱动模块，得到合适的电压/电流以控制电机正常运转。除此之外，MCU 还需要能实现电机保护功能、同步控制功能、信号采集功能以及与整车控制器进行数据交互功能等。

据某行业机构调研结果显示，电机控制器成本中功率器件（主要指 IGBT 模块，现在小部分车型中开始使用 SiC MOSFET）占 37%、控制电路板占 16%、驱动电路板占 12%、电机控制器壳体占 12% 以及其他电容和传感器等。可见 IGBT 占的成本比例最高，同时作为半导体器件的 IGBT 也是最脆弱的，在 MCU 高度集成情况下其散热也是最主要的考量。如果按 IGBT 散热进行分类的话，第一代的 MCU 中 IGBT 模块单面冷却，传导散热，间接水冷，即 MCU 金属壳体上需要设计水道，水流与 IGBT 不直接接触，IGBT 的热量需要通过下部的金属板传导带走，同时薄膜电容还是当时工业上常用的圆柱形电容。第二代 MCU 中 IGBT 平面封装，集成 Pin-Fin 冷却，单面直接水冷，方形薄膜电容开始广泛使用，功率密度逐渐提升。第三代的 MCU 中 IGBT 则采用集成型双面冷却，双面直接水冷。当然，也有丰田普锐斯初代使用的 IGBT 裸芯片键合线连接到铝基板上的方案，铝基板通过焊料直接连接水冷板，如图 9-24 所示。

MCU 的发展趋势是高度集成化。如美国通用（GM）公司与德尔福（Delphi）公司联合研制的通用雪佛兰沃蓝达（Chevrolet Volt）电动车的 MCU 如图 9-25 所示[15]。

奥迪 e-tron 的 MCU 如图 9-26，其输出有效值为 260A、峰值输出有效值为 530A、输入电压范围为 150~460V、重量为 8kg、体积为 5.5L，功率密度为 30kW/L。

为了进一步集成，现在已有电驱三合一，即将电机、电机控制器和减速器高度集成，减少了复杂的机械结构和连接关系，实现轻量化设计，结构紧凑，成本低，总成传动效率高，有利于整车能耗降低。

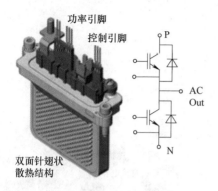

a) IGBT模块Pin Fin双面水冷方案

b) IGBT裸芯片散热方案

图 9-24   IGBT 不同的散热方案

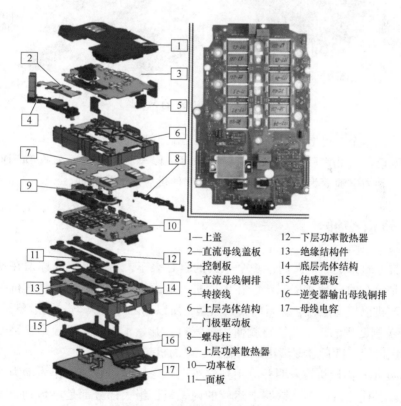

1—上盖
2—直流母线盖板
3—控制板
4—直流母线铜排
5—转接线
6—上层壳体结构
7—门极驱动板
8—螺母柱
9—上层功率散热器
10—功率板
11—面板
12—下层功率散热器
13—绝缘结构件
14—底层壳体结构
15—传感器板
16—逆变器输出母线铜排
17—母线电容

图 9-25   雪佛兰沃蓝达的 MCU

近几年，我国大力支持和鼓励汽车企业、汽车零部件供应商企业、各大高校以及研究院进行新能源汽车的研发，新增了许多新能源汽车生产企业，很多

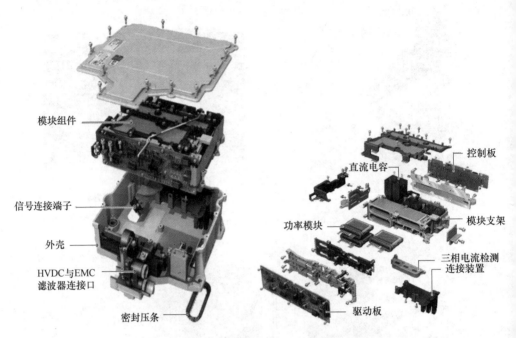

图 9-26 奥迪 e-tron 的 MCU

传统能源汽车企业也增加了新能源汽车子公司开始布局新能源汽车业务，如重庆长安新能源、北汽新能源、奇瑞新能源等。以车载充电机、车载 DC-DC、电驱电控、动力电池等为主要业务的汽车零部件供应商大量涌现。

9.4 轨道交通

一提起轨道交通，人们第一个想到的就是火车，然而火车的称谓在现在只能看成是机车的一种通俗叫法，在内燃机、电力机车出现之前，蒸汽机一统天下，蒸汽机以煤为燃料、炉膛内大火熊熊，所以称之为"火车"既形象又贴切。1825 年英国诞生的第一条铁路就使用蒸汽机，开始了 100 多年独霸铁路牵引动力的垄断时代，随后才逐渐出现内燃机、电力机车。

1894 年，内燃机被发明并应用到汽车上，之后采用柴油机作为动力的内燃机车逐步替代蒸汽机车。铁路上运营的内燃机，绝大部分都是电传动机车，即柴油机直接带动一台发电机，发电机输出电能驱动电动机，再通过机械传动装置将动力传送到轮对上，驱动机车前进。1913 年瑞典制造出电力传动内燃机车，到了 20 世纪 30 年代，内燃机车进入使用阶段。

20 世纪初，随着供电技术的逐渐普及，采用外部供电驱动的电力机车逐渐走上历史舞台。1835 年荷兰的斯特拉廷和贝克尔试制了以电池供电的小型铁路电力机车。1842 年苏格兰的戴维森制造出一台由 40 组电池供电的标准轨距电力机车。1879 年在德国柏林举办的世贸会上，西门子公司设计制造了一辆小型电力机车，电源由外部 150V 直流发电机发电经铺设在两轨道中间的第三轨供电，走行轨（是指供机车车辆行走的钢轨）作为电流回路，采用 2.2kW 串励式直流电机驱动，被认为是世界上第一台成功运用的电力机车，如图 9-27 所示。20 世纪初，欧洲有几个国家曾建成几段以三相交流电供电的电气化铁路，但三相交流供电系统和机车变流装置复杂，电力机车逐渐趋向采用工频单相交流供电方式。随着大功率汞弧整流器和引燃管整流器的出现，特别是硅二极管整流器的出现，促进了采用工频交流电的电力机车发展。我国于 1958 年制成了第 1 台引燃管整流的"韶山"型电力机车，1968 年又改用二极管整流器，批量定型为"韶山-1"型电力机车[16]。

图 9-27　1879 年西门子公司的电力机车

9.4.1　供电电源

可以发现，最早的电气化铁路供电是采用直流，最初只能用 600V 的直流为短距离线路供电。后来为适应大功率机车和较长距离的电气化铁路需要，直流供电电压逐步提高到 1500V，最高达到 3000V。此时又出现了类似"电流之战"的情形，为了解决高压直流电动机问题以及提高供电经济性，人们开始尝试交流高压供电，在机车上装有变压器，并使用单相交流串励换向器电动机。但此电动机换向条件差，因此采用降低电源频率的方法来改善换向，就这样，在德国以及周边国家出现了一种新的供电制式，即交流电压 15kV，频率 16⅔Hz，该系统从发电厂的发电机到升压、降压变压器都使用低频，即独立于公共电网。在电力电子和传动控制技术尚不发达时，这种选择在当时是可取的。第二次世界大战后，工业电网迅速发展，将铁路电力牵引输电与工业电网联网可获得很高的效益，1951 年法国首创采用单相工频交流 25kV/50Hz 供电制式，随后日本、苏联等相继采用了 25kV 工频交流制，由于其优越性比较明显，很快在各国被采用，目前已成为电气化铁路牵引供电系统的主流。

新中国成立初期，我国决定建设的宝成铁路，在苏联专家建议下，在其中的宝鸡至凤州段采用电力机车牵引。宝成线宝凤段电气化铁路全长 91km，由我国自行设计和修建。1953 年，铁道部从辽宁省阜新露天煤矿厂那里收集到一套苏联 3kV 直流的电气化设计图样，成了当时采用电力机车牵引的主要依据和电气化设计的主要参考资料，1956 年完成初步设计。此时了解到 1955 年 5 月有关国家在法国里尔召开了有关工频单相交流电力牵引问题的专门学术会议，介绍了这种供电制式的优点。同时法国已建成 78km 世界上首条单相工频 25kV 电气化铁路，日本也基本试验成功，苏联也正在进行 137km 铁路线段的试验。铁道部于是组织专家开会，最后决定改用单相工频 25kV 交流制式，在这里要特别提到西南交通大学的曹建猷院士，1956 年曹建猷在《人民日报》上发表了《我国电气化铁道应采用何种电压制》的文章，在制定中国铁道电气化采用"单相工频交流电压制"决策和在牵引供电系统的理论研究上，做出了突出的贡献。我国电气化铁道建设一开始就采用了最先进的工频交流制，避免了重走世界各国先直流后交流、先低压后高压的发展老路，同时也避免了交流与直流接轨的技术难题，为后来的电气化铁道发展打下了良好基础[17]。

目前新建铁路基本采用单相工频交流制，但在市郊铁路、城市交通、地下铁道、工矿企业内部运输等供电距离短的地方，一般采用直流供电。IEC 推荐的牵引系统供电电压见表 9-1[18]。

表 9-1　牵引系统供电电压

供电类型	电压标称值/V	交流系统额定频率/Hz
直流供电	600[①] 750 1500 3000	
单相交流供电	6250[①] 15000 25000 50000	50 或 60 $16\frac{2}{3}$ 50 或 60 50 或 60

① 有限制使用的条件，参见 IEC 850（1988）。

9.4.2　变电所与接触网

上面介绍了轨道交通供电电源的发展历程，电源经由牵引变电所与牵引网组成的供电系统向电力机车提供电能，牵引变电所将公用电网送来的电能进行降压、变相、变频或整流后送给牵引网，以供给沿线路行驶的电力机车。牵引供电系统分为交流牵引供电系统和直流牵引供电系统两大类。

针对交流牵引供电系统，我国将三相 110kV（或 220kV）50Hz 的工频交流电在牵引变电所内通过牵引变压器变为两个单相 27.5kV 的交流电［我国牵引变电所牵引侧母线上的额定电压为 27.5kV，接触网的标称电压为 25kV，长期最高电压为 27.5kV，短时（5min）最高电压为 29kV，设计最低电压为 20kV］。变压器连接方式常用的有三相 YN d11 接线变压器、Vv 接线变压器和斯科特（Scott）接线变压器，分别如图 9-28 所示。三相 YN d11 接线变压器中绕组（ax）和（cz）为负荷相绕组，绕组（by）为自由相绕组。Vv 接线则是由两台单相变压器连接成开口三角形。在我国台湾省采用列勃兰克（Leblanc）接线变压器。在国外，例如日本，还采用伍德桥（Woodbridge）接线和改进伍德桥接线的平衡变压器。

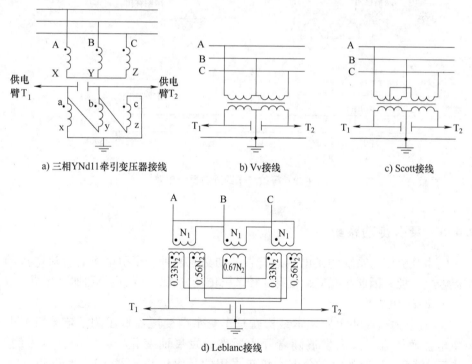

a) 三相YNd11牵引变压器接线　　　　b) Vv接线　　　　c) Scott接线

d) Leblanc接线

图 9-28　几种牵引变压器接线方式

电能从牵引变电所出来后，通过牵引网向列车供电，根据供电方式，主要有直接供电方式（包括带回流线直接供电方式）、BT（booster transformer，吸流变压器）供电方式、AT（auto transformer，自耦变压器）供电方式和 CC（coaxial cable，同轴电缆），其区别主要是回流方式不同。

直流牵引变电所将三相中压交流（10kV 或 35kV）降压整流为车辆牵引用的直流电源（750V 或 1500V）。750V 制式供电系统中，牵引变电所将 10kV 或 35kV 中压三相交流电降压为三相交流 590V，再整流为直流电，直流供电电压范围为 500~900V。1500V 制式供电系统中，牵引变电所将中压三相交流电降压为三相交流 1180V，再整流为直流电，直流供电电压范围为 1000~1800V。早期的城市轨道交通直流牵引系统通常采用三相桥式整流电路。为减少系统侧谐波电流，三相桥式整流电路逐步被十二脉波和等效二十四脉波整流电路（用两台十二脉波整流器并联）代替，如图 9-29 所示。直流电源从牵引供电所出来后通过牵引网向机车供电，当电压为 750V 时一般采用接触轨授电，电压为 1500V 或更高时采用架空接触网授电。

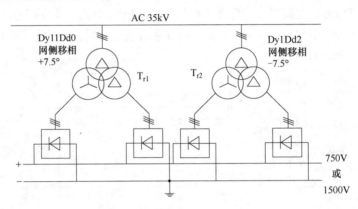

图 9-29　等效二十四脉波整流电路

9.4.3　牵引传动系统

电力牵引传动系统的供电制式有直流和交流两种，牵引电机有直流电机和交流电机两种。因此相互交叉就有 4 种牵引传动方式，下面将分别加以介绍[19]。

➤ 交-直-电力机车

交-直电力机车主电路基本结构就是车载牵引变压器低压侧整流给直流电机供电。而整流方式的发展随着开关器件的发展而变化，以邻国日本为例，日本于 1955 年生产的第一台电力机车采用的是水银整流器，20 世纪 50 年代末期，由于大功率硅半导体器件的出现，1963 年开始用二极管整流器取代水银整流器，随后因为晶闸管的快速发展，于 1966 年又开始采用晶闸管整流器。为了实现调整输出电压，刚开始采用变压器低压侧调压开关，通过改变变压器二次侧匝数来达到调节整流装置输入电压的目的，再配合不控整流或者可控整流装置，最终实现直流电机直流电压可调的效果，使得电力机车具备调速功能，称之为第一代交-直电力机车，如图 9-30 所示，目前这类车型已经很少使用。

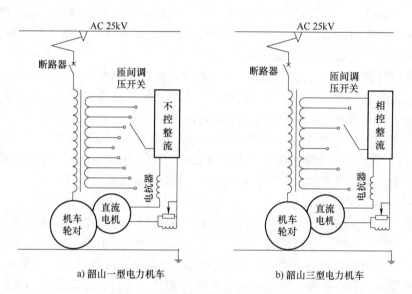

a) 韶山一型电力机车   b) 韶山三型电力机车

图 9-30 第一代交-直电力机车主电路

第二代交-直传动电力机车主电路，采用由大功率晶闸管和二极管组成的相控无极调压整流电路，为提高相控整流的功率因数，普遍采用三段不等分半控桥，如图 9-31 所示。其基本原理就是当低速时（直流电机需要的电压较低），只有 $a_2 x_2$ 绕组半控整流，$T_1 \sim T_4$、T_7、T_8 都关断，电路由二极管提供续流；中

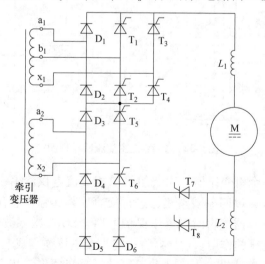

图 9-31 三段不等分半控桥式整流电路

301

速时，a_2x_2 绕组半控整流已接近全部投入，此时投入 a_1b_1 段桥进行半控整流，直流电机端口电压升高；高速时，将 a_1x_1 绕组段桥全部投入进行半控整流，可进一步升高电压，这就是所谓的三段升压。当到达恒功率区段后，则维持三段不等分半控桥的输出电压恒定，依靠调节励磁绕组的可控硅短路装置（T_7、T_8）来调节磁场，实现机车的恒功率调速。

采用直流电动机的直流传动方式虽然比较简单，但电动机维护成本高、效率低、转速低、质量和体积大、黏着利用不高，因此很难胜任大功率、高速轨道交通发展的需要，正逐步被采用交流电动机的交流传动方式所取代。如日本1964 年推出的 0 系列及 1985 年推出的 100 系列新干线电动车组都是采用直流电机驱动；但到 1992 年推出的 300 系列及 1999 年推出的 700 系列新干线电动车组则都采用异步电机驱动，实现了大容量化、轻量化和更高的效率。

➤ 交-直-交电力机车

交-直-交电力机车/电动车组（电力机车和电动车组在电气系统构成上是相同的，只是电力机车牵引动力集中在机车上，电动车组的牵引动力分布在多个单元）的主电路如图 9-32 所示，即由四象限变流器（两电平或三电平）、中间直流环节、三相逆变器（两电平或三电平）组成。交流传动电力机车采用三相异步电机，要实现调速必须提供电压与频率时刻变化的三相交流电，而接触网提供的是单相工频交流电，因此如何实现定压定频的单相交流电向变压变频的三相交流电的转换，是交流传动电力机车主电路及其控制要实现的主要功能。

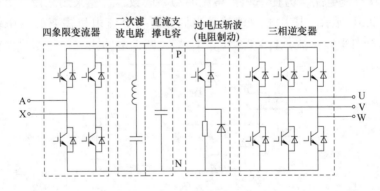

图 9-32 交-直-交主变流器原理图

牵引工况时，牵引变压器二次绕组将单相交流电供给牵引变流器，在变流器内部单相交流电通过四象限整流器进行交直变换，输出直流电压。中间直流环节由直流滤波电容器、瞬时过电压保护电路、LC 二次滤波电路等部分构成，起稳定中间直流电压的作用。逆变器将中间直流电压逆变成三相变频交流电压，驱动三相交流牵引电动机。再生制动工况时，逆变器将三相交流牵引电动机再

生的交流电能进行交直变换，输出直流电能至中间直流环节，四象限整流器进
行直交变换，将电能送回电网。

　　自 20 世纪 80 年代末，已有多种型号三相交流电力机车和高速电动车组分别
在德国、法国、日本等众多国家铁路线上运行。制造厂家有德国西门子公司、
法国阿尔斯通公司、加拿大庞巴迪公司、日本日立公司、川崎重工等大型企业。
从 20 世纪 90 年代开始，铁路发达国家已不再生产交-直传动电力机车，而是全
部采用交-直-交传动控制技术。

　　20 世纪 70 年代，我国科研单位开始三相交流传动研究，到 1992 年铁道科
学研究院和株洲电力机车研究所等完成了单机功率为 1000kW 级的地面实验系
统。1996 年研制成功单轴 1000kW 的 AC4000 型交流传动原型机车，这是我国牵
引传动方式转变的一个重要里程碑。1997 年 4 月，中国铁道部正式下达了《200
公里/小时电动旅客列车组设计任务书》，主要目标是研制一列运营速度为
200km/h，最高试验速度达到 220km/h，并能用于商业运营的电力动车组。株洲
电力机车厂、长春客车厂、四方机车车辆厂、唐山机车车辆厂、浦镇车辆厂、
株洲电力机车研究所等单位在这个时期内开展了十余个不同的研发项目，如
"先锋""蓝箭""长白山""中原之星""中华之星"，进行了非常好的探索和
尝试。尤其是"中华之星"号，2002 年 11 月 27 日，"中华之星"创下了中国
铁路史上的速度纪录——时速高达 321.5km/h——这个纪录直到 2008 年才被京
津城际铁路的"和谐"号打破。虽然"中华之星"最终被下马，但也为我国的
高铁发展积攒了经验、技术和人才。如丁荣军院士带领团队突破大功率低开关
频率直接转矩控制、四象限电能变换控制等关键技术，确立了我国自主异步牵
引控制技术模式，再多说一句，丁荣军院士还主持了特大功率半导体器件（主
要指 IGBT）技术研究与应用，构建了我国自主品牌电力电子器件技术体系，为
解决我国大功率 IGBT 器件卡脖子问题作出了重要贡献。

　　2004 年国务院下发了《研究铁路机车车辆装备有关问题的会议纪要》文
件，确立了"引进先进技术、联合设计生产、打造中国品牌"的总体要求和以
关键技术的引进为"龙头"，以国内企业为主导，通过"市场换技术"，引进多
种铁路客车动车组和大功率电力机车制造技术，并在此基础上研发具有我国自
主知识产权的高速动车组和大功率交流传动电力机车。

　　我国某型标准动车组编组结构如图 9-33 所示，采用 8 辆车编组结构，由两
个牵引单元构成，4 节车为一个牵引单元，每个牵引单元车顶各有一个受电弓
（3、6 号车）。但列车运行时只有一个受电弓与牵引网接触，经过受电弓后通过
车顶高压线缆同时将电能传递给两个牵引单元。8 辆车编组列车中有 4 辆动车和
4 辆拖车，2、4、5、7 号车为动车，1、3、6、8 号车为拖车，属于典型的动力
分散式结构。每一个牵引单元（4 辆车编组）由两个独立的牵引变流系统组成，

两个变流系统共用 1 台牵引变压器，每个变流系统中有 1 台主辅一体式牵引变流器，为同一节车厢中的 4 台三相异步牵引电机提供牵引电能。动车组的牵引变压器设置在 3 号车和 6 号车车下，牵引变流器与牵引电机设置在 2、4、5、7 号车的车下[20]。（以后坐动车时就知道自己是坐在变流器上面，还是坐在变压器上面。）

图 9-34 给出了某型标准动车组 4 节车的牵引变流系统主电路拓扑。当列车处于牵引工况时，从受电弓受流进入列车的高压 25kV 工频交流电通过牵引变压器降压至工频 1850V，再经四象限 PWM 整流器及中间直流环节转换成 3600V 直流电压，再经过三相 PWM 逆变环节将电压（0～2800V）、频率（0～200Hz）可调的三相交流电传输至交流异步牵引电机驱动列车运行。辅助供电系统从中间直流环节获取电能，经辅助逆变器、辅助变压器及滤波电路为车上其他设备供电。牵引变流器中整流器及逆变器均采用两电平结构，开关器件使用 IGBT 模块（6500V/750A）。

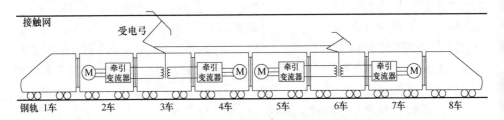

图 9-33 动车组编组结构示意图

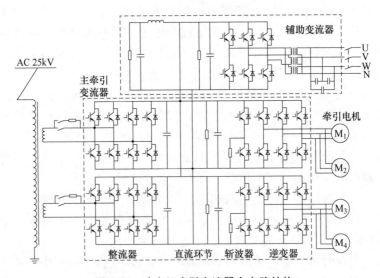

图 9-34 动力组牵引变流器主电路结构

➤ 直-直电力机车

由于供电为恒定的直流电压，采用直流传动技术改变直流牵引电动机的端电压和磁通即可控制速度，改变电枢电流和磁通，即可控制牵引力。随着电力电子器件和控制技术的发展，控制方法也经历了凸轮变阻调速、斩波调阻调速、电枢斩波控制等阶段，如图 9-35 所示。如北京地铁在 20 世纪六七十年代采用凸轮变阻调速、20 世纪八九十年代采用斩波调阻变速。斩波调压通过器件开通与关断控制牵引电机端电压而实现调速，取代了调速电阻，减少了电能损耗，同时在再生制动过程中能回收一部分电能的消耗，与凸轮变阻相比节能 20% ~ 30%，且起动、制动过程完全无级平滑调节，提高了平稳性。但直流电动机体积质量较大，换向困难，逐步被交流电动机取代。

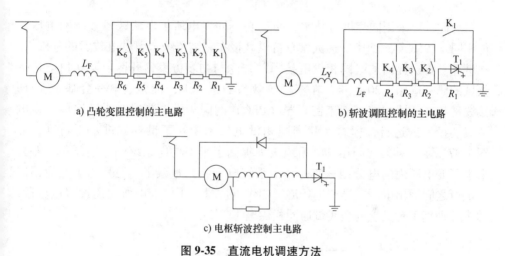

a) 凸轮变阻控制的主电路　　　　　b) 斩波调阻控制的主电路

c) 电枢斩波控制主电路

图 9-35　直流电机调速方法

➤ 直-交电力机车

主电路很简单，就是一个逆变器，由于在城市轨道车辆上的异步牵引电动机主要是三相笼型异步电动机，通过逆变器控制电机的端电压、电源频率和转差频率，即可达到控制速度和牵引力的目的[21]。

在牵引传动系统方面，国内西南交通大学的冯晓云教授、李群湛教授，北京交通大学的郑琼林教授等团队做了大量工作。

9.4.4　轨道交通新技术

如图 9-36 所示的传统牵引供电系统，需要在牵引变电所内以及牵引变电所之间设置电分相，造成机车速度损失和接触网电压闪变问题，同时电力机车作为单相非线性动态负荷会引起电力系统三相不平衡，进而产生负序电流等电能质量问题[22]。

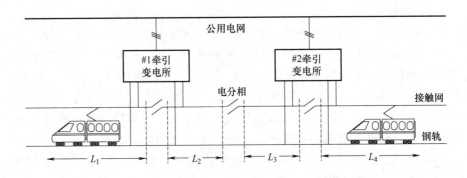

图 9-36　传统牵引供电系统结构示意图

为此，可采用同相供电技术，指的是不同变电所供电的区段接触网电压相位相同。1988 年，西南交通大学李群湛教授在总结传统牵引供电技术的基础上，在世界上首次提出了"同相供电技术"概念与初步方案，开辟出同相供电这一领域的研究道路。2010 年，在李群湛教授的主持下，世界上第一套基于 YNvd 接线平衡变压器和综合潮流控制器（PFC）的同相供电装置在成昆线眉山变电所成功投入试运行，标志着我国同相供电技术走在了世界先进水平行列，如图 9-37 所示。补偿式同相供电系统极大提高了牵引供电系统的电能质量，并且取消了变电所内的电分相，使得整个系统电分相数量减半。但是为了避免不同变电所之间输出电压差异产生环流影响供电质量，不同变电所间需设置电分段，并未实现真正意义上的全线贯通同相供电。

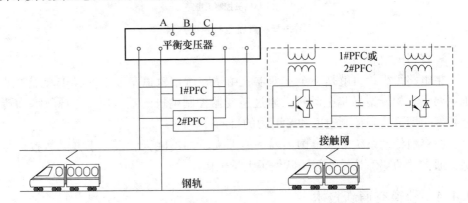

图 9-37　眉山牵引变电所同相供电系统示意图

近年来，随着电力电子技术的发展，催生了中压柔性直流铁路牵引供电系统，如图 9-38 所示。利用 MMC 进行交直流变换，可完全取消电分相，实现全线贯通供电，同时解决电能质量问题[23]。

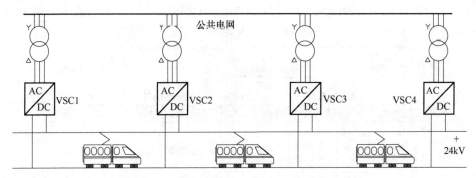

图 9-38　中压柔性直流铁路牵引供电系统示意图

　　最近有学者还提出了"绿色"牵引供电系统概念，如图 9-39 所示，将光伏发电、风电、储能等接入牵引供电系统进行有效利用，同时兼顾牵引供电系统电能质量改善及列车再生制动能量回收利用。2023 年 5 月 20 日，国能新朔铁路有限责任公司完成"轨道交通'网—源—储—车'协同功能应用技术研究"项目的公开招标，将在新准铁路上接入光伏和储能装置，建成我国首个以新能源为供能主体的牵引变电所。北京交通大学吴命利教授团队联合新朔铁路供电分公司开发了"网—源—储—车"协同供能技术，实际上是通过公用电网、可再生能源发电、电池储能、列车四个元素相互作用，将铁路沿线的可再生能源就地开发、消纳利用[24]。

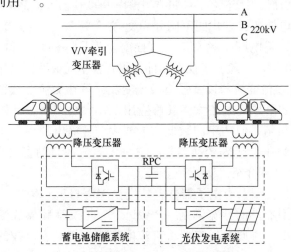

图 9-39　"绿色"牵引供电系统示意图

　　还有一种先进的供电方式是采用非接触无线电能传输技术，如图 9-40 所示，能够降低牵引供电系统维护成本，提高安全性，是未来重点发展的新型牵引供电技术之一。西南交通大学何正友教授团队针对非接触牵引供电系统进行了基础理论与工程化应用的研究工作。并在 2016 年研制成功一套非接触牵引供电实验台，实现 100kW 功率在 12~15cm 距离等级下传输，传输效率达 85%[25]。

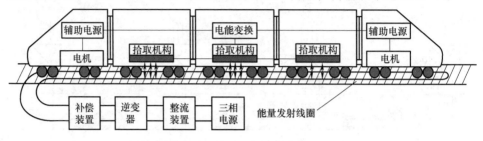

图 9-40 非接触牵引供电系统示意图

9.5 变频电源

目前我国电动机装机总量已达 4 亿多 kW，年耗电量达 12000 亿 kW·h，占全国总用电量的 60%，占工业用电量的 80%。其中风力机、水泵、压缩机的装机总容量已超过 2 亿 kW，年耗电量达 8000 亿 kW·h，占全国总用电量的 40% 左右。交流电机采用变频调速可以节能 15%~30%，节能效益巨大，一直以来都是国家节能政策的重要举措，而其中变频电源是关键[11]。如 9.3 节中的电动汽车电机控制器、9.4 节中的高铁牵引变流器、4.11 节中的矩阵变换器等，都是变频电源。

变频装置按电能变换方式的不同分为交-交变频和交-直-交变频。交-交变频也称为直接变频，将电网工频交流电直接变换为另一种频率和电压的交流电，在 20 世纪 60~80 年代，随着半控型器件晶闸管技术的成熟，采用晶闸管器件的交-交变频、负载换流变流器以及强迫换流变流器等在交流变频领域得到广泛应用，由于晶闸管的电压高电流大，其可应用于特大功率场合，如应用于抽水蓄能电站的 60MW 机组，但功率因数低，谐波大，且输出频率只能运行在输入交流电源频率 1/3 以下，矩阵变换器是另一种无直流环节的直接交-交变频方案，在 4.11 节中已有详细介绍。

随着可关断全控型电力电子器件，特别是 MOSFET、IGBT、IGCT 等器件的出现，使用全控器件的脉宽调制（PWM）交-直-交变频器逐渐成熟。便通过整流器变成直流电，再通过逆变器将直流电变成幅值频率可控的交流电。根据中间环节采用滤波器的不同，可以分为电压型变频器和电流型变频器，目前电压型变频器占主导地位[26-29]。

变频电源按电压等级分为低压变频器和中高压变频器。低压变频器指电压在 690V 及以下的变频器，一般有 380V、690V 等几个电压等级。中高压变频器指供电电压在 1kV 以上的变频器，一般包括 3kV、6kV、10kV 等几个电压等级的变频器。

高压变频器早期采用"高-低-高"方案，变频器为低压变频器，采用输入降压变压器和输出升压变压器实现与高压电网和电机的接口，这是当时高压变频技术未成熟时的一种过渡技术，即公共电网供电的高电压先用变压器降压，经整流再通用一个两电平电压源逆变器，其输出再接变压器升压，得到最终的高压变频器，如图 9-41 所示，先将 6kV 降压到 380V，输出再升到 6kV，这种方案需要两个工频变压器，体积大、成本高，适合于 500kW 以下功率场合，目前已基本不采用。

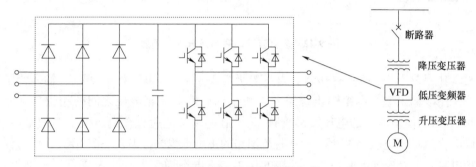

图 9-41 "高-低-高"变频方式

由于目前器件耐压等级的限制，目前通常采用如下方式得到中高压大功率变频器装置：①器件直接串联技术；②增加二极管箝位型或者电容飞跨型多电平结构的电平数；③级联多电平结构。

➤ 多管直接串联的两电平变频器

将器件串、并联使用，是满足系统电压等级、容量要求的一个简单直接的方法。这种结构的优点是可以利用较为成熟的低压变频器拓扑结构和控制方法；其难点就是串联开关管需要动态和静态均压，因此对驱动、控制电路的要求也大大提高。图 9-42 所示为某多管直接串联的两电平变频器电路结构，逆变部分功率器主要使用诸如 IGCT、IGBT 或 GTO 晶闸管。由于高压变频器输出 6kV 或 10kV 电压，直流母线额定电压需达 9kV 或 15kV，直接输出非常大的 dv/dt 以及电压谐波，为降低电压应力和谐波，需增加 LC 滤波器安装于电机侧。在国内，2001 年成都佳灵电气制造有限公司推出一种 IGBT 直接串联高压变频器。据该公司称，这是世界上首款成功的 IGBT 直接串联高压变频器，在 2016 年，由该公司研制的国产 IGBT 直接串联高压变频器，驱动当时国内最大功率 36MW/10kV 无刷励磁同步电动机，完成电机型式试验。除成都佳灵外，国内还有如国电南自的 IGCT 串联高压两电平电压源型变频器。

➤ 中性点箝位型三电平高压变频器

瑞士 ABB 公司于 1997 年推出 ASC1000 系列变频器，主电路如图 9-43 所示，

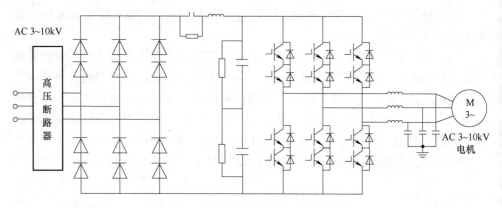

图 9-42　多管直接串联的两电平变频器

驱动功率范围为 315~5000kW，电压等级为 2.3kV、3.3kV 和 4.16kV，输入变压器采用双输出型，两组输出绕组的接线组别应使对应相电压之间的相位角互差30°，从而使整流后的电压波形具有 12 个脉冲，整流后直流电压波形更加平稳，同时交流输入电流谐波更小。在直流回路的正负母线侧各串入一个 IGCT，作为保护电路，可以提供更加快速、可靠的保护。三电平逆变器输出配置低通滤波器，以改善电流波形，变频器的控制采用直接转矩控制。我国供电系统与欧美不同，没有这些电压等级，普遍采用的是 6~10kV 电动机。若采用 ACS1000，就意味着必须更换电动机，若采用变压器再升压的方法，则将失去三电平的优点。五电平结构的高压变频器是在上述背景下催生的，2005 年，ABB 公司在 ACS1000 三电平拓扑的基础上，仍然以 IGCT 为功率器件，推出了适用于 6~6.9kV、2~24MW 电动机的 ACS5000 五电平拓扑的高压变频器，7MW 以上的配备强制水冷，而低于 5MW的配备强制空气冷却。

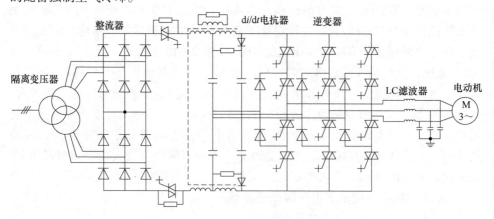

图 9-43　ACS1000 系列高压变频器拓扑结构

根据当前 IGCT 及高压 IGBT 的耐压水平，三电平逆变器的最高输出电压等级为 4.16kV。对于我国电压等级情况，要驱动 6kV 电压等级的大电机，则必须采用功率器件串联的方法才能提升输出电压等级。在国内，也有很多公司或科研院所对此结构进行研究，如中山明阳、北京利德华福等国内很多企业或高校都对这类产品开展了研究。国内在 2000 年左右也进行了器件串联型变频器的研发，如由中山市明阳电器有限公司承担的"基于三电平 IGCT 串联高压变频调速系统的研制"项目，被科技部列为 2002 年国家科技攻关引导计划，研制成功 MLVERT—S06 系列三电平高压变频调速装置（额定电压 6kV），在国电双鸭山发电有限公司、重庆钢铁股份有限公司等大型企业试运行，性能稳定可靠、运行状态良好、节能效果显著。

➢ 级联型中高压变频器的研究与设计

这种变频器的电源输入侧采用移相变压器把电网的高压转换成多组相互隔离的低压，低压的组数和每组的电压值与所驱动三相交流电动机的工作电压等级有直接关系，不同的变频器厂家会有所不同，为了使输入电源侧电流更接近正弦波，每组低压采用不同的移相角。此结构能使输入侧电流的谐波含量有较大的降低，故而堪称"完美无谐波变频器"。级联型高压变频器主电路由 IGBT 逆变器串联构成，以 V/F 控制作为控制策略，通过叠加若干个 H 桥输出电平，以接近正弦输出电压。级联个数增加，变换器等效开关频率和输出电平数也随之增加，从而输出波形具有更好的谐波频谱，且因降低开关频率，开关损耗也大幅减少。另外由于各个开关器件不需要均压电路，承受较小的电压应力，故而能够有效地避免大的电压变化率而引起的各类问题。

在级联型中高压变频器方面，美国罗宾康（Robicon，后为西门子公司收购）公司于 1994 年制造出了世界上第一台级联型中高压变频器，引领了该技术方向的发展。国内最早由北京利德华福技术有限公司生产，2011 年，法国施耐德电气公司以 6.5 亿美元收购了利德华福。利德华福 HARSVERT-A 系列高压变频调速系统属于"高-高"电压源型变频器，直接 3kV、6kV、10kV 输入，直接 3kV、6kV、10kV 高压输出，目前在电力、矿山、冶金、建材，水工业等行业得到较多应用。

图 9-44 为某 10kV 级联型中高压变频器电路，移相变压器经过二次绕组多重化，产生 8 路 690V 的三相交流电，单独为每相 8 个功率单元供电。每个功率单元输出 690V 交流电并相互串联，使得单相电压为 5520V，线电压约为 10kV。功率变换部分由 24 个相互独立且完全相同的功率单元组成。如图 9-44 所示功率单元包括三相不可控整流桥、滤波电容、IGBT 逆变电路、旁路回路等。

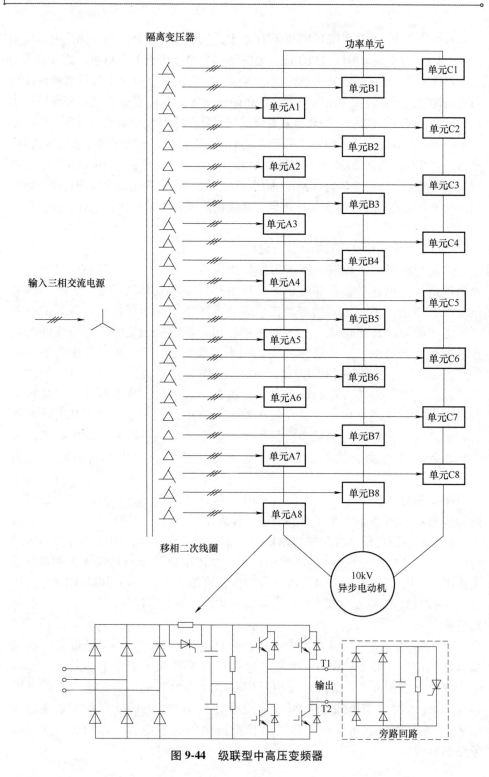

图 9-44 级联型中高压变频器

上面主要介绍了变频器的电路结构，针对交流电机，其控制方法可分为基于稳态模型的控制方法和基于动态模型的控制方法两大类。基于交流电机稳态模型的控制方法有开环恒电压/频率比（V/f）控制和闭环转差频率控制。要获得高动态控制性能，必须依据交流电机的动态数学模型。当前成熟的控制方法有矢量控制、直接转矩控制、最优控制、预测控制、自适应控制、无速度传感器控制等。

在变频器方面，国内的国家冶金自动化研究设计院的李崇坚教授，清华大学李永东教授，华中科技大学毛承雄教授，康勇教授，武汉大学查晓明教授，东南大学赵剑锋教授，中国矿业大学谭国俊教授等团队做了大量工作。

参 考 文 献

［1］黄晞. 电科学技术溯源［M］. 北京：中国科学技术出版社，1995.

［2］毛兴武，祝大卫. 新型电子镇流器电路原理与设计［M］. 北京：人民邮电出版社，2007.

［3］毛兴武，祝大卫. 电子镇流器原理与制作［M］. 北京：人民邮电出版社，1999.

［4］刘晨阳. 气体放电灯电子镇流器关键技术的研究［D］. 杭州：浙江大学，2005.

［5］沙占友. LED 照明驱动电源优化设计［M］. 北京：中国电力出版社，2011.

［6］毛兴武，张艳雯，周建军，等. 新一代绿色光源 LED 及其应用技术［M］. 北京：人民邮电出版社，2008.

［7］黄济青，黄小军，侯秀英. 通信电源发展综述［J］. 电信工程技术与标准化，2003，13（6）：13-17.

［8］郭武. 数据中心供配电技术与设计［M］. 北京：机械工业出版社，2022.

［9］朱雄世. 通信电源设计及应用［M］. 北京：中国电力出版社，2006.

［10］中国人民解放军总装备部军事训练教材编辑工作委员会. 通信电源［M］. 北京：国防工业出版社，2002.

［11］中国电源学会. 电源产业与技术发展路线图［M］. 北京：中国科学技术出版社，2022.

［12］文浩，曾涛，徐淳川，等. 电动汽车前沿技术及应用［M］. 北京：机械工业出版社，2016.

［13］ZHU C. High-efficiency medium-voltage-input, solid-state-transformer-based 400-kW/1000-V/400-A extreme fast charger for electric vehicles［2019-07-13］.［EB/OL］. www. energy. gov/sites/prod/files/2019/06/f64/elt241_zhu_2019_o_4. 24_9. 31pm_jl. pdf

［14］HUA KEVIN BAI, DANIEL COSTINETT, LEON M, et al. Charging Electric Vehicle Batteries：Wired and Wireless Power Transfer：Exploring EV charging technologies［J］. IEEE Power Electronics Magazine，2022，9（2）：14-29.

［15］MOHAMMAD ANWAR, HASAN S M N, MEHRDAD TEIMOR, et al. Development of a power dense and robust traction power inverter for the second generation Chevrolet volt extended range EV［C］//2015 IEEE Energy Conversion Congress and Exposition（ECCE），Montreal，QC，2015：6006-6013.

［16］高仕斌. 轨道交通电气工程概论［M］. 北京：科学出版社，2013.

［17］中国铁道学会电气化委员会. 中国铁路电气化建设［M］. 北京：中国铁道出版社，2014.

［18］刘友梅，陈清泉，冯江华，等. 中国电气工程大典［M］. 13卷. 北京：中国电力出版社，2009.

［19］冯晓云. 电力牵引交流传动及其控制系统［M］. 北京：高等教育出版社，2009.

［20］金开礼. 高速动车组牵引变流系统传导EMI建模仿真研究［D］. 成都：西南交通大学，2021.

［21］周永刚. 上海地铁1号线车辆直改交传动系统设计［D］. 成都：西南交通大学，2019.

［22］龙日起. 新型牵引供电系统中MMC的控制策略研究［D］. 南昌：华东交通大学，2021.

［23］ANTONIO GÓMEZ-EXPÓSITO, JUAN MANUEL MAURICIO, JOSÉ MARÍA MAZA-ORTE-GA. VSC-Based MVDC Railway Electrification System［J］. IEEE Transactions on Power Delivery, 2014, 29 (1): 422-431.

［24］周方圆，陈鹏，吴丽然. 单相交流牵引供电系统关键技术现状及发展［J］. 铁道标准设计，2019, 63 (1): 133-137.

［25］麦瑞坤，李勇，何正友，等. 无线电能传输技术及其在轨道交通中研究进展［J］. 西南交通大学学报，2016, 51 (3): 446-461.

［26］李国栋，毛承雄，陆继明，等. 基于IGCT串联的三电平高压变频器直流环节研究［J］. 中国电机工程学报，2007, 27 (1): 82-87.

［27］张燕宾. ACS1000高压变频器的特色［J］. 电气时代，1999, 19 (9): 21-22.

［28］师庆磊. 级联型高压变频器的研制［D］. 南京：东南大学，2018.

［29］殷幼军. 6kV中性点箝位三电平变频器相关问题的研究［D］. 武汉：华中科技大学，2007.

第10章 特种电源

除了上一章所述的各种常用的或通用的用电设备外，还有一大类用电设备，其应用领域特殊，或需要的电压/电流/频率特殊，如高电压、大电流或工作频率非常高（超高频），在这里统称为特种电源，由于特种电源种类很多，在本章只给出部分领域特种电源的介绍。

10.1 感应加热电源

感应加热装置原理一般可表示为如图 10-1 所示，把金属工件放在通有交流电流的线圈（称为感应线圈）中，金属工件和线圈不直接接触，当线圈中通交变电流时会产生同频率的交变磁场，处于交变磁场中的金属内部由于电

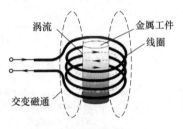

图 10-1 感应加热原理

磁感应作用会产生所谓的涡流，涡流在金属内部做功，使金属温度不断升高，可知，产生交变磁场的交变电流越大，产生的磁场感应也越大，金属升温也越快。

1831 年，英国科学家迈克尔·法拉第在电磁学和电化学研究中发现了电磁感应的基本原理，1887 年，英国电气工程师塞巴斯蒂安·德·费兰蒂（Sebastian Ziani de Ferranti）提出了用于金属熔化的感应加热想法，并提交了第一份关于感应加热工业应用的专利。1891 年，F. A. Kjellin 研制了第一个具有完整功能感应加热炉，1916 年，Edwin F. Northrup 研制了第一个高频感应加热炉。几乎在同时，M. G. Ribaud 也开发了使用火花隙振荡器技术的高频感应加热器，后来，P. Vologdin 开发了使用发电机和真空管振荡器技术的高频感应加热器。为了产生高频交流电，其电源也经历了如下几个阶段：

1. 火花隙振荡器（spark-gap oscillator）

第一个用于感应加热的高频发生器是火花隙振荡器。在火花隙振荡器中，

电感线圈与火花隙串联，两者都跨接在电容器上，如图 10-2 所示[1]。向电容器施加交流电压，通常，火花隙是不导电的，相当于开路。当电容器的电压积累到接近其峰值，此时火花隙有效地闭合线圈和电容器之间的连接，形成振荡电路，从而产生高频交流电流，频率由电感值和电容值决定。随着能量在电路和负载中消散，振幅会略微下降，直到不再有足够的能量来维持火花。此时，火花熄灭，再次起到开路的作用。火花隙振荡器通常设计为在 20kHz~500kHz 的频率范围内工作。额定功率高约 40kW，低至约 2kW。火花隙振荡器具有很宽的频率范围和中等功率等级，适合于熔化和锻造中小尺寸工件等应用。

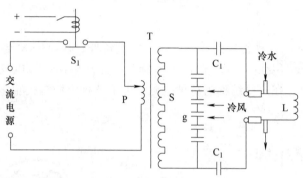

T—电源变压器，初级P：220V 30A，次级S：6×1kV 1A；
S₁—继电器；
g—电火花隙口，共6对串联；
C₁—高压电容器，0.05μF，15kV，油质；
L—水冷式工作线圈，外径及占长各约6.5cm，共约15匝；

图 10-2　基于火花隙振荡器的感应加热原理

2. 电动发电机（motor generator）

如图 10-3 所示，电动发电机，即由电动机驱动的高频发电机，其产生的频率范围只能到 10kHz，但功率能达几兆瓦，由于发电机尺寸和速度的实际限制，大多数商用感应加热电机发电机设计为 1kHz、3kHz 和 10kHz 几种等级，单个发电机的功率输出范围可从 10~1200kW。如果需要更高的功率，可使用多个机组并联。大多数商用发电机的效率在 60%~90% 之间，当锻造、熔化等需要大量相对低频大功率时，可以使用电动发电机。

3. 真空管振荡器（vacuum-tube oscillator）

真空管振荡器电路与广播发射机中的振荡原理相似，真空管放大器的输出极和栅极电路耦合，使得输出能量的一部分被反馈到输入，以克服电路损耗并开始和维持振荡。真空管振荡器的频率为 150kHz~1MHz，甚至更高，额定功率从几百瓦到几百千瓦不等。图 10-4 是真空管振荡器感应加热电源电路，图 10-4 右图是 20 世纪 40 年代美国 GE 公司生产的 5kW 感应加热电源照片[2]。除了上

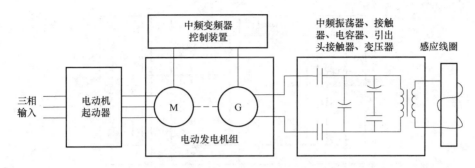

图 10-3　基于电动发电机的感应加热原理

述三种方案外，也可以采用水银整流器，如 1948 年美国西屋电气公司利用水银整流器生产了频率达 3kHz 的感应加热电源。

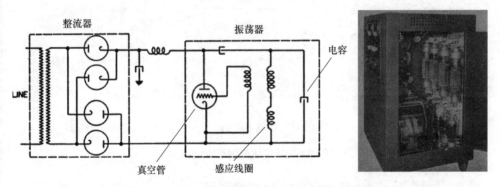

图 10-4　基于真空管振荡器的感应加热电源电路

4. 半导体功率器件

在第二次世界大战期间和之后，飞机和汽车工业推动了感应加热技术的使用。感应加热不仅用于金属熔化，还用于先进材料处理，这大大增加了感应加热的应用范围。同时，20 世纪 50 年代半导体功率器件的出现（特别是晶闸管），给感应加热电源带来了技术突破。20 世纪 60 年代，美国西屋电气、日本三菱电气等很快研制功率可达数兆瓦，频率达数十千赫兹的感应加热电源（也叫静止变频器、可控硅中频电源等），其基本电路结构如图 10-5 所示，即晶闸管整流后接电流源型并联谐振逆变器，可以实现零电流关断，适用于半控型的晶闸管器件[3]。除了并联谐振外，感应元件还可以和外部的谐振元件构成串联谐振或串-并联谐振电路。

后面出现的 GTR、MOSFET、IGBT、SIT（static induction transistor，静电感应晶体管）等功率器件，为电压源型逆变器提供了可能，同时也向更高频化发展，除了全桥型电路外，还可以采用半桥电路，或者单管电路，如图 10-6 所示[4]。

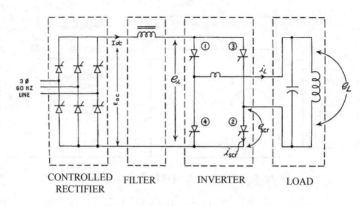

图 10-5　基于晶闸管的感应加热原理

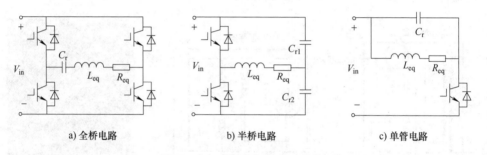

a) 全桥电路　　　　　　b) 半桥电路　　　　　　c) 单管电路

图 10-6　三种感应加热电路结构

在高频应用方面，日本采用大容量高频器件 SIT 技术比较成熟，进行了很多基于 SIT 的感应加热电源研究工作。SIT 是 20 世纪 50 年代由日本渡边和西泽润一教授提出，并在 70 年代研制成功的场控半导体器件。尽管日本的 SIT 感应加热电源已经发展到较高水平，但是高频感应加热发展的主流仍然是采用 MOSFET 和 IGBT 器件为主。欧美的 Inductorheat、Ameritherm 等公司的电源产品覆盖了晶闸管、IGBT、晶体管和 MOSFET 电源和电子管电源等不同系列，功率从 2kW ~ 8MW，频率从 200Hz ~ 400kHz 范围。

我国感应加热技术从 20 世纪 50 年代开始就应用于工业生产中，60 年代末开始研制晶闸管中频电源，80 年代已经开始研究超音频电源。浙江大学采用晶闸管倍频电路研制了 50kW/50kHz 的超音频电源，从 90 年代开始国内采用 IGBT 研制超音频电源。1995 年浙江大学研制完成了 50kW/50kHz 的 IGBT 超音频电源。1996 年北京有色金属研究总院和本溪高中频电源设备总厂共同研制完成了 100kW/25kHz 的 IGBT 超音频电源产品，是国内较早的超音频感应加热电源产品[5]。

在我国感应加热领域，必须要提到浙江大学的汪槱生院士，他于 1994 年当选为我国首批中国工程院院士，1958 年作为主要成员之一参加了双水内冷电机（郑光华教授首先提出这个概念）研究，获国家发明一等奖和国家科技进步一等奖。1970 年研制成功我国第一台大功率晶闸管并联逆变式中频感应加热电源，

后来又领导和研制了模拟控制、单片机控制、全集成电路控制和模块控制的中频感应加热电源、超音频及高频感应加热电源，将中频感应加热电源的应用范围，从熔炼扩展到透热、热处理、焊接等方面，为我国当今业已形成的中频感应加热电源及其产业应用做出了杰出贡献。汪槱生院士的这些成就曾获全国科学大会奖、国家教委优秀科技成果奖和浙江省重大贡献奖等，如图 10-7 所示，汪院士说，他平生在浙江大学做了三件他最为满意的事情：第一是参加双水内冷电机研究，在国际上首创双水内冷大型汽轮发电机；第二是领导并负责研制成功全国第一台中频感应加热电源；第三是在浙江大学领导建立了我国第一个

图 10-7　可控硅中频电源获得
1978 年全国科学大会奖

电力电子技术本科专业，培养了国内电力电子行业的技术人才。

国内除了浙江大学外，江南大学的沈锦飞教授、天津大学周跃庆教授、西安理工大学李守智教授等团队也做了丰富的研究开发工作。

10.2　电弧炉用直流电源

电弧炉（electric arc furnace）是利用电极电弧产生的高温熔炼矿石和金属的电炉，气体放电形成电弧时能量很集中，弧区温度在 3000℃ 以上。对于熔炼金属，电弧炉比其他炼钢炉工艺灵活性大，能有效地除去硫、磷等杂质，炉温容易控制，设备占地面积小，适于优质合金钢的熔炼。

1892 年，法国化学家 Paul-Louis-Toussaint Héroult 利用电极的电弧高温开发出煤的代替能源，发明了工业性直接冶炼的电弧炉。起初电弧炉只用于电石和铁合金的生产，到 1906 年才发展用来炼钢，并因而使废钢得以实现经济化、规模化的回收利用。第一次世界大战的爆发使钢材需求激增，使电弧炉成为冶炼钢材的主流。

电弧炉根据所用电源的不同，可分为交流电弧炉和直流电弧炉。在近百年的电弧炉炼钢历史中，三相交流电弧炉一直占据主导地位，但大功率交流电弧稳定性差，对电网冲击大，会产生较大的闪烁电压，需要增加动态补偿装置，且对环境具有较大的噪声污染。一直到 20 世纪 70 年代以来，伴随着大功率可控硅整流技术在工业生产中获得应用，直流电弧炉得到快速发展。

虽然是直流电弧炉，但其供电电源仍然是交流电压，一般采用 10kV 或 35kV，再经变压器降压整流。同时为限制动态短路电流，必须设置直流电抗器，采用在直流侧串联直流电抗器以限制短路电流，还可以起到稳定电弧控制和电弧负载波动的作用。整流方式一般采用二极管整流和晶闸管整流，前者利用变压器的抽头来调压或者再配合晶闸管进行调压。晶闸管整流电路由于输出平滑连续可调优点，在直流电弧炉中得到越来越广泛的应用。

直流电弧炉供电电源的发展也经过了几个阶段，大体如下[6]：

1. 高压侧串联饱和电抗器调压，变压器低压侧二极管整流

如图 10-8 所示，变压器低压侧主电路方案可为双反星形，当输出电流较大时还可构成多相整流。该电路的优点在于主整流元件为二极管，自身不需要触发电路，过载能力高，使用维护比较简单方便。通过调节饱和电抗器 L_K 的励磁电流大小来改变饱和电抗器电感量大小，从而改变饱和电抗器上压降的大小，

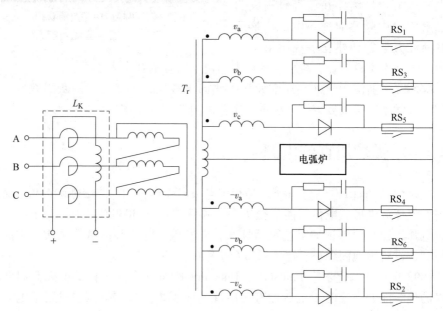

图 10-8 高压侧串联饱和电抗器调压，低压侧二极管整流的主电路方案

（L_K 为饱和电抗器，$RS_1 \sim RS_6$ 为快速熔断器）

调节整流变压器低压侧电压，进而达到稳定输出直流电流的目标。采用这种主电路方案的电源在 20 世纪 70~90 年代几乎占据了国内直流真空电弧炉电源的所有领域，也是国外直流真空电弧炉电源的主要方案。

2. 变压器低压侧晶闸管可控整流

此电路采用改变晶闸管的导通角来达到稳定负载电流的目的，电路结构简单，成本较低，因晶闸管的响应时间为毫秒级，调节速度快，故稳流精度高。

3. 两级变压器降压，整流变压器低压侧晶闸管可控整流

先将高压 10kV 或 35kV 通过油浸变压器降为线电压 690V 或 380V，再由 690V 或 380V 经水冷变压器降为线电压 85V 左右，通过晶闸管整流成可用的直流电压。

4. 斩波控制整流器

为了降低电弧炉冶炼时对电网的负荷冲击，在网侧仍配置了大容量无功补偿装置（SVC 或 SVG）和滤波装置；且晶闸管整流电源供电的直流电弧炉电热能源转化效率较低，占地面积较大、容易出现过补偿等问题。鉴于上述情况，出现了斩波控制整流器，国内称之为柔性直流电弧炉方案，如图 10-9 所示。柔性整流电源采用移相变压器接二极管整流，不控整流后用母线电容储能，然后利用 IGBT 器件进行直流斩波快速调节电弧两端输出电压，同时将电抗器小型化集成在单个电源模块内，避免了大型平波电抗器引起的无功损耗大、需要配备大容量无功补偿装置的问题[7]。

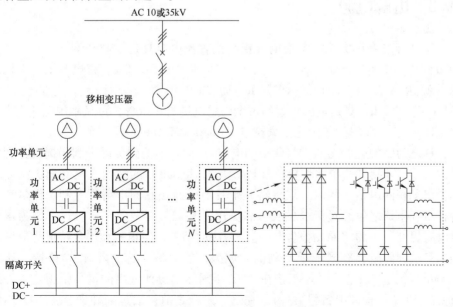

图 10-9　柔性直流电弧炉方案

5. 高频电源

如图 10-10 所示，基本采用移相全桥变换器，由此决定了应用此方案实现电弧炉用直流电源的高频开关化，其单机输出电流可达 2kA/60V，对于通常需要几十甚至几百千安电流的电弧炉而言，决定了高频电源只能以多台并联满足电流容量需求。

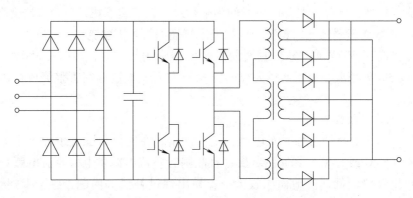

图 10-10 高频电源方案（需要多个模块并联以提供大电流）

国内的中冶赛迪、西安电炉研究所等机构以及西安石油大学李宏教授等做了大量工作。

10.3 电解电源

2021 年，我国大型电解槽电解铝吨铝直流电电耗约 13000kW·h 左右，而 2020 年中国电解铝产量为 3731.7 万 t，占全世界的 57.18%，仅电解铝一项耗电总量就达到约 4851.21 亿 kW·h。而 2020 年我国全社会用电量也只有 75110 亿 kW·h，只是电解铝就约占全国用电量的 6.46%，可见其用电量之大。

1886 年，22 岁的美国化学家霍尔（Charles M. Hall）发明了一种冶炼铝的工艺，称之为"氟化物熔盐中氧化铝的电解"。但是当他到美国专利局提出专利申请的时候，才得知一个叫埃鲁特（Paul L. T. Héroult）的法国人已经向美国专利局提出了相同申请。同时，埃鲁特几个月前已经在欧洲申请了专利。霍尔和埃鲁特专利申请之争经过漫长的交涉，美国专利局最终裁定霍尔胜诉，因为埃鲁特没有提交所需的"原始报告"。这一裁决的结果，使霍尔和埃鲁特成为分别在美洲和欧洲同时拥有同一项专利的发明人，后人称之为"霍尔-埃鲁特（Hall-Héroult）铝电解工艺"（该工艺在 2022 年国际铝协评选出的世界铝工业史上最重要的 50 个里程碑中名列第一）。在这一发现之前，铝是一种贵金属。霍尔-埃鲁特工艺的发明，将铝带入了大规模生产阶段，推动铝走上商业化生产之路。

大约在 1890 年，铝首先通过电解以商业规模生产，随后是 1905 年的铅、1910
年的镍和 1915 年的锌。1938 年美国铝业公司（Alcoa，前身为匹兹堡冶金公司，
霍尔为公司创始人）使用 15 个水银整流器产生 82500kW/600V 的总容量用于电
解铝，标志着水银整流器首次大规模应用于电解金属行业[8-10]。各类电解电源电
流/电压情况见表 10-1[11]。

表 10-1　各类电解电源电流/电压情况

应用场合	直流电流/kA	直流电压/V
化学电解	5~150	40~1000
铝电解	10~300	1300
直流电弧熔炉	50~130	600~1150
石墨熔炉	20~120	50~250
锌或铅电解	5~100	100~1000
铜精炼	10~50	40~350
等离子体熔柜	1~10	500~1200
铜箔电解电源	1~80	1~30

之后电解电源以二极管加饱和电抗器稳流与晶闸管稳流为主体，后者具有
显著的优越性。近几年来，随着大电流电力电子器件 IGBT 的出现，国外已有斩
波控制整流器作电解电源的实例，该整流器由二极管整流与 IGBT 斩波组合来产
生可控电流，该种整流方法具有无需谐波滤波器、功率因数高、系统结构灵活
等优点，其具体电路可见图 10-9。

电源是电解加工设备的关键部分之一，随着电子工业的发展，电解加工电
源从 20 世纪 60 年代的直流发电机和硅整流器发展到 70 年代的晶闸管调压、稳
压的直流电源，80 年代出现了晶闸管斩波的脉冲电源，90 年代随现代功率电子
器件的发展和广泛应用，又出现了高频、窄脉冲电流电解加工电源。可以说，
电源的每一次变革都引起电解加工工艺的新发展。

10.4　高压除尘电源

静电除尘器是利用静电作用原理来收集粉尘的装置。早在 18 世纪，静电力
就已经被人们所发现。1824 年，莱比锡的数学教师 M. Hohlfeld 首次展示了电晕
放电强静电场在气体清洁中的应用，验证了电可以使气体中烟粒沉淀，这是静
电除尘概念的最早问世。1884 年，奥利弗·洛奇爵士（Sir Oliver Lodge，电磁学
先驱、无线电发明家、英国物理学家，他与赫兹几乎同时证明了电磁波的存在，

但是由于度假错过第一发布时间，错失成为证明麦克斯韦电磁波存在第一人的机会）延续了这项工作，并在苏格兰的一家铅冶炼厂进行了实际安装。1906 年在美国人乔治·科特雷尔（Frederick G. Cottrell）通过实验室验证了静电能够对含尘气体进行净化过滤，1907 年，首台静电除尘器在美国旧金山建造完成，并在工业现场对烟尘进行处理并得了成功，称此为科特雷尔型工业电除尘装置[12]。乔治·科特雷尔在 1908 年申请了一个美国专利 "Method of discharge of electricity into gases，US1067974"，其发明的电除尘器装置如图 10-11 所示，其中

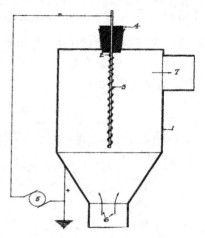

图 10-11　科特雷尔发明的电除尘器装置

左下角的 "5" 即为高压电源。科特雷尔也于 1992 年入选美国国家发明家名人堂。

自从 1907 年首次将静电除尘技术应用到工业烟气的净化中并获得成功后，今天静电除尘已经广泛应用于火力发电、钢铁冶炼、化学工业等。

静电除尘电源的发展经历了三个阶段，即工频电源、中高频电源以及脉冲电源。

1. 工频电源

20 世纪初的高压电源由低压交流电压经工频变压器升压再经同步机械整流器整流，以提供所需的 30~100kV 高压直流电压（机械整流器由电动机带动绝缘十字架同步运转，通过电刷将高压交流电整流成高压直流电，简易结构如图 10-12 所示，我国的除尘器行业一直到 20 世纪 70 年代还普遍在用 PCC-18 型机械整流器）[13]。后来根据器件的发展，陆续出现电子管整流器、硒整流器、硅整流器。电子管整流器供电

图 10-12　机械整流器

效果比机械整流器好，但能耗大，使用寿命短；硒整流器整流效率高，但硒片工作电压低、需要硒片数量多、体积庞大笨重、造价高，因此这两种整流器很快被淘汰替换，目前主要用硅整流器。除尘电源需要根据烟气工况调整输出直流电压以达到最佳除尘效果，电压调节从最开始的分接调压变压器、到水银整

流器，再到来后来的晶闸管。工频整流升压电源的结构如图 10-13 所示。

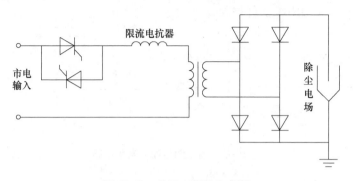

图 10-13 单相工频除尘电源

晶闸管相控电源有容量大、结构简单、投资少的优点，所以目前我国不少钢铁企业中工业静电除尘器仍然采用该电源供电，或者和其他类型的电源组合供电。三相晶闸管高压电源是单相的改进型，由三对反并联的晶闸管经过高压工频整流器对除尘器供电，可以解决单相供电不平衡的问题。但是必须看出由于晶闸管的半控特性，当除尘器发生闪络放电现象时，除尘电源无法快速响应，因此对闪络的处理只能在工频正弦的下个周期调整电源的输出电压，此时除尘电源不仅动态响应慢，而且影响除尘效率。

2. 中高频电源

为了提升静电除尘器的电源效率和除尘效率，基于中高频的静电除尘开始出现。中高频静电除尘电源的核心思想是首先是把三相工频交流电整流成直流电，然后利用中高频逆变技术将其转变成中高频交流电，而后经过大电压比变压器升压和硅堆整流得到所需的高压直流电。目前国外中频电源的主要厂商为西门子公司，其产品集中在几百到几千赫兹左右，其电路结构如图 10-14 所示。

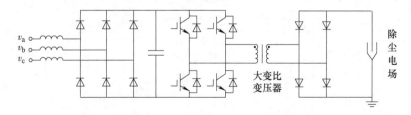

图 10-14 中频静电除尘电源电路

高频电源主要国外厂商有法国阿尔斯通公司、美国 NWL 公司、美国 NPL 公司、丹麦 FLS 公司等，其产品频率范围在 20～50kHz 之间。其电路如图 10-15 所示，与图 10-14 相比其主要区别在于在变压器一次侧增加了谐振电容，电路工作于谐振状态（可以是 LC 串联谐振，或 LCC 串并联谐振），实现开关器件的软开关，而图 10-14 中 IGBT 器件是硬开关[14]。

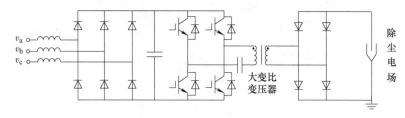

图 10-15　高频静电除尘电源电路

3. 脉冲电源

在基础高压直流电源上间歇性地叠加一系列频率、幅值、宽度（微秒级）可调的脉冲电压，根据不同的工况提供合适的电压波形。其中基本电源可以采用工频电源或者中高频电源来提供，脉冲高压由谐振原理产生。早在 1932 年，西门子公司就申请了利用高压脉冲电能进行烟气除尘和污水处理的英国专利"Method of and means of electrically purifying gases, non-conducting liquids, and the like, 375865"。为实现高压脉冲电压，目前主要有两种技术路线，即分别采用高压开关直接获得高压脉冲电压和采用低压开关再通过脉冲变压器获得高压脉冲电压。

采用第一种技术路线的主要有韩国的达文西思公司，如图 10-16 所示，三相工频交流电源经整流升压成高压直流作为辅助脉冲电源，结合耐高压 IGBT 串联技术，利用 IGBT 的开通形成谐振电路，从而直接产生高压脉冲。但高压 IGBT 需要承受上百千伏电压，需要采用多只 IGBT 串联分压，多只 IGBT 串联控制复杂，且电路中可能存在驱动信号不同步的问题，使得某些 IGBT 上电压过高，易导致器件损坏，需要增加复杂的均压电路。

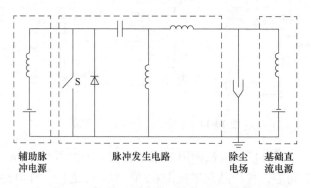

图 10-16　高压开关直接获得高压脉冲电压方案

采用第二种技术路线的主要有韩国浦项制铁和丹麦史密斯公司等。以史密斯公司提出的一种基于低压开关的高压脉冲静电除尘电源拓扑为例，如图 10-17 所示，该拓扑主要通过控制低压侧 IGBT 的导通来使得电路中的电容、电感产生谐振，并通过脉冲变压器和耦合电容叠加到除尘电场原有的基础直流高压上，进而在电场中形成一定频率和宽度的高电压脉冲，而基础直流电压部分由三相工频交流电源经整流升压获得。这种高压脉冲电源有效地提高了除尘效率，且控制方式较为简单，还具有箝位电路等电路保护装置，提高了电路的安全性[15]。

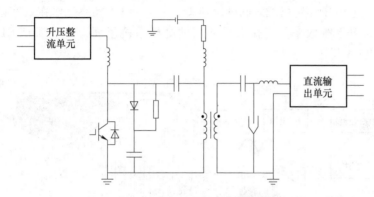

图 10-17　低压开关再通过脉冲变压器获得高压脉冲电压方案

我国中高频除尘电源以及脉冲电源研究起步比较晚，从 21 世纪初开始，目前主要生产厂家有南京国电环保、福建龙净，浙江大维，浙江菲达环保、浙江佳环电子等，学术界有浙江大学何湘宁教授、浙江师范大学张浩然教授、北方工业大学樊生文教授、东南大学金龙教授以及本书作者等。

10.5　包络线跟踪电源

大家现在都在用智能手机，用手机时有一个不小的焦虑就是充电问题，为了解决充电焦虑，要么增大电池的容量，要么减小手机内各个元件的功耗，这二者是手机设计者必需都要考虑的问题。据统计，手机射频前端（Radio Frequency Front End，RFFE，指射频收发器和天线之间的一系列组件，主要包括功率放大器、天线开关、滤波器等，直接影响着手机的信号收发）消耗了手机电池续航能力的 20%~40%，而 RFFE 中的功率放大器（Power Amplifier，PA）又占据了耗电量的大部分，因而降低 PA 的功耗是解决手机续航的关键技术之一。

PA 常用的供电技术有两种：一种是使用固定电源供电；另一种是包络跟踪技术（Envelop Track，ET）提供动态变化的电源。如图 10-18 所示，当 PA 使用恒压式电源供电时，当 PA 输入信号变化时，电源信号固定不变，由于需要满足高功率信号的线性要求，PA 的电源电压值较高，对于相对较小的功率信号，多余的电压部分会以热量的形式被浪费，从而降低了 PA 的效率。当 PA 采用包络跟踪动态电源供电时，PA 的供电电源随射频（Radio Frequency，RF）输入信号的包络变化，也就是说包络放大器需要根据射频信号的包络幅度来决定功率放大器的供电电源。当输入信号较小时，采用低电压供电；输入信号较大时，采用高电压供电，使得 PA 在不同的输入信号时供电电压不同，可见 ET 电源可以大幅压缩供电电压和包络线之间的电压差，从而使 PA 始终工作在效率最大点附近，显著提升系统效率。现在大家使用的高档手机里面，几乎都有 ET 电源为 RFFE 中的 PA 供电。

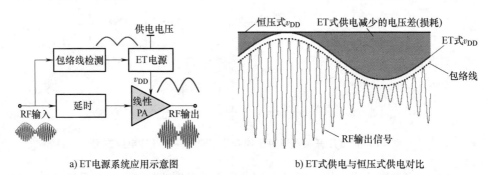

a) ET 电源系统应用示意图   b) ET 式供电与恒压式供电对比

图 10-18　ET 电源系统及供电方式示意图

1983 年，美国贝尔实验室的 Adel A. M. Saleh 博士等在论文 "Improving the power-added efficiency of FET amplifiers operating with varying-envelope signals" 中提出了包络线跟踪的概念，并将其应用于 A 类线性 PA，使其功率附加效率提升超过 50%，且与晶体管增益水平无关。1995 年，西门子电讯报道了一款微波功放，它采用 ET 技术为 PA 提供可变幅值的漏极电源电压，使系统直流功耗减少 45%，引起了工业界的关注。20 世纪初，随着第三代移动通信技术的到来，人们对移动通信终端的语音、图片、视频等多媒体信息无线传输的需求呈现爆发式增长，非恒定包络的数字调制方式得到了大范围应用，因此对无线通信 PA 效率提升的要求不断提高。2002 年，以英国剑桥大学为技术背景的 Nujira 公司成立，专业从事 ET 技术的研究与开发，至今申请了超过 240 多项发明专利。2013 年，高通技术公司发布了全球首款应用于 3G/4G 移动终端的 ET 芯片 QFE1100，成功应用于三星 Galaxy Note3 手机，使其 PA 效率提升 20%，散热性能提升 30%。并且，后续陆续迭代出 QFE、QET 系列多款芯片，应用于三星、Google、iPhone 等多款手机。同年，美国德州仪器公司也发布了一款应用于 RF PA 的芯片 LM3290。2014 年和 2015 年，美国 Maxentric 技术公司连续发布了两款 ET 芯片 MaXEA1 和 MaXEA2，同样应用于移动通信设备。2016 年 10 月，以美国麻省理工学院为背景的 ETA 无线公司成立，致力于解决移动通信领域的高效率供电问题。从应用场合细分领域来看，移动便携设备中的 PA 一般输出电压绝对幅值较低，输出功率较小，因此可将 ET 电源与 PA 集成在一起，能有效减小功率线路、回路中的寄生参数，获得更好的高频工作性能；无线通信基站中功放的功率相对更大，电压绝对幅值和摆幅也更大，其 ET 电源的实现难度要求更高。

ET 电源的实现方式多种多样，一般可分为单变换器架构和多变换器复合架构两大类[16]。

单变换器与普通开关变换器主要区别在于 ET 电源的参考信号不是直流电压或正弦波电压，而是不规则、非周期性的包络线信号。在广泛采用的 PWM 控制方式下，包络线信号经过调制电路获取开关管的控制信号，并由此得到开关波形，经过滤波网络之后，开关频率及其倍数次谐波分量被滤除，得到最终期望的输出电压为 PA 供电。单变换器架构 ET 电源的优势是电路结构和控制简单、易于集成，但为获得良好的跟踪效果，一般需要几十 MHz 甚至上百 MHz 的开关频率，因此对系统内寄生参数的大小，散热的要求较为苛刻，往往适用于手机内部等较小功率场合。

多变换器复合架构是将高效率单元和高线性度单元进行复合来共同构成 ET 电源，可适用于小功率和大功率场合。其中，高效率单元提供绝大部分的负载功率，以保证整个系统的高效率；高线性度单元控制输出电压，以保证整个系统的高线性度。图 10-19 给出了多变换器复合架构的基本复合方式[17]。在此平

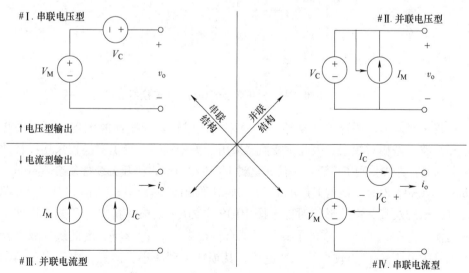

图 10-19　多变换器复合架构 ET 电源系统供电方式示意图

面图上，上半平面为电压型输出，下半平面为电流型输出。其中，V_M 和 I_M 分别为电压源型和电流源型主变换器，V_C 和 I_C 分别为电压源型和电流源型校正变换器。具体而言，#Ⅰ结构是串联、电压型输出复合结构，主变换器的输出电压尽可能接近期望的输出电压 v_o，而校正变换器的作用是消除或减弱主变换器的输出纹波，以及其他可能引起最终输出畸变的功率成分。这也就意味着校正变换器的电压调节范围只包括主变换器的输出纹波和很小的畸变电压，因此可以得到较为优化的设计，提高整个系统的效率。#Ⅱ结构是并联、电压型输出复合结构。在该结构中，校正变换器提供输出电压波形，而受控电流源 I_M 提供绝大部分的负载功率。#Ⅲ结构和#Ⅳ结构可以分别由#Ⅰ和#Ⅱ对偶得到。

为获得高系统效率，在多变换器复合架构中，主变换器一般为开关变换器，校正变换器则可为开关变换器或线性放大器。当主、校正变换器均为开关变换器时，如图 10-20 所示，一般将主变换器的带宽设置较低，使之成为慢速变换器，用来提供负载功率中的直流量和低频成分；将校正变换器的带宽设置较高，使之成为快速变换器，用来处理负载中的高频分量。因此，慢速变换器和快速变换器可以根据各自的特点分别得到优化设计[18]。

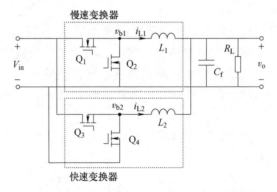

图 10-20 主、校正变换器均为开关变换器

校正变换器采用开关变换器虽然效率高，但较之于线性放大器，其开关噪声和纹波还是相对较大。因此主变换器采用开关变换器、校正变换器采用线性放大器的复合方式受到了广泛的关注，这种 ET 电源也被称作开关线性复合（switch-linear hybrid，SLH）结构 ET 电源。图 10-21 给出了一种串联结构 SLH ET 电源的电路结构及其关键波形，对应于图 10-19 中的#Ⅰ结构。其中，开关变换器部分的输出电压 v_{sw} 以阶梯波的形式尽量拟合输出电压 v_o 的形状，因此线性放大器所承受的电压 v_{lin} 仅为较小的纹波电压，其损耗得到减小。但是，由于串联结构的固有属性，线性放大器需流过全负载电流[19]。

图 10-22a 和 b 分别给出了一种并联结构 SLH ET 电源的电路结构及其关键波

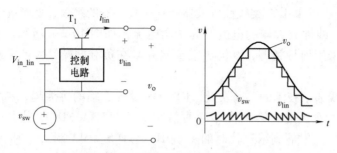

图 10-21　串联结构 SLH ET 电源

形，对应于图 10-19 中的 #Ⅱ结构。其中，线性放大器用电压跟随器实现，其输出跟踪包络信号 v_{env} 的变化而变化，即为最终组合变换器的输出电压 v_o，i_o 也因此确定。开关变换器部分为同步整流 Buck 变换器，其检测线性放大器的输出电流作为控制信号，采用电流滞环控制方式，通过开关管的切换动作控制电感电流的上升或下降，使 i_{sw} 尽量拟合输出电流 i_o，则线性放大器的输出电流 i_{lin_AB} 被限制在一个很小的环宽之内，因此其损耗得到减小。需要说明的是，由于图 10-22a 中线性放大器实质为 AB 类放大器，因此 i_{lin_AB} 为双向电流。实际上，并联结构

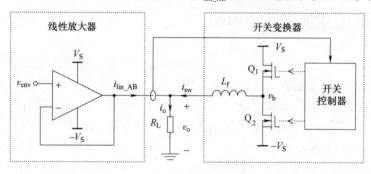

a) 电路结构

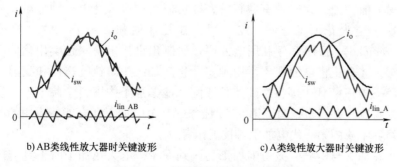

b) AB类线性放大器时关键波形　　　　c) A类线性放大器时关键波形

图 10-22　并联结构 SLH ET 电源

SLH ET 电源也可采用 A 类线性放大器和开关变换器的组合，此情况下 i_{sw} 将接近但略低于 i_o，线性放大器的电流变为单向电流，如图 10-22c 所示。但是，无论线性放大器采用何种类型，其输出端直接并联在负载两端，因此需承受全负载电压摆幅[20]。

随着无线通信技术的不断发展，ET 电源设计面临的挑战越来越大，从跟踪带宽要求上来看，由准第三代移动通信时的 200kHz（EDGE 制式）、1.25MHz（CDMA 制式），发展到第三代时的 1.6MHz（TD-SCDMA 制式）和 5MHz（WC-DMA 制式），再到第四代时的 20MHz 以上，跟踪带宽的要求已经提高了 100 倍。并且，这种趋势在第五代移动通信中继续延续，最高将达到 100MHz 量级；从功率峰均比要求上来看，2.5G 时仅为 3.2dB，3G 时增加到 3.5~9dB，4G、5G 时最高达到 13dB，即峰值功率将会高于平均功率的 20 倍。面对无线通信技术如此高速的迭代与演进，ET 电源的发展任重而道远[21]。我国 ET 电源的研究起步相对较晚，学术界主要有南京航空航天大学阮新波教授、哈尔滨工业大学张东来教授、电子科技大学何松柏教授、南京邮电大学周岩教授、南京工业大学郗焕副教授、广东工业大学李思臻副教授等开展了相关方向的研究工作。

10.6　电火花加工脉冲电源

电火花加工（electrical discharge machining，EDM）的历史实际上可以追溯到 18 世纪，1770 年左右，英国化学家约瑟夫·普里斯特利（J. Joseph Priestley，他的重大贡献是发现了氧气和其他气体，如二氧化氮、二氧化硫等）发现放电会腐蚀金属。随着电气化的普及，在 19 世纪末人们发现如插头、开关启闭时产生的电火花对接触表面会产生损害。20 世纪早期苏联的波·罗·拉扎连柯（B. R. Lazarenko）在研究开关触点遭受火花放电腐蚀损坏的现象和原因时，发现电火花的瞬时高温会使局部金属熔化、气化而被蚀除掉，拉扎连柯打破了电腐蚀是有害现象的传统习惯思想，能够反其道而行之，变害为宝，发现了电腐蚀现象另一面的独一无二的有益特性，即可以利用电火花电腐蚀加工，从而开创和发明了电火花加工方法。波·罗·拉扎连柯和妻子纳·约·拉扎连柯（N. I. Lazarenko）于 1943 年利用电蚀原理研制出世界上第一台实用化的电火花加工装置，才真正将电蚀现象运用到实际生产加工中。拉扎连柯和我国也很有缘，1955—1958 年任中国科学院院长顾问，他参加了中国科学院十五年发展远景计划的编制，并亲自编写了第 43 项任务中有关电加工和电能新应用的计划任务书，培养了我国第一代电加工科技工作者[22]。

电火花加工与一般机械切削加工的区别在于，电火花加工时工具与工件并不接触，而是靠工具电极与工件电极间不断产生的脉冲性火花放电，利用放电时产生局部、瞬时的高温把金属材料逐步蚀除下来。由于在放电过程中有可见火花产生，故称电火花加工。电火花加工作为一项重要的特种加工技术，可对各类导体和半导体材料，特别是传统接触式加工难于或不能加工的高硬度、高强度、高熔点、高脆性等特殊材料、以及复杂形状结构等进行高效精密加工，被广泛应用于精密模具、航空航天、微机电系统制造等领域，具有不可替代的作用[23]。

从电气角度看，电火花加工是将可控电能转化为等离子体的动能和材料热能来进行材料去除的。一个典型放电加工周期如图 10-23 所示：初始的放电延时阶段，间隙开路，脉冲电源仅需提供较高的开路电压 V_{open} 用于间隙击穿；间隙击穿后的放电阶段，间隙电压在约十几纳秒内快速下降到放电维持电压 v_{dis}，并基本保持恒定，脉冲电源仅需控制放电电流，实现材料的气化和熔化蚀除；放电结束后的消电离阶段，间隙恢复绝缘状态。以上过程的持续反复就实现了工件加工。

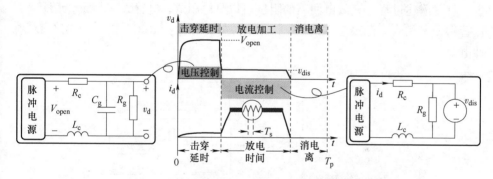

图 10-23　典型单个放电周期间隙电压电流及脉冲电源电压电流控制方式

由此可见，脉冲电源在电火花加工过程中提供放电能量，其功能是把交流电或直流电转变为适应电火花加工需要的脉冲能量。脉冲电源输出的各种电参数对电火花加工的材料去除率、表面粗糙度、电极损耗及加工精度等各项工艺指标都有重要的影响，是高效率、高精度和高质量电火花加工的关键。

脉冲电源按主要元件分类，包括弛张式脉冲电源、电子管式脉冲电源、闸流管式脉冲电源、脉冲发电机式脉冲电源、晶闸管式脉冲电源和晶体管式脉冲电源；按输出波形分类，包括矩形波脉冲电源、矩形波派生脉冲电源和非矩形波（如正弦波、三角波等）脉冲电源；按受间隙状态影响分类，包括非独立式脉冲电源、独立式脉冲电源和半独立式脉冲电源；按工作回路数目分类，包括单回路脉冲电源和多回路脉冲电源。下面从受间隙状态影响角度做简要介绍。

1. 非独立式脉冲电源（弛张式脉冲电源）

非独立式脉冲电源的放电回路和放电过程受到间隙状态的影响，不能独立控制。其电源工作原理是利用电容器充电储存电能，而后瞬时释放，形成火花放电蚀除金属。因为电容器时而充电，时而放电，一弛一张，故也称弛张式脉冲电源。

RC电源是弛张式脉冲电源中最简单、最基本也是最早使用的一种，如图 10-24 所示。其由两个回路组成：一个是充电回路，由直流电源 V、开关器件 Q、限流电阻 R（可调节充电速度，同时限流以防电流过大及转变为电弧放电）和电容器 C（储能元件）组成；另一个是放电回路，由电容器 C、电极和工件及其间的放电间隙组成。当直流电源接通后，电流经 R 向 C 充电，其电压按指数曲线逐步上升，因为电容器两端的电压就是电极和工件间隙两端的电压，因此当 C 的电压上升到等于电极和工件间隙的击穿电压时，极间被击穿，间隙电阻瞬时降低，电容器上储存的能量瞬时释放，形成脉冲电流，如图 10-24 所示（电容很小，和寄生电感会形成一个谐振状态）。电容器的能量释放后，其两端的电压下降到接近于零，间隙中的工作液又迅速恢复绝缘状态，此后电容器再次充电，重复前述过程。充放电回路的阻抗可以是电阻 R、电感 L、非线性元件（二极管）及其组合。除最基本的 RC 脉冲电源外，还包括 RLC、RLCL、RLC-LC 脉冲电源。

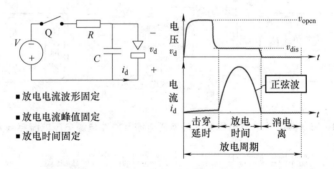

图 10-24　弛张式脉冲电源及其典型放电电流

非独立式脉冲电源主要通过电容放电形成谐振放电电流，这类电源可以产生很窄的脉冲宽度，优点是加工精度高、加工表面质量好、工作可靠、装置简单、操作维修方便；缺点是脉冲波形及参数受到极间间隙状态和放电回路参数的制约，极间距离及介质状态均会对放电电压、峰值电流、脉冲宽度、脉冲间隔，甚至能否形成放电产生决定性影响，放电过程较难直接控制，因此该类电源又被称为非独立式脉冲电源。采用弛张式脉冲电源加工时，材料去除率低，电极损耗大。

2. 独立式脉冲电源

独立式脉冲电源是将直流电源与间隙直接相连，通过串联的限流电阻调整放电电流值，通过串联的功率半导体器件控制脉冲时间和放电周期，从而实现放电能量的独立控制，如图 10-25 所示。

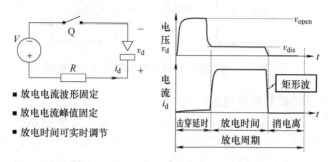

图 10-25　独立式脉冲电源及其典型放电电流

早期独立式脉冲电源采用晶闸管，晶闸管式脉冲电源具有电参数调节范围大、功率大、过载能力强等优点。尤其是因晶闸管的耐压高，允许在回路中使用电感，因此其电源的回路电流上升率低，非常有利于提高石墨电极材料的电火花加工性能。晶闸管式脉冲电源曾在中、大型电火花加工设备中获得广泛的应用，其缺点是高频性能仍不及晶体管式脉冲电源。

之后出现了晶体管式脉冲电源，其利用功率晶体管作为开关元件，它具有脉冲频率高、脉冲参数可调范围广、脉冲波形易于调整、易于实现多回路加工和自适应控制等特点，所以应用范围非常广泛，中小型脉冲电源几乎都采用晶体管式脉冲电源。

对于早期的独立式脉冲电源电路，电源中的功率开关管仅作为高速继电器，用于调节放电周期和放电时间，而不参与放电电流的控制。因此，独立式脉冲电源的电能利用率低，放电电流波形和参数均不易灵活调节，限制了加工性能的有效提升。

为进一步提高电源的脉冲利用率，达到高效低耗、稳定加工及一些特殊需求，在晶体管式脉冲电源的基础上，派生出不少新型电源和线路，如高低压复合脉冲电源、多回路脉冲电源及等能量脉冲电源等。

高低压复合脉冲电源放电间隙并联两个供电回路，如图 10-26 所示：一个为高压脉冲回路，脉冲电压较高（300V 左右），平均电流很小，主要起击穿间隙的作用；另一个为低压脉冲回路，脉冲电压比较低（60～80V），电流比较大，主要起蚀除金属的作用，也称加工回路。二极管用于阻止高压脉冲进入低压脉冲回路。高低压复合可显著提高脉冲的击穿率和利用率，并使放电间隙增大，排屑良好，加工稳定，在"钢打钢"（在冲模电火花加工中，利用上冲头为工具电极，直接加工凹模，即所谓的"钢打钢"）加工时有很大的优越性。

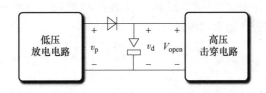

图 10-26　高低压复合脉冲电源电路架构示意图

3. 电力电子化新型脉冲电源

随着先进功率半导体器件的广泛应用和电力电子变换电路及其电压电流闭环控制理论的发展，学者提出许多电力电子化的新型脉冲电源，如图 10-27 所示。此类脉冲电源不仅有效提高了放电能量利用率，还可对放电电流波形和参数进行快速精确连续控制，为放电能量的高效调控和加工性能的全面优化提供了有力支撑[24-32]。

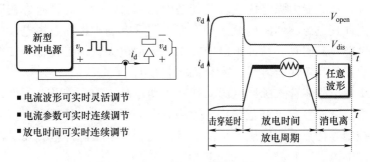

图 10-27　电火花加工新型脉冲电源及其典型放电电流

根据连接间隙的电路数量，电力电子化新型脉冲电源架构主要分为单级式和复合式两类。

单级式架构一般采用一个单电源供电的降压型电路，加工时将输入电压作为开路电压直接施加在间隙上，间隙击穿后控制输出电流进行放电加工。Buck型电路是较早的节能式脉冲电源电路拓扑，其电路用储能元件电感 L 取代传统脉冲电源电路里的耗能器件电阻，大幅度提高脉冲电源的电能效率。在一个加工周期内，利用 PWM 脉宽调制技术对输出的脉冲电压、电流进行控制。在等待击穿延时阶段，间隙处于空载状态，电源进行电压控制，此时脉冲电源可等效为电压源；当检测到间隙被击穿后，变为电流控制，此时脉冲电源可等效为电流源。

复合式架构一般将高压击穿电路和低压放电电路并联到间隙，两个电路的供电可以是单电源或同电源，如图 10-28 所示。通过时序控制两个电路的切换，分别实现间隙的击穿和放电加工。其中，高压击穿电路可通过升压电路或高压电压源实现。低压放电电路多采用隔离或非隔离变换器，如 Buck 电路、半桥电路、反激电路、双管正激，LLC 或 LCC 谐振电路等。

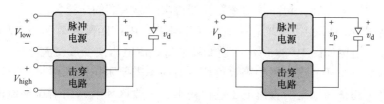

图 10-28　复合式新型脉冲电源架构示意图

　　由于两套电路承担不同任务，可分别根据设计要求优化供电电源，使变换器工作在较优状态。当然，复合式架构是多套电路配合工作，一般需要额外的功率开关用于电路切换，系统控制复杂，且间隙状态变化速度快，对检测电路、控制响应以及时序策略等要求较高。

　　国内的学术界主要有哈尔滨工业大学的白基成教授、杨晓东教授、王振龙教授，上海交通大学赵万生教授，南京航空航天大学刘志东教授，中国石油大学（华东）刘永红教授，苏州电加工研究所，北京电加工研究所，中国工程物理研究院机械制造工艺研究所张勇斌研究员，南京理工大学杨飞副教授等开展了相关方向的研究工作。

10.7　超高频电源

　　随着电力电子技术的发展，尤其是移动式、便携式电气设备对功率变换器的轻量化和小型化提出了越来越高的要求。在功率变换器中，电感、电容和变压器等无源元件占据了较大的体积和重量。提高开关频率可以减小无源元件的体积重量，从而提升变换器的功率密度。因此，变换器高频化是电力电子发展的重要方向之一。

　　近年来，随着以氮化镓（GaN）和碳化硅（SiC）为代表的宽禁带半导体器件的迅速发展，高频功率变换器已逐渐在航空航天、船舶舰艇、轨道交通、数据通信、新能源汽车和新能源发电等领域得到应用，开关频率也从 100kHz 左右提升到几百 kHz，并向几 MHz 甚至几十 MHz 的更高频率提高。目前，开关频率达到几十 MHz 的超高频（very high frequency，VHF，30~300MHz）功率变换器已成为小功率变换技术中的研究热点之一，其电路拓扑和控制方式等方面均面临着新的挑战。

　　超高频功率变换器的概念最早于 1971 年由美国杜克大学的 Sam Y. M. Feng 在论文 "Very-high-frequency dc-to-dc conversion and regulation in the low-megahertz range"提出，当时指的是能工作于数 MHz 的变换器，受限于当时的元器件性能水平，该类变换器并未受到广泛关注。近年来，随着宽禁带半导体器件和无源元件技术的快速发展，超高频功率变换器再次引起人们的广泛关注。

超高频 DC-DC 变换系统总体上由逆变环节、阻抗匹配环节和整流环节三个环节构成，结构如图 10-29 所示。逆变环节将直流电压逆变成交流电压，阻抗匹配环节调整逆变环节输出侧的等效负载（有时不需要阻抗匹配网络），整流环节将交流电压调整为稳定的直流电压进行输出，一般该环节采用谐振整流的方式，以降低系统损耗[33]。

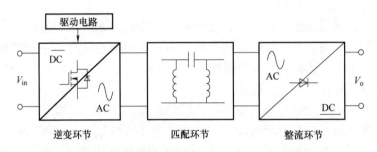

图 10-29　超高频功率变换器拓扑结构示意图

超高频功率变换器中的逆变电路起源于射频（radio frequency，RF）功率放大器（power amplifier，PA）。射频功率放大器用于对射频信号进行功率放大，将直流电能转换为交流电输出，其负载阻抗是固定的，最典型的就是天线型负载。根据其晶体管的工作方式不同，射频功率放大器可分为线性功率放大器和开关功率放大器。线性功率放大器的晶体管工作在线性放大状态，其效率较低，不适合推广至功率变换器中。开关功率放大器的晶体管工作于开关状态，效率较高。目前常用的开关功率放大器有 Class D 和 Class E 两类（这两类的起源请见第 4 章相关内容），分别如图 10-30 所示[34]。

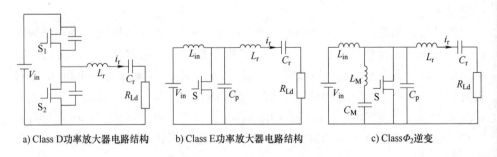

a) Class D功率放大器电路结构　　b) Class E功率放大器电路结构　　c) ClassΦ_2逆变

图 10-30　几种开关功率放大器

在超高频条件下，主电路开关管的开关损耗迅速增加。为了保证系统效率，需要保证开关管工作在零电压（ZVS）开通状态来减小损耗。Class D 功率放大器当开关频率高于谐振频率时可以实现开关管的 ZVS，开关损耗较小。然而半桥中上管需要浮地驱动，这在几十 MHz 的超高频场合较难实现。在现阶段的研究中，为了避免浮地驱动，大多数的超高频电路拓扑是基于接地型开关管结构，如 Class E 型拓扑，当然其同样可以实现开关管的 ZVS。由于谐振工作，Class E 功率放大器中开关管的电压应力较高，一般为输入电压的 2～4 倍。为了降低 Class E 功放中开关管的电压应力，2007 年美国麻省理工学院（MIT）的 David J. Perreault 教授课题组在论文 "A high-frequency resonant inverter topology with low voltage stress" 中提出 ClassΦ_2 逆变电路，如图 10-30c 所示。与 Class E 电路相比，ClassΦ_2 电路中在开关管 S 两端并联谐振电感 L_M 和谐振电容 C_M。通过使 L_M 和 C_M 在两倍开关频率处谐振构成二次谐波陷阱，可以将开关管电压 v_{ds} 中的二次谐波滤除，降低电压应力，这也是其下标 "2" 的由来。

而对于整流环节，由于其恰好同逆变环节相反，利用对偶的思想，可以采用恰当的对偶整流结构，也即 Class D 和 Class E 两种整流电路。其中，Class D 整流电路中整流二极管的电压、电流波形与 Class D 功放中开关管的电压、电流波形类似，因此得名，如图 10-31 所示。Class E 整流电路中整流二极管在导通和关断时的 dv/dt 均较小，与 Class E 功放中的开关管类似，如图 10-32 所示。

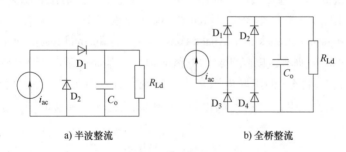

a) 半波整流　　　　　　　　　b) 全桥整流

图 10-31　Class D 电流源驱动型整流电路结构

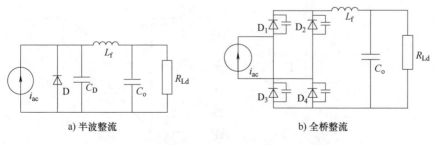

a) 半波整流　　　　　　　　　b) 全桥整流

图 10-32　Class E 电流源驱动型整流电路结构

根据逆变电路与整流电路的不同组合，就可以得到多种不同的变换器，如图 10-33 所示。

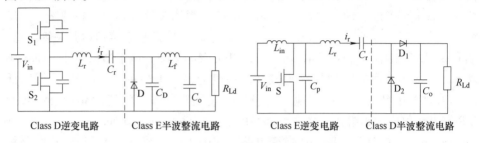

Class D逆变电路   Class E半波整流电路   Class E逆变电路   Class D半波整流电路

图 10-33　两种典型超高频变换器电路

在超高频情况下，功率开关管的驱动也是一个关键问题。在低开关频率的功率变换器中，最常用的驱动电路是方波驱动电路（硬驱动电路），其加在开关管栅源极的驱动电压为方波形式，硬驱动电路的功率损耗与开关频率呈正比，所以在超高频状态下时，驱动电路损耗将会迅速增加，极大地制约着超高频功率变换器的效率提升[35-37]。

谐振驱动是通过谐振实现驱动功率器件开关的技术，驱动过程由原来的 RC 常规式充放电变为 LC 谐振式充放电，并且电感能够储存原本电阻消耗的能量，将这部分能量回馈至电源或循环使用，实现了能量节省。谐振驱动概念最早是由美国弗吉尼亚理工大学的李泽元（Fred C. Lee）教授在 1989 年论文 "Zero-voltage-switched quasi-resonant buck and flyback converters-experimental results at 10 MHz" 中提出，如图 10-34 所示，以降低驱动电路的损耗。其灵感来源于 MOSFET 开关特性可以通过栅极环路内的串联电感来改善的现象，在 S 导通期间，开关管 Q 截止，电感 L_G 中形成电流。当 S 截止时，Q 通过电感 L_G 和 Q 的输入电容的谐振而导通。

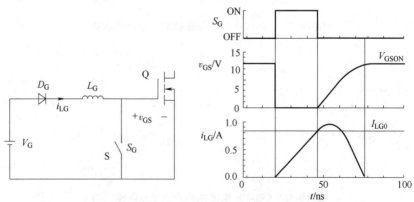

图 10-34　谐振驱动器拓扑结构

后续又提出了多种谐振驱动方案，从功率管负载的角度，可将谐振驱动分为单管驱动、半桥双管驱动、共地双管驱动；从电感电流的角度，可将谐振驱动分为电流连续型和电流断续型，也可以分为零初始电流型和非零初始电流型；从 LC 谐振结构的角度，可将谐振驱动分为串联谐振和并联谐振。

自激振荡驱动器是谐振驱动的一种特殊类型。其实应用于超高频变换器的自激振荡驱动器出现得更早，在 1985 年申请的美国专利"Self-oscillating high frequency power converter，US4605999"就提出了该电路。与基于图腾柱的驱动电路拓扑结构不同，自激振荡驱动器不再需要栅极晶体管。一种基于自激振荡驱动器的 Class E 变换器如图 10-35 所示，开关管 S 的漏极-源极电压被反馈到谐振回路，并且形成闭环以保持自激振荡。因此，开关频率不再受到传统门极晶体管的限制，且无需引入附加的振荡器等元件来提供高频的驱动信号。自激振荡驱动器的缺点是必须保证阻抗匹配以保持振荡。

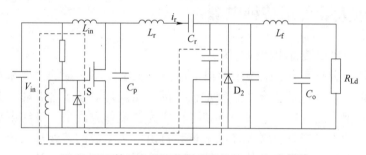

图 10-35 基于自激振荡驱动器的 Class E 变换器

除拓扑结构和驱动方式外，超高频功率变换器另一个非常重要的研究内容就是超高频功率变换器的控制方法。对于传统变换器来说，一般采用 PWM 方式对开关器件的驱动信号进行调整来实现系统的闭环控制。但在超高频情况下这种控制方式难以实现，首先对于 PWM 方式来说，超高频系统中开关管的 ZVS 特性是在一定的占空比下实现的，当系统占空比改变时，开关管将会失去 ZVS 特性，从而增加系统损耗。若采用变频调制方式，将会使系统的频率变化范围过大，控制系统难以实现。在超高频功率变换器中普遍使用的是突发模式（burst mode）控制方式，也有称为 ON-OFF 控制方式，该方法通过低频信号控制开关管高频驱动信号的有无。这种控制方式的优点在于当开关管开通时，开关管就工作在其最优工作点。在保证输出电压恒定的条件下时，这种控制方式能保证在较宽工作范围系统具有较高的效率。但这种方式的一个缺点就是会引入低频谐波干扰，需要增加输入和输出侧所需的滤波元件数值。同时由于系统不断在工作状态和非工作状态间切换，这种控制方式对于电路主拓扑的起动和关断速度提出了较高要求。其实本质上，ON-OFF 控制是一种电压滞环控制方式，通过使变换器间歇工作来控制其输出电压。

在超高频功率变换器研究方面，国外的麻省理工学院的 David J. Perreault 课题组，斯坦福大学的 J. M. Rivas 课题组均有重要进展；国内的南京航空航天大学阮新波教授、张之梁教授、哈尔滨工业大学的徐殿国教授、王懿杰教授、管乐诗教授，浙江大学吴新科教授等做出了出色工作。特别说明的是，吴新科教授、张军明教授、邵帅教授等于 2021 年成立了电源管理技术创新联盟（Power Management Innovation Consortium），建立以高校主导、行业共建的电源管理行业协同创新生态。在电源管理技术领域开展具有系统性、前瞻性的产学研联合研究与技术创新，开发未来信息电源系统、新能源车电源系统等核心技术。截至目前已签约会员单位 30 余家，如 OPPO 技术、台达电子、中兴通讯、矽力杰半导体、VIVO 技术、英诺赛科、深圳英飞源技术等。

10.8　重大装置用特种电源

> 磁约束聚变装置用特种电源

聚变能是最具潜力、最稳定的清洁能源，也是太阳能量的主要来源。核聚变反应是两个较轻核子结合产生较重核子的能量反应。核子合并时，会丧失部分质量，根据质能方程，这部分质量将转化为能量释放出来。磁约束聚变就是用特殊形态的磁场把氘、氚等轻原子核和自由电子组成的、处于热核反应状态的超高温（可达 1.5 亿℃）等离子体约束在有限的体积内，使其不与装置材料壁接触，同时使它受控制地发生大量的原子核聚变反应，释放出热量。强磁场可以用来使等离子体离壁足够远，因此称为"磁约束"。

托卡马克是 20 世纪 50 年代由苏联科学家阿齐莫维齐等人提出的一种磁约束核聚变新装置。托卡马克（tokamak）一词起源于俄文，是"磁线圈圆环室"的俄文缩写。托卡马克装置最突出的特点是将磁力线弯曲成一个环形，这个环形的磁场由纵场（TF）线圈产生。另外，环向的极向场线圈产生一个极向场（PF），这样就产生了一个复合磁场，它的磁力线沿着托卡马克环向缠绕形成螺旋结构。

在托卡马克系统中，如图 10-36 所示，极向场电源发挥着等离子体电流的建立和位形控制的作用。早期托卡马克的容量较小，磁体电流小，放电时间也很短，多为毫秒量级，电源系统大多采用电容器组放电的形式。中期托卡马克装置，美国建立了 TFTR、苏联建立了 T-15、英国建立了 JET、中国首个超导托卡马克实验装置"合肥超环"（HT-7）等，其运行时间为秒级，所需要功率为数百 MW，其电源系统使用脉冲飞轮发电机和大型变流器系统供电，如图 10-37 所示。如 HT-7 的脉冲发电机平均功率为 100MW，脉冲宽度约为 1.5s，其主机部分是转速为 1483r/min、功率为 1.2MW 的异步电动机，通过增速器，可使飞轮转速达到 6000r/min，从而实现 400MJ 的储能[39-44]。

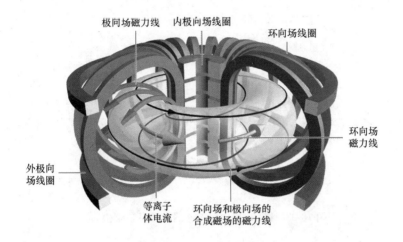

图 10-36　托卡马克系统示意图

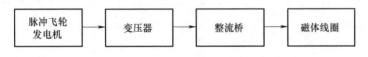

图 10-37　脉冲发电机供电系统

现代聚变装置，如东方超环（Experimental and Advanced Superconducting Tokamak，EAST）、国际热核聚变实验堆（International Thermonuclear Experimental Reactor，ITER）等，其运行时间为千秒级到小时级，其所需电源功率为数百 MW 到数 GW，一般使用数百 kV 高压电网直接供电。

ITER 是全球规模最大、影响最深远的国际科研合作项目之一，建造约需 10 年，耗资 50 亿美元（1998 年值）。ITER 装置是一个能产生大规模核聚变反应的超导托卡马克，俗称"人造太阳"。2003 年 1 月，国务院批准我国参加 ITER 计划谈判，2006 年 5 月，经国务院批准，中国 ITER 谈判联合小组代表我国政府与欧盟、印度、日本、韩国、俄罗斯和美国共同草签了 ITER 计划协定。

电源系统作为 ITER 装置中的关键组成部分之一，由中国、韩国以及俄罗斯共同承担，其中，极向场电源系统及其无功补偿系统均由我国承担。ITER 极向场变流器电源系统的如图 10-38 所示，每套电源主要由交流开关（ACDS）、整流变压器（CT）、晶闸管变流器（CU1～CU4）、开关网络（switch network unit，SNU）、失超后备保护开关（PMS）、直流开关（DCDS），以及相应的控制、测

343

量、保护等部分组成。由于电源的输出额定电流较大,每个三相全控桥的桥臂采用 12 个晶闸管并联。

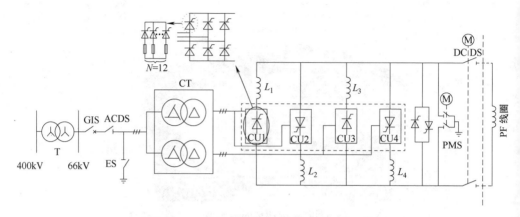

图 10-38 ITER 极向场变流器电源系统结构

ITER 极向场电源由两台四象限整流器通过平衡电抗器并联输出 12 脉波,设计额定电流为 55kA,额定直流输出电压为 1350V。电源运行方案为四象限有环流运行模式。2018 年 4 月,首批 5 套我国自主研发的世界上首创一体化设计非同相逆并联四象限变流系统,在中科院等离子体物理研究所起运,前往法国 ITER 国际组织。

华中科技大学的潘垣院士是我国磁约束聚变技术和大型脉冲电源技术的主要开拓者,20 世纪 70~80 年代前期,参与主持我国首台大型托卡马克"中国环流器一号"(HL-1)的研制建造,负责工程方案设计、总体电磁工程和脉冲电源与总控系统,解决了许多重大技术难题。以后又负责完成 HT-6M 托卡马克的脉冲电源与控制系统升级改造。

➢ 激光聚变装置用特种电源

目前,可控核聚变有两个大的方向:一种是上面提到的利用强磁场约束等离子体的聚变方向;另一种是利用强激光对核聚变材料进行打靶的惯性约束核聚变的方向。美国的国家点火装置(National Ignition Facility,NIF)就是利用强激光打靶的惯性约束核聚变方式的最具代表性的实验装置。国家点火装置是美国科学家研制的、世界最大的激光核聚变装置。NIF 可以把 200 万 J 的能量,通过 192 条激光束聚焦到一个 2mm 大的冷冻氢气球上,从而产生高达 1 亿℃的热力,类似恒星和巨大行星的内核以及核爆炸时的温度和压力,以激发这些燃料发生核聚变。

激光驱动器主要采用电容器储能放电,NIF 功率变换系统位于四个电容器仓房中,为相邻的主放大器和功率放大器提供能量。每个电容器仓房最初将容纳

48 个单独的功率调节模块，并可扩展到 54
个模块，每个功率调节模块主要由充电模
块、电容器和放电装置组成，如图 10-39 所
示。每个模块电容量由 20~24 个 290mF 的
金属化膜电容组成，单个模块可以储存超过
2MJ 的能量，并可在 60~80s 内充电至最大
24kV。储存的能量通过一个火花隙开关以
400μs 的脉冲释放到 20 根同轴电缆中，电
流峰值达 500kA，这些电缆将能量输送到
NIF 闪光灯。

图 10-39　NIF 中单个功率调节模块

美国能源部 2022 年 12 月 13 日宣布，劳伦斯·利弗莫尔国家实验室内的美
国国家点火装置（NIF）在 2022 年 12 月 5 日的一次实验中，研究人员向目标输
入 2.05MJ 的能量，产生了 3.15MJ 的聚变能量输出，首次实现了净能量增益。
这是有史以来第一次人类实现了核聚变反应的净能量增益。

➤ 高能粒子加速器用特种电源

国外大型同步加速器实验室主要集中在美国、欧洲、日本等。主要有欧洲
大型强子对撞机（LHC）、日本散裂中子源（Japan Proton Accelerator Research
Complex，J-PARC）、德国 GSI 的 FAIR 等。J-PARC 代表性电源是主环二极铁电
源，其电路拓扑如图 10-40 所示，其输出峰值电压达 6kV，峰值电流达 1.6kA。
电源由 2 个 AC-DC PWM 整流器、6 个电容器模组（Capacitor Bank Module，
CBM）和 6 个输出相互串联的全桥模块组成，6 个电容器模组中有 4 个是没有
AC-DC PWM 整流器连接的，称为浮动电容器，有助于降低成本和体积。在 CBM
充电之后，利用该电容能量激励磁体，随后磁体的感应能量被转移回 CBM。

➤ 电磁驱动用特种电源

电磁驱动是利用大电流产生强磁场推动待发射物体加速，把电磁能转换为
动能的技术，主要用于电磁发射。电磁发射质量大，速度一般为 3~8km/s。美
国通用原子能公司研制的 32MJ 轨道炮代表了当今电磁发射的较高水平。2014
年，电磁弹射装置已应用于"福特号"航母。2000 年以前，我国主要处于跟踪
研究阶段，最近十几年发展迅速。我国电磁发射电源研究单位包括：海军工程
大学、中科院电工研究所、等离子体研究所、北京特种机电技术研究所、中物
院流体物理研究所、南京理工大学和华中科技大学等。

大功率脉冲电源是电磁发射关键技术之一，按照储能原理不同，主要分成
电容储存电能、电感储能磁能和电机惯性储存动能等类型。其中电容型储能技
术相对成熟，应用最为广泛。尤其是自愈式金属膜电容器和半导体开关技术的
发展，使其成为工程应用的主要选择。2008 年，海军工程大学完成了电磁弹射

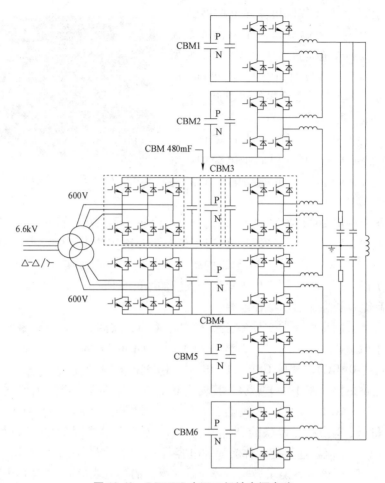

图 10-40　J-PARC 主环二极铁电源电路

原理样机攻关，开展了验证设备研制工作。2016 年，南京理工大学栗保明教授团队研制了 1 套 13MJ、额定工作电压 10kV 的电容储能型脉冲电源，输出电流峰值 1.1MA，脉冲宽度 3.5ms。电源系统采用多模块并联结构，由 13 个储能 1MJ 脉冲成形子系统组成，每个子系统包含 20 个 50kJ 脉冲电源模块，单个模块短路放电电流最大可达 65kA，充电系统由基于串联谐振变换器的高压充电机组成。

　　我国电磁发射领域值得牢记的时间是 2022 年 6 月 17 日，我国第三艘航母福建舰正式下水，它是我国完全自主设计建造的首艘弹射型航空母舰，采用平直通长飞行甲板，配置电磁弹射和阻拦装置，满载排水量 8 万余吨，如图 10-41 所示。在这里我们要把最崇高的敬意送给海军工程大学的马伟明院士，他带领团队在舰船综合电力技术、电磁发射技术领域破解了世界科技难题，推进了我国电磁能武器装备的跨越式发展。

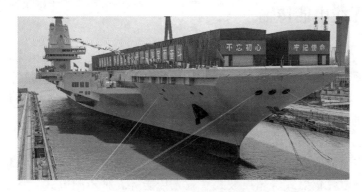

图 10-41　我国第三艘航母福建舰

除上述提到的重大装置外，在直线感应加速器、X 射线闪光照相与抗核加固、Z 箍缩与惯性约束聚变、高功率微波（HPM）和高空核爆炸电磁脉冲等方面同样需要多种特种电源。如由邓建军院士负责研制的超高功率脉冲装置——"聚龙一号"，是我国脉冲功率技术发展的里程碑。该装置建设项目于 2014 年 12 月 27 日通过国家验收。作为国内首台多路并联超高功率脉冲激光装置，其采用超高功率脉冲装置驱动柱形金属丝阵负载，使其汽化并向轴心箍缩（即 Z 箍缩），技术指标达到国际同类先进水平。"聚龙一号"装置由 24 路并联而成，通过对电能在时间和空间上的高度压缩和精确调控，可在千万分之一秒时间内向物理载体输出千万安培的脉冲大电流，瞬间功率超过 20 万亿 W，相当于全球平均发电功率的 2 倍。"聚龙一号"可在实验室内创造出高温、高压、强磁场、强辐射的极端物理环境，服务于武器物理、惯性约束聚变及实验室天体物理等前沿科学研究[45]。西安交通大学的杨旭教授、王兆安教授团队在大功率特种电源的多时间尺度精确控制方面做了大量工作，开发出的系列产品应用于兰州重离子加速器、中国散裂中子源、上海同步辐射光源等大科学工程。

由于篇幅限制，其他特种电源在此不一一列举。

此外，在脉冲电源方面，必需要提到马克斯发生器（Marx generator）。世界第 1 台原始马克斯发生器出现在 1914 年，是由苏联人制造，1923 年德国电气工程师 Erwin Otto Marx［以他的名字命名的埃尔文·马克斯奖（Erwin Marx Award）用于表彰在脉冲技术领域有贡献的工程师。］提出有关 Marx 发生器的概念，用于测试电力行业的高压元件和设备，并取得专利权。经过多年的发展，小电容、小电感的低电压 Marx 发生器可以在纳秒范围内工作，而大功率高电压的 Marx 发生器，因为存在较大的电感和电容，只能在微秒范围内工作。

10.9　无线电能传输

　　无线电能传输（Wireless Power Transfer，WPT）又称为无线电力传输、非接触电能传输，是指通过发射器将电能转换为其他形式的中继能量，隔空传输一段距离后，再通过接收器将中继能量转换为电能。相比有线的电能传输，WPT具有更好的便捷性、灵活性、环境适应性以及显著降低的触电危险，被美国《技术评论》杂志评选为未来十大科研方向之一，已经成为当前电气工程领域最活跃的热点研究方向之一。根据原理的不同，WPT技术主要分为磁耦合式、电场耦合式、电磁辐射式、超声波式、激光传能等五种不同方式。其中，磁耦合无线电能传输技术发展最为成熟，并在消费电子、植入式医疗设备等领域获得了大规模的商业应用。本节简要回顾磁耦合无线电能传输技术的发展历程。

　　磁耦合无线电能传输技术可细分为感应式无线电能传输（Inductive Power Transfer，IPT）和磁耦合谐振无线电能传输技术（Magnetic Coupled Resonant Wireless Power Transmission，MCR-WPT）两类。

　　1891年，著名发明家、电机工程师、机械工程师特斯拉在其专利"System of electric lighting，US0454622"中提出了无线电能传输的设想，其实验装置如图10-42所示，由交流电压源G、变压器P-S、电容器C、电火花间隙开关a、变压器P'-S'组成。G的频率为5kHz，与第一个变压器的一次侧线圈P相连，经过变压器升压后在二次侧线圈S上产生高压，电容C与S并联，因此电容C上

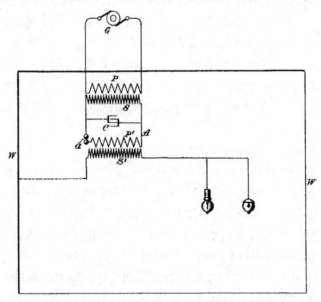

图10-42　特斯拉于1891年提出的无线电能传输系统原理图

也产生高电压，高电压击穿 a 点处的空气隙，此时电容与第二级变压器的一次侧线圈 P'形成回路，产生高频振荡，并且在二次侧 S'上感应出高频交流高压，该电压与灯泡以及对地电容后形成放电回路，用以点亮灯泡。

1901 年，特斯拉在美国长岛建成了著名的特斯拉塔，也叫沃登克里弗塔（Wardenclyffe Tower），如图 10-43a 所示，试图实现数十英里的远距离无线电能传输，并提出了一个大胆的构想：把地球作为导体，在地球与电离层之间建立起低频共振（特斯拉在实验中发现地球的共振频率接近 8Hz，1952 年德国科学家舒曼在研究地球及其电离层的系统时也发现这个共振频率，后来称之为舒曼共振），利用环绕地球的表面电磁波来远距离传输电力，实现全球无线电能传输，如图 10-43b 所示。虽然这些实验和构想由于资金等原因最终没有实现，但是后世科学家已经证实了该思路的可行性。

a) 沃登克里弗塔   b) 特斯拉的全球无线电能传输设想

图 10-43 特斯拉建造的沃登克里弗塔及其全球无线电能传输设想

1894 年，M. Hutin 和 M. Leblanc 也获授权一项轨道交通无线充电系统的美国专利 "Transformer system for electric railway, US0527857"，提出了牵引电车感应供电技术，是现代电动交通工具动态无线充电技术的雏形，其原理如图 10-44 所示。图中，发射端导线 E 由单根铜电缆构成，放置于管道中，并埋在路面上的沥青中，接收线圈 G 的绕组缠绕在铁心上，安装在电车底部，与电容串联后连接至牵引电机上，接收端首次采用了串联电容的补偿方式。

在 1960 年，B. K. Kusserow 将感应供电方式应用于植入式血泵中[46]，开启了无线电能传输技术在植入式医疗设备供电中的应用研究。随后不久，J. C. Schuder 等在哥伦比亚密苏里大学进行了名为"经皮层能量传输"的研究项目[47]。

1980 年代末开始，奥克兰大学 J. T. Boys 教授领导的研究团队对 IPT 技术进行了系统性的研究，在基本原理、系统频率分析和稳定策略、功率控制策略、不同补偿电路系统特性分析、能量与信号同步传输、系统稳定性等方面都进行了深入的研究。

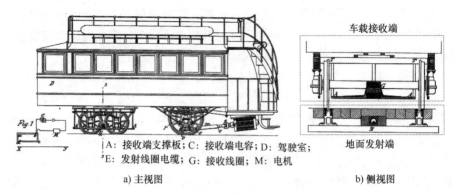

A：接收端支撑板；C：接收端电容；D：驾驶室；
E：发射线圈电缆；G：接收线圈；M：电机

车载接收端

地面发射端

a) 主视图   b) 侧视图

图 10-44　Hutin 和 Leblanc 提出的轨道交通无线充电系统原理图

J. T. Boys 教授于 1991 年申请美国专利 "Inductive power distribution system，US5293308"，首次系统地提出了感应式无线电能传输系统的结构与参数设计方法，如图 10-45 所示。三相交流电经过整流后得到直流电压，经过 Buck 变换器后，通过自激推挽式逆变电路驱动发射导轨与一次侧线圈电容进行谐振并输出高频正弦波电压，该电压驱动发射导轨。接收端安装在车端，采用并联补偿方式，并采用 E 形磁心进行聚磁，接收线圈输出经整流和开关模式控制给负载供电。不过受限于效率和成本等因素，J. T. Boys 教授研究的感应耦合式无线电能传输技术的有效距离一般在数十厘米以内。

2007 年，美国麻省理工学院 Marin Soljacic 教授团队在中距离无线电能传输领域取得突破，该团队设计的实验装置如图 10-46 所示，由两个铜导线构成的线圈组成，线圈直径 60cm，线径 6mm，两个线圈具有相同的自谐振频率。发射线圈连接在高频交流电源，接收线圈连接到一个 60W 的灯泡，距离 2m 可 "隔空" 点亮灯泡，电能转换效率为 40%，而距离为 1m 时效率高达 90% 左右。Marin Soljacic 将该技术命名为 "Witricity"（Wireless electricity）无线供电技术，也叫磁耦合谐振技术，即 MCR-WPT，并用耦合模理论建立模态方程得到了系统的能量传输特性，成果发表在 2007 年 *Science* 杂志上[48]。该项研究发表后，在国际上掀起了无线电能传输技术研究的热潮，各国学者纷纷加入了磁耦合无线电能传输技术研究队伍中，加快了无线电能传输时代的到来。

需要指出的是，在 MIT 提出 MCR-WPT 技术后，很多研究人员起初认为 IPT 和 MCR-WPT 的能量传输机理不同。2009 年，华南理工大学张波教授在中国电机工程学报撰文指出，MCR-WPT 技术是 IPT 技术在驱动频率等于磁耦合机构的固有谐振频率时的一种特例，此时其线圈回路阻抗达到最小值，因而有利于能量的高效传输[49]。东南大学的黄学良教授分析对比了共振式 WPT 系统的两种分析方法，即基于耦合模理论和基于电磁感应原理的电路互感模型，确认了两者

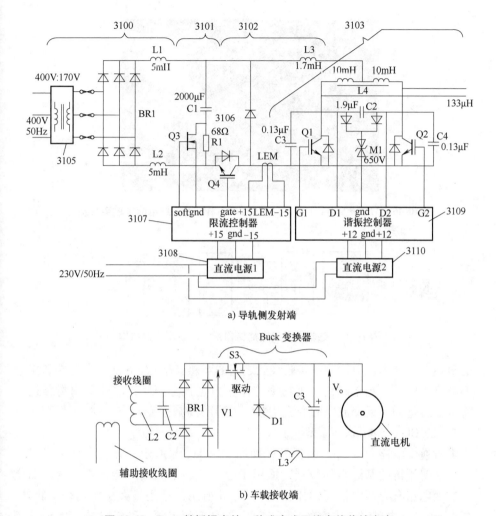

a) 导轨侧发射端

b) 车载接收端

图 10-45　Boys 教授提出的一种感应式无线电能传输方案

的等效性[50]。由此，学术界逐步形成了 MCR-WPT 与 IPT 在磁场耦合本质上相同的观点，不再刻意区分两者的不同。

无论是感应还是谐振式无线电能传输技术，其基本电路结构均可用图 10-47 表示，高频逆变电路将直流电变为高频交流电，经过发射端补偿后，通过磁耦合机构传输至接收端，接收端经过补偿与整流后，供给直流负载。下面对其中的高频逆变电路、磁耦合机构、补偿拓扑分别介绍。

10.9.1　高频逆变电路

耦合无线充电系统理论上所能传输的最大功率为 $P_{\max}=\omega M I_1 I_2$，这里 ω 是电

351

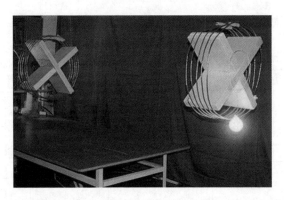

图 10-46 　Marin Soljacic 教授团队的 MCR-WPT 无线电能传输实验装置

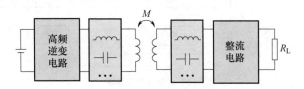

图 10-47 　磁耦合无线电能传输系统的基本电路结构

流的角频率，M 为发射线圈和接收线圈之间的互感，I_1、I_2 分别为发射端和接收端的电流。可见，频率越高，则功率传输能力越强。因此，需要采用高频逆变器将直流转化为高频交流电的变流装置，主要的高频逆变器有全桥/半桥型、自激推挽式、Class E/Class Φ_2 型。

半桥逆变电路仅含有一组桥臂，如图 10-48a、b 所示，开关器件少、成本低，且逆变所得的基波电压较低，适用于中、小功率无线电能传输系统；而全桥式逆变电路含有两组桥臂，如图 10-48c、d 所示，适用于大功率场合。此外，全桥/半桥逆变电路具有丰富的控制方式，例如变频控制、移相控制、变频-移相混合控制、脉冲密度调制等，因此也是目前研究和应用最多的逆变方式。

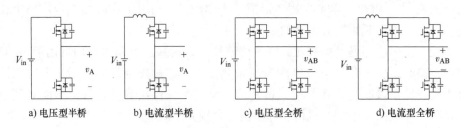

a) 电压型半桥　　　　b) 电流型半桥　　　　c) 电压型全桥　　　　d) 电流型全桥

图 10-48 　全桥/半桥逆变电路

在 1990 年代初期，J. T. Boys 教授首次采用电流型推挽电路作为 IPT 的逆变电路，如图 10-49 所示。推挽电路主要由直流电感 L_{dc}，开关管 S_1、S_2，以及谐振网络以及 L_1、L_2 构成的相分变压器（phase splitter transformer）构成。其中 L_{dc} 感值足够大，其电流可以近似为直流电流源。相分变压器将 L_{dc} 电流分散注入到换流网络的两臂中。S_1、S_2 互补导通，在谐振电压过零点开通开关管，实现零电压开关。

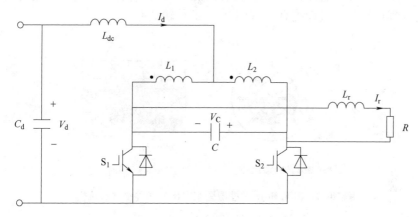

图 10-49　电流型自激推挽式逆变电路

也可采用 Class E 或 Class Φ_2 逆变电路（具体见本章 10.7 节），英国伦敦帝国理工学院 Paul D. Mitcheson 课题组于 2016 年将 Class Φ_2 应用于 MHz 无线电能传输系统中，分别搭建了 6.78MHz、27.12MHz 两套 MCR-WPT 系统[51]，输入电压 250V，输出 60V，功率 25W，其中 6.78MHz 系统峰值效率 71%，而 27.12MHz 的效率达到 75%。开关频率越高效率越高的原因是高频应用场合的线圈的感值更低、体积更小，因此导通损耗也有所降低。

10.9.2　磁耦合机构

磁耦合机构是 IPT、MCR-WPT 系统实现电磁能量变换的核心部件，其本质上是一个耦合电感，如图 10-50 所示。磁耦合机构设计的主要挑战在于提高耦合系数、减轻体积重量、降低损耗，并降低自感、互感等电气参数对相对位置变化的敏感性。

IPT、MCR-WPT 系统的效率与耦合系数正相关。平面型磁耦合机构具有较大的横向面积，因此在较大气隙条件下提升耦合系数。然而，大面

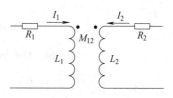

图 10-50　磁耦合机构

积的圆形铁氧体不仅增加了耦合机构的重量、成本高昂，也存在易碎风险，因此 J. T. Boys 教授课题组提出了多种著名的新型磁耦合机构。2009 年，J. T. Boys

教授提出使用多个铁氧体磁棒组成阵列的方案，如图 10-51a 所示，并在线圈外围套上铝环和塑料外壳进行整体减震保护[52]。2010 年，J. T. Boys 教授课题组又创造性地提出了如图 10-51b 所示的结构左右对称的 DD（double D）形线圈结构[53]，如图 10-51b 所示，该结构中发射线圈投射的磁力线高度大约是线圈长度的一半，使得同样垂直距离下的接收线圈能收到更多的磁力线，可以提高磁耦合机构的耦合系数，进而提高了 WPT 系统的传输效率。

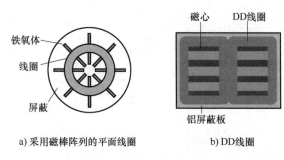

a) 采用磁棒阵列的平面线圈　　　　　　　b) DD线圈

图 10-51　J. T. Boys 教授课题组提出的两种磁耦合机构

2004 年，香港城市大学 Ron Hui（许树源）教授课题组提出了磁场"交错重叠"的磁耦合机构设计思路，如图 10-52 所示[54]，将正六边形绕组多层交错重叠构建 PCB 磁耦合机构，其中每个绕组中心点处的磁通密度最高，而六个角的磁通密度最低，通过不同层的错位重叠可以使磁场均匀分布，从而提高抗偏移能力。不过该线圈结构亦主要针对小型设备无线充电，不适用于如电动汽车等大功率无线充电系统。

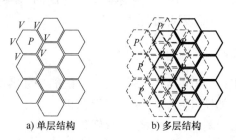

a) 单层结构　　　　　　　b) 多层结构

图 10-52　香港城市大学许树源教授提出的多层线圈结构

同样为了获得均匀磁场，实现多接收装置的同步充电，佛罗里达大学与 WiPower 公司的研究人员于 2009 年提出了如图 10-53 所示的变间距的发射线圈设计方案，该线圈内侧稀疏而外侧紧密，通过目标函数优化，得到可实现均匀磁场的最佳匝数、间距等参数。实验表明，随着接收线圈在发射线圈上的位置变化，功率变化只有 2.2%。该结构首次证明了用单体大发射线圈实现多接收端无线充电的可行性[55]。

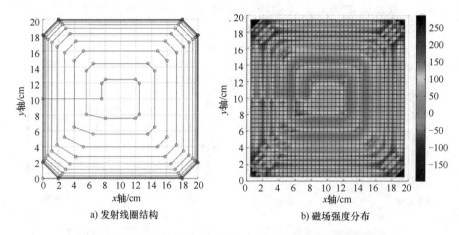

a) 发射线圈结构   b) 磁场强度分布

图 10-53　佛罗里达大学与 WiPower 公司提出的均匀磁场方案

2010 年，美国匹兹堡大学和香港理工大学的研究人员研究了具有中继线圈的磁谐振系统，证明该结构可以大幅拓展功率传输的距离，提升效率，具有构建无线能量传输网络的潜在价值。随后，香港城市大学 Ron Hui 教授团队针对多米诺骨牌形式排列的中继型谐振系统进行了详细分析，涵盖同轴、非同轴的多米诺骨牌式线圈，如图 10-54 所示。采用叠加法着重分析了非相邻线圈之间的相互耦合，指出由于多条功率流路径的存在，多米诺骨牌线圈结构的最优工作频率与谐振频率间存在一定偏差，并推导出了一种效率最佳的线圈间距分布方法[56]。

a) 同轴型   b) 环形

图 10-54　Ron Hui 教授团队设计的多米诺骨牌形式磁耦合机构

为了提高充电自由度，达到可以在三维空间中任意转动时的非接触电能传输，德国德累斯顿大学的 Brien 于 2003 年首次提出了图 10-55a 所示的双组发射线圈结构[57]，在双组线圈中通入相位相差 90°的正交电流，可以形成旋转磁场，从而在 xy 平面内实现均匀的磁场分布。2006 年，Brien 将其拓展至三组发射线圈，首次提出了全向场矢量（Omni-directional Field Vector）的概念，并给出了采用频移、双轴幅值调制实现磁场全向均匀的方法以及发射端功率变换器的控制[58]。

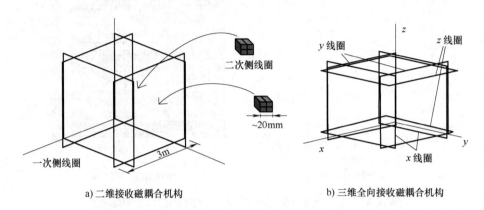

a) 二维接收磁耦合机构　　　　b) 三维全向接收磁耦合机构

图 10-55　二维接收磁耦合机构和三维全向接收磁耦合机构

在此基础上，重庆大学、奥克兰大学、韩国崇实大学、上海交通大学、弗吉尼亚理工大学、美国佐治亚理工学院、韩国科学技术院的科研团队进一步提出了多种可进行全向无线电能传输的磁耦合机构方案，如三线圈正交绕制的接收线圈方案、"长方体盒"发射线圈方案、多环形正交发射线圈方案等，如图 10-56 所示。

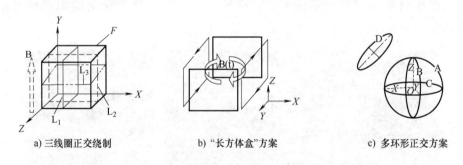

a) 三线圈正交绕制　　　　　b) "长方体盒"方案　　　　　c) 多环形正交方案

图 10-56　三线圈正交绕制、长方体盒及多环形正交方案

10.9.3　补偿拓扑

在磁耦合无线电能传输系统中，磁耦合机构通常是松耦合的，直接进行能量传输将会存在较大的无功环流，导致传输效率低下。通过加入由电感、电容构成的补偿网络，一方面可以调节输入阻抗角至零度左右，从而降低无功功率；

另一方面，可以调节磁耦合机构的增益，实现恒压、恒流输出特性，从而便于向特定负载供电。此外，补偿网络还可以减少输出电压、电流对线圈相对位置变化的敏感性。

在无线电能传输技术发展初期，补偿网络一般比较简单，例如特斯拉提出的早期方案只在一次侧加入了串联补偿电容。1996 年，B. H. Cho 提出一、二次侧同时补偿方式，使变压器一、二次侧同时谐振，该方式相对于单边补偿可提高变换器的输出电压增益和变换效率。一、二次侧同时采用一个电容补偿的方案共计四种：即串-串（series-series，S-S）、串-并（series-parallel，S-P）、并-串（parallel-series，P-S）、并-并（parallel-parallel，P-P），如图 10-57 所示。不过需要注意的是，对于 P-S 补偿和 P-P 补偿，由于一次侧第一补偿元件为电容，一次侧需要采用电流源型逆变电路，这需要在直流侧引入大电感构成恒流源[59]。

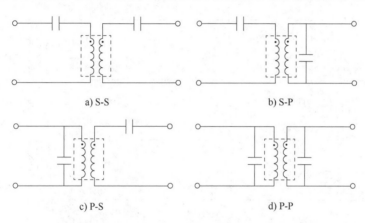

a) S-S　　　　　　　　　　　b) S-P

c) P-S　　　　　　　　　　　d) P-P

图 10-57　四种基本的补偿网络

对于 S-S、S-P 补偿网络，在全补偿条件下，其输入阻抗角均为零，且 S-S 可以实现恒流输出，而 S-P 可以实现恒压输出，然而其恒流特性或者恒压特性随着偏移的改变而变化，并且偏移越大，电流或者电压反而越大。为此，研究人员陆续提出了多种更先进的高阶补偿网络。

西班牙萨拉戈萨大学的 Juan L. Villa 教授于 2012 年提出了如图 10-58 所示的 SP-S 的补偿网络，指出通过优化各补偿电容之比，可以显著降低系统输出功率对偏移范围的敏感性，实验结果显示，该补偿拓扑在 25% 的偏移范围内能够保证相对稳定的输出功率[60]。为进一步提高 SP-S 补偿的功率传输能力，华中科技大学段善旭教授团队提出了如图 10-59 所示的一次侧三电容的补偿网络，相比于 SP-S 补偿多了一个调节量，可实现对传输功率大小的调节[61]。

1994 年，加拿大维多利亚大学的 A. K. S. Bhat 指出，在谐振变换器中引入 LCL 网络，可以灵活地实现电压源、电流源之间的转换的思想。基于该思想，在发射端依次加入补偿电感、并联补偿电容和串联补偿电容后与发射线圈相连，即如图 10-60a、b 所示，可分别构成具有恒流输出的 LCL-S 补偿网络、具有恒压输出的 LCL-P 补偿网络，后面又有学者陆续提出了双侧 LCL 补偿网络、LCC 补偿网络，如图 10-60c、d 所示[62]。

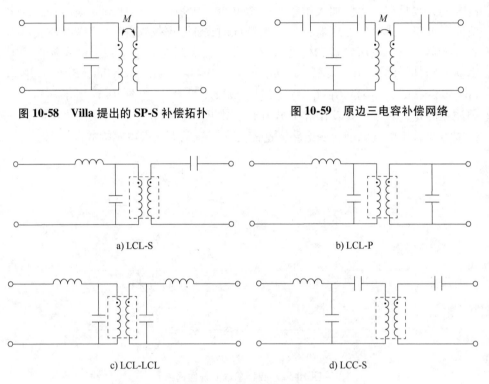

图 10-58　Villa 提出的 SP-S 补偿拓扑　　图 10-59　原边三电容补偿网络

a) LCL-S　　　　　　　　　　b) LCL-P

c) LCL-LCL　　　　　　　　　d) LCC-S

图 10-60　几种高阶补偿网络

在 LCC 补偿的基础上，美国密歇根大学的 Chris Chunting Mi 教授团队于 2014 年提出了双边 LCC 补偿拓扑，如图 10-61 所示，在实现恒流输出且零输入阻抗角的条件下，该电路的谐振频率与两个线圈之间的耦合系数无关，也与负载条件无关，因此适用于定频控制，并且耦合系数越小，该补偿网络的恒流输出电流越小，因此在充电安全性方面也具有天然优势[63]。近年来，我国学者对双边 LCC 补偿 IPT 系统进行了全面的研究，对推进该拓扑的实用化做出了重要的贡献。例如，西安交通大学王来利教授课题组针对双边 LCC 补偿的 IPT 系统进行了线圈集成化设计，并提出改变两相间发射线圈电流相位角来提升抗偏移能力的思路[64]。鉴于双边 LCC 补偿网络的众多优势，其已经被国际电动汽车无线充电标准 SAE J2954 和我国电动汽车无线充电标准 GB/T 38775 列为推荐使用拓扑。

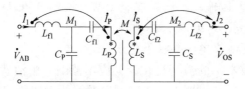

图 10-61 采用磁集成的双边 LCC 补偿网络

2012 年，瑞士联邦理工学院的 C. Auvigne 等人提出了通过补偿网络切换构成混合补偿的思路，如图 10-62 所示，其发射端采用串联补偿结构，而接收端可以通过切换开关 $S_1 \sim S_3$ 在串联补偿和并联补偿之间的切换，从而实现恒流输出到恒压输出之间的切换，以便于对电池进行充电[65]。

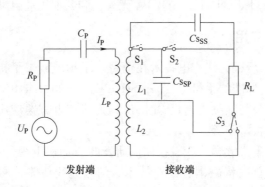

图 10-62 瑞士联邦理工提出的 SS、SP 混合补偿拓扑

基于混合补偿拓扑的概念，后续学者进行了更加深入的研究，香港理工大学谢志刚教授、东南大学曲小慧教授等在此方面做了出色成果。

10.9.4 行业标准

便携设备无线充电领域的第一个标准是"Qi"，由无线电力联盟（Wireless Power Consortium，WPC）于 2010 年 7 月推出[66]。该联盟成立于 2008 年 12 月 17 日，由 Convenient Power Limited、Fulton Innovation LLC、罗技公司、美国国家半导体公司、奥林巴斯株式会社、荷兰皇家飞利浦电子公司、三洋电机株式会社、深圳桑菲消费通信有限公司及德州仪器公司共 9 家公司创立，致力于制定所有电子设备都能相容的无线低功率充电国际标准。"Qi"的名称的命名灵感源于中文"气"，在中国哲学中象征着一股无形的力量。Qi 协议基于磁感应原理，最初版本支持 5W 以内功率传输。Qi 协议解决了无线充电的通用性难题，让这项技术获得了大规模应用，在 WPT 技术发展史上具有里程碑意义。目前，WPC 成员已达到了 350 个左右，已开发了 9000 多种通过 Qi 认证的无线充电产品。

2015 年，Qi 协议最大传输功率已扩展至 15W。按照 WPC 联盟的构想，充电功率未来还将进一步提升到 200W，在为手机和其他便携移动设备充电的基础上，实现笔记本计算机无线充电，并赋予充分的定位自由。

随着无线充电技术不断演变进化，其应用范围已由消费类手持设备拓展到众多新领域，如无人机、机器人、车联网以及智能无线厨房。WPC 在其他领域亦规划了一系列标准，其中包括：

➢ Ki 无线厨房标准，面向厨房电器，可支持最高 2200W 的充电功率。

➢ 轻型电动车（LEV）标准，更加快速、安全、智能和方便地在家中和旅途中为电动自行车和滑板车等轻型电动车进行无线充电。

➢ 工业无线充电标准，用于安全便捷的无线电能传输，为机器人、自动导向车（automated guided vehicle，AGV）、无人机和其他工业自动化机械充电。

10.9.5　产业化应用

自 Qi 协议推出后，无线充电技术在消费电子领域迎来了指数性增长。第一款搭载 Qi 无线充电标准的手机是 Sharp SH-13C，于 2011 年 8 月上市。随后，华为、苹果、三星等公司陆续将满足 Qi 协议的无线充电方案应用于手机、智能手环、无线耳机、平板电脑等。

海尔集团联合重庆大学孙跃教授团队研发的"无尾电视"在 2010 年国际消费电子展上推出，首次将磁耦合谐振技术、信号无线传输、网络无线连接 3 种技术进行融合，可在距离 1m 的范围内将 100W 功率无线传输至电视接收终端。目前，海尔集团研发部已经开始将无线电能技术应用于各类家电产品中，进行产品的成套化和系列化开发，形成海尔集团的"无尾之家"整体解决方案。

在交通领域从 2009 年起，韩国高等科学技术研究院（Korea Advanced Institute of Science and Technology，KAIST）启动了在线电动汽车（On-Line Electric Vehicles，OLEVs）项目，在高频逆变器、低电磁辐射特性、系统动态响应分析、磁耦合机构等方面取得了大量成果，至今已经开发了五代 OLEVs 系统，在韩国首尔、大田、丽水、龟尾等地进行了测试和商业化运行。

2010 年 11 月，奥克兰大学创办的 Halo IPT 公司研发感应式电能传输技术，2012 年 10 月被美国高通公司整体收购，在 2015 年 4 月 22 日的 FormulaE 电动方程式锦标赛上，高通展示了自己研发的 Halo 无线汽车充电技术，2016 年 Halo IPT 已经具备了半动态充电的能力，可在最高 30mph 的速度下进行无线电能传输。2019 年 2 月，WiTricity 公司收购了 Halo 关于无线充电技术相关的知识产权，继续推进该技术的商业化进程。

在国内，西南交通大学团队在中国工程院钱清泉院士的指导下，从 2010 年开始在国内率先提出并开展了轨道交通大功率动态无线供电技术的创新研究，致力于大功率无线供电技术在磁悬浮交通、港口 AGV、特殊场景需求等领域的应用研究。2013 年 10 月，西南交通大学团队成功研制国内首台 40kW 动态无线供电轨道原理样车。

2014 年 9 月 18 日，由中兴通讯股份有限公司、东风汽车公司联手打造的新能源汽车大功率无线充电公交商用示范线在湖北襄阳正式启动并投入运营，是国内首条无线充电商用示范线，该系统由南京航空航天大学陈乾宏教授负责研发，由两个 30kW 无线充电设备串联所构成，新能源公交车在改造过的停车位停靠后就可以进行充电。

2016 年，重庆大学与南方电网合作建设完成国内第一条动态无线供电系统示范线路。线路长 100m，最大输出功率为 30kW，效率为 75%~90%。

2018 年 10 月，由东南大学黄学良教授团队、重庆大学孙跃教授共同设计建设的世界首条"三合一"电子公路在"一带一路"能源部长会议和国际能源变革论坛上精彩亮相，首创了电动汽车无线充电、道路光伏发电、无人驾驶三项技术的融合应用，实现了电力流、交通流、信息流的智慧交融，被誉为"不停电的智慧公路"，充电功率 11kW，最高效率 90%，充分展示了中国在新能源领域的科技实力，如图 10-63 所示。

图 10-63　东南大学、重庆大学联合研制的 11kW 电动汽车动态无线充电系统

2021 年，孙跃教授团队建成了 60kW 电动汽车动态无线充电系统示范工程，该工程是当时国内功率等级最高的电动汽车移动式无线充电工程。建设充电道路总长 53m，最高效率达到 86%，车辆内部空间辐射小于 $5\mu T$，远小于国家标准 $27\mu T$。

2023 年 1 月 7 日，西南交通大学何正友教授研究团队研制的新型无线供电制式城轨车辆在中车唐山厂成功下线，在国内首次实现了城轨车辆供电制式由"有线"到"无线"的突破。

在电动船舶领域，已经商用化的无线充电系统较少。一方面，船舶对充电功率较大，达到 MW 级以上；另一方面，在充电操作期间，由于船舶的风、波浪和吃水的联合作用，以及响应于装载和卸载引起的倾斜和吃水的变化，岸边的船舶会持续发生不规则的移动，给平稳可靠的充电带来挑战。2017年8月，芬兰的瓦锡兰（Wärtsilä）公司与瑞士凯伏特（Cavotec）公司联合开发了一套大功率船舶无线充电与系泊一体化系统，并在混合动力的渡轮"MF Folgefonn"号完成了测试。该系统的岸基无线发射端可在船舶靠岸时与船体无线接收端吸合，既起到无线充电的功能，也起到系泊的作用。系统母线电压1000V，充电功率1MW以上，充电距离高达50厘米，充电效率97%。这是全球首艘采用高压大功率无线充电的商用电气渡轮，如图10-64所示。

图10-64　全球首款电动船舶高压无线充电系统

参 考 文 献

［1］潘人庸. 高频感应加热的工业应用［M］. 科学技术出版社，1957.

［2］JORDAN J P. Application of vacuum-tube oscillators to inductive and dielectric heating in industry［J］. Electrical Engineering，1942，61（11）：831-834.

［3］FRANK W E. New developments in high-frequency power sources［J］. IEEE Transactions on industry and general applications，1970（1）：29-35.

［4］LUCÍA O，MAUSSION P，DEDE E J，et al. Induction heating technology and its applications：past developments，current technology，and future challenges［J］. IEEE Transactions on industrial electronics，2013，61（5）：2509-2520.

［5］王英. 固态高频LLC电压型感应加热谐振逆变器研究［D］. 杭州：浙江大学，2005.

［6］张仰维，李宏. 浅谈直流真空电弧炉电源主电路方案及运行效率问题［J］. 真空，2020，57（5）：70-74.

［7］石秋强，张豫川，谈存真，等. 浅谈柔性直流电弧炉技术［J］. 工业加热，2022，51（2）：16-23.

［8］王文焕，张之敬，唐兴伦. 电解加工电源的发展及特点［J］. 现代机械，2004（1）：54-57.

［9］梁学民. 我国铝电解技术40年发展回顾［EB/OL］.［2021-3-18］. https：//chinania. org. cn/html/hangyetongji/tongji/2021/0318/28146. html

［10］LA Z. Transactions of the American Institute of Electrical Engineers［J］. The analysis of sampled-data systems，1952，71：225-234.

［11］Rodríguez J R，Pontt J，Silva C，et al. Large current rectifiers：State of the art and future trends［J］. IEEE Transactions on Industrial Electronics，2005，52（3）：738-746.

［12］ STRONG W F. Power supplies for electrostatic precipitation［J］. Electrical Engineering，1949，68（3）：229-234.

［13］ HORNE G H. Electrical engineering features of the electrical precipitation process［J］. Transactions of the American Institute of Electrical Engineers，1922，41：808-814.

［14］ 薄强. 高压静电除尘电源系统的研究与应用［D］. 北京：冶金自动化研究设计院，2018.

［15］ 汤铭. 纳秒级脉冲电源的研究与设计［D］. 南京：东南大学，2018.

［16］ 郗焕，熊小玲，阮新波. 高速电压随动电源的发展及面临的挑战［J］. 电工技术学报，2011，26（9）：151-159.

［17］ YUNDT G B. Series-or parallel-connected composite amplifiers［J］. IEEE Transactions on Power Electronics，1986（1）：48-54.

［18］ 郗焕. 移动通信领域包络线跟踪电源的研究［D］. 南京：南京航空航天大学，2012.

［19］ 金茜. 高效率高跟踪带宽包络线跟踪电源的架构与控制策略研究［D］. 南京：南京航空航天大学，2017.

［20］ JIN Q，RUAN X，REN X，et al. Series-Parallel Form Switch-Linear Hybrid Envelope-Tracking Power Supply to Achieve High Efficiency［J］. IEEE Transactions on Industrial Electronics，2017，64（1）：244-252.

［21］ 阮新波，金茜. 包络线跟踪电源技术综述［J］. 电工技术学报，2017，32（04）：1-11.

［22］ 波·罗·拉扎连柯，纳·约·拉扎连柯. 导电材料的电火花加工［M］. 北京：科学普及出版社，1959.

［23］ 刘志东. 特种加工［M］. 3 版. 北京：北京大学出版社，2022.

［24］ OBARA H，OHSUMI T，HATANO M. Development of Twin-type Resistorless Power Supply for Electrical Discharge Machining［J］. Journal of the Japan Society of Electrical Machining Engineers，2002，36（82）：33-38.

［25］ LIN R L，HSU C C，CHANGCHIEN S K. Interleaved four-phase buck-based current source with isolated energy-recovery scheme for electrical discharge machining［J］. IEEE transactions on power electronics，2009，24（7）：1788-1797.

［26］ 官乐乐，蒋毅，覃德凡，赵万生. 反激式微细电火花加工脉冲电源研究［J］. 电加工与模具，2003（3）：6-10.

［27］ 赵刚. 电火花线切割加工节能脉冲电源的研究［D］. 哈尔滨：哈尔滨工业大学，2006.

［28］ 姜仁华. 电火花线切割无阻脉冲电源的研究［D］. 南京：南京航空航天大学，2005.

［29］ ODULIO C M F，SISON L G，ESCOTO M T. Energy-saving Flyback Converter for EDM Application［C］. 2005 IEEE Region 10 Conference，2005：1-6.

［30］ DAVARI P，ZARE F，GHOSH A，et al. High-voltage modular power supply using parallel and series configurations of flyback converter for pulsed power applications［J］. IEEE Transactions on Plasma Science，2012，40（10）：2578-2587.

［31］ CASANUEVA R，AZCONDO F J，BRANAS C，et al. Analysis，design and experimental results of a high-frequency power supply for spark erosion [J]. IEEE Transaction on power electronics, 2005, 20 (2): 361-369.

[32] CARASTRO F, CASTELLAZZI A, CLARE J, et al. High-efficiency high-reliability pulsed power converters for industrial processes [J]. IEEE transactions on power electronics, 2011, 27 (1): 37-45.

[33] 徐殿国, 管乐诗, 王懿杰, 等. 超高频功率变换器研究综述 [J]. 电工技术学报, 2016, 31 (19): 26-36.

[34] 李颖. ON-OFF 控制超高频 Class E 型 DC-DC 变换器的研究 [D]. 南京: 南京航空航天大学, 2020.

[35] 彭皓. 碳化硅 MOSFET 高性能谐振驱动的研究 [D]. 武汉: 华中科技大学, 2021.

[36] 姜宇航. 基于 GaN 器件的超高频谐振反激变换器关键技术研究 [D]. 武汉: 华中科技大学, 2021.

[37] SUN B, ZHANG Z, ANDERSEN M A E. A comparison review of the resonant gate driver in the silicon MOSFET and the GaN transistor application [J]. IEEE Transactions on Industry Applications, 2019, 55 (6): 7776-7786.

[38] 杨勇. ITER 极向场大功率非同相逆并联变流器电磁分析与设计 [D]. 武汉: 华中科技大学, 2016.

[39] 陈晓娇. 超导磁体电源变流系统模块化的关键问题研究 [D]. 合肥: 中国科学技术大学, 2017.

[40] 我国磁约束聚变技术及大功率脉冲电源工程技术的开拓者——小记中国工程院院士 潘垣 [J]. 科技创业月刊, 2007 (06): 3.

[41] NEWTON M A, FULKERSON E S, HULSEY S D, et al. Overview and status of the power conditioning system for the National Ignition Facility [C]. 13th IEEE International Pulsed Power Conference, 2001, 1: 405-408.

[42] MORITA Y, KURIMOTO Y, MIURA K, et al. Capacitor bank of power supply for J-PARC MR main magnets [J]. Nuclear Instruments and Methods in Physics Research Section A: Accelerators, Spectrometers, Detectors and Associated Equipment, 2018, 901: 156-163.

[43] 丛培天. 中国脉冲功率科技进展简述 [J]. 强激光与粒子束, 2020, 32 (2): 025002.

[44] 戚栋, 王宁会. 特种电源分册——实用电源技术手册 [M]. 辽宁: 辽宁科学技术出版社, 2005.

[45] "聚龙一号" 装置荣获国家科技进步一等奖 [J]. 强激光与粒子束, 2018, 30 (02): 114.

[46] KUSSEROW B K. The use of a magnetic field to remotely power an implantable blood pump [J]. Preliminary report. ASAIO Journal, 1960, 6 (1): 292-294.

[47] SCHUDER J C, STEPHENSON JR H E, TOWNSEND J F. Energy transfer into a closed chest by means of stationary coupling coils and a portable high-power oscillator [J]. ASAIO Journal, 1961, 7 (1): 327-331.

[48] KURS A, KARALIS A, MOFFATT R, et al. Wireless power transfervia strongly coupled mag-

netic resonances [J]. Science, 2007, 317: 83~86.

[49] 博文珍, 张波, 丘东元, 等. 自谐振线圈耦合式电能无线传输的最大效率分析与设计 [J]. 中国电机工程学报, 2009, 29 (18): 21~26.

[50] 黄学良, 曹伟杰, 周业龙, 等. 磁耦合谐振系统中的两种模型对比探究 [J]. 电工技术学报, 2013, 28 (增2): 13~17.

[51] ALDHAHER S, YATES D C, MITCHESON P D. Design and Development of a Class EF2 Inverter and Rectifier for Multimegahertz Wireless Power Transfer Systems [J]. IEEE Transactions on Power Electronics, 2016, 31 (12): 8138-8150.

[52] BUDHIA M, COVIC G A, BOYS J T, Design and optimization of magnetic structures for lumped inductive power transfer systems [J]. Proc. Energy Conversion Congress and Exposition (ECCE), 2009: 2081-2088.

[53] BOYS J T, COVIC G A, HUANG C Y, et al. Inductive power transfer apparatus [P]. U. S. Patent. 2010. 02. 05.

[54] HUI S Y, HO WING W C. A New Generation of Universal Contactless Battery Charging Platform for Portable Consumer Electronic Equipment [C]. Annual IEEE Power Electronics Specialists Conference, Aachen. Germany, 2004: 638-644.

[55] CASANOVA J J, LOW Z N, LIN J, et al. Transmitting Coil Achieving Uniform Magnetic Field Distribution for Planar Wireless Power Transfer System [C]. Proc. International conference on Radio and wireless symposium, 2009: 530-533.

[56] ZHONG W, LEE C K, HUI S Y. General Analysis on the Use of Tesla's Resonators in Domino Forms for Wireless Power Transfer [C]. IEEE Transactions on Industrial Electronics, 2013, 60 (1): 261-270.

[57] O'BRIEN K, SCHEIBLE G, GUELDNER H. Design of large air-gap transformers for wireless power supplies [C]. Proc. Annual Conference of the IEEE Conference on Power Electronics Specialist, 2003: 1557-1562.

[58] O'BRIEN K, TEICHMANN R, GUELDNER H. Magnetic field generation in an inductively coupled radio-frequency power transmission system [C]. Proc. IEEE Power Electron. Specialists Conf. , 2006: 1-7.

[59] JOUNG G B, CHO B H. An energy transmission system for an artificial heart using leakage inductance compensation of transcutaneous transformer [C]. Proc. Annu. IEEE Power Electron. Specialists Conf. , 1996: 898-904.

[60] VILLA J L, SALLAN J, SANZ OSORIO J F, et al. High-misalignment tolerant compensation topology for ICPT systems [J]. IEEE Transactions on Industrial Electronics, 2012, 59 (2): 945~951.

[61] 段善旭, 赵锦波, 蔡涛, 等. 一种用于动态无线充电的装置及其参数获取方法 [P]. 中国, 发明专利, 申请号 CN201510653851.0, 申请日 2015. 10. 12

[62] BHAT. Analysis and design of LCL-type series resonant converter [J]. IEEE Trans. Ind. Electron. , 1994, 41 (1): 118-124

［63］LI S, LI W, DENG J, et al. A double-sided LCC compensation network and its tuning method for wireless power transfer ［J］. IEEE Transactions on Vehicular Technology, 2015, 64 （6）: 2261-2273.

［64］WU M, YANG X, CHEN W, et al. A Compact Coupler With Integrated Multiple Decoupled Coils for Wireless Power Transfer System and its Anti-Misalignment Control ［J］. IEEE Transactions on Power Electronics, 2022, 37 （10）: 12814-12827.

［65］AUVIGNE C, GERMANO P, LADAS D, et al. A dual-topology ICPT applied to an electric vehicle battery charger ［C］. Proc. Int. Conf. Electr. Mach. , 2012: 2287-2292.

［66］Wireless Power Consortium, 2012. ［Online］. Available: http://www. wirelesspowerconsortium. com.

附 录 / 电力电子相关学会

A.1 IEEE 电力电子学会

在介绍 IEEE 电力电子学会（Power Electronics Society，PELS）之前，先简单介绍下 IEEE 的发展史。电气与电子工程师协会（Institute of Electrical and Electronics Engineers），简称 IEEE（发音为 "Eye-triple-E"），总部位于美国纽约，是一个国际性的电子技术与信息科学工程师的协会，也是全球最大的非营利性专业技术协会[1]。

1884 年春，一小群电气专业人士在美国纽约会面，他们成立了一个新的组织——美国电气工程师协会（American Institute of Electrical Engineers，简称 AIEE），其宗旨为图 A-1 所示，并定期出版期刊论文，第一期如图 A-2 所示。1884 年 10 月，AIEE 在美国宾夕法尼亚州费城举行了第一次技术会议。许多早期领导人，如西联（Western Union）的创始主席诺文·格林（Norvin Green），都来自电报行业，其他人，如托马斯·爱迪生（Thomas Edison）来自电力行业，而亚历山大·格雷厄姆·贝尔（Alexander Graham Bell）则代表电话行业。随着

American Institute of Electrical Engineers.

RULES.

I.

OBJECTS.

The objects of the AMERICAN INSTITUTE OF ELECTRICAL ENGINEERS are to promote the Arts and Sciences connected with the production and utilization of electricity, and the welfare of those employed in these industries; by means of meeting for social intercourse, the reading and discussion of professional papers, and the circulation, by means of publications among its members and associates, of the information thus obtained.

图 A-1　AIEE 成立的宗旨

交流感应电机、远距离交流输电和大型发电厂等创新技术的发展，电力迅速增长。通用电气、西门子和西屋等公司在电力商业化方面取得了巨大成功，AIEE越来越关注电力行业，其第二个重点是有线通信行业，包括电报和电话。

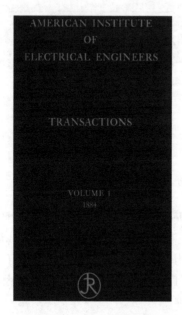

OF THE

AMERICAN INSTITUTE

OF

ELECTRICAL ENGINEERS,

VOL. I.

MAY, 1884—OCTOBER, 1884.

NEW YORK CITY:
PUBLISHED BY THE INSTITUTE,
AT THE OFFICE OF THE SECRETARY,
9 MURRAY ST.

图 A-2　AIEE 出版的第一期期刊

从 1895—1896 年古列尔莫·马可尼（Guglielmo Marconi）的无线电报实验开始，出现了一个新的产业。最初被称为"无线"电报的东西变成了无线电通信，随着新产业的发展，1912 年成立无线电工程师协会（Institute of Radio Engineers，简称 IRE）。IRE 起初专注于无线电通信（Radio），后来扩展到电子行业（Electronics）。

随着电气以及电子行业的发展，这两个协会的成员人数都有所增加，但从 20 世纪 40 年代开始，IRE 的增长速度更快，并在 1957 年成为更大的团体。1963 年 1 月 1 日，AIEE 和 IRE 合并成立了电气与电子工程师协会（IEEE）。

IEEE 分为 37 个专业领域，称为技术学会（Technical Society）或委员会（Council），IEEE 电力电子学会就是其中之一。20 世纪 70 年代开始，电力电子逐渐成为一门独特的学科。许多早期的学会领袖都参与了始于 1970 年的 IEEE 电力电子专家会议（Power Electronics Specialists Conference，PESC，后来转变为 IEEE 能源转换大会和博览会，Energy Conversion Congress and Exposition，ECCE）和始于 1978 年的 IEEE 国际电信能源会议（International Telecommunications Energy Conference，INTELEC）。1983 年成立了 IEEE 电力电子委员会（Power

Electronics Council，PEC），IEEE PEC 于 1986 年举办了第一届 Applied Power Electronics Conference and Exposition（APEC）。1987 年 6 月 20 日 IEEE PEC 转为电力电子学会（Power Electronics Society，PELS）[2]。

IEEE 电力电子学会历任会长（President）名单如下：

时间	姓名
1983—1986（Council）	Trey Burns
1987—1988	John Kassakian
1989—1990	Pierre Thollot
1991—1992	Thomas G. Wilson，Sr.
1993—1994	Fred C. Lee
1995—1996	Thomas Jahns
1997—1998	Jerry Hudgins
1999—2000	Philip Krein
2001—2002	Thomas Habetter
2003—2004	Dean Patterson
2005—2006	Rik W. De Doncker
2007—2008	Hirofumi Akagi
2009—2010	Deepak Divan
2011—2012	Dushan Boroyevich
2013—2014	Dong Tan
2015—2016	Braham Ferreira
2017—2018	Alan Mantooth
2019—2020	Frede Blaabjerg
2021—2022	Liuchen Chang
2023—2024	Brad Lehman

IEEE 电力电子学会出版物有：

IEEE Transactions on Power Electronics

IEEE Transactions on Power Electronics-Letters

IEEE Open Journal of Power Electronics

IEEE Power Electronics Magazine

IEEE Journal of Emerging and Selected Topics in Power Electronics

IEEE Transactions on Transportation Electrification

IEEE Transactions on Smart Grid

IEEE Transactions on Sustainable Energy

IEEE Electrification Magazine

　　IEEE 电力电子学会每年颁发年度奖以表彰那些在技术创新、产业、教育、服务等方面取得成就的会员，赞扬他们对各自领域和电力电子学会做出的贡献。奖项分为三大类：IEEE 技术领域奖（IEEE Technical Field Award）、学会成就奖（Society and Achievement Awards）和学会下技术委员会（Technical Committee，TC）设立的奖（TC Administered Awards），当然还有论文奖（Paper Awards）。

　　➢ IEEE 技术领域奖有：

　　IEEE 电力工程奖章（IEEE Medal in Power Engineering）

　　IEEE 交通技术奖（IEEE Transportation Technologies Award）

　　IEEE William E. Newell 电力电子奖（IEEE William E. Newell Power Electronics Award）

　　➢ 学会成就奖有：

　　电力电子教育成就奖（Award for Achievement in Power Electronics Education）

　　电力电子标准成就奖（Award for Achievement in Power Electronics Standards）

　　Harry A. Owen，Jr. 杰出服务奖（Harry A. Owen，Jr. Distinguished Service Award）

　　McMurray 电力电子行业成就奖（McMurray Award for Industry Achievements in Power Electronics）

　　R. David Middlebrook 成就奖（R. David Middlebrook Achievement Award）

　　Richard M. Bass 杰出青年电力电子工程师奖（Richard M. Bass Outstanding Young Power Electronics Engineer Award）

　　IEEE PELS 青年专业杰出服务奖（IEEE PELS Young Professional Exceptional Service Award）

　　➢ 技术委员会奖有：

　　电机、驱动器及相关自动化技术成就奖（Electrical Machines，Drives and Related Automation Technical Achievement Award）

　　储能创新奖（Energy Storage Innovation Award）

　　航天动力杰出成就奖（Outstanding Achievement Award on Aerospace Power）

　　建模与控制技术成就奖（Modeling and Control Technical Achievement Award）

　　电力电子前沿技术奖（Power Electronics Emerging Technology Award）

　　可持续能源系统技术成就奖（Sustainable Energy Systems Technical Achievement Award）

　　开关电源集成和小型化技术成就奖（Technical Achievement Award for Integration and Miniaturization of Switching Power Converters）

　　车辆和交通系统成就奖（Vehicle and Transportation Systems Achievement Award）

　　• IEEE 电力工程奖章创立于 2008 年，旨在表彰在发电、输电、配电、应用和利用电力以改善社会方面做出的杰出贡献，获奖者有：

时间	获奖人	贡献
2010	Prabha S. Kundur	大型互联电力系统建模、仿真和控制的分析方法、工具和技术开发及应用
2011	William F. Tinney	电力系统计算机分析技术
2012	Edmund O. Schweitzer，Ⅲ	基于计算机技术的电力系统控制与保护设备
2013	Hermann W. Dommel	电力系统中电磁瞬变和最优潮流分析方法
2014	Thomas Anthony Lipo	电机和驱动器拓扑
2015	Fred C. Lee（李泽元）	电力电子尤其是高频电能变换
2016	Arun Phadke	用于电力系统监测、控制和保护的同步相量技术
2017	Marian P. Kazmierkowski	电力电子变换器和电力驱动控制系统
2018	Hirofumi Akagi	电能变换系统理论与实践及其应用
2019	Lionel Olav Barthold	输电技术
2020	Rik W. De Doncker	大功率电能变换技术
2021	Praveen K. Jain	高频功率变换系统的理论与实践
2022	Thomas M. Jahns	高效永磁电机和驱动器

● IEEE 交通技术奖创立于 2011 年，旨在表彰应用于交通系统技术的杰出贡献，获奖者有：

时间	获奖人	贡献
2014	Linos J. Jacovides	应用于交通领域的机电系统和电力电子的分析和设计
2015	Robert Dean King	混合动力汽车推进和能量管理系统的设计、优化和实践
2016	Petros Ioannou	自适应巡航控制系统的设计、分析和实践
2017	Claire Tomlin	航空运输系统的防撞协议设计和航空电子安全验证
2018	James C. C. Chan（陈清泉）	电动汽车技术
2019	Hao Huang	飞机电气化
2020	Markos Papageorgiou	交通流建模与运行
2021	Philip T. Krein	电动汽车电池管理与混合动力系统优化
2022	Ouyang Minggao	燃料电池动力系统和电池热管理

• IEEE William E. Newell 电力电子奖自 1977 年以来每年颁发一次，以表彰电力电子领域的杰出成就。2005 年，该奖项升级为 IEEE 技术领域奖，这是为了纪念美国宾夕法尼亚州匹兹堡西屋研发中心的 William E. Newell 博士，获奖者有：

时间	获奖人	贡献（2006 年之前没有注明）
1977	Richard Hoft	
1978	William McMurray	
1979	Shashi Dewan	
1980	Alexander Kusko	
1981	Thomas G. Wilson	
1982	R. David Middlebrook	
1983	Francise C. Schwarz	
1984	Loren F. Stringer	
1985	Klemens Heumann	
1986	Philip L. Hower	
1987	John G. Kassakian	
1988	Koosuke Harada	
1989	Fred C. Lee（李泽元）	
1990	Thomas A. Lipo	
1991	B. Jayant Baliga	
1992	Werner Leonhard	
1993	Robert L. Steigerwald	
1994	Laszlo Gyugyi	
1995	J. Daan van Wyk	
1996	Akira Nabae	
1997	Pierre Thollot	
1998	Joachim Holtz	
1999	Thomas Jahns	
2000	Luigi F. Malesani	
2001	Hirofumi Akagi	
2002	Emanuel E. Landsman	
2003	Philip T. Krein	
2004	M. Azizur Rahman	
2005	Bimal K. Bose	

2006	Deepakraj M. Divan	引领了软开关变换器技术的发展
2007	Dushan Boroyevich	促进开关电源控制建模与设计
2008	Istvan Nagy	在电力电子技术的研究、开发、全球推广和大学教育方面发挥领导作用
2009	Tadashi Fukao	促进了周波变换器和无轴承电机的发展
2010	Akio Nakagawa	开发非拴锁 IGBT
2011	Praveen Jain	促进高频功率变换理论与实践的发展
2012	Leo Lorenz	促进功率半导体器件和功率集成模块的发展
2013	Rik W. De Doncker	发展电力电子新器件、拓扑和控制
2014	Frede Blaabjerg	促进电力电子在可再生能源和变速驱动中技术发展
2015	Shu Yuen Ron Hui（许树源）	促进电力电子在无线充电和可持续照明技术中的应用
2016	Johann W. Kolar	促进三相 PWM 变换器系统发展和电力电子教育
2017	Seung-Ki Sul	旋转磁场电机无传感器控制
2018	Rainer Marquardt	发明模块化多电平变流器在中压驱动和高压直流输电系统中的应用
2019	Patrizio Vinciarelli	领导开发分布式电源系统中的高效高功率密度变换器
2020	Ivo Barbi	软开关变换器技术和电力电子教育
2021	Robert W. Erikson	电力电子教育和变换器分析、建模和设计
2022	Fang Zheng Peng（彭方正）	发展了级联多电平逆变器和大功率变换器拓扑以及促进它们在电力系统中的应用
2023	Dragan Maksimovic	开关电源的数字控制、建模和拓扑

- 电力电子教育成就奖，旨在表彰对电力电子领域教育产生重大影响或具有开创性意义工作的个人，从 2022 年开始，获奖人为

时间	获奖人	贡献
2022	Katherine A. Kim	电力电子领域的教育视频和在线学习

● 电力电子标准成就奖，旨在表彰在电力电子领域为 IEEE 标准发展做出贡献的个人，获奖者为

时间	获奖人	贡献
2019	Brad Lehman	发起和领导 IEEE LED 照明标准小组（PAR1789）以及 IEEE 标准 1789-2015——IEEE 高亮度 LED 中调节电流以减轻人类健康风险的推荐做法
2020	John DeCramer	IEEE 电力变压器和电感标准
2021	Bruce Thackwray	多项 IEEE 电力变压器和电感标准
2022	Matthew Wilkowski	电子变压器技术委员会（Electronic Transformer Technical Committee，ETTC）中的工作

● Harry A. Owen, Jr. 杰出服务奖，创立于 1996 年，旨在表彰为 PELS 作出长期杰出贡献的个人，自 2011 年以来，用于纪念美国北卡罗来纳州杜克大学的 Harry A. Owen, Jr.，获奖者有

时间	获奖人	贡献（2013 年之前没有注明）
1997	Harry A. Owen, Jr.	
1998	John G. Kassakian	
1999	Thomas G. Wilson, Sr.	
2000	Richard G. Hoft	
2001	William M. Portnoy	
2002	Robert V. White	
2003	Koosuke Harada	
2004	Arthur W. Kelley	
2005	Christopher O. Riddleberger	
2006	Jacobus Daniel van Wyk	
2007	Thomas M. Jahns	
2008	Philip T. Krein	
2009	Frede Blaabjerg	
2010	John M. Miller	
2012	Thomas Habetler	
2013	Ralph Kennel	服务 PELS 会议、研讨会和分会活动
2014	Rik De Doncker	PELS 全球化
2015	Jerry L. Hudgins	在 PELS 工作超过 25 年

2016	Dushan Boroyevich	指导 PELS 全球化
2017	Dong Tan（谭东方）	为 PELS 战略发展提供持续服务
2018	William Gerard Hurley	三十多年 PELS 服务
2019	Brad Lehman	作为 IEEE Transactions on Power Electronics 的主编
2020	Dean Patterson	长期为电力电子服务，特别是在国际包容性、教育、技术委员会、会员方面
2021	Braham Ferreira	领导和服务 PELS

● McMurray 电力电子行业成就奖，创立于 2019 年，旨在表彰在电力电子领域已经或可能会对行业产生重大影响的个人，获奖者有：

时间	获奖人	贡献
2020	Patrick Chapman	高可靠性逆变器和可再生能源系统
2021	Amit Gupta	航空航天、火车和风力涡轮发电系统的变流技术
2022	Noriko Kawakami	大容量功率变换器及其工业应用

● R. David Middlebrook 成就奖，创立于 2011 年，旨在表彰在建模与控制、仿真、元器件、变换器、逆变器等电力电子技术领域做出杰出贡献的个人，可以是单个重大贡献，如开创性论文或分析方法，或一系列共同代表杰出技术贡献的成就，获奖者有

时间	获奖人	贡献
2012	Prasad Enjeti	
2013	William Gerard Hurley	高频磁元件设计、建模及平面磁元件在电力电子中应用
2014	Johann Kolar	电力电子变换器的电路创新、建模、控制和多目标优化
2015	David J. Perreault	高性能电力电子电路的设计、分析和构建
2016	Mark Dehong Xu（徐德鸿）	应用于可再生能源系统的电力电子技术
2017	Jian Sun（孙建）	电力电子变换器系统的建模与控制
2018	Grahame Holmes	功率变换器的脉冲宽度调制（PWM）和电流调节理论和实践
2019	Issa Batarseh	电力电子变换及在光伏发电中应用
2020	Alex Qin Huang（黄勤）	促进了硅和宽禁带器件电力电子技术的发展
2021	Shu-Hung Chung（钟树鸿）	智慧城市的能源利用技术

| 2022 | Dragan Maksimovic | 数字控制变换器的建模和分析 |

● Richard M. Bass 杰出青年电力电子工程师奖，设立于 1997 年，自 1999 年，为了纪念美国佐治亚理工大学的 Richard M. Bass，正式命名该奖项为 Richard M. Bass 杰出青年电力电子工程师奖，以表彰青年工程师（35 岁以下）在电力电子领域做出的突出贡献，获奖者有：

时间	获奖人	贡献（2013 年前没有标注）
1997	Vlako Vlatkovic	
1998	Frede Blaabjerg	
1999	Steven B. Leeb	
2000	Jose A. Cobos	
2001	David J. Perreault	
2002	Pallab Midya	
2003	Babak Fahimi	
2004	Philip Carne Kajaer	
2005	Ali Emadi	
2006	Patrick Chapman	
2007	Christian Klumpner	
2008	Regan Zane	
2009	Rangarajan Tallam	
2010	Maryam Saeedifard	
2011	Jin Wang（王瑾）	
2012	Samir Kouro	
2013	Yunwei（Ryan）Li（李云伟）	可再生能源系统、微电网和电力驱动中的电力电子控制
2014	Robert Pilawa-Podgurski	小型化高性能直流-直流变换器的设计与应用
2015	Zixin Li（李子欣）	多电平电压源高压直流变流器
2016	Huai Wang（王怀）	电力电子系统的可靠性
2017	Ali Davoudi	电力电子与微电网的建模与仿真
2018	Xiongfei Wang（王雄飞）	电力电子化电力系统的稳定性
2019	Katherine Kim	用于光伏系统的差分功率处理变换器
2020	Pradeep Shenoy	高功率密度高效率直流-直流变换系统
2021	Yongheng Yang（杨永恒）	电网友好型光伏发电系统设计与控制
2022	Daniel Costinett	基于宽禁带器件的高功率密度变换器

● 建模与控制技术成就奖（Modeling and Control Technical Achievement

Award），旨在表彰在电力电子建模和控制方面做出杰出和持续技术贡献的创新者和研究人员，获奖者有：

时间	获奖人	贡献
2012	Dragan Maksimovic	高频开关电源数字控制
2013	Jian Sun（孙建）	
2014	Seth Sanders	开关电源平均模型与数字控制
2015	Brad Lehman	dc-dc 变换器和固态照明的建模和控制
2016	Paolo Mattavelli	FACTS 设备的动态相量模型、有源滤波器的控制技术以及功率变换系统的数字控制
2017	Yan-Fei Liu（刘雁飞）	数字控制策略建模
2018	Charles Sullivan	磁性元件建模与分析
2019	Alan Mantooth	功率半导体器件建模
2020	Lennart Harnefors	电力电子系统的控制和动态分析
2022	Tobias Geyer	大功率变换器的预测控制与调制

• 电力电子前沿技术奖（Power Electronics Emerging Technology Award），旨在表彰在电力电子一个或多个新兴前沿课题上做出杰出技术贡献的工程师和研究人员，获奖者有：

时间	获奖人	贡献
2019	Chunting（Chris）Mi（米春亭）	无线电能传输技术
2020	Brij Singh	碳化硅逆变器
2021	Grant Covic	无线电能传输领域的领导和创新
2022	Jin Wang（王瑾）	基于宽禁带器件的高功率密度变换器和电机驱动器

• 可持续能源系统技术成就奖（Sustainable Energy Systems Technical Achievement Award），旨在表彰为可持续能源系统中的电力电子进步做出持续和重大学术、原创技术和科学贡献的个人，获奖者有：

时间	获奖人	贡献
2017	Marco Liserre	控制电网中的能源系统
2018	Liuchen Chang（张榴晨）	分布式发电中的创新
2019	Xiongfei Wang（王雄飞）	可再生能源系统中变流器稳定性和控制
2020	Pedro Rodriquez	电网交互式可再生能源系统的控制
2021	Wei Qiao	可持续能源系统中电力电子变换器的状态监测与控制

2022　　　Xinbo Ruan（阮新波）　　可再生能源并网逆变器的控制

● 开关电源集成和小型化技术成就奖（Technical Achievement Award for Integration and Miniaturization of Switching Power Converters），旨在表彰在电力电子电路、组件、设备和/或系统向更高水平的集成和/或开关电源小型化发展方面做出杰出技术贡献的研究人员，获奖者有：

时间	获奖人	贡献
2021	Cian O'Mathuna	将电子工业和学术界聚集在一起，共同开发芯片电源（PwrSoC）方面发挥了领导作用
2022	Noah Sturcken	开发第一个可将体积减少一个数量级的商用硅完全集成 DC-DC 变换器

● 车辆和交通系统成就奖（Vehicle and Transportation Systems Achievement Award），旨在表彰对车辆和交通系统中的电力电子技术进步做出杰出技术贡献的创新者和研究人员，获奖者有：

时间	获奖人	贡献
2019	Kaushik Rajashekara	推动陆空交通电气化动力转换和推进系统的进步
2020	Burak Ozpineci	推动电力电子在交通电气化和电动汽车无线充电方面的进步
2021	G. Abas Goodarzi	推动中型和重型车辆电动传动系统的进步
2022	Alireza Khaligh	推进电力电子技术在电气化运输系统的应用

除了 IEEE PELS 外，IEEE 中还有其他一些学会也涉及到电力电子技术业务，如：

IEEE 电力和能源学会（Power & Energy Society，PES），其业务范围包括安全、可持续、经济和可靠地转换、发电、输电、配电、储存和使用电能（包括电能计量）的设备、结构、材料和电力系统的研究、开发、规划、设计、施工、维护、安装和运行和控制。

IEEE 工业电子学会（Industrial Electronics Society，IES），其业务范围涉及智能和计算机控制系统、机器人、工厂通信和自动化、柔性制造、数据采集和信号处理、视觉系统和电力电子领域的最新发展。

IEEE 工业应用学会（Industry Applications Society，IAS）其业务范围涉及电气和电子系统、仪器，设备和控制管理的开发及应用。

IEEE 电介质与电绝缘学会（Dielectrics and Electrical Insulation Society，DEIS），主要研究电绝缘现象，气、液、固三态电绝缘材料，电气、电子和生物应用系统等。

A. 2　中国电源学会

中国电源学会由何金茂、蔡宣三、丁道宏、李允武、李厚福、李颖达、马传添、倪本来、李占师等发起，1983 年开始筹建，同年 8 月，在山东烟台召开成立大会，首届理事长为何金茂。1986 年 10 月 29 日由原国家科委批准，1991 年在民政部注册登记，2000 年 10 月 14 日，加入中国科协，学会会址设在天津。中国电源学会的主要出版物有：《电源学报》、《电力电子技术及应用英文学报》（CPSS-TPEA）、《中国电源行业年鉴》、电力电子技术英文丛书、《中国电源学会通讯》（电子版）等[3]。历届理事长为

第一届	西安交通大学	何金茂教授	（1983—1993）
第二届	清华大学	蔡宣三教授	（1993—1997）
第三届	南京航空航天大学	丁道宏教授	（1997—2001）
第四届	中国科学院	季幼章研究员	（2001—2005）
第五届	西安交通大学	王兆安教授	（2005—2009）
第六届	西安交通大学	王兆安教授	（2009—2013）
第七届	浙江大学大学	徐德鸿教授	（2013—2017）
第八届	浙江大学大学	徐德鸿教授	（2017—2021）
第九届	西安交通大学	刘进军教授	（2021—2025）

中国电源学会于 2011 年设立"中国电源学会科学技术奖"，奖励在我国电源领域的科学研究、技术创新、新品开发、科技成果推广应用等方面做出突出贡献的个人和单位。设立奖项有：杰出贡献奖、青年奖、技术发明奖、科技进步奖、优秀产品创新奖。

历届获奖如下：

- 杰出贡献奖

时间	获奖人	所在单位
2011	陈成辉	厦门科华恒盛股份有限公司
2013	汪槱生	浙江大学
2015	韩英铎	清华大学
2017	李泽元	美国弗吉尼亚理工大学
2019	曹仁贤	阳光电源股份有限公司
2020	郑崇华	台达电子工业股份有限公司
2021	陈伯时	上海大学
2022	罗安	湖南大学

● 青年奖

时间	获奖人	所在单位
2011	康劲松	同济大学
	伍永乐	广东凯乐斯光电科技有限公司
2013	耿华	清华大学
	王保均	广州金升阳科技有限公司
2015	胡家兵	华中科技大学
	汪之涵	深圳青铜剑电力电子有限公司
	张军明	浙江大学
2017	吴新科	浙江大学
	孙凯	清华大学
	陈燕东	湖南大学
2019	杜雄（杰出青年奖）	重庆大学
	陈武（优秀青年奖）	东南大学
	陈宇（优秀青年奖）	华中科技大学
	马铭遥（优秀青年奖）	合肥工业大学
2020	朱淼（杰出青年奖）	上海交通大学
	杨树（优秀青年奖）	浙江大学
	和巍巍（优秀青年奖）	深圳基本半导体有限公司
	吴红飞（优秀青年奖）	南京航空航天大学
2021	王来利（杰出青年奖）	西安交通大学
	王懿杰（优秀青年奖）	哈尔滨工业大学
	王奎（优秀青年奖）	清华大学
	曲小慧（优秀青年奖）	东南大学
2022	郑泽东（杰出青年奖）	清华大学
	王丰（优秀青年奖）	西安交通大学
	李奇（优秀青年奖）	西南交通大学
	马柯（优秀青年奖）	上海交通大学

A.3 中国电机工程学会

1930 年，为开展电机工程的学术交流，普及电工知识，推动中国电机工业科学技术与产业工程的发展，一些国外学成归国的电机工程师，在杭州创办了电工杂志社，编辑出版《电工》杂志。

1933 年 2 月，清华大学电机工程系主任顾毓琇在《电工》杂志上发表了《中国电工学会的发起》，倡议组织电机工程界的学会，这是创建中国电机工程师学会的先声。

1934 年 7 月，浙江大学工学院院长李熙谋、上海交通大学工学院院长张廷金和中央大学工学院院长顾毓琇等 45 人，再次倡议国内从事电机工程事业的同行，组织中国电机工程学术性团体。

1934 年 10 月 14 日在上海八仙桥新青年会 9 楼西厅，中国电机工程师学会举行的成立大会，出席会员 67 人。会议选举李熙谋当选为第一任会长，张廷金、赵曾珏、顾毓琇、张惠康、陈良辅、包可永、裘维裕、恽震，庄仲文等 10 人为董事，组成董事会，为学会最高决策和执行机构。大会通过了学会章程，其中第一条，开宗明意为“本会定名为中国电机工程师学会，简称中国电工学会，英文译名为 The Chinese Institute of Electrical Engineers（CIEE）。”这是现在的“中国电机工程学会”的前身，是我国电工电气行业中创建最早的一个学会[4]。本书作者收藏了一份该章程，封面及首页如图 A-3 所示。

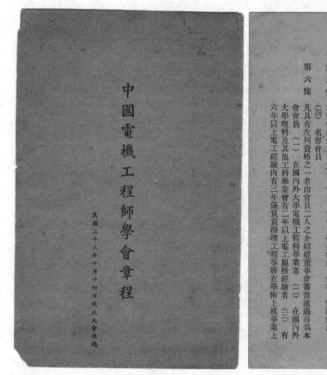

图 A-3　中国电机工程师学会章程

新中国成立后，1956 年 6 月，中华全国自然科学专门学会联合会作出成立中国电机工程学会筹备委员会决定；1957 年 7 月，中国电机工程学会在北京召开中国电机工程学会筹委会常务委员会第一次会议，宣告学会成立。在 1958 年 5 月召开的中国电机工程学会第一次全国会员代表大会上刘澜波同志被选举为第一任理事长，并明确中国电机工程学会挂靠在水利电力部。1963 年 10 月，水利电力部副部长程明陞被选举为第二任理事长。1980 年 8 月 13 号。中国电机工程学会召开了第二届常务理事扩大会议，讨论了由褚应璜，张本鸿，何效宁、丁舜年、张大齐，顾谷同和汤明奇 7 位电工制造方面的专家于 1980 年 3 月联名向中国科协和有关部门提出将中国电机工程学会分为两个学会的建议，学会决定同意成立中国电工技术学会，并报请中国科协批准。中国电机工程学会从第三届起历任理事长为毛鹤年（1980—1984）、毛鹤年（1984—1988）、张凤祥（1988—1993）、张凤祥（1993—1999）、陆延昌（1999—2004）、陆延昌（2004—2009）、陆延昌（2009—2014）、郑宝森（2014—2019）、舒印彪（2019—至今）[5]。

在中国电机工程学会中和电力电子较相关的专业委员会主要有：

1. 直流输电与电力电子专业委员会（2011 年成立）

- 专业范围：涉及直流输电与电力电子技术领域的直流工程，柔性直流工程技术研究、设计、建设、运行维护、装备制造，电力电子新技术，能源互联网，新能源入网等专业方向。
- 秘书长：饶宏，南方电网科学研究院有限责任公司，董事长
- 秘书处单位：南方电网科学研究院有限责任公司

2. 电力电子器件专业委员会（2019 年成立）

- 专业范围：涉及半导体材料生长与控制技术；电力电子器件芯片设计与工艺技术；器件封装结构设计、封装材料选型、封装工艺开发；电力电子器件性能测试与可靠性评估技术；电力电子器件驱动保护及集成应用等方向。
- 秘书长：潘艳，全球能源互联网研究院有限公司，副总工程师
- 秘书处单位：全球能源互联网研究院有限公司

3. 新能源并网与运行专业委员会（2017 年成立）

- 专业范围：涉及新能源并网及运行的规划与设计、建模与分析、并网与控制、试验与评估、预测与气象、调度与消纳等专业方向。
- 秘书长：迟永宁，中国电力科学研究院有限公司新能源研究中心，总工程师
- 秘书处单位：中国电力科学研究院有限公司新能源研究中心

4. 海上风电技术专业委员会（2021 年成立）

- 专业范围：涉及海上风电规划和设计、海上风电装备制造、海上风电施工安装、海上风电检测调试、海上风电组网与运行、海上风电场站智能运维等专业方向。
- 秘书长：郭小江，中国华能集团清洁能源技术研究院有限公司，副院长

- 秘书处单位：中国华能集团清洁能源技术研究院有限公司

5. 理论电工及其新技术专业委员会（1985 年成立）

- 专业范围：涉及电气工程电磁现象、规律及其应用，针对电网络、电磁场和电工新技术的理论、方法及其应用等专业方向。
- 秘书长：齐磊，华北电力大学电气与电子工程学院，教授/电磁与超导电工研究所所长
- 秘书处单位：华北电力大学

A.4　中国电工技术学会

上面提到，7 位电工制造方面的专家提出在中国电机工程学会中分出中国电工技术学会的建议。1981 年 7 月 23 日，中国电工技术学会（China Electrotechnical Society，CES）在天津召开成立大会，大会通过了中国电工技术学会章程，选举了学会的领导机构，推举高景德为第一届理事长，曹维廉、赖坚、褚应璜、丁舜年、韩朔、高昌瑞、黄新民为副理事长。在第二天召开的第一届第一次常务理事会上，决定授电力电子学会（于 1979 年成立）、电接触电弧研究会为学会的专业学会，筹办《电工技术杂志》及《电工技术学报》。此后的历任理事长为高景德（1986—1990）、赵明生（1990—1995）、赵明生（1995—1999）、沈烈初（1999—2004）、关志成（2004—2010）、孙昌基（2010—2015）、杨庆新（2015—2020）、杨庆新（2020—至今）[6]。

在中国电工技术学会中和电力电子较相关的专业委员会主要有：

1. 电力电子专业委员会（1981 年成立）

专委会着眼于研究我国电力电子产业发展的现状和未来发展战略，为我国智能电网、高铁、特高压直流输电、电动汽车、各种新能源发电、航空航天、国防等产业的装备发展提供解决方案。专委会编辑出版会刊《电力电子技术》。

主任委员：陆剑秋

秘书长：刘进军

挂靠单位：西安电力电子技术研究所

2. 电磁发射技术专业委员会（2004 年成立）

专业领域包括高功率脉冲技术，电磁场与电磁波，控制、检测技术，材料科学与技术，机械设计与制造等。主要组织开展电磁发射技术研讨会，定期举办"全国电磁发射技术研讨会"。

主任委员：李军

秘书长：谢战洪

挂靠单位：中国船舶重工集团公司第七一三研究所

3. 无线电能传输技术专业委员会（2014 年成立）

专业领域包括无线电能传输技术原理、电动汽车无线充电、工业机器人无线充电、短中长距离无线充电、轨道交通无线充电、在线式无线供电及特殊领域无线充电研究及应用。主要业务范围：组织开展相关领域科技成果的鉴定、评奖、推广和转化；举办相关领域的学术交流会议和技术培训活动；组织开展相关领域技术标准的开发和推广；编写和发行相关领域的科普和学术出版物；定期举办"无线电能传输技术年会"。

主任委员：朱春波

秘书长：张献

挂靠单位：安洁无线科技（苏州）有限公司

4. 电动汽车充换电系统与试验专业委员会（2017 年成立）

专业领域包括电动汽车充电安全性、可靠性、互操作模型与试验研究；电动汽车大功率充电技术与试验研究；电动汽车无线充电技术与试验研究；电动汽车换电技术与试验研究；电动汽车充电堆技术与试验研究；电动汽车 BMS 系统技术与试验研究；电动汽车蓄电池技术与试验研究；电动汽车充电设施/站间通信互联互通技术与试验研究。

主任委员：刘永东

秘书长：韩万林

挂靠单位：许昌开普电气研究院

5. 生物电工专业委员会（2019 年成立）

专业领域有：运用电工技术分析方法和手段，研究生命体自身的电磁信息检测与分析，研究电磁场对生命体的神经调控作用及其在疾病治疗与康复中的应用；针对电工装备及复杂的电磁环境，研究电磁场对生命体的电磁生物效应及其安全评估；面向智能制造和装备的开发研究，研究脑机融合的类脑控制系统以及智能仿生机器人；借助电工新技术，研究开发脑机接口与智能可穿戴设备；拓展电工无线传能技术的应用，研究植入器件的无线电能传输技术；融合电工、智能和医学，探索研究智能健康和康复工程等。

主任委员：徐桂芝

秘书长：杨硕

挂靠单位：河北工业大学

6. 储能系统与装备专业委员会（2021 年成立）

专业领域包括高集成度储能系统、储能系统高效转换控制、储能系统网联化与智能调控以及在电动载运装备中的应用、储能经济与管理，形成高效储能管理方案和标准法规体系。

主任委员：熊瑞

秘书长：张成明

挂靠单位：北京理工大学

7. 交直流供配电技术及装备专业委员会（2021 年成立）

专业领域包括交直流供配电系统规划、交直流供配电系统仿真、交直流供配电系统分析、交直流供配电自动化、交直流供配电控制和保护、交直流供配电系统运行调度策略、高比例可再生能源交直流供配电系统、交直流供配电核心装备的理论研究、系统设计、装备制造和工程应用。

主任委员：姚良忠

秘书长：裴玮

挂靠单位：中国科学院电工研究所

参 考 文 献

[1] History of IEEE [EB/OL]. [2023-3-14]，https://www.ieee.org/about/ieee-history.html.

[2] IEEE Power Electronics Society [EB/OL]. [2023-3-15]. https://www.ieee-pels.org/.

[3] 中国电源学会 [EB/OL]. [2023-3-15]. https://www.cpss.org.cn/.

[4] 包叙定，张宝国，陆燕荪，等. 中国电机工业发展史——百年回顾与展望 [M]. 北京：机械工业出版社，2011.

[5] 中国电机工程学会 [EB/OL]. [2023-3-15]. http://www.csee.org.cn/.

[6] 中国电工技术学会 [EB/OL]. [2023-3-15]. https://www.ces.org.cn/.